中南大学开放式精品示范课堂建设计划教材

注册 导学 练习 答疑

线上线下立体化教材

U0642311

概率论与数理统计

◎ 主编　任叶庆

◎ 编者　任叶庆　李小爱　唐美兰

中南大学出版社
www.csupress.com.cn
·长沙·

内容简介

本书主要内容包括概率论、数理统计两部分,全书共八章.前四章是概率论部分,主要介绍概率论的基本概念和基本方法,其中心内容是随机变量及其分布、随机变量的数字特征等.后四章是数理统计部分,主要介绍数理统计的基本概念和常用的统计推断方法,其中心内容是统计推断的三个内容:抽样分布、参数估计和假设检验.

本书体系新颖,结构严谨,结合应用案例导入各章节知识点,使读者掌握概率论与数理统计的基本概念,了解它的基本理论和方法,重视应用概率统计方法分析和解决实际问题能力的培养.本书例题典型,习题配备合理,可读性强,可作为高等学校理工、经济等非数学类专业本科生的教材或教学参考书,也可供科研与工程技术人员学习参考.

图书在版编目(CIP)数据

概率论与数理统计 / 任叶庆主编. --长沙:中南大学出版社,2018.8
ISBN 978 - 7 - 5487 - 3100 - 9

Ⅰ.①概… Ⅱ.①任… Ⅲ.①概率论 ②数理统计
Ⅳ.①O21

中国版本图书馆 CIP 数据核字(2018)第 169023 号

概率论与数理统计
GAILÜLUN YU SHULI TONGJI

任叶庆 主编

□责任编辑　谢贵良
□责任印制　易建国
□出版发行　中南大学出版社
　　　　　　社址:长沙市麓山南路　　　邮编:410083
　　　　　　发行科电话:0731 - 88876770　传真:0731 - 88710482
□印　　装　长沙印通印刷有限公司

□开　　本　787 × 1092　1/16　□印张 19.25　□字数 491 千字
□版　　次　2018 年 8 月第 1 版　□2019 年 8 月第 2 次印刷
□书　　号　ISBN 978 - 7 - 5487 - 3100 - 9
□定　　价　47.00 元

前 言

　　概率论与数理统计是理工、经管类各专业的基础课. 概率论研究随机现象的统计性规律，它是本课程的理论基础；数理统计则从应用角度研究如何处理随机数据，建立有效的统计方法，进行统计推断. 概率论和数理统计这门课程具有独特的思想和方法，是高等学校工科各专业的一门重要的基础理论课，也是工程技术人员、企业或经济管理人员必备的数学工具.

　　本教材是在中南大学编写的普通高等教育"十一五"国家级规划教材《概率论与数理统计》(第四版)的基础上，针对中南大学近几年来开展的"开放式精品示范课堂建设计划"的教学改革与实践，在保持原有教材的内容体系和编写风格的基础上，以概率论与数理统计作为独立内容重新编写而成，并对概率论与数理统计的传统内容进行了适当处理. 主要特点是：(1) 简述概率论与数理统计的发展历史，澄其源而清其流，意在使读者了解该学科发展的来龙去脉，为课程的整体提供了一个概貌，使不同的数学课程的内容互相联系起来，并且与数学思想的主干联系起来；(2) 引入了大量的生产、生活的实际案例进行导入和分析，为读者提供了广阔而真实的背景；(3) 突出理工科高等院校的特点，重视理论与实际的结合，注重能力的培养. 本书不但在理论上注重内容编排的系统性，而且在选材和叙述上尽量做到突出理工科高等院校的特点，注意选取那些既具有实际意义，又具有启发性和应用性的例子作为例题与习题，使读者通过本课程的学习能学到更丰富、更实用的概率统计知识和方法.

　　本教材的研发和编写得到中南大学"概率论与数理统计"开放式课程建设项目的大力支持. 课程负责人任叶庆及课题组主要成员李小爱、唐美兰、裴亚峥、刘诚等教师一起结合多年开放式课堂教学改革与实践经验编写了该教材. 任叶庆编写概率论部分第一、二章的内容，李小爱编写概率论部分第三、四章的内容，唐美兰编写数理统计部分的内容，此外裴亚峥老师、刘诚老师还提供了大量的习题素材. 全书的统稿、定稿由主编任叶庆负责，张鸿雁教授担任本书的主审.

　　本书的编写还得到中南大学数学与统计学院高等数学教学与研究中心的广

大教师：刘碧玉、秦宣云、杨文胜、裘亚峥、张齐、肖莉、陈雪生、刘旺梅、李军英、彭丽华、张力、李英、张美媛、刘诚、李飞宇、刘建华、张佃中、杨淑平、张阳春等的大力支持，感谢他们为本书提供了宝贵的意见．同时还感谢中南大学本科生院和数学与统计学院相关领导的大力支持．

　　我们在封四上附有注册码，学生在老师的指导下在大学数学导学与练习网络平台上注册，填写姓名、学号、专业班级、任课老师等信息。在该平台上有供学生预习的导学练习题，以及师生交流互动社区。学生可在此平台上提交作业、与老师交流，做到线上线下互动。在平台上不定期上传一些练习答案、数学文化知识以及数学模型实例，拓展学生数学知识及其应用技能．

　　此外，第三版教材中，为丰富教材中例题及相关资源，在各章节处均添加有导学与习题答案二维码，扫描相应二维码，即可获取相关资源。请关注中南大学出版社微信公众号，我们定期在此微信公众号上推送导学练习题答案与课外练习答案及其他学习资料．

　　限于水平和经验，存在诸多缺点和不足，诚恳欢迎大家提出批评和建议．

目　录

第 1 章　　随机事件及其概率

"科学是人类的共同财富,而真正的科学家的任务就是丰富这个令人类都能受益的知识宝库."

—— 柯尔莫哥洛夫

柯尔莫哥洛夫(1903—1987),20 世纪世界最杰出的数学家之一,他在纯粹数学、应用数学、确定性现象的数学、随机数学及数学教育等方面,做出了杰出的贡献.

1943 年以前,大西洋上的英美运输船队常常受到德国潜艇的袭击. 为此,一位美国海军将领专门请教了几位数学家,数学家们运用概率论知识分析后发现,舰队与敌潜艇相遇是一个随机事件,从数学角度来看这一问题,它具有一定的规律. 例如,一定数量的船(如 100 艘)编队规模越小,编次就越多(如每次 20 艘,就要有 5 个编次),编次越多,与敌人相遇的概率就越大. 再比如,5 位同学放学都各自回到自己家里,老师要找一位同学的话,随便去哪家都行,但是如果这 5 位同学都在其中某一家的话,老师一次找到他们的可能性只有 20%.

美国海军接受了数学家的建议,命令船队在指定海域集合,再集体通过危险海域,然后各自驶向预定港口. 结果奇迹出现了:盟军舰队遭袭被击沉的概率由原来的 25% 降低为 1%,大大减少了损失,保证了物资的及时供应.

通过以上例子可以告诉我们学习随机事件及其概率等相关知识的重要性,从本章开始,将逐一展开概率论的内容,如随机事件及其概率等的介绍和讨论.

概率论与数理统计是从数量化的角度来研究现实世界中一类不确定现象(随机现象)规律性的一门应用数学学科,20 世纪以来,广泛应用于工业、国防、国民经济及工程技术等各个领域.

本章介绍随机事件及其概率是概率论部分中最基本、最重要的知识. 首先,介绍概率论的研究对象及主要任务,概率论的基本概念,随机事件间的关系、运算及运算规律. 然后针对如何度量随机事件发生可能性大小,引入概率的公理化定义及其性质. 其次,分别介绍古典概型、几何概型这两种概率模型,并讨论在这两种概型下随机事件发生的概率的计算问题. 此外还讨论概率的乘法公式、全概率公式与贝叶斯公式及其应用. 最后介绍随机事件的独立性和伯努利概型.

1.1　基本概念

1.1.1　预备知识

1. 加法原理

导学 1.1
(1.1)

例 1.1.1　从甲地到乙地搭乘的交通工具有两类：第一类是坐火车，假设从甲地到乙地有三班火车；第二类是坐飞机，假设从甲地到乙地的飞机有两班飞机. 则从甲地到乙地的交通方法一共有多少种？

解　从甲地到乙地的交通方法共有 5 种. 它是由第一类的 3 种方法与第二类的 2 种方法相加而成.

一般地，如果做一件事，完成它可以有 m 类办法，在第一类办法中有 n_1 种不同的方法，在第二类办法中有 n_2 种不同的方法，……，在第 m 类办法中有 n_m 种不同的方法，那么完成这件事共有 $N = n_1 + n_2 + \cdots + n_m$ 种不同方法. 每一种方法都能够直接达成目标，这一计数的方法称为**加法原理**.

2. 乘法原理

例 1.1.2　从甲地到丙地，需要两个步骤，首先是从甲地搭乘汽车到乙地，再从乙地搭乘飞机到丙地. 从甲地到乙地搭乘汽车，假设有三班汽车；从乙地到丙地搭乘飞机，假设有两班飞机. 则从甲地经乙地到达丙地的交通方法一共有多少种？

解　从甲地经乙地到丙地的交通方法共有：
① 第一班汽车 + 第一班飞机，② 第一班汽车 + 第二班飞机，③ 第二班汽车 + 第一班飞机，④ 第二班汽车 + 第二班飞机，⑤ 第三班汽车 + 第一班飞机，⑥ 第三班汽车 + 第二班飞机，即一共有 6 种方法. 它是由从甲地经乙地的 3 种方法和从乙地到丙地的 2 种方法相乘得到的 $(3 \times 2 = 6)$.

一般地，做一件事，完成它需要分成 m 个步骤，做第一步有 n_1 种不同的方法，做第二步有 n_2 种不同的方法，……，做第 m 步有 n_m 种不同的方法，那么完成这件事共有 $N = n_1 \times n_2 \times \cdots \times n_m$ 种不同的方法. 称这一计数的方法为**乘法原理**.

要做一件事，完成它若有 n 类方法，这是分类问题，每一类中的方法都是独立的，因此使用加法原理；做一件事，需要分为 n 个步骤，步与步之间是连续的，只有将所分成的若干个互相联系的步骤依次相继完成，这件事才算完成，因此使用乘法原理.

完成一件事的分"类"和"步"是有本质区别的，因此在使用时需要将两个原理区分开来.

3. 排列（数）

从 n 个不同的元素中，任取其中 $m(m \leqslant n)$ 个元素，按照一定的顺序排成一列，称为从 n

个不同元素中取出 m 个元素的一个**排列**. 从 n 个不同元素中取出 $m(m \leq n)$ 个元素的所有排列的个数, 称为从 n 个不同元素中取出 m 个元素的**排列数**, 记作 P_n^m 或 A_n^m.

排列数 P_n^m 的计算公式为:

$$P_n^m = n \times (n-1) \times \cdots \times (n-m+1) = \frac{n!}{(n-m)!}$$

例如: $P_8^3 = 8 \times 7 \times 6 = 336$, $P_{11}^3 = 11 \times 10 \times 9 = 990$.

4. 组合(数)

从 n 个不同元素中取出 $m(m \leq n)$ 个元素并成一组, 称为从 n 个不同元素中取出 m 个元素的一个**组合**. 从 n 个不同元素中取出 $m(m \leq n)$ 个元素的所有组合的个数, 称为从 n 个不同元素中取出 m 个元素的**组合数**. 用符号 C_n^m 或 $\binom{n}{m}$ 表示.

组合数的计算公式为:

$$C_n^m = \frac{n \times (n-1) \times \cdots \times (n-m+1)}{1 \times 2 \times \cdots \times m}, \text{ 或 } C_n^m = \frac{n!}{m!(n-m)!}.$$

例如: $C_5^3 = \frac{5 \times 4 \times 3}{1 \times 2 \times 3} = 10$, $C_{10}^2 = \frac{10 \times 9}{1 \times 2} = 45$.

组合数 C_n^m 具有以下性质:

(1) $C_n^m = C_n^{n-m}$; (2) $C_n^1 = n$; (3) $C_n^0 = 1$.

例如: $C_{100}^{98} = C_{100}^{100-98} = C_{100}^2 = \frac{100 \times 99}{1 \times 2} = 4950$.

例 1.1.3 袋中有 8 个球, 从中任取 3 个球, 一共有多少种取法?

解 任意取出的三个球与所取 3 个球的顺序无关, 故取球的方法数为组合数 C_8^3, 计算可得

$$C_8^3 = \frac{8 \times 7 \times 6}{1 \times 2 \times 3} = 56(\text{种})$$

所以, 一共有 56 种取球的方法.

例 1.1.4 从 4 名男生和 6 名女生中任选三人, 组成三人实践活动小组.

(1) 共有多少种选法?

(2) 其中男生甲不能参加, 有多少种选法?

(3) 若至少有 1 名男生, 则组成三人实践活动小组的方法共有多少种?

解 (1) 共有 $C_{10}^3 = 120$ 种.

(2) 共有 $C_9^3 = 84$ 种.

(3) 解法一: (直接法)

小组构成有三种情形: 3 男, 2 男 1 女, 1 男 2 女, 分别有

$$C_4^3, \ C_4^2 \cdot C_6^1, \ C_4^1 \cdot C_6^2,$$

利用加法原理可得一共有 $C_4^3 + C_4^2 \cdot C_6^1 + C_4^1 \cdot C_6^2 = 100$ 种方法.

解法二：（间接法）$C_{10}^3 - C_6^3 = 100$

例 1.1.5　袋中有8件不同的产品，其中5件正品，3件次品，从中任取3件，如果所取的3件产品中有2件正品和1件次品，一共有多少种不同的取法？

解　完成"所取3件产品中有2件正品和1件次品的"这一事情需分为两步，第一步是在5件正品中任取2件，取法有 $C_5^2 = 10$（种）；第二步是在3件次品中任取1件，取法有 $C_3^1 = 3$（种），由乘法原理，共有 $10 \times 3 = 30$（种）取法.

1.1.2　概率论研究的对象

1. 两类现象：确定性现象与不确定性现象

概率论与数理统计是研究随机现象客观规律性的数学学科. 什么是随机现象呢？在人们生活的宇宙空间中，存在着各种各样的现象，其中有一类现象，在一定条件下一定会出现，而另一类现象在一定条件下可能出现也可能不出现. 下面通过几个实例展开讨论.

A：纯水在一个标准大气压下，加热到 100 ℃ 会沸腾.

B：向上抛掷一枚硬币，会往下掉.

C：太阳每天从东方升起.

D：在一个标准大气压下，20 ℃ 的水会结冰.

以上现象中，现象 A，B，C 是必然发生的，而现象 D 是必然不发生的. 在相同的条件下，每次观察（或试验）得到的结果是完全相同的现象（即这些现象的结果事先可以完全确定必然发生），称为**确定性现象**或**必然现象**. 微积分、线性代数等就是研究必然现象的数学工具. 与此同时，在自然界和人类社会中，人们还发现具有不同性质的另一类现象，先看以下实例.

E：用大炮轰击某一目标，可能击中，也可能击不中.

F：在相同的条件下，抛一枚质地均匀的硬币，其结果可能是正面（常把有币值的一面称作正面）朝上，也可能是反面朝上.

G：次品率为 50% 的一批产品中任取一个产品，其结果可能是正品，也可能是次品.

现象 E ~ G 这类现象都具有以下的共同特性：一是，在相同条件下发生这些现象的试验或观察都可以重复进行；二是，每次试验或观察的可能结果不止一个；三是，在每次试验或观察之前无法预知确切结果，呈现出不确定性（即这些现象的结果事先不能完全确定），这一类现象称为**不确定性现象**或偶然现象，也称为**随机现象**.

随机现象的特点如下：

① 在一定条件下，具有多种可能结果，事先不能肯定.

② 在相同条件下，对随机现象进行大量多次的观察时，随机现象的结果呈现出某种规律性.

概率论与数理统计就是研究这种规律性的学科.

2. 概率论研究的对象

由于随机现象的结果事先不能预知, 初看起来似乎毫无规律. 然而人们经过长期的观察或实践的结果表明, 这些现象并非是杂乱无章的, 而是有规律可循的. 例如, 大量重复抛一枚均匀的硬币, 得出正面朝上的次数与正面朝下的次数大致都是抛掷总次数的 $\frac{1}{2}$, 而且大体上抛掷次数愈多, 愈接近这个比值. 历史上, 蒲丰掷过 4 040 次, 得到 2 048 次正面; 皮尔逊掷过 24 000 次, 得到正面 12 012 次. 又比如, 根据各个国家各个时期的人口统计资料, 新生婴儿中男婴和女婴的比例大约总是 1:1. 即对同一随机现象大量重复出现时, 其每种结果出现的频率具有稳定性, 表明随机现象也有其固有的规律性. 在大量地重复试验或观察中所呈现出的固有规律性, 就是后面所说的统计规律性. 而概率论正是研究这种随机(偶然)现象, 寻找其内在的统计规律性的一门数学学科.

从亚里士多德时代开始, 哲学家们就已经认识到随机性在生活中的作用, 但直到 20 世纪初, 人们才认识到随机现象亦可以通过数量化方法来进行研究. 概率论就是以数量化方法来研究随机现象及其规律性的一门数学学科. 概率论是数理统计的基础, 由于随机现象的普遍性, 使得概率论与数理统计在许多领域具有广泛的应用. 同时, 广泛应用也促进了概率论与数理统计的发展.

3. 概率论发展的历史

概率论起源于赌博问题. 大约在 17 世纪中叶, 法国数学家帕斯卡(B. Pascal)、费马(Fermat)及荷兰数学家惠更斯(C. Hugeness)用排列组合的方法, 研究了赌博中一些较复杂的问题. 18、19 世纪随着科学的迅速发展, 起源于赌博的概率论逐渐被应用于生物、物理等研究领域, 同时也推动了概率理论研究的发展. 概率论作为一门数学分支日趋完善, 形成了严格的数学体系.

4. 概率论发展的应用

概率论的理论和方法应用十分广泛, 几乎遍及所有的科学领域以及工、农业生产和国民经济各部门. 如应用概率统计方法可以进行气象预报、水文预报、市场预测、股市分析等; 在工业中, 可用概率统计方法进行产品寿命估计和可靠性分析等.

1.1.3　随机事件与样本空间

1. 随机试验

为了对随机现象的统计规律性进行研究, 就需要对随机现象进行重复观察, 把对随机现象的观察称为**随机试验**, 并简称为**试验**, 记为 A, B. 试验这个术语既包括各种各样的科学试验, 也可以是对某一事物的某个特征的观测. 例如, 观察某射手对固定目标进行射击击中的次数; 抛一枚硬币三次, 观察出现正面的次数; 记录某市 120 急救电话一昼夜接到的呼叫次数; 等等, 均为随机试验. 随机试验具有下列特点:

① 可重复性: 在相同的条件下, 试验可以重复进行;

②可观察性：试验结果可观察，试验的所有可能结果是能事先明确可知的，并且不止一个；

③不确定性：每次试验的结果，不能事先确定哪一个结果会出现.

根据以上特点，可以判断以下试验是否是随机试验.

例1.1.6　E_1：投掷一枚硬币，观察正反面朝上的情况.

它有两种可能的结果就是"正面朝上"或"反面朝上"，投掷之前不能预言哪一个结果出现，且这个试验可以在相同的条件下重复进行，所以E_1是一个随机试验.

例1.1.7　E_2：掷一颗骰子，观察出现的点数.

它有6种可能的结果就是"出现1点"，"出现2点"，……，"出现6点".但在投掷之前不能预言哪一个结果出现，且这个试验可以在相同的条件下重复进行，所以E_2是一个随机试验.

例1.1.8　E_3：在一批灯泡中任意抽取一只，测试它的寿命.

灯泡的寿命(以小时计)$t \geqslant 0$，但在测试之前不能确定它的寿命有多长，这一试验也可以在相同的条件下重复进行，所以E_3是一个随机试验.

此外还要注意，对每一随机试验，总是在一定的试验目的之下讨论试验结果的规律性，例如，从一批灯泡中任取一只进行通电试验，如果试验的目的是检验产品是否合格，则试验结果为"合格品"或"不合格品"；如果试验目的是检验其寿命，则试验结果为所有可能的时间.

2. 样本空间、随机事件

对于随机试验来说，要研究的往往是随机试验的所有可能结果.例如，掷一枚硬币，所关心的是"出现正面"还是"出现反面"这两个可能结果.若观察的是掷两枚硬币的试验，则可能出现的结果有(正、正)、(正、反)、(反、正)、(反、反)四种.如果掷三枚硬币，其结果还要复杂，但还是可以将它们描述出来的，总之为了研究随机试验，必须知道随机试验的所有可能结果.

随机试验 E 的每一个可能的结果，称为**基本事件**，它是在随机试验中可直接观察到的、最基本的不能再分解的事件.因为随机试验的所有结果是明确的，因而所有的基本事件也是明确的，把随机试验 E 的所有基本事件所组成的集合(全体)称为**试验 E 的样本空间**，通常用字母 $\boldsymbol{\Omega}$(或 S)表示.Ω 中的点，即**基本事件**，有时也称为**样本点**，常用 ω_i 表示.

在具体问题的研究中，描述随机现象的第一步就是建立样本空间.

例如，对试验 E_1：投掷一枚硬币."正面朝上"和"反面朝上"是 E_1 的基本事件，所以该试验的样本空间 $\Omega = \{\text{正}, \text{反}\}$.

对试验 E_2：掷一颗骰子.令 i 表示"出现 i 点"($i = 1, 2, \cdots, 6$)，"出现 i 点"是 E_2 的基本事件，所以该试验的样本空间 $\Omega = \{1, 2, \cdots, 6\}$.

对试验 E_3：测试灯泡寿命. 令 t 表示"测得灯泡寿命为 t 小时"，则 $0 \leq t < +\infty$ 是 E_3 的基本事件，所以该试验的样本空间 $\Omega = \{t \mid 0 \leq t < +\infty\}$.

从这些例子可以看出，随着问题的不同，样本空间可以相当简单，也可以相当复杂，在今后的讨论中，都认为样本空间是预先给定的，当然对于一个实际问题或一个随机现象，考虑问题的角度不同，样本空间也可能不同.

例如：掷骰子这个随机试验，若考虑出现的点数，则样本空间 $\Omega = \{1, 2, 3, 4, 5, 6\}$；若考虑的是出现奇数点还是出现偶数点，则样本空间 $\Omega = \{$奇数，偶数$\}$.

由此说明，同一个随机试验可以有不同的样本空间.

在实际问题中，选择恰当的样本空间来研究随机现象是概率论中值得研究的问题. 下面再举几个随机试验例子，写出它们的样本空间.

例 1.1.9 一个盒子中有 10 个相同的球，其中 5 个白球，5 个黑球，搅匀后从中任意摸取一球. 令 ω_1 为 $\{$取得白球$\}$，ω_2 为 $\{$取得黑球$\}$，则 $\Omega = \{\omega_1, \omega_2\}$.

例 1.1.10 试验 E_4：将一硬币抛掷两次. 则 $\Omega = \{($正，正$)$，$($正，反$)$，$($反，正$)$，$($反，反$)\}$. 其中$($正，正$)$表示"第一次正面朝上，第二次正面朝上"，其余类推.

例 1.1.11 盒子中有 10 个外形相同的球，分别标以号码 1，2，…，10，从中任取一球，令 i 为 $\{$取得球的标号为 $i\}$，则 $\Omega = \{1, 2, \cdots, 10\}$.

在随机试验中，有时关心的是带有某些特征的基本事件是否发生. 如在 E_2 试验中，若事件 A 表示"出现 2 点"，B 表示"出现偶数点"，C 表示"出现的点数小于等于 4"，可以研究事件 A，B，C 是否发生？在例 1.1.11 中，若事件 D 表示"球的标号是 6"，E 表示"球的标号是偶数"，F 表示"球的标号小于等于 5"，这些事件是否发生？其中 A 是一个基本事件，而 B 是由 $\{$出现 2 点$\}$，$\{$出现 4 点$\}$ 和 $\{$出现 6 点$\}$ 这三个基本事件组成的，当且仅当这三个基本事件中有一个发生，B 发生. 所以 B，C，E，F 是由若干个有某些特征的基本事件所组成的，相对于基本事件，就称它们为**复合事件**. 无论是基本事件还是复合事件，它们在试验中发生与否，都带有随机性，所以都称为**随机事件**或简称**事件**，今后常用大写字母 A，B，C 等表示随机事件.

样本空间 Ω 包含了全体基本事件，而任一随机事件是由具有某些特征的基本事件所组成. 所以从集合论的观点来看，任一随机事件不过是样本空间 Ω 的一个子集而已，而且该事件发生，当且仅当子集中的一个样本点发生. 如在 E_2 试验中，随机事件 A、B、C 都是 Ω 的子集，它们可以简单地表示为 $\Omega = \{1, 2, 3, 4, 5, 6\}$，$A = \{2\}$，$B = \{2, 4, 6\}$，$C = \{1, 2, 3, 4\}$. 在例 1.1.11 中 $\Omega = \{1, 2, \cdots, 10\}$，$D = \{6\}$，$F = \{2, 4, 6, 8, 10\}$，$H = \{1, 2, 3, 4, 5\}$. 事件 D 只含一个试验结果，而在事件 F 和 H 中各含 5 个可能的试验结果. 所以也可以这样说，只包含一个试验结果的事件为基本事件，由两个或两个以上基本事件复合而成的事件为复合事件.

在试验 E 中必然会发生的事情叫**必然事件**，不可能发生的事情叫**不可能事件**，例如，在

E_2 中"点数不大于6"是必然事件,"点数大于6"是不可能事件,因为 Ω 是由所有基本事件所组成的,因而在任意一次试验中,必然要出现 Ω 中的某一基本事件 ω_i,即 $\omega_i \in \Omega$ 也就是在试验中,Ω 必然会发生,所以今后用 Ω 来代表必然事件. 类似地,空集 $\varnothing$ 可以看作是 Ω 的子集,它在任一次试验中都不会发生,所以 $\varnothing$ 是不可能事件. 必然事件和不可能事件的发生与否,已经失去了随机性,显然必然事件与不可能事件都是确定性的现象,但为了研究的方便,规定它们为随机事件.

将随机事件表示成由样本点组成的集合,就可以将事件间的关系和运算归结为集合之间的关系和运算,这不仅对研究事件的关系和运算是方便的,而且对研究随机事件发生的可能性大小的数量指标,即概率的运算也是非常有益的.

1.1.4　事件间的关系和运算

每一个随机试验的样本空间 Ω 中都含有许多随机事件,由于它们共处于同一个试验之中,因而是相互联系着的,有必要弄清它们之间的关系,并引进事件间的运算,以便将复杂事件化为简单事件,更好地解决相应的概率问题. 从前面可以看出事件是一个集合,因而事件间关系与事件的运算自然按集合论中集合之间的关系和集合运算来处理,进而研究事件间的概率的各种关系,就有可能利用较简单事件的概率去推算出较复杂的事件的概率. 下面给出这些关系和运算在概率论中的提法,并根据"事件发生"的含义,给出它们在概率论中的定义.

在以下的叙述中,设随机试验 E 的样本空间为 Ω,且 A, B, C 或 A_i, $B_i(i = 1, 2, \cdots, n)$ 是 Ω 中的事件.

1. 事件的包含及相等

> **定义 1.1.1**　如果"对两事件 A 与 B,事件 A 的发生必然导致事件 B 的发生",则称事件 B 包含事件 A,或称事件 A 是事件 B 的子事件,记作 $A \subset B$ 或 $B \supset A$.

比如在 E_2 中,$A = \{2\}$,$B = \{2, 4, 6\}$,显然 $A \subset B$.

如果将事件用集合表示,则 A 是 B 的子事件,即 A 是 B 的子集合(B 集合包含 A 集合). 用图 1.1.1(维恩图)给包含关系一个直观的几何解释,设样本空间 Ω 是一个正方形,圆 A 与圆 B 分别表示事件 A 与事件 B,由于 A 中的点全在 B 中,所以事件 B 包含事件 A.

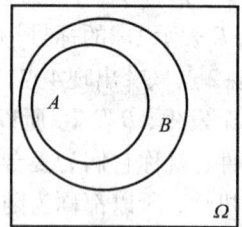

图 1.1.1

如果有 $A \subset B$ 且 $B \subset A$,则称**事件 A 与事件 B 相等**,记作 $A = B$. 易知,相等的两个事件 A、B,总是同时发生或同时不发生,亦即 $A = B$ 等价于它们是由相同的试验结果构成的.

如在例 1.1.11 中,若 $A = \{$球的标号为偶数$\}$,$B = \{$球的标号为2、4、6、8、10$\}$,则显然有 $A = B$,所谓 $A = B$,就是 A、B 中含有相同的样本点.

对任一事件 A,有 $\varnothing \subset A \subset \Omega$.

2. 事件的和（并）

> **定义 1.1.2** 如果"事件 A 与 B 中至少有一个事件发生"，这一事件称为**事件 A 与 B 的和**（或并），记作 $A \cup B$.

$A \cup B$ 是由所有包含在 A 中的或包含在 B 中的试验结果构成.

如在 E_2 中，$A = \{2, 4, 6\}$，$B = \{1, 2, 3, 4\}$，则 $A \cup B = \{1, 2, 3, 4, 6\}$.

如果将事件用集合表示，则事件 A 与 B 的和事件 $A \cup B$ 即为集合 A 与 B 的并. 如图 1.1.2 所示.

两个事件的和可以推广到有限多个事件和以及可列（数）无穷多个事件的和的情形.

用 $A_1 \cup A_2 \cup \cdots \cup A_n$ 或 $\bigcup\limits_{i=1}^{n} A_i$ 表示 $A_1, A_2, \cdots, A_n$ 中至少有

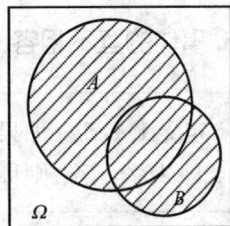

图 1.1.2

一个事件发生；用 $A_1 \cup A_2 \cup \cdots$ 或 $\bigcup\limits_{i=1}^{\infty} A_i$ 表示 $A_1, A_2, \cdots, A_n, \cdots$ 中至少有一个事件发生.

3. 事件的积（交）

> **定义 1.1.3** 如果"事件 A 与 B 同时发生"，这一事件称为**事件 A 与 B 的积**，记作 $A \cap B$ 或 AB.

AB 是由既包含在 A 中又包含在 B 中的试验结果构成.

如在 E_2 中，$A = \{2, 4, 6\}$，$B = \{1, 2, 3, 4\}$，则 $A \cap B = \{2, 4\}$.

如果将事件用集合表示，则事件 A 与 B 的积事件 $A \cap B$ 即为集合 A 与 B 的交. 它对应于图 1.1.3 中的阴影部分.

类似地，也可以将两个事件的积推广到有限多个以及无穷可列（数）个事件的情况.

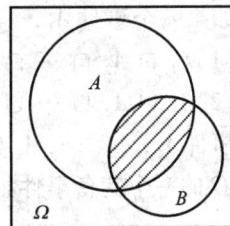

图 1.1.3

用 $A_1 \cap A_2 \cap \cdots \cap A_n$ 或 $\bigcap\limits_{i=1}^{n} A_i$ 表示 $A_1, A_2, \cdots, A_n$ 同时发生；

用 $A_1 \cap A_2 \cap \cdots$ 或 $\bigcap\limits_{i=1}^{\infty} A_i$ 表示 $A_1, A_2, \cdots, A_n, \cdots$ 同时发生.

4. 事件的差

> **定义 1.1.4** 如果"事件 A 发生而事件 B 不发生"，这一事件称为**事件 A 与 B 的差**，记作 $A - B$.

$A - B$ 是由所有包含在 A 中而不包含在 B 中的试验结果构成，它对应于图 1.1.4 中的阴影部分.

如在 E_2 中，$A = \{2, 4, 6\}$，$B = \{1, 2, 3, 4\}$，则 $A - B = \{6\}$.

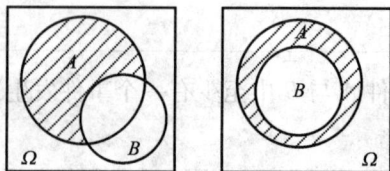

图 1.1.4

5. 事件的互不相容

定义 1.1.5 如果"事件 A 与事件 B 不能同时发生",也就是说"AB 是一个不可能事件",即 $AB = \varnothing$,则称**事件 A 与 B 是互不相容的**(或互斥的).

A, B 互不相容等价于它们不包含相同的试验结果. 互不相容的事件 A 与 B 没有公共的样本点.

若用集合表示事件,则 A, B 互不相容即为 A 与 B 是不交的. 如图 1.1.5 所示.

如果 n 个事件 A_1, A_2, $\cdots$, A_n 中,任意两个事件不可能同时发生,即

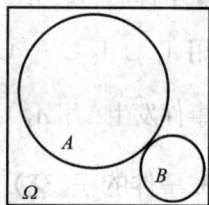

图 1.1.5

$$A_i A_j = \varnothing (1 \leqslant i < j \leqslant n)$$

则称这 **n 个事件 A_1, A_2, $\cdots$, A_n 是互不相容的**(或互斥的). 在任意一个随机试验中基本事件都是互不相容的.

如果 n 个事件 A_1, A_2, $\cdots$, A_n 满足以下性质:

(1) $A_1 \cap A_2 \cap \cdots \cap A_n = \varnothing$;

(2) $A_1 \cup A_2 \cup \cdots \cup A_n = \Omega$,

则称事件 A_1, A_2, $\cdots$, A_n 构成了**样本空间 Ω 的一个划分**,也称事件 A_1, A_2, $\cdots$, A_n 构成了样本空间 Ω 的一个**完备事件组**.

6. 对立事件

定义 1.1.6 若 A 是一个事件,令 $\bar{A} = \Omega - A$,称 **$\bar{A}$ 是 A 的对立事件**或逆事件.

容易知道,在一次试验中,若 A 发生,则 $\bar{A}$ 必不发生(反之亦然),即 A 与 $\bar{A}$ 中必然有一个发生,且仅有一个发生,即事件 A 与 $\bar{A}$ 满足条件

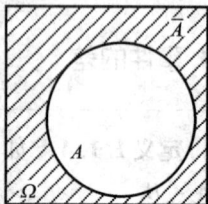

图 1.1.6

$$A\bar{A} = \varnothing, \ A \cup \bar{A} = \Omega$$

$\bar{A}$ 由所有不包含在 A 中的试验结果构成,图 1.1.6 中阴影部分表示 $\bar{A}$.

如 E_2 中,$A = \{2, 4, 6\}$,$B = \{1, 3, 5\}$,则 $\bar{A} = B$,$\bar{B} = A$,所以 A, B 互为对立事件. 必然事件与不可能事件也是互为对立事件.

若 A, B 两事件是互为对立事件. 则 A, B 必互不相容, 但反之不真.

由事件关系的定义看出, 它与集合的关系是一致的, 因此集合的运算性质对事件的运算也都适用. 为了方便, 给出下列对照表 1.1.1.

表 1.1.1   随机事件间关系

记号	概率论	集合论
Ω	样本空间, 必然事件	全集
$\varnothing$	不可能事件	空集
ω	基本事件	元素
A	事件	子集
$\bar{A}$	A 的对立事件	A 的余集
$A \subset B$	事件 A 发生必然导致事件 B 发生	A 是 B 的子集
$A = B$	事件 A 与事件 B 相等	A 与 B 相等
$A \cup B$	事件 A 与事件 B 至少有一个发生	A 与 B 的和集
AB	事件 A 与事件 B 同时发生	A 与 B 的交集
$A - B$	事件 A 发生而事件 B 不发生	A 与 B 的差集
$AB = \varnothing$	事件 A 与事件 B 互不相容	A 与 B 没有相同的元素

7. 事件间关系的运算法则

交换律: $A \cup B = B \cup A$, $AB = BA$

结合律: $A \cup B \cup C = A \cup (B \cup C) = (A \cup B) \cup C$, $ABC = (AB)C = A(BC)$

分配律: $A(B \cup C) = AB \cup AC$, $A \cup BC = (A \cup B)(A \cup C)$

对偶律 (德·摩根律): $\overline{A \cup B} = \bar{A} \cap \bar{B}$, $\overline{AB} = \bar{A} \cup \bar{B}$ (可以推广到任意有限多个事件的情形).

例 1.1.12   掷一颗骰子, 观察出现的点数. 令事件 A 表示"奇数点"; B 表示"点数小于 5"; C 表示"小于 5 的偶数点". 用集合的列举法表示下列事件: Ω, A, B, C, $A \cup B$, $A - B$, AB, AC, $C - A$, $\bar{A} \cup B$.

解 $\Omega = \{1, 2, 3, 4, 5, 6\}$, $A = \{1, 3, 5\}$, $B = \{1, 2, 3, 4\}$, $C = \{2, 4\}$ $A \cup B = \{1, 2, 3, 4, 5\}$, $A - B = \{5\}$, $AB = \{1, 3\}$, $AC = \varnothing$, $C - A = \{2, 4\}$, $\bar{A} \cup B = \{1, 2, 3, 4, 6\}$.

例 1.1.13   设 A, B, C 是三个事件, 用 A, B, C 的运算关系表示下列事件:

(1) B, C 都发生, 而 A 不发生.

(2)A, B, C 中至少有一个发生.

(3)A, B, C 中恰有一个发生.

(4)A, B, C 中恰有两个发生.

(5)A, B, C 中不多于一个发生.

(6)A, B, C 中不多于两个发生.

解 (1)"B, C 都发生, 而 A 不发生" = $\overline{A}BC$.

(2)"A, B, C 中至少有一个发生" = $A \cup B \cup C$.

(3)"A, B, C 中恰有一个发生" = $A\overline{B}\overline{C} \cup \overline{A}B\overline{C} \cup \overline{A}\,\overline{B}C$.

(4)"A, B, C 中恰有两个发生" = $AB\overline{C} \cup A\overline{B}C \cup \overline{A}BC$.

(5)"A, B, C 中不多于一个发生" = $\overline{A}\,\overline{B}\,\overline{C} \cup A\overline{B}\,\overline{C} \cup \overline{A}B\overline{C} \cup \overline{A}\,\overline{B}C$.

(6)"A, B, C 中不多于两个发生" = $\overline{A} \cup \overline{B} \cup \overline{C}$.

例 1.1.14 设事件 A_i 表示某射手第 i 次($i = 1, 2, 3$)击中目标, 试用文字叙述下列事件:

(1)$A_1 \cup A_2$; (2)$A_1 \cup A_2 \cup A_3$; (3)$\overline{A_3}$; (4)$A_2 - A_3$; (5)$\overline{\overline{A_2} \cup \overline{A_3}}$; (6)$\overline{A_2} \cup \overline{A_1}$.

解 (1)$A_1 \cup A_2$ 表示"前两次中至少有一次击中目标".

(2)$A_1 \cup A_2 \cup A_3$ 表示"三次射击中至少有一次击中目标".

(3)$\overline{A_3}$ 表示"第三次射击未击中目标".

(4)$A_2 - A_3 = A_2\overline{A_3}$ 表示"第二次射中目标而第三次射击目标未击中目标".

(5)$\overline{\overline{A_2} \cup \overline{A_3}} = A_2 \cap A_3$ 表示"后两次射击均击中目标".

(6)$\overline{A_2} \cup \overline{A_1} = \overline{A_1 A_2}$ 表示"前两次射击中至少有一次未击中目标".

例 1.1.15 在某系学生中任选一名学生, 设事件 A 表示"被选出的是男生", B 表示"该生是三年级学生", C 表示"该生是运动员".

(1) 叙述事件 $A \cap B \cap \overline{C}$ 的意义;

(2) 在什么条件下有恒等式 $A \cap B \cap C = C$?

(3) 什么时候关系式 $C \subset B$ 成立?

(4) 什么时候关系式 $\overline{A} = B$ 成立?

解 (1) 事件 $A \cap B \cap \overline{C}$ 表示该生是三年级男生, 但不是运动员.

(2)$A \cap B \cap C = C$ 等价于 $C \subset A \cap B$, 即全系的运动员都是三年级男生.

(3) 当运动员都是三年级学生时, $C \subset B$.

(4) 当全系女生都是三年级且三年级学生都是女生时, 关系式 $\overline{A} = B$ 成立.

习题 1.1

习题 1.1 答案

1. 问答题

(1) 概率论的研究对象是什么?

(2) 随机试验有什么性质? 如何叙述随机试验的结果?

(3) 事件 $A \subset B$, $A \cup B$, $A \cap B$, $A - B$, $AB = \varnothing$, $\bar{A}$ 的具体含义是什么?

2. 任意抛掷一颗骰子, 观察出现的点数. 设事件 A 表示"出现偶数点", 事件 B 表示"出现的点数能被 3 整除".

(1) 写出试验的样本点及样本空间;

(2) 把事件 A 及 B 分别表示为样本点的集合;

(3) 事件 $\bar{A}$, $\bar{B}$, $A \cup B$, AB, $\overline{A \cup B}$ 分别表示什么事件? 并把它们表示为样本点的集合.

3. 写出下列随机试验的样本空间及各个事件中的样本点:

(1) 同时掷三枚骰子, 记录三枚骰子的点数之和. 令事件 A 表示"点数之和大于 10", 事件 B 表示"点数之和小于 15".

(2) 一盒中有 5 只外形相同的电子元件, 分别标有号码 1, 2, 3, 4, 5. 从中任取 3 只, 令事件 C 表示"最小号码为 1".

4. 一个工人生产了 n 个零件, 以 A_i 表示他生产的第 i 个零件是合格品 $(1 \leqslant i \leqslant n)$. 用 A_i 表示下列事件:

(1) 没有一个零件是不合格品;

(2) 至少有一个零件是不合格品;

(3) 仅有一个零件是不合格品;

(4) 至少有一个零件不是不合格品.

导学 1.2
(1.2 1.3)

1.2 随机事件的概率

对于随机试验中的随机事件, 在一次试验中是否发生, 虽然不能预先知道, 但是它们在一次试验中发生的可能性是有大小之分的. 比如掷一枚均匀的硬币, 那么随机事件 A(正面朝上) 和随机事件 B(正面朝下) 发生的可能性是一样的(都为 $\frac{1}{2}$). 又如袋中有 8 个白球, 2 个黑球, 从中任取一球. 当然取到白球的可能性要大于取到黑球的可能性. 假如这 10 个球中的红球和白球都是 5 个, 则摸到红球和摸到白球的可能性就大致相同. 所以一个事件发生的可能性大小是它本身所固有的, 是不依人们的主观意志而改变的一种客观的度量. 人们希望用一个数量来表示事件发生的可能性大小, 而且事件发生可能性大的, 这个数就大, 事件发生可能性小, 这个数就小.

例 1.2.1 在相同条件下, 多次抛掷一枚均匀的硬币, 考察事件 $A =$ "正面朝上"的次数. 其结果见表 1.2.1.

表 1. 2. 1

投掷次数 n	出现正面次数 n_A	频率 $\left(\dfrac{n_A}{n}\right)$
2 048	1 061	0. 518 0
4 040	2 048	0. 506 9
12 000	6 019	0. 501 6
24 000	12 012	0. 500 5

从表 1. 2. 1 可知, 事件 $A =$ "正面朝上"发生的频率在 0. 5 附近摆动, 当 n 增大时, 事件 A 发生的频率逐渐接近于 $\dfrac{1}{2}$.

例 1. 2. 2　有一个袋子中装有 6 只乒乓球, 其中 4 只白球, 2 只红球. 每次试验任取一球, 观察颜色后作记录(见表 1. 2. 2), 放回袋中搅匀, 再重复……

表 1. 2. 2

取球次数 n	出现白球次数 n_B	频率 $\left(\dfrac{n_B}{n}\right)$
200	139	0. 695
400	261	0. 653
600	401	0. 668

从表 1. 2. 2 可知, 事件 $B =$ "出现白球"发生的频率在 0. 66 附近摆动, 当 n 增大时, 事件 B "发生的频率逐渐接近于 $\dfrac{2}{3}$.

1. 频率及其性质

观察一个随机试验的各种事件, 就其一次具体的试验而言, 某一事件发生与否带有很大的偶然性, 似乎没有规律可言. 但是在大量的重复试验中, 某一事件发生的频率就可能呈现一定的规律性. 为了在一般情况下仍可用数量来描述随机事件发生的可能性大小, 下面引入频率的概念.

> **定义 1. 2. 1**　设事件 A 在 n 次试验中发生 n_A 次, 比值
> $$f_n(A) = \frac{n_A}{n}$$
> 称为事件 A 在这 n 次试验中发生的**频率**.

频率具有下列基本性质:

性质 1. 2. 1　非负性: $0 \leqslant f_n(A) \leqslant 1$;

性质 1.2.2　归一性：$f_n(S) = 1$；

性质 1.2.3　有限可加性：若 $A_1, A_2, \cdots, A_k$ 是两两互不相容的事件，则

$$f_n(A_1 \cup A_2 \cup \cdots \cup A_k) = f_n(A_1) + f_n(A_2) + \cdots + f_n(A_k).$$

经验表明，虽然在 n 次试验中，事件 A 出现的次数 n_A 不确定，因而事件 A 的频率 $\dfrac{n_A}{n}$ 也不确定，但是当试验重复多次时，事件 A 出现的频率具有一定的稳定性. 如例 1.2.1 和例 1.2.2，这就是说，当试验次数足够多时，事件 A 出现的频率常在一个某个常数附近摆动. 这种频率的稳定性，说明随机事件发生的可能性大小是事件本身固有的. 不依人们意志而改变的一种客观属性，那么用这个数字(常数)来表示事件 A 发生的可能性大或小，这是比较恰当的. 下面将给出概率统计定义的客观基础. 将表示事件发生的可能性大小的数量指标称为该事件发生的概率，并用 $P(A)$ 表示事件 A 发生的概率，其值的大小记为 p.

性质 1.2.4　稳定性：$\lim\limits_{n \to \infty} f_n(A) = P(A)$

思考题：从某鱼池中取 100 条鱼，做上记号后再放入该鱼池中. 现从该池中任意捉来 40 条鱼，发现其中两条有记号，问池内大约有多少条鱼？

2. 概率的统计定义及其性质

> **定义 1.2.2**　（概率的统计定义）在相同的条件下，重复作 n 次试验，事件 A 发生的频率 $\dfrac{n_A}{n}$ 稳定地在某一常数 p 附近摆动，且一般说来，n 越大，摆动幅度越小，则称常数 p 为事件 A 发生的概率，记作 $P(A)$.

数值 p 即($P(A) = p$) 就是在一次试验中对事件 A 发生的可能性大小的数量描述. 例如，在例 1.2.1 中用 $\dfrac{1}{2}$ 来描述掷一枚匀称硬币"正面朝上"出现的可能性，在例 1.2.2 中用 $\dfrac{2}{3}$ 来描述摸出的一个乒乓球是白球的可能性.

要注意两点：第一，事件的频率与概率有本质区别，频率有随机波动性，它是变数，而概率是个常数. 第二，概率的统计定义只是一种描述，它指出了事件的概率是客观存在的. 但并不能用这个定义计算 $P(A)$. 频率的稳定值是概率的外在表现，并非概率的本质. 据此确定某事件的概率是困难的，但当进行大量重复试验时，频率会接近稳定值，因此，在实际应用时，往往是用试验次数足够大的频率来估计概率的大小，且随着试验次数的增加，估计的精度会越来越高.

由频率的性质，可得概率的性质：

性质 1.2.5　非负性：对任一事件 A，有 $0 \leqslant P(A) \leqslant 1$；

性质 1.2.6　归一性：设 Ω 为必然事件，则 $P(\Omega) = 1$；

性质 1.2.7　可加性：设事件 A, B 互斥，则 $P(A \cup B) = P(A) + P(B)$；

性质 1.2.7　可以推广到有限个两两互斥事件的和事件：设 $A_1, A_2, \cdots, A_n$ 是两两互不相容的事件，则有

$$P\left(\bigcup_{i=1}^{n} A_i\right) = \sum_{i=1}^{n} P(A_i).$$

3. 概率的公理化定义及性质

对于给定的事件 A，该用哪个数字作为它的概率呢? 这取决于所研究的随机现象或随机试验以及事件 A 的特殊性，不能一概而论. 在概率论的发展历史上，人们针对特定的随机试验提出过不同的概率的定义和确定概率的方法: 统计性定义、古典定义和几何定义等. 这些概率的定义和确定概率的方法虽然有其合理性，但也只适合于特定的随机现象，有很大的局限性. 那么如何给出适合于一切随机事件的概率的更一般的定义呢? 1900 年数学家希尔伯特提出要建立概率的公理化定义以解决这个问题，即以最少的几条本质特性出发去叙述概率的概念. 1933 年苏联著名的数学家柯尔莫哥洛夫提出了概率的公理化定义，这一公理化体系迅速得到举世公认，这个定义将概率论建立在严密的逻辑基础上，在此基础上概率论才被正式承认为一个数学分支，并得到迅猛发展.

柯尔莫哥洛夫(1903—1987)，1939 年任苏联科学院院士. 先后当选美、法、意、荷、英、德等国的外籍院士及皇家学会会员. 为 20 世纪最有影响的苏联数学家. 柯尔莫哥洛夫为开创现代数学的一系列重要分支作出重大贡献. 1933 年在《概率论的基本概念》一文中提出的概率论公理体系(希尔伯特第 6 问题)，奠定了近代概率论的基础.

> **定义 1.2.3** 设 E 是随机试验，Ω 是它的样本空间，对于 E 的每一个事件 A 赋予一个实数，记为 $P(A)$，若 $P(A)$ 满足下列三个条件:
> (1) 非负性公理: 对任意事件 A, $0 \leqslant P(A) \leqslant 1$;
> (2) 归一性公理: $P(\Omega) = 1$;
> (3) 可列可加性公理: 设 $A_1, A_2, \cdots, A_n, \cdots$ 是两两互不相容的事件，则有
> $$P(\bigcup_{i=1}^{\infty} A_i) = \sum_{i=1}^{\infty} P(A_i).$$
> 则称 $P(A)$ 为事件 A 的概率.

概率的公理化定义描述了概率的本质，概率是集合(事件)的实值函数，若在事件域上给出一个函数，只要这个函数满足上述三条公理就称为概率. 这个定义只涉及样本空间和事件域及概率的最本质的性质，而与具体的随机现象无关. 对于具体的随机现象中给定的事件，其概率如何合理地确定，那要依据具体情况而定.

在概率的公理化定义下，可以推出以下一些常用的概率性质公式.

性质 1.2.8 设 $\overline{A}$ 是 A 的对立事件，则
$$P(\overline{A}) = 1 - P(A). \tag{1.2.1}$$
证明: 因为 $A \cup \overline{A} = \Omega$, $A\overline{A} = \varnothing$, 由概率的归一性公理，得
$$P(A \cup \overline{A}) = P(\Omega) = 1,$$
由概率的可加性公理，得
$$P(A \cup \overline{A}) = P(A) + P(\overline{A}),$$
综上，可得

$$P(A) + P(\overline{A}) = 1,$$

即 $P(\overline{A}) = 1 - P(A)$.

注意：若 $P(A)$ 不易算得，但是计算 $P(\overline{A})$ 比较容易，则可利用以上性质计算 $P(A)$.

性质 1.2.9　$P(\varnothing) = 0$.　　　　　　　　　　　　　　　　　　(1.2.2)

证明：令 $A = \varnothing$，　由于 $\overline{\varnothing} = \Omega$，利用性质 1.2.8，可得

$$P(\varnothing) = 1 - P(\overline{\varnothing}) = 1 - P(\Omega) = 0.$$

性质 1.2.10　设 A，B 为两事件，若 $A \subset B$，则

$$P(B - A) = P(B) - P(A).$$　　　　　　　　(1.2.3)

证明：因为 $A \subset B$，则 $B = A \cup B = A \cup (B - A)$，且 $(B - A)A = \varnothing$，利用概率的可加性公理，得

$$P(B) = P[A \cup (B - A)] = P(A) + P(B - A),$$

移项得，$P(B - A) = P(B) - P(A)$.

推论　若 $A \subset B$，则 $P(A) \leqslant P(B)$.

性质 1.2.11　（加法公式）设 A，B 为两个事件，则

$$P(A \cup B) = P(A) + P(B) - P(AB).$$　　　　　(1.2.4)

证明：因 $A \cup B = A \cup (B - AB)$，且 $A(B - AB) = \varnothing$，$AB \subset B$，故有

$$P(A \cup B) = P(A) + P(B - AB) = P(A) + P(B) - P(AB).$$

思考：加法公式与可加性有何区别？

推论　$P(A \cup B) \leqslant P(A) + P(B)$.

性质 1.2.11 还可以用数学归纳法推广到任意有限多个事件的情形：

$$P(A_1 \cup A_2 \cup \cdots \cup A_n) = \sum_{i=1}^{n} P(A_i) - \sum_{1 \leqslant i < j \leqslant n} P(A_i A_j) +$$
$$\sum_{1 \leqslant i < j < k \leqslant n} P(A_i A_j A_k) - \cdots + (-1)^{n-1} P(A_1 A_2 \cdots A_n)$$

特别地，设 A，B，C 是三个事件，则有

$$P(A \cup B \cup C) = P(A) + P(B) + P(C) - P(AB) - P(AC) - P(BC) + P(ABC)$$

性质 1.2.12　设 A，B 为两个事件，则

$$P(A - B) = P(A) - P(AB)$$　　　　　　　(1.2.5)

公式(1.2.5)也称为减法公式.

证明：因 $A = (A - B) \cup AB$，且 $(A - B)AB = \varnothing$，由可加性公理，得

$$P(A) = P(A - B) + P(AB),$$

移项得，$P(A - B) = P(A) - P(AB)$.

例 1.2.3　小王参加"智力大冲浪"游戏，他能答出甲、乙二类问题的概率分别为 0.7 和 0.2，两类问题都能答出的概率为 0.1. 求小王：

（1）答出甲类而答不出乙类问题的概率；

（2）至少有一类问题能答出的概率；

（3）两类问题都答不出的概率.

解　设事件 A 表示"小王能答出甲类问题"，事件 B 表示"小王能答出乙类问题"，

则利用 A, B 可以表示事件"小王答出甲类而答不出乙类问题"为 $A-B$,"至少有一类问题能答出" $= A \cup B$;"两类问题都答不出" $= \overline{A \cup B}$,

由题设可知 $P(A) = 0.7$, $P(B) = 0.2$, $P(AB) = 0.1$.

(1) 利用减法公式,可得
$$P(A-B) = P(A) - P(AB) = 0.7 - 0.1 = 0.6;$$

(2) 利用加法公式,可得
$$P(A \cup B) = P(A) + P(B) - P(AB) = 0.8;$$

(3) 利用对立事件的概率性质,可得
$$P(\overline{A \cup B}) = 1 - P(A \cup B),$$
结合上面(2)的结论,可得
$$P(\overline{A \cup B}) = 1 - 0.8 = 0.2.$$

例 1.2.4 某城市中发行两种报纸 A, B. 经调查,在这两种报纸的订户中,订阅 A 报的有 45%,订阅 B 报纸的有 35%,同时订阅两种报纸的有 10%. 求只订一种报纸的概率 α.

解 记事件 A = "订阅 A 报", B = "订阅 B 报",则

"只订一种报" $= (A-B) \cup (B-A) = A\overline{B} \cup B\overline{A}$,

又这两个事件是互不相容的,由概率加法公式及性质 1.2.12,有
$$\alpha = P(A-AB) + P(B-AB) = P(A) - P(AB) + P(B) - P(AB)$$
$$= 0.45 - 0.1 + 0.35 - 0.1 = 0.6.$$

例 1.2.5 设 A, B 满足 $P(A) = 0.6$, $P(B) = 0.7$,在何条件下,$P(AB)$ 取得最大(小)值? 最大(小)值是多少?

解 利用加法公式 $P(A \cup B) = P(A) + P(B) - P(AB)$,

可得, $P(AB) = P(A) + P(B) - P(A \cup B)$
$$\geq P(A) + P(B) - 1 = 0.6 + 0.7 - 1 = 0.3,$$
所以,当 $P(A \cup B) = 1$ 时,$P(AB)$ 取得最小值 0.3.

又 $P(AB) \leq P(A) = 0.6$, $P(AB)$ 取得最大值 0.6.

即当 $P(B) = P(A \cup B)$ 时,$P(AB)$ 取得最大值.

习题 1.2

习题 1.2 答案

1. 问答题

(1) 随机事件概率的统计性定义是什么?它与随机事件的频率有什么关系?

(2) 随机事件概率的公理化定义是什么?它有什么性质?

2. 设事件 A, B 互不相容,已知 $P(A) = 0.4$, $P(B) = 0.5$,求 $P(A\overline{B})$.

3. 设 $P(A) = 0.1$, $P(A \cup B) = 0.3$,且 A 与 B 互不相容,求 $P(B)$.

4. 设 $P(A) = P(B) = P(C) = \dfrac{1}{3}$, $P(AB) = P(AC) = 0$, $P(BC) = \dfrac{1}{4}$. 求 A, B, C 至少有一个事件发生的概率.

5. 甲、乙两高射炮手, 各自单独击中敌机的概率分别为 0.8 和 0.6, 两人同时击中敌机的概率为 0.48. 求敌机被击中的概率.

1.3　古典概型与几何概型

上一节介绍了随机事件的概率的统计性定义和公理化定义及其性质, 本节将阐述如何求解在各种随机试验(或随机概型)下的随机事件发生的概率. 本节介绍两种简单的随机试验概型: 古典概型和几何概型, 并结合上一节概率的性质公式讨论在两种概型下随机事件概率的计算方法.

引例 1.3.1　抛一枚质地均匀的硬币, 有几种可能的结果, 每种结果发生的可能性是多大?

引例 1.3.2　2008 年 9 月 28 日, 是"神七"回家的日子, 它在内蒙古四子王旗着陆. 假设着陆场为方圆 200 km² 的区域, 而主着陆场为方圆 120 km² 的区域, 飞船在着陆场内任何一个地方着陆的可能性是均等的, 你能计算出飞船在主着陆场内着陆的概率吗?

引例 1.3.1 的可能的结果有两个(有限个), 每个结果发生的可能性相同; 而对引例 1.3.2 包含的每个可能的结果(即基本事件)是等可能的, 但是是无限个, 那么这两个概率计算问题怎么解决呢?

1.3.1　古典概型(等可能概型)

1. 古典概型

定义 1.3.1　把具有下列两个特征的随机试验称为**古典概型**.
(1) 随机试验的样本空间的元素只有有限个;
(2) 随机试验中每个基本事件发生的可能性相同.

因而, 古典概型又称为**等可能概型**. 这是概率论所讨论的最简单又直观的一种试验概型, 古典概型曾经是概率发展初期的主要研究对象.

例如, 抛一颗骰子, 观察出现的点数, 则共有 6 种结果, 且每一种结果出现的可能性相同.

设试验 E 的样本空间为 $\Omega = \{\omega_1, \omega_2, \cdots, \omega_n\}$, 则基本事件 $\{\omega_1\}$, $\{\omega_2\}$, $\cdots$, $\{\omega_n\}$ 两两互不相容, 且

$$\Omega = \{\omega_1\} \cup \{\omega_2\} \cup \cdots \cup \{\omega_n\}.$$

由于 $P(\Omega) = 1$ 及 $P(\omega_1) = P(\omega_2) = \cdots = P(\omega_n)$，因此

$$P(\omega_1) = P(\omega_2) = \cdots = P(\omega_n) = \frac{1}{n}.$$

若事件 A 包含 r 个基本事件：$A = \{\omega_{i_1}\} \cup \{\omega_{i_2}\} \cup \cdots \cup \{\omega_{i_r}\}$，其中 $i_1, i_2, \cdots, i_r$ 是 $1, 2, \cdots, n$ 中某 r 个不同的数，则有

$$P(A) = P(\omega_{i_1}) + P(\omega_{i_2}) + \cdots + P(\omega_{i_r}) = \frac{r}{n},$$

即

$$P(A) = \frac{A\text{ 包含的基本事件的个数}}{\Omega\text{ 包含的基本事件总数}} = \frac{r}{n}. \tag{1.3.1}$$

这样定义的概率称为**古典概率**. 这种确定概率的方法称为**古典方法**. 不难验证，古典概率具有非负性、规范性和有限可加性.

2. 计算古典概率的方法

在古典概型中，由式(1.3.1)，事件 A 发生的概率是一个分数，其分母是样本点（基本事件）总数 n，而分子是事件 A 包含的基本事件数 r. 因此，要计算任何一个事件的概率，关键是要计算样本空间所含的基本事件数 n 和该事件所含的基本事件数 r. 这就把求古典概率的问题转化为对基本事件的计数问题，则需要利用数列和组合的有关知识，且有一定的技巧性. 下面通过举例加以说明，注意讨论的重点不要放在计数的技巧上，而是古典概率的计算，并适当利用概率的性质公式简化所求随机事件的概率.

例 1.3.1　在盒子中有 10 个相同的球，分别标为号码 $1, 2, 3, \cdots, 10$，从中任意摸取一个球，求此球的号码为偶数的概率.

解　令 i 表示所取球的号码，则 $i = 1, 2, \cdots, 10$，

则有，$\Omega = \{1, 2, \cdots, 10\}$，即基本事件总数 $n = 10$.

令 $A =$ "所取球的号码为偶数"，因而 A 含有 5 个基本事件，

所以 $P(A) = \frac{5}{10} = \frac{1}{2}$.

另解　令 $A =$ "所取球的号码为偶数"，则 $\overline{A} =$ "所取球的号码不为偶数"，

因而 $\Omega = \{A, \overline{A}\}$，所以有 $P(A) = \frac{1}{2}$.

此例说明了在古典概型问题中，选取适当的样本空间，可使解题变得简洁.

例 1.3.2　一批产品共 200 件，其中恰有 6 件废品，求：(1) 这批产品的废品率；(2) 任取 3 件，至多有 1 件废品的概率；(3) 任取 3 件，至少有一件废品的概率.

解　(1) 设 $A_1 =$ "任取 1 件为废品"，这批产品的废品率也就是从 200 件产品中任取 1 件是废品的概率，则

$$P(A_1) = \frac{6}{200} = 0.03.$$

(2) 设 $A_2 =$ "任取 3 件，至多有 1 件废品"，$B_i =$ "任取 3 件恰有 i 件废品"，$i = 0, 1,$ $2, 3$，其中，$B_0 =$ "任取 3 件，恰好都不是废品"，$B_1 =$ "任取 3 件，恰有 1 件废品"，可知，A_2 $= B_0 \cup B_1$，而且 B_0 与 B_1 是互斥的，而

$$P(B_0) = \frac{C_{194}^3}{C_{200}^3}, \quad P(B_1) = \frac{C_{194}^2 C_6^1}{C_{200}^3},$$

所以

$$P(A_2) = P(B_0 \cup B_1) = P(B_0) + P(B_1) = \frac{C_{194}^3 + C_6^1 C_{194}^2}{C_{200}^3} = 0.997\ 7.$$

(3) 设 $A_3 =$ "任取 3 件，至少有 1 件废品"，可知 $A_3 = B_1 \cup B_2 \cup B_3$，且 B_1、B_2、B_3 互不相容，所以，

$$
\begin{aligned}
P(A_3) &= P(B_1 \cup B_2 \cup B_3) \\
&= P(B_1) + P(B_2) + P(B_3) \\
&= \frac{C_6^1 C_{194}^2}{C_{200}^3} + \frac{C_6^2 C_{194}^1}{C_{200}^3} + \frac{C_6^3}{C_{200}^3} \\
&= 0.087\ 8.
\end{aligned}
$$

另解：利用对立事件的概率性质，

$$P(A_3) = P(\overline{B_0}) = 1 - P(B_0) = 1 - \frac{C_{194}^3}{C_{200}^3} = 0.087\ 8.$$

此例说明了在古典概型下计算随机事件的概率，适当借助概率的性质公式，比如有时正面求较困难时，可以转化求它的对立事件的概率，可以简化其计算.

例 1.3.3 从有 9 件正品、3 件次品的箱子中抽取两次，每次取一件，按两种方式抽取 (1) 不放回；(2) 有放回. 求事件 $A =$ "取得两件正品" 和事件 $B =$ "取得一件正品、一件次品" 的概率.

解 (1) 从 12 件产品中不放回抽取两件，Ω 所含的基本事件数为 P_{12}^2，A 包含的基本事件数为 P_9^2，B 包含的基本事件数为 $2P_9^1 \cdot P_3^1$，所以：

$$P(A) = \frac{P_9^2}{P_{12}^2} = \frac{9 \times 8}{12 \times 11} = \frac{6}{11},$$

$$P(B) = \frac{2P_9^1 \cdot P_3^1}{P_{12}^2} = \frac{2 \times 9 \times 3}{12 \times 11} = \frac{9}{22}.$$

(2) 从 12 件产品中有放回抽取两件，Ω 所含的基本事件数为 12^2，A 包含的基本事件数为 9^2，B 包含的基本事件数为 $9 \times 3 + 3 \times 9$，所以：

$$P(A) = \frac{9^2}{12^2} = \left(\frac{3}{4}\right)^2, \quad P(B) = \frac{2 \times 9 \times 3}{12 \times 12} = \frac{3}{8}.$$

例 1.3.4 将 n 个球随意地放入 N 个箱子中 $(N \geq n)$，假设每个球都等可能地放入任意一个箱子，求下列各事件的概率：

（1）指定的 n 个箱子各放一个球；

（2）每个箱子最多放入一个球；

（3）某指定的箱子里恰好放入 $k(k \leq n)$ 个球.

解　将 n 个球随意地放入 N 个箱子中，共有 N^n 种放法，记（1）、（2）、（3）的事件分别为 A, B, C.

（1）将 n 个球放入指定的 n 个箱子，每个箱子各有一球，其放法有 $n!$ 种，故有

$$P(A) = \frac{n!}{N^n}.$$

（2）每个箱子最多放入一个球，等价于先从 N 个箱子中任选出 n 个，然后每个箱子中放入一球，其放法有 $C_N^n n!$ 种，故

$$P(B) = \frac{C_N^n n!}{N^n}.$$

（3）先任取 k 个球（有 C_n^k 种取法）放入指定的箱子中，然后将其余的 $n - k$ 个球随意地放入其余 $N - 1$ 个箱子，共有 $(N - 1)^{n-k}$ 种放法，故有

$$P(C) = \frac{C_n^k (N - 1)^{n-k}}{N^n}.$$

例 1.3.5　在 $1, 2, 3, \cdots, 9$ 中重复地任取 n 个数$(n \geq 2)$，求 n 个数字的乘积能被 10 整除的概率.

解　易知，$n(\Omega) = 9^n$，设 A 表示事件"n 个数字的乘积能被 10 整除"，A_1 表示事件"n 次取到的数字中有偶数"，A_2 表示事件"n 次取到的数字中有 5"，$\overline{A_1}$ 包含的基本事件数为：$r_1 = 5^n$，$\overline{A_2}$ 包含的基本事件数为 $r_2 = 8^n$，又因，$A = A_1 A_2$，$\overline{A} = \overline{A_1 A_2} = \overline{A_1} \cup \overline{A_2}$，则

$$\begin{aligned}
P(\overline{A}) &= P(\overline{A_1} \cup \overline{A_2}) \\
&= P(\overline{A_1}) + P(\overline{A_2}) - P(\overline{A_1} \, \overline{A_2}) \\
&= \frac{5^n + 8^n - 4^n}{9^n},
\end{aligned}$$

可得，

$$P(A) = 1 - \frac{5^n + 8^n - 4^n}{9^n}.$$

例 1.3.6　一个五位数字的号码锁，每位上有 $0, 1, \cdots, 9$ 十个数字，若不知道该锁号码，问开一次锁就把该锁打开的概率多大？

这里，开一次锁就是一次试验，其结果是一个五位号码. 由于在五位号码中，数字是可以重复的，因此所有可能的结果为 $n = 10^5$.

解　设 A 表示"开一次锁就把锁打开"，则 $m = 1$，于是

$$P(A) = \frac{1}{10^5} = 0.000\,01.$$

由此可见，若不知道锁的号码，要想一次就把锁打开的可能性是很小的. 把这种概率很

小的事件称为小概率事件. 人们在实践中总结出一条原理: 概率很小的事件在一次试验中实际上几乎是不可能发生的. 这一原理称为小概率实际推断原理.

例 1.3.7　(公平的抽签) 盒中有彩券 $m + n$ 张, 其中 m 张有奖, n 张无奖, 现随机地一张一张取出, 试求第 k 张为有奖彩券的概率 $(1 \leqslant k \leqslant m + n)$.

解　从 $m + n$ 张彩券中不放回地一张一张地任取 k 张, 有 p_{m+n}^k 种取法. 设事件 A = "取出的 k 张彩券中, 第 k 张是有奖彩券", 完成事件 A 分为两个步骤: 第一步, 从 m 张有奖彩券中任取一张排在第 k 个位置上, 有 m 种取法; 第二步, 从剩下的 $m + n - 1$ 张中任取 $k - 1$ 张, 放在前 $k - 1$ 张位置上, 有 p_{m+n-1}^{k-1} 种取法. 所以,

$$P(A) = \frac{p_m^1 p_{m+n-1}^{k-1}}{p_{m+n}^k} = \frac{m}{m + n}.$$

思考: 从这个例子, 可以得到什么启示?

答: 结果与取彩券次序 k 无关: 如果 $m + n$ 个人抽签, 必有 m 个人中签, 那么无论是先抽还是后抽, 每人中签的概率均为 $P(A_k) = \dfrac{m}{m + n}$, 与抽签次序无关. 可以看出抽签是公平的.

1.3.2　几何概型

古典概型只考虑了有限等可能结果的随机试验的概率模型. 早在概率论发展初期, 人们就认识到, 只考虑有限个等可能样本点的古典方法是不够的. 把等可能推广到无限个样本点场合, 人们引入了几何概型. 由此得到了确定概率的另一种方法: 几何方法.

这里进一步研究样本空间为一线段、平面区域或空间立体等的等可能随机试验的概率模型: 几何概型.

> **定义 1.3.2**　把具有下列两个特征的随机试验称为**几何概型**.
> (1) 每次随机试验的结果 (即基本事件) 具有无限多个, 且全体结果可用一个有度量的几何区域来表示;
> (2) 在每次随机试验中, 各基本事件发生的可能性都相同.

> **定义 1.3.3**　(以平面情形为例) 设样本空间 Ω 是平面上的某个区域, 它的面积为 $\mu(\Omega)$; 向区域 Ω 上随机投掷一点, 这里 "随机投掷一点" 的含义是指该点落入 Ω 内任何部分区域内的可能性只与区域 A 的面积 $\mu(A)$ 成比例, 而与区域 A 的位置和形状无关. 向区域 Ω 上随机投掷一点, 该点落在区域 A 的事件仍记为 A, 则 A 的概率为 $P(A) = \lambda \mu(A)$, 其中 λ 为常数, 而 $P(\Omega) = \lambda \mu(\Omega)$, 于是, 得 $\lambda = \dfrac{1}{\mu(\Omega)}$, 从而事件 A 的概率 $P(A)$ 为
>
> $$P(A) = \frac{\mu(A)}{\mu(\Omega)}. \tag{1.3.2}$$

注：若样本空间 Ω 为一线段或一空间立体，则向 Ω 中"投点"的相应概率仍可用上式确定，但 $\mu(\cdot)$ 应理解为长度或体积.

定义 1.3.3　称为概率的几何定义，由式(1.3.2)所确定的概率称为几何概率.

例 1.3.8　某人午觉醒来，发觉钟表停了，他打开收音机，想听电台报时，设电台每正点时报时一次，求他的等待时间短于 10 分钟的概率.

解　(1) 把问题抽象成几何概型. 他在 0 ~ 60 分钟之间任何一个时刻打开收音机是等可能的，0 ~ 60 之间有无穷多个时刻.

(2) 找到试验结果所构成的全部区域. 这个试验结果所构成的全部区域(长度)为 60 分钟.

(3) 找到事件 A 所在的区域. 事件 A(设"他等待的时间不多于 10 分钟"为事件 A)所在的区域为 50 ~ 60 分钟，故它的长度为 10.

(4) 根据公式(1.3.2)计算概率.

$$P(A) = \frac{10}{60} = \frac{1}{6}.$$

例 1.3.9　(会面问题)甲、乙两人相约在 7 点到 8 点之间在某地会面，先到者等候另一人 20 分钟，过时就离开. 如果每个人可在指定的一小时内任意时刻到达，试计算二人能够会面的概率.

解　记 7 点为计算时刻的 0 时，以分钟为单位，x, y 分别记甲、乙到达指定地点的时刻，则样本空间为

$$\Omega = \{(x, y) \mid 0 \leqslant x \leqslant 60, 0 \leqslant y \leqslant 60\}$$

以 A 表示事件"两人能会面"，则显然有

$$A = \{(x, y) \mid (x, y) \in \Omega, |x - y| \leqslant 20\},$$

(见图 1.3.1)

根据题意，这是一个几何概型问题，于是

$$P(A) = \frac{\mu(A)}{\mu(\Omega)} = \frac{60^2 - 40^2}{60^2} = \frac{5}{9}.$$

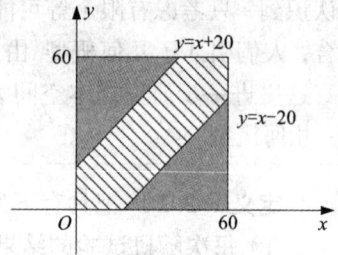

图 1.3.1

例 1.3.10　随机地向半圆 $0 < y < \sqrt{2ax - x^2}$ (a 为常数，且 $a > 0$)内掷一点，点落在半圆内任何区域的概率与区域的面积成正比，求原点和该点的连线与 x 轴的夹角小于 $\frac{\pi}{4}$ 的概率.

解　设事件 A = "掷的点和原点连线与 x 轴的夹角小于 $\frac{\pi}{4}$"，这是一个几何概型的计算问题. 由几何概型计算公式，得

$$P(A) = \frac{S_D}{S_{半圆}},$$

而　　　　　　　$S_{半圆} = \frac{1}{2}\pi a^2$

$$S_D = S_{\triangle OAC} + S_{\frac{1}{4}圆} = \frac{1}{2}a^2 + \frac{1}{4}\pi a^2,$$

故　$P(A) = \dfrac{\dfrac{1}{2}a^2 + \dfrac{1}{4}\pi a^2}{\dfrac{1}{2}\pi a^2} = \dfrac{1}{2} + \dfrac{1}{\pi}.$

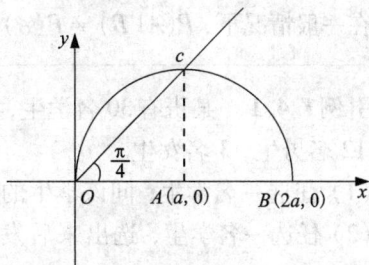

图 1.3.2

习题 1.3

习题 1.3 答案

1. 问答题

(1) 古典概型有什么特征? 如何求古典概型下的随机事件的概率?

(2) 几何概型有什么特征? 如何求几何概型下的随机事件的概率?

(3) 几何概型与古典概型的区别与联系是什么?

2. 从 52 张扑克牌中取出 13 张牌, 问有 5 张黑桃、3 张红心、3 张方块、2 张草花的概率是多少?

3. 电话号码由 7 个数字组成, 每个数字可以是 0, 1, 2, …, 9 中的任一个数(但第一个数字不能为 0), 求电话号码是由完全不同的数字组成的概率.

4. 某工厂生产的产品共有 100 个, 其中有 5 个次品. 从这批产品中任取一半来检查, 求发现次品不多于 1 个的概率.

5. 10 人中有一对夫妇, 他们随意坐在一张圆桌周围, 求该对夫妇正好坐在一起的概率.

6. 从区间 (0, 1) 中随机地取出两个数, 求两数之差的绝对值小于 $\frac{1}{2}$ 的概率.

1.4　条件概率与乘法公式

导学 1.3
(1.4)

对随机事件确定其概率是概率论的基本课题. 除了对一些简单的情形下可对随机事件的概率进行直接计算外, 一般都只能采用间接的方法. 即利用随机事件之间的关系, 从一些已知其概率的随机事件出发去间接地计算出与之相关的另一事件的概率的方法.

可以这样说, 事件的概率计算基本上就是由这种间接方法的系统构成. 本章以下各节主要介绍随机事件的概率计算的一些基本定理、公式.

前面各节对 $P(A)$ 的讨论都是相对于某组确定的样本空间 Ω 而言的, $P(A)$ 就是在样本空间 Ω 实现之下, 事件 A 发生的概率(为简化起见, "样本空间 Ω" 通常不再提及), 除了样本空间 "Ω" 之外, 有时还要提出附加的限制条件, 也就是要求 "在事件 B 已经发生的前提下" 事件 A 发生的概率. 将此概率记作 $P(A \mid B)$, 这就是条件概率问题. 类似地, 若 "在事件 A 已经发生的前提下",求事件 B 发生的概率,将此概率记作 $P(B \mid A)$.

在一般情况下,$P(A \mid B) \neq P(A)$,$P(B \mid A) \neq P(B)$. 如何求条件概率,先看以下两个引例.

引例1.4.1 某班有30名学生,其中20名男生,10名女生,身高1.70米以上的有15名,其中12名男生,3名女生.

(1) 任选一名学生,问该学生的身高在1.70米以上的概率是多少?

(2) 任选一名学生,选出来后发现是个男生,问该同学的身高在1.70米以上的概率是多少?

解 对引例1.4.1易求出(1)的答案是 $\dfrac{15}{30} = 0.5$;(2)的答案是 $\dfrac{12}{20} = 0.6$.

但是,这两个问题的提法是有区别的,第二个问题是一种新的提法."是男生"本身也是一个随机事件,记作 A,把在事件 A 发生(即发生是男生)的条件下,事件 B(身高1.70米以上)发生的概率是多少?把这种概率称为在事件 A 发生的条件下事件 B 的条件概率,记作 $P(B \mid A)$,即不同于 $P(AB)$.

注意到 $P(A) = \dfrac{20}{30}$,$P(AB) = \dfrac{12}{30}$,从而有

$$P(B \mid A) = \frac{12}{20} = \frac{\dfrac{12}{30}}{\dfrac{20}{30}} = \frac{P(AB)}{P(A)}.$$

这个式子的直观含义是明显的,在 A 发生的条件下 B 发生当然是 A 发生且 B 发生,即 AB 发生,但是,现在 A 发生成了前提条件,因此应该以 A 作为整个样本空间,而排除 A 以外的样本点,因此 $P(B \mid A)$ 是 $P(AB)$ 与 $P(A)$ 之比.

对于古典概型,设样本空间 Ω 含有 n 个样本点(n 个可能的试验结果),事件 A 含 m 个样本点($m > 0$),AB 含 r 个样本点($r \leq m$),而事件 A 发生的条件下事件 B 发生,即已知试验结果属于 A 中的 m 个结果的条件下,属于 B 中的 r 个结果,因而

$$P(B \mid A) = \frac{r}{m} = \frac{\dfrac{r}{n}}{\dfrac{m}{n}} = \frac{P(AB)}{P(A)}.$$

引例1.4.2 盒中装有16个球.其中6个是玻璃球,另外10个是木质球.而玻璃球中有2个是红色的,4个是蓝色的;木质球中有3个是红色的,7个是蓝色的,现从中任取一个,记 A = "取到蓝球",B = "取到玻璃球",那么 $P(A)$,$P(B)$ 都是容易求得的,但是如果已知取到的是蓝球,那么该球是玻璃球的概率是多少呢? 也就是求在事件 A 已发生的前提下事件 B 发生的概率(此概率记为 $P(B \mid A)$).将盒中球的分配情况列表如下:

表 1.4.1

	玻璃	木质	小计
红	2	3	5
蓝	4	7	11
小计	6	10	16

由古典概率的公式(3.1.1)知 $P(A) = \dfrac{11}{16}$, $P(B) = \dfrac{6}{16}$, $P(AB) = \dfrac{4}{16}$.

至于 $P(B \mid A)$, 也可以用古典概率来计算, 因取到的是蓝球, 由题意可知, 蓝球共有 11 个而其中有 4 个是玻璃球, 所以

$$P(B \mid A) = \frac{4}{11} = \frac{\dfrac{4}{16}}{\dfrac{11}{16}} = \frac{P(AB)}{P(A)}.$$

1.4.1　条件概率的定义

> **定义 1.4.1**　设 A, B 为随机试验 E 的两个事件, 且 $P(A) > 0$, 则称
>
> $$P(B \mid A) = \frac{P(AB)}{P(A)} \qquad\qquad (1.4.1)$$
>
> 为在事件 A 发生的条件下事件 B 发生的**条件概率**.

注意 $P(B \mid A)$ 还是在一定条件下, 事件 B 发生的概率. 只是它的条件除原条件 Ω 外, 又附加了一个条件(A 已发生), 为区别这两者, 前者 $P(A)$ 称为无条件概率, 后者 $P(B \mid A)$ 就称为条件概率.

同理可得, 若 $P(B) > 0$, 则

$$P(A \mid B) = \frac{P(AB)}{P(B)}. \qquad\qquad (1.4.2)$$

条件概率具有如下性质:

(1) 非负性: 对任何事件 B, $P(B \mid A) \geqslant 0$;

(2) 规范性: 对于必然事件 Ω, 有 $P(\Omega \mid A) = 1$;

(3) 可列可加性: 设 B_1, B_2, $\cdots$, B_n, $\cdots$ 是两两互不相容的事件, 则

$$P\Big(\bigcup_{i=1}^{\infty} B_i \mid A\Big) = \sum_{i=1}^{\infty} P(B_i \mid A).$$

由条件概率的定义, 易知下列概率的性质公式成立.

性质 1.4.1　$P(\varnothing \mid A) = 0$;

性质 1.4.2　$P(B \mid A) = 1 - P(\overline{B} \mid A)$;

性质 1.4.3　$P(B_1 \cup B_2 \mid A) = P(B_1 \mid A) + P(B_2 \mid A) - P(B_1 B_2 \mid A)$;

性质 1.4.4　若 $B_1 \subset B_2$, 则 $P(B_1 \mid A) \leqslant P(B_2 \mid A)$.

1.4.2   条件概率的求法

计算条件概率 $P(B \mid A)$ 有两种方法：

方法一   在样本空间 Ω 的缩减样本空间 Ω_A 中计算 B 发生的概率，就得 $P(B \mid A)$.

方法二   在样本空间 Ω 中，计算 $P(AB)$，$P(A)$，然后按定义式(1.4.1)求出 $P(B \mid A)$.

例1.4.1   盒中有5个球(3个新球2个旧球)，每次取一个，不放回地取两次，求：(1)第一次取到新球的概率；(2)第一次取到新球的条件下，第二次取到新球的概率.

解   (1)设 A = "第一次取到新球"，B = "第二次取到新球"，

显然，$P(A) = \dfrac{3}{5}$.

(2)当事件 A 发生后，由于不放回抽取，故盒中只有4个球(2新2旧)，于是

$$P(B \mid A) = \frac{2}{4} = \frac{1}{2}.$$

此外，也可以在原样本空间中计算 $P(AB)$，它可用古典概率来求，事件 AB 表示第一次和第二次都抽到新球，由于抽取是不放回的，所以"每次抽取一个，连抽两次"与"一次抽取二个"是一样的，因而

$$P(AB) = \frac{C_3^2}{C_5^2} = \frac{3}{10},$$

于是，$P(B \mid A) = \dfrac{P(AB)}{P(A)} = \dfrac{\frac{3}{10}}{\frac{3}{5}} = \dfrac{1}{2}.$

例1.4.2   设某种动物由出生算起活到20岁以上的概率为0.8，活到25岁以上的概率为0.4，如果一只动物现在已经20岁，问它能活到25岁的概率为多少？

解   设 A = "活到20岁"，B = "活到25岁"，则

$$P(A) = 0.8, \quad P(B) = 0.4,$$

因为 $B \subset A$，所以 $P(AB) = P(B) = 0.4$，

由公式(1.4.1)，有

$$P(B \mid A) = \frac{P(AB)}{P(A)} = \frac{0.4}{0.8} = 0.5.$$

1.4.3   乘法公式

条件概率说明 $P(A)$，$P(AB)$，$P(B \mid A)$ 三个量之间的关系，由条件概率的定义(1.4.1)可以得到下述定理.

定理 1.4.1 （乘法公式）对于任意的事件 A, B, 若 $P(A) > 0$, 则有
$$P(AB) = P(A)P(B \mid A).\tag{1.4.3}$$
同样, 若 $P(B) > 0$, 则有
$$P(AB) = P(B)P(A \mid B).\tag{1.4.4}$$
上面两个式子都称为概率的**乘法公式**.

利用它们可计算两个事件同时发生的概率, 即等于其中任一个事件(其概率不为零) 的概率乘以另一个事件在已知前一个事件发生下的条件概率.

乘法公式可以推广到多(n) 个事件的情形.

推论　设 A_1, A_2, $\cdots$, A_n 是 n 个事件, 且 $P(A_1 A_2 \cdots A_{n-1}) > 0$, 则有
$$P(A_1 A_2 \cdots A_n) = P(A_1)P(A_2 \mid A_1)P(A_3 \mid A_1 A_2) \cdots P(A_n \mid A_1 A_2 \cdots A_{n-1}).\tag{1.4.5}$$
特别地, 当 $n = 3$ 时, 对于三个事件 A, B, C, 若 $P(AB) > 0$, 则有
$$P(ABC) = P(A)P(B \mid A)P(C \mid AB).$$

例 1.4.3　设 50 件产品中有 5 件为次品, 每次抽 1 件, 不放回地抽取 3 件, A_i 表示第 i 次抽到次品($i = 1, 2, 3$), 求 $P(A_1)$, $P(A_1 A_2)$, $P(A_1 \overline{A_2} A_3)$.

解　依题意及乘法公式得
$$P(A_1) = \frac{5}{50},$$
$$P(A_1 A_2) = P(A_1)P(A_2 \mid A_1) = \left(\frac{5}{50}\right)\left(\frac{4}{49}\right) = 0.008\,2,$$
$$P(A_1 \overline{A_2} A_3) = P(A_1)P(\overline{A_2} \mid A_1)P(A_3 \mid A_1 \overline{A_2})$$
$$= \left(\frac{5}{50}\right)\left(\frac{45}{49}\right)\left(\frac{4}{48}\right) = 0.007\,7.$$

例 1.4.4　今有 3 个布袋, 其中 2 个红布袋, 1 个绿布袋, 在 2 个红布袋中各装 60 个红球和 40 个绿球, 在绿布袋中装了 30 个红球和 50 个绿球. 现在任取 1 袋, 从中任取 1 球, 求该球是红布袋中的红球的概率.

解　设 A = "任取一袋是红袋", B = "任取一球是红球". 题目要求的是 A 与 B 同时发生的概率, 即 $P(AB)$.

显然 $P(A) = \dfrac{2}{3}$, $P(B \mid A)$ 是在取得红袋的条件下取到红球的概率, 也就是在红袋里取到红球的概率应为 $\dfrac{60}{100} = \dfrac{3}{5}$, 即 $P(B \mid A) = \dfrac{3}{5}$, 由乘法公式, 得到
$$P(AB) = P(A)P(B \mid A) = \left(\frac{2}{3}\right) \times \left(\frac{3}{5}\right) = \frac{2}{5}.$$

例 1.4.5　今有一张电影票, 5 个人都想要, 他们用抓阄的办法处理这张票, 即做 5 张纸

条的阄, 其中 4 张纸条上写"无", 1 张纸条上写"有". 试证明每人抽电影票的概率都是 $\frac{1}{5}$.

证 设第 i 个抓阄的人为第 i 个人, 并设 $A_i = $ "第 i 个人抓到'有'", $i = 1, 2, 3, 4, 5$. 显然 $P(A_1) = \frac{1}{5}$; 第二个人抓到"有"的必要条件是第一个人抓到"无", 所以, $A_2 = \overline{A_1} A_2$, 因而

$$P(A_2) = P(\overline{A_1} A_2) = P(\overline{A_1}) P(A_2 \mid \overline{A_1}).$$

其中, $P(A_2 \mid \overline{A_1})$ 是在 $\overline{A_1}$ 发生的条件下 A_2 的概率, 即在第一个人没有抓到的条件下第二个人抓到的概率, 此时只剩下 4 个阄, 其中有一个是"有", 故

$$P(A_2 \mid \overline{A_1}) = \frac{1}{4},$$

$$\begin{aligned}
P(A_2) &= P(\overline{A_1} A_2) = P(\overline{A_1}) P(A_2 \mid \overline{A_1}) \\
&= \left(\frac{4}{5}\right)\left(\frac{1}{4}\right) = \frac{1}{5}.
\end{aligned}$$

类似地, $A_3 = \overline{A_1}\, \overline{A_2} A_3$, 所以

$$\begin{aligned}
P(A_3) &= P(\overline{A_1}) P(\overline{A_2} \mid \overline{A_1}) P(A_3 \mid \overline{A_1}\,\overline{A_2}) \\
&= \left(\frac{4}{5}\right)\left(\frac{3}{4}\right)\left(\frac{1}{3}\right) = \frac{1}{5}.
\end{aligned}$$

同样地, $A_4 = \overline{A_1}\, \overline{A_2}\, \overline{A_3} A_4$,

所以

$$\begin{aligned}
P(A_4) &= P(\overline{A_1}\, \overline{A_2}\, \overline{A_3} A_4) \\
&= P(\overline{A_1}) P(\overline{A_2} \mid \overline{A_1}) P(\overline{A_3} \mid \overline{A_1}\,\overline{A_2}) P(A_4 \mid \overline{A_1}\,\overline{A_2}\,\overline{A_3}) \\
&= \left(\frac{4}{5}\right)\left(\frac{3}{4}\right)\left(\frac{2}{3}\right)\left(\frac{1}{2}\right) = \frac{1}{5}.
\end{aligned}$$

同理,
$$\begin{aligned}
P(A_5) &= P(\overline{A_1}\, \overline{A_2}\, \overline{A_3}\, \overline{A_4} A_5) \\
&= P(\overline{A_1}) P(\overline{A_2} \mid \overline{A_1}) P(\overline{A_3} \mid \overline{A_1}\,\overline{A_2}) P(\overline{A_4} \mid \overline{A_1}\,\overline{A_2}\,\overline{A_3}) P(A_5 \mid \overline{A_1}\,\overline{A_2}\,\overline{A_3}\,\overline{A_4}) \\
&= \left(\frac{4}{5}\right)\left(\frac{3}{4}\right)\left(\frac{2}{3}\right)\left(\frac{1}{2}\right) = \frac{1}{5}.
\end{aligned}$$

此例可推广到 n 个人抓阄分物的情况, n 个阄, 其中有一个"有", $n-1$ 个"无", n 个人排队抓阄, 每人抓到"有"的概率都是 $\frac{1}{n}$. 若 n 个阄中, 有 $m (m < n)$ 个"有", $n-m$ 个"无", 则每个人抓到"有"的概率都是 $\frac{m}{n}$. 由此例说明: 对于抽签 (抓阄) 问题, 不分先后. 抽中的概率都一样, 不必争先恐后.

例 1.4.6 设 100 件产品中有 5 件是不合格品, 用下列两种方法抽取 2 件, 求 2 件都是合格品的概率: (1) 不放回地抽取, 取两次, 每次取 1 件; (2) 有放回地抽取, 取两次, 每次取 1 件.

解 设 $A = $ "第一次取得是合格品", $B = $ "第二次取得是合格品".

这里所讨论的问题就是求 $P(AB)$.

(1) 由题设，不放回地顺序抽取时，$P(A) = \dfrac{95}{100}$，$P(B \mid A) = \dfrac{94}{99}$，

由乘法公式得

$$P(AB) = P(A)P(B \mid A) = \left(\frac{95}{100}\right) \times \left(\frac{94}{99}\right) \approx 0.9020.$$

(2) 由题设，有放回地顺序抽取时，$P(A) = \dfrac{95}{100}$，$P(B \mid A) = \dfrac{95}{100}$，

由乘法公式得

$$P(AB) = P(A)P(B \mid A) = \left(\frac{95}{100}\right) \times \left(\frac{95}{100}\right) = 0.9025.$$

在 (2) 的假设下，可以求得 $P(B) = \dfrac{95}{100}$，它等于 $P(B \mid A)$，即 $P(B) = P(B \mid A)$. 它说明事件 A 发生与否不影响事件 B 发生的概率. 该结论从 (2) 的假设可以直接看到，因为此时第二次抽取时的条件与第一次抽取时完全相同，即第一次抽取的结果，完全不影响第二次抽取.

一个事件的发生与否，不影响另一事件发生可能性的大小 (即两个事件之间有某种"独立性") 这一性质，在概率论里是需要进一步研究的，这一点将在第 1.6 节中讨论.

习题 1.4

习题 1.4 答案

1. 问答题

(1) 什么是条件概率? 如何求条件概率?

(2) 概率的乘法公式有什么特点?

2. 市场上供应的灯泡中，甲厂产品占 70%，乙厂占 30%，甲厂产品的合格率是 95%，乙厂的合格率是 80%. 若从中任取一件产品，用事件 A、$\overline{A}$ 分别表示该产品为甲、乙两厂的产品，B 表示产品为合格品，求以下事件的概率 $P(B \mid A)$，$P(B \mid \overline{A})$，$P(\overline{B} \mid A)$，$P(\overline{B} \mid \overline{A})$.

3. 全年级 100 名学生中，有男生 80 人，女生 20 人；来自北京的有 20 人，其中男生 12 人，女生 8 人；免修英语的 40 人中有 32 名男生，8 名女生. 若从这 100 名学生，任意抽一名学生，用 A，B，C 分别表示该学生为男生、来自北京的学生、免修英语的学生. 求以下事件的概率. $P(A)$，$P(B)$，$P(B \mid A)$，$P(A \mid B)$，$P(AB)$，$P(C)$，$P(C \mid A)$，$P(\overline{A} \mid B)$，$P(AC)$.

4. 10 个考试题的签中有 4 个是难题签. 3 人参加抽签 (不放回)，甲先、乙次、丙最后. 求甲抽到难题签，甲、乙都抽到难题签，甲没抽到难题签而乙抽到难题签以及甲、乙、丙都抽到难题签的概率.

5. 盒中有 3 个红球，2 个白球，每次从袋中任取一只，观察其颜色后放回，并再放入一只与所取之球颜色相同的球，若从盒中连续取球 4 次，试求第 1、2 次取得白球，第 3、4 次取得红球的概率.

1.5 全概率公式与贝叶斯公式

导学 1.4
(1.5)

为了求比较复杂事件的概率，经常把它分解为若干个互不相容的简单事件之和，通过分别计算这些简单事件的概率，再应用概率的加法公式与乘法公式求得所需结果，这是概率论中颇为有用的一种方法.

引例 1.5.1　设有一盒产品共 10 只，其中有 3 只次品. 从中取 2 次，每次取 1 只，作不放回抽取，求第二次取到的是次品的概率.

解　设 $A =$ "第一次取到次品"，$B =$ "第二次取到次品"，

因为 $B = B\Omega = B(A \cup \overline{A}) = AB \cup \overline{A}B$，又 $(AB)(\overline{A}B) = \varnothing$，所以，

$$P(B) = P(AB) + P(\overline{A}B) = P(A)P(B \mid A) + P(\overline{A})P(B \mid \overline{A})$$

由于 $P(A) = \dfrac{3}{10}, P(B \mid A) = \dfrac{2}{9}, P(\overline{A}) = \dfrac{7}{10}, P(B \mid \overline{A}) = \dfrac{3}{9}$，故

$$P(B) = \frac{3}{10} \times \frac{2}{9} + \frac{7}{10} \times \frac{3}{9} = \frac{3}{10}.$$

从引例 1.5.1 可以看出，它是将复杂事件 B 分解成两个互不相容的简单事件之和，而这两个简单事件的概率利用乘法公式是容易计算出来的. 最后再利用加法公式就可得到所求的结果，把这一想法一般化就得到以下全概率公式，为此，首先介绍样本空间的划分的定义.

定义 1.5.1　设 Ω 为随机试验 E 的样本空间，$B_1, B_2, \cdots, B_n$ 为 E 的一组事件，若

$$B_i \cap B_j = \varnothing (i \neq j, i, j = 1, 2, \cdots, n),$$

且

$$B_1 \cup B_2 \cup \cdots \cup B_n = \Omega,$$

则称 $B_1, B_2, \cdots, B_n$ 为样本空间 Ω 的一个划分.

若事件组 $B_1, B_2, \cdots, B_n$ 是 Ω 的一个划分，且 $P(B_i) > 0 (i = 1, 2, \cdots, n)$，则事件组 $B_1, B_2, \cdots, B_n$ 称为 Ω 的一个**完备事件组**.

比如，E：掷一颗骰子，样本空间 $\Omega = \{1, 2, 3, 4, 5, 6\}$，则 $B_1 = \{1, 2\}$，$B_2 = \{3\}$，$B_3 = \{4, 5, 6\}$ 就是 Ω 的一个划分；又如引例 1.5.1 中的 A 和 $\overline{A}$ 也是对 Ω 的一个划分.

若 $B_1, B_2, \cdots, B_n$ 是 Ω 的一个划分，那么，做一次试验 E，事件 $B_1, B_2, \cdots, B_n$ 中必有一个且仅有一个发生.

1.5.1 全概率公式

> **定理 1.5.1** （全概率公式）设随机试验 E 的样本空间为 Ω，B_1，B_2，$\cdots$，B_n 为 Ω 的一个划分，且 $P(B_i) > 0$ $(i = 1, 2, \cdots, n)$，则对 E 的任一事件 A，有
>
> $$P(A) = P(B_1)P(A \mid B_1) + P(B_2)P(A \mid B_2) + \cdots + P(B_n)P(A \mid B_n)$$
>
> $$= \sum_{i=1}^{n} P(B_i)P(A \mid B_i). \tag{1.5.1}$$

证 因为 $A = AS = A(B_1 \cup B_2 \cup \cdots \cup B_n) = AB_1 \cup AB_2 \cup \cdots \cup AB_n$，又 B_1，B_2，$\cdots$，B_n 两两互斥，所以 AB_1，AB_2，$\cdots$，AB_n 两两互斥. 由加法公式得

$$P(AB_i) = P(B_i)P(A \mid B_i), \ i = 1, 2, \cdots, n, \ P(B_i) > 0,$$

所以

$$P(A) = \sum_{i=1}^{n} P(B_i)P(A \mid B_i).$$

全概率公式是计算概率的一个很有用的公式，它是把一些复杂的事件转化为一组简单事件之和去求其概率，能否转化的关键是找到一个完备事件组 B_1，B_2，$\cdots$，B_n，且有 $A \subset B_1 \cup B_2 \cup \cdots \cup B_n$，即

$$A = A\Omega = A(B_1 \cup B_2 \cup \cdots \cup B_n) = AB_1 \cup AB_2 \cup \cdots \cup AB_n,$$

然后用一次加法公式及乘法公式即可.

还可以从另一个角度去理解全概率公式：某一事件 A 的发生有各种可能的原因 $B_i (i = 1, 2, \cdots, n)$，如果 A 是由原因 B_i 所引起，且 $P(AB_i) = P(A \mid B_i)P(B_i)$，而每一原因 B_i 都可能导致 A 发生，故 A 发生的概率是各原因引起 A 发生概率的总和，即全概率公式：

$$P(A) = \sum_{i=1}^{n} P(A \mid B_i)P(B_i).$$

如何找一个完备事件组 B_1，B_2，$\cdots$，B_n，要具体问题具体分析，一般有以下两种试验情况：(1) 两次试验类型：讨论第二次试验的某一事件 A（结果）发生的概率，则 B_1，B_2，$\cdots$，B_n 要到第一次试验结果里去找；(2) 因果型：B_1，B_2，$\cdots$，B_n 可看成导致 A 发生的一组原因. 如 A 是次品，必是 n 个车间生产了次品；A 是某种疾病，必是几种病因导致 A 发生；A 表示被击中，必有几种方式或几个人打中. 下面举一些例题，说明如何运用全概率公式去计算概率.

例 1.5.1 设有一箱同类型的产品是三家工厂所生产的. 已知其中有 $\dfrac{1}{2}$ 的产品是第一家工厂所生产的，其他两厂各生产 $\dfrac{1}{4}$. 又知第一、二厂生产的产品有 2% 是次品，第三家工厂生产的产品有 4% 是次品. 现从此箱中任取一个产品，问拿到的是次品的概率是多少？

解 从此箱中任取一个产品，必然是这三个厂中某一个厂的产品，设 A = "任取一个产品，取到产品是次品"，B_i = "任取一个产品，取到产品是来自第 i 家厂生产的" $(i = 1, 2, 3)$，因为 A 的发生总是伴随着 B_1，B_2，B_3 之一同时发生，所以 B_1，B_2，B_3 是 Ω 的一个划分.

易求得，$\quad P(B_1) = \dfrac{1}{2}, P(B_2) = \dfrac{1}{4}, P(B_3) = \dfrac{1}{4},$

且，

$$P(A \mid B_1) = \dfrac{2}{100}, P(A \mid B_2) = \dfrac{2}{100}, P(A \mid B_3) = \dfrac{4}{100},$$

由全概率公式，得

$$\begin{aligned} P(A) &= \sum_{i=1}^{3} P(B_i) P(A \mid B_i) \\ &= \dfrac{1}{2} \times \dfrac{2}{100} + \dfrac{1}{4} \times \dfrac{2}{100} + \dfrac{1}{4} \times \dfrac{4}{100} \\ &= 0.025. \end{aligned}$$

例 1.5.2 某厂有甲、乙、丙三台机床进行生产，各自的次品率分别为5%，4%，2%；它们各自的产品分别占总产量的25%，35%，40%. 将它们的产品混在一起，求任取一个产品是次品的概率.

解 设 A 表示"任取一个产品是次品"，B_i 表示"任取一个产品是来自第 i 台机床的"（$i = 1, 2, 3$），由题设知 B_1，B_2，B_3 构成一个完备事件组，满足全概率公式，且可知

$$P(B_1) = 0.25, P(B_2) = 0.35, P(B_3) = 0.40,$$

$$P(A \mid B_1) = 0.05, P(A \mid B_2) = 0.04, P(A \mid B_3) = 0.02,$$

由全概率公式，得

$$\begin{aligned} P(A) &= \sum_{i=1}^{3} P(B_i) P(A \mid B_i) \\ &= 0.25 \times 0.05 + 0.04 \times 0.35 + 0.02 \times 0.40 \\ &= 0.034\,5. \end{aligned}$$

例 1.5.3 甲箱中有5个正品和3个次品，乙箱中有4个正品和3个次品. 从甲箱中任取3个产品放入乙箱，然后从乙箱中任取1个产品. 求这个产品是正品的概率.（结果保留四位小数）

解 设 $A =$ "从乙箱中取得正品"，则关于事件 A 发生的前提有四种不同的假设（即第一次试验的结果）：

$B_1 =$ "从甲箱中取出的3个产品都是正品"，

$B_2 =$ "从甲箱中取出的是2个正品和1个次品"，

$B_3 =$ "从甲箱中取出的是1个正品和2个次品"，

$B_4 =$ "从甲箱中取出的3个产品都是次品"，

易知

$$P(B_1) = \dfrac{C_5^3}{C_8^3} = \dfrac{10}{56} = 0.178\,6, \qquad P(B_2) = \dfrac{C_5^2 C_3^1}{C_8^3} = \dfrac{30}{56} = 0.53\,57$$

$$P(B_3) = \frac{C_5^1 C_3^2}{C_8^3} = \frac{15}{56} = 0.267\,9, \qquad P(B_4) = \frac{C_3^3}{C_8^3} = \frac{1}{56} = 0.017\,9$$

又 $P(A \mid B_1) = \frac{7}{10}$, $P(A \mid B_2) = \frac{6}{10}$, $P(A \mid B_3) = \frac{5}{10}$, $P(A \mid B_4) = \frac{4}{10}$,

所以利用全概率公式得

$$\begin{aligned} P(A) &= \sum_{i=1}^{4} P(B_i) P(A \mid B_i) \\ &= \frac{10}{56} \times \frac{7}{10} + \frac{31}{56} \times \frac{6}{10} + \frac{15}{56} \times \frac{5}{10} + \frac{1}{56} \times \frac{4}{10} \\ &= \frac{329}{560} = 0.587\,5. \end{aligned}$$

1.5.2　贝叶斯公式

全概率公式给出了一个实际计算某些事件概率的公式, 假设 B_1, B_2, $\cdots$, B_n 是 Ω 的一个划分, 并且已知事件 B_i 的概率 $P(B_i)$ (它们是试验前的假设概率, 称为**先验概率**) 及事件 A 在 B_i 已发生的条件下的条件概率 $P(A \mid B_i)$ $(i = 1, 2, \cdots, n)$, 则由全概率公式就可算出 $P(A)$. 现在进行了一次试验, 如果事件 A 确实发生了, 则对于事件 B_i 的概率应给予重新估计, 也就是要计算事件 B_i 在事件 A 已发生的条件下的条件概率 $P(B_i \mid A)$ (它们是试验后的假设概率称为**后验概率**). 下面的贝叶斯公式就给出了计算 $P(B_i \mid A)$ 的公式.

> **定理 1.5.2**(贝叶斯公式)　设 B_1, B_2, $\cdots$, B_n 为样本空间 Ω 的一个划分, 且 $P(B_i) > 0$ $(i = 1, 2, 3, \cdots, n)$, 则对任一事件 A, 有
>
> $$P(B_i \mid A) = \frac{P(B_i) P(A \mid B_i)}{\sum_{j=1}^{n} P(B_j) P(A \mid B_j)}.$$
>
> $$(1.5.2)$$

贝叶斯 (Thomas Bayes, 1702—1761 年), 英国数学家. 1702 年出生于伦敦, 做过神甫. 贝叶斯在数学方面主要研究概率论. 对于统计决策函数、统计推断、统计的估算等做出了贡献.

贝叶斯公式 (1.5.2) 亦称为**逆概率公式**.

例 1.5.4　某厂有甲、乙、丙三台机床进行生产, 各自的次品率分别为 5%, 4%, 2%; 它们各自的产品分别占总产量的 25%, 35%, 40%. 将它们的产品混在一起, 若取到一个产品是次品, 问它是甲机床生产的概率多大?

解　设 A 表示"任取一个产品是次品", B_i 表示"任取一个产品是第 i 台机床的"$(i = 1, 2, 3)$, 则有　$A \subset B_1 \cup B_2 \cup B_3$, 且 $B_i B_j = \varnothing (i \neq j, i, j = 1, 2, 3)$ (即 B_1, B_2, B_3 构成一个完备事件组), 满足贝叶斯公式条件, 根据题意有

$$P(B_1) = 0.25, \quad P(B_2) = 0.35, \quad P(B_3) = 0.40,$$
$$P(A \mid B_1) = 0.05, \quad P(A \mid B_2) = 0.04, \quad P(A \mid B_3) = 0.02,$$

由贝叶斯公式,得

$$P(B_1 \mid A) = \frac{P(B_1)P(A \mid B_1)}{\sum_{j=1}^{3} P(B_j)P(A \mid B_j)} = \frac{0.25 \times 0.05}{0.034\ 5} = 0.362\ 3,$$

还可求得

$$P(B_2 \mid A) = \frac{0.35 \times 0.04}{0.034\ 5} = 0.405\ 8, \ P(B_3 \mid A) = \frac{0.40 \times 0.02}{0.034\ 5} = 0.231\ 9.$$

说明: 例 1.5.2 和例 1.5.4 是两个典型的利用全概率公式和贝叶斯公式计算的问题,计算这类问题的关键是找到公式中的完备事件组,以及区分应用全概率公式还是应用贝叶斯公式,通过例题能得到一些启示.

例 1.5.5 某厂有四条流水线生产同一批产品,产量分别占总产量的 15%,20%,30% 和 35%,且这四条流水线的不合格率依次为 0.05,0.04,0.03 及 0.02. 现从这批产品中任取一件,求:(1) 取到不合格产品的概率是多少;(2) 取到的不合格品是第 1 条流水线产品的概率.

解 设 $A = \{$任取一件为不合格品$\}$,$B_i = \{$任取一件为第 i 条流水线产品$\}$($i = 1, 2, 3, 4$)(B_1, B_2, B_3, B_4 构成一个完备事件组).

对问题(1)利用全概率公式,得

$$P(A) = \sum_{i=1}^{4} P(B_i)P(A \mid B_i)$$
$$= 0.15 \times 0.05 + 0.20 \times 0.04 + 0.30 \times 0.03 + 0.35 \times 0.02$$
$$= 0.031\ 5.$$

问题(2)可由贝叶斯公式得

$$P(B_1 \mid A) = \frac{P(B_1)P(A \mid B_1)}{\sum_{j=1}^{4} P(B_j)P(A \mid B_j)} = \frac{0.15 \times 0.05}{0.031\ 5} = \frac{5}{21} \approx 0.238.$$

例 1.5.6 在数字通信中,信号是由数字 0 和 1 的长序列组成的,由于有随机干扰,发送的信号 0 或 1 各有可能错误接收为 1 或 0. 现假定发送信号为 0 和 1 的概率均为 0.5,又已知发送 0 时,接收为 0 和 1 的概率分别为 0.8 和 0.2;发送信号为 1 时,接收为 1 和 0 的概率分别为 0.9 和 0.1;求:已知收到信号是 0 时,发出的信号是 0(即没有错误接收)的概率.

解 令 B_{i+1} = "发出信号是 i"($i = 0, 1$),A = "收到信号是 0",
由题设,知 $P(B_1) = P(B_2) = 0.5$,$P(A \mid B_1) = 0.8$,$\quad P(A \mid B_2) = 0.1$,
由贝叶斯公式,得所求的概率为

$$P(B_1 \mid A) = \frac{P(B_1)P(A \mid B_1)}{P(B_1)P(A \mid B_1) + P(B_2)P(A \mid B_2)}$$

$$= \frac{\left(\frac{1}{2}\right) \times 0.8}{\left(\frac{1}{2}\right) \times 0.8 + \left(\frac{1}{2}\right) \times 0.1} = \frac{8}{9} \approx 0.89.$$

例 1.5.7　设 8 支枪中有 3 支未经过试射校正,5 支已经试射校正. 一射击手用校正过的枪射击时,中靶概率为 0.8. 而用未校正过的枪射击时,中靶概率为 0.3. 假定从 8 支枪中任取一支进行射击,射击结果为中靶,求所用这支枪是已校正过的概率.

解　设 A = "射击中靶",B_1 = "所取的枪是校正过的",B_2 = "所取的枪是未校正过的",由题设,知　$P(B_1) = \dfrac{5}{8}, P(B_2) = \dfrac{3}{8},$

$$P(A \mid B_1) = 0.8, \quad P(A \mid B_2) = 0.3,$$

由贝叶斯公式,得所求的概率为

$$P(B_1 \mid A) = \frac{P(B_1)P(A \mid B_1)}{P(B_1)P(A \mid B_1) + P(B_2)P(A \mid B_2)}$$

$$= \frac{\dfrac{5}{8} \times 0.8}{\dfrac{5}{8} \times 0.8 + \dfrac{3}{8} \times 0.3} = \frac{4}{4.9} \approx 0.82.$$

习题 1.5

习题 1.5 答案

1. 问答题
(1) 什么是完备事件组?
(2) 全概率公式是如何导出的?
(3) 应用全概率公式的关键问题是什么? 如何解决这一关键问题?
(4) 全概率公式有哪几种常用的应用类型?
(5) 贝叶斯公式是如何导出的?
(6) 什么情形下利用贝叶斯公式?
(7) 如何理解先验概率与后验概率?

2. 从数 1, 2, 3, 4 中任取一个数,记为 X;再从 1, 2, $\cdots$, X 中任取一个数,记为 Y. 求 $P\{Y = 2\}$.

3. 袋中装有 m 只正品硬币,n 只次品硬币(次品的两面均印有国徽),在袋中任取一只,将其扔 r 次,已知每次均出现国徽,问这硬币是正品的概率是多少?

1.6　随机事件的独立性与伯努利概型

导学 1.5
(1.6)

引例 1.6.1　　三个臭皮匠指的是他们解决问题的能力很一般, 如果用概率来解释, 即独立解决问题的概率比较低. 但是三个臭皮匠一起解决问题, 可以看成是单个事件的和事件, 那么这个和事件的概率会是多少呢, 和诸葛亮相比呢?

解　　不妨用 A_i 表示事件"第 i 个臭皮匠独立解决某问题", $i = 1, 2, 3$, 以 B 表示事件"诸葛亮解决某问题", 并设他们解决问题的概率分别为

$$P(A_1) = 0.45, P(A_2) = 0.5, P(A_3) = 0.65, P(B) = 0.9,$$

则三个臭皮匠一起解决问题的概率为:

$$
\begin{aligned}
p = P(A_1 \cup A_2 \cup A_3) &= \sum_{i=1}^{3} P(A_i) - P(A_1 A_2) - P(A_2 A_3) - P(A_1 A_3) + P(A_1 A_2 A_3) \\
&= 1 - P(\overline{A_1} \cup \overline{A_2} \cup \overline{A_3}) = 1 - P(\overline{A_1}) P(\overline{A_2}) P(\overline{A_3}) \\
&= 1 - 0.55 \times 0.5 \times 0.35 = 0.9038.
\end{aligned}
$$

由此可以看出, 三个并不聪明的臭皮匠一起解决问题的能力竟然达到 0.9038, 聪明的诸葛亮也不过如此.

注: 以上引例的求解方法涉及本节介绍的随机事件的独立性及相关内容.

引例 1.6.2　(巴拿赫问题)　　波兰数学家巴拿赫随身带着两盒相同的火柴, 分别放在左右两个衣袋里. 每盒有 n 根火柴. 每次使用时, 他随机地从其中一盒中取出一根. 某日他发现一盒已空, 求此时另一盒中还剩 k 根火柴的概率.

解　　为了求得巴拿赫衣袋中的一盒火柴已空, 而另一盒还有 k 根的概率, 可设 A 为"取左衣袋盒中火柴" 的事件, $\overline{A}$ 为"取右衣袋盒中火柴" 的事件. 将取一次火柴看作一次随机实验, 每次实验结果是 A 或 $\overline{A}$ 发生. 显然有 $P(A) = P(\overline{A}) = \dfrac{1}{2}$.

若巴拿赫首次发现他左衣袋中的一盒火柴变空, 这时事件 A 已经是第 $n + 1$ 次发生, 而此时他右边衣袋中火柴盒中恰剩 k 根火柴相当于他在此前已在右衣袋中取走了 $n - k$ 根火柴, 即 $\overline{A}$ 发生了 $n - k$ 次. 即一共做了 $2n - k + 1$ 次随机试验, 其中事件 A 发生了 $n + 1$ 次, $\overline{A}$ 发生了 $n - k$ 次. 在这 $2n - k + 1$ 次实验中, 第 $2n - k + 1$ 是 A 发生, 在前面的 $2n - k$ 次实验中 A 发生了 n 次. 所以他发现左衣袋火柴盒空, 而右衣袋恰有 k 根火柴的概率为

$$P(A) \mathrm{C}_{2n-k}^{n} (P(A))^n (P(\overline{A}))^{n-k} = \frac{1}{2} \mathrm{C}_{2n-k}^{n} \left(\frac{1}{2}\right)^{2n-k},$$

由对称性知, 当右衣袋中空而左衣袋中恰有 k 根火柴的概率也是 $\dfrac{1}{2} \mathrm{C}_{2n-k}^{n} \left(\dfrac{1}{2}\right)^{2n-k}$.

则巴拿赫发现他一只衣袋里火柴已空而另一只衣袋的盒中恰有 k 根火柴的概率为

$$\mathrm{C}_{2n-k}^{n} \left(\frac{1}{2}\right)^{2n-k}, \quad k = 0, 1, \cdots, n.$$

注: 以上引例的讨论涉及本节介绍的伯努利概型及其相关内容.

巴拿赫(Stefan Banach, 1892—1945 年)波兰数学家.

巴拿赫曾在克拉科夫的买吉洛尼亚大学和利沃夫工业大学短期学习, 但他主要靠自学.

1920 年获博士学位, 1922 年任利沃夫大学讲师, 1927 年为教授. 成为泛函分析的开创者之一.

1.6.1　随机事件的独立性

对于任意两个事件 A、B, 若 $P(B) > 0$, 则 $P(A \mid B)$ 有定义, 此时可能有两种情况 $P(A \mid B) \neq P(A)$ 和 $P(A \mid B) = P(A)$. 前者说明事件 B 的发生对事件 A 发生的概率有影响, 只有当 $P(A \mid B) = P(A)$ 时才认为这种影响不存在, 这时自然认为事件 A 不依赖于事件 B, 即 A、B 是彼此独立的. 这时有

$$P(AB) = P(B)P(A \mid B) = P(A)P(B)$$

由此引出关于事件独立性的问题.

> **定义 1.6.1**　对任意两个随机事件 A 与 B, 若
> $$P(AB) = P(A)P(B),$$
> 则称事件 A 与 B 是相互独立的(简称为**独立**的).

在实际应用中, 对于事件的相互独立性往往不是根据定义来判断, 而是由问题的实际意义来判断的. 例如, 甲、乙两人同时射击一目标, 因为甲、乙两人的射击一般说来是互不影响的, 所以"甲命中目标"与"乙命中目标"两事件应理解为相互独立的. 一般, 若根据实际情况分析, A, B 两事件之间没有关联或关联很微弱, 那就认为它们是相互独立的.

由定义 1.6.1 不难证明下面的定理.

> **定理 1.6.1**　若事件 A 与 B 相互独立, 则下列各对事件 A 与 $\overline{B}$, $\overline{A}$ 与 B, $\overline{A}$ 与 $\overline{B}$ 也相互独立.

证　这里只证明事件 A 与 $\overline{B}$ 相互独立, 其他性质类似可证. 因为

$$A = AB \cup A\overline{B},$$

从而

$$P(A) = P(AB) + P(A\overline{B}),$$

由此得

$$\begin{aligned}
P(A\overline{B}) &= P(A) - P(AB) \\
&= P(A) - P(A)P(B) \\
&= P(A)[1 - P(B)] \\
&= P(A)P(\overline{B}).
\end{aligned}$$

所以, 事件 A 与 $\overline{B}$ 相互独立.

例 1.6.1　设事件 A、B 相互独立, $P(A) = 0.4$, $P(B) = 0.3$, 求 $P(A \cup \overline{B})$.

解 $P(A \cup \overline{B}) = P(A) + P(\overline{B}) - P(A\overline{B}) = P(A) + P(\overline{B}) - P(A)P(\overline{B})$
$$= P(A) + (1 - P(B))(1 - P(A)) = 0.4 + 0.7 \times 0.6 = 0.82$$

对于三个或更多个事件,给出下面的定义.

定义 1.6.2   设有 n 个事件 $A_1, A_2, \cdots, A_n (n \geq 3)$,若对其中任意两个事件 A_i 与 $A_j (1 \leq i < j \leq n)$ 有

$$P(A_i A_j) = P(A_i)P(A_j)$$

则称这 n 个事件是**两两相互独立的**.

定义 1.6.3   设有 n 个事件 $A_1, A_2, \cdots, A_n (n \geq 3)$,若对其中任意 k 个事件 $A_{i_1}, A_{i_2}, \cdots, A_{i_k} (2 \leq k \leq n)$ 有

$$P(A_{i_1} A_{i_2} \cdots A_{i_k}) = P(A_{i_1})P(A_{i_2}) \cdots P(A_{i_k}) \tag{1.6.1}$$

则称这 n 个事件是**相互独立的**.

不难证明,若 $A_1, A_2, \cdots, A_n$ 相互独立,则将其中任意多个事件换成它们的对立事件而得到的 n 个事件仍相互独立.

由上述定义可知,若 n 个事件 $A_1, A_2, \cdots, A_n$ 相互独立,则 n 个事件一定是两两相互独立;反之,却不一定成立.

例如,从 4 张分别写有三位数字 $\{001\}$,$\{010\}$,$\{100\}$,$\{111\}$ 的卡片中任取一张,设事件 A_i 表示"取出的卡片上第 i 位数字是 0"$(i = 1, 2, 3)$,则易知

$$P(A_i) = \frac{1}{2}, \quad (i = 1, 2, 3)$$

$$P(A_i A_j) = \frac{1}{4}, \quad (1 \leq i < j \leq 3)$$

于是有

$$P(A_i A_j) = P(A_i)P(A_j), \quad (1 \leq i < j \leq 3)$$

由此可见,事件 A_1, A_2, A_3 两两独立. 但是,这三个事件却不是相互独立的,因为
$P(A_1 A_2 A_3) = 0 \neq P(A_1)P(A_2)P(A_3)$.

由定义 1.6.3 可以得到相互独立事件的概率乘法公式.

定理 1.6.2   设 n 个事件 $A_1, A_2, \cdots, A_n$ 相互独立,则有
$$P(A_1 A_2 \cdots A_n) = P(A_1)P(A_2) \cdots P(A_n)$$

例 1.6.2   设有甲、乙、丙三人打靶,每人各独立射击一次,击中率分别为 0.8,0.6,0.5,求靶子被击中的概率.

解   设 A 表示"甲射击击中靶子",B 表示"乙射击击中靶子",C 表示"丙射击击中靶子",由题设知,事件 A, B, C 相互独立,则 $A \cup B \cup C$ 表示事件"靶子被击中",计算其概率为

$$P(A \cup B \cup C) = 1 - P(\overline{A \cup B \cup C})$$
$$= 1 - P(\bar{A} \cap \bar{B} \cap \bar{C}) = 1 - P(\bar{A})P(\bar{B})P(\bar{C})$$
$$= 1 - 0.2 \times 0.4 \times 0.5 = 0.96.$$

在例 1.6.2 的计算中,应注意 A, B, C 并非互不相容,所以不能应用互斥事件的加法公式,如果使用一般加法公式,则会产生 7 项之多的计算.而此例利用对立事件求概率,则计算过程相对简便多了.

将此例的方法推广到 n 个独立事件的和事件的概率计算,则有以下公式.

设 n 个事件 A_1, A_2, $\cdots$, A_n 相互独立,则

$$P(A_1 \cup A_2 \cup \cdots \cup A_n) = 1 - P(\overline{A_1 \cup A_2 \cup \cdots \cup A_n})$$
$$= 1 - P(\overline{A_1} \cap \overline{A_2} \cap \cdots \cap \overline{A_n})$$
$$= 1 - P(\overline{A_1})P(\overline{A_2})\cdots P(\overline{A_n}). \tag{1.6.2}$$

这里,特别要强调"互不相容"和"相互独立"这两个概念的区别."互不相容"是指不能同时发生;而"相互独立"并不排除同时发生,而是指发生与否互不影响,两者不能混为一谈.当 $P(A) > 0$, $P(B) > 0$ 时,若 A, B 互不相容则必相依(不独立);反之,若 A, B 相互独立则必相容,即 $P(AB) = 0$ 和 $P(AB) = P(A)P(B)$ 不可能同时成立.

式(1.6.2)也称为 **n 个独立事件的和事件的概率公式**.

例 1.6.3　(系统可靠性问题)一个元件能正常工作的概率称为这个元件的可靠性,一个系统能正常工作的概率称为这个系统的可靠性.设一个系统由 4 个元件按图 1.6.1 所示方式组成,各个元件能否正常工作是相互独立的,且每个元件的可靠性都等于 $p(0 < p < 1)$.求这个系统的可靠性.

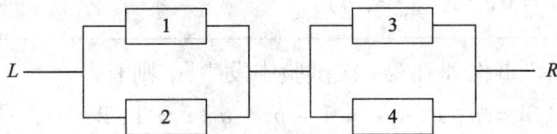

图 1.6.1

解　设事件 A_i 表示"第 i 个元件能正常工作"($i = 1, 2, 3, 4$),事件 A 表示"系统 $L - R$ 能正常工作",则有

$$A = (A_1 \cup A_2)(A_3 \cup A_4),$$

注意到

$$\bar{A} = (\overline{A_1 \cup A_2}) \cup (\overline{A_3 \cup A_4})$$
$$= (\overline{A_1} \, \overline{A_2}) \cup (\overline{A_3} \, \overline{A_4}).$$

则有

$$P(\overline{A}) = P[(\overline{A_1}\,\overline{A_2}) \cup (\overline{A_3}\,\overline{A_4})]$$
$$= P(\overline{A_1}\,\overline{A_2}) + P(\overline{A_3}\,\overline{A_4}) - P(\overline{A_1}\,\overline{A_2}\,\overline{A_3}\,\overline{A_4})$$
$$= P(\overline{A_1})P(\overline{A_2}) + P(\overline{A_3})P(\overline{A_4}) - P(\overline{A_1})P(\overline{A_2})P(\overline{A_3})P(\overline{A_4})$$
$$= 2(1-p)^2 - (1-p)^4$$

于是得

$$P(A) = 1 - 2(1-p)^2 + (1-p)^4$$
$$= [1-(1-p)^2]^2 = p^2(2-p)^2$$

1.6.2 伯努利概型

有一类十分广泛存在的只有相互对立的两个结果的试验. 即在试验 E 的样本空间 Ω 只有两个基本事件 A 与 $\overline{A}$. 例如：试验"成功""失败"；种子"发芽""不发芽"；生"男孩""女孩"；考试"及格""不及格"；产品"合格""不合格"；买彩票"中奖""不中奖"……且每次试验中

$$P(A) = p, \ P(\overline{A}) = 1 - p = q, \ 0 \leqslant p \leqslant 1.$$

称这种只有两个对立试验结果的试验为**伯努利(Bernoulli) 试验**或**伯努利概型**.

若这种只有两个对立结果的试验可在相同的条件下重复进行 n 次实验, 则这 n 次实验称为 n **重伯努利试验**.

对于伯努利概型, 需要计算事件 A 在 n 次独立试验中恰好发生 k 次的概率.

> **定理 1.6.3** 在伯努利概型中, 设事件 A 在各次试验中发生的概率 $P(A) = p(0 < p < 1)$, 则在 n 次独立试验中事件 A 恰好发生 k 次的概率
>
> $$P_n(k) = C_n^k p^k q^{n-k} \tag{1.6.3}$$
>
> 其中 $p + q = 1(k = 0, 1, 2, \cdots, n)$.

证 设事件 A_i 表示"事件 A 在第 i 次试验中发生", 则有

$$P(A_i) = p, \ P(\overline{A_i}) = 1 - p = q \ (i = 1, 2, \cdots, n).$$

因为各次试验是相互独立的, 所以事件 $A_1, A_2, \cdots, A_n$ 是相互独立的. 由此可见, n 次独立试验中事件 A 在指定的 k 次(例如, 在前面 k 次) 试验中发生而在其余 $n-k$ 次试验中不发生的概率

$$P(A_1 \cdots A_k \overline{A_{k+1}} \cdots \overline{A_n}) = P(A_1) \cdots P(A_k) P(\overline{A_{k+1}}) \cdots P(\overline{A_n})$$
$$= \underbrace{p \cdots p}_{n\uparrow} \cdot \underbrace{q \cdots q}_{(n-k)\uparrow} = p^k q^{n-k}.$$

由于事件 A 在 n 次独立试验中恰好发生 k 次共有 C_n^k 种不同的方式, 每一种方式对应一个事件, 易知这 C_n^k 个事件是互不相容的, 所以根据概率的可加性得

$$P_n(k) = C_n^k p^k q^{n-k} (k = 0, 1, 2, \cdots, n).$$

由于上式右端正好是二项式 $(p+q)^n$ 的展开式中的第 $k+1$ 项, 所以通常把公式(1.6.3) 称为**二项概率公式**. 顺便指出, 概率 $P_n(k)$ 满足恒等式

$$\sum_{k=0}^{n} P_n(k) = \sum_{k=0}^{n} C_n^k p^k q^{n-k} = (p+q)^n = 1^n = 1.$$

例 1.6.4　某车间有 12 台车床，每台车床由于种种原因，时常需要停车，各台车床是否停车是相互独立的. 若每台车床在任一时刻处于停车的概率为 $\dfrac{1}{3}$，求任一时刻车间里恰有 4 台车床处于停车状态的概率.

解　任一时刻对一台车床的观察可以看作是一次试验，实验的结果只有两种：开动或停车. 因为各台车床开动或停车是相互独立的，所以对 12 台车床的观察就是 12 次独立试验. 于是，可以用二项概率公式(1.6.3) 计算得

$$P_{12}(4) = C_{12}^4 \left(\frac{1}{3}\right)^4 \left(\frac{2}{3}\right)^8 \approx 0.238.$$

例 1.6.5　设某种药对某种疾病的治愈率为80%，现有 10 名患有这种疾病的病人同时服用这种药，求其中至少有 6 人被治愈的概率.

解　每一病人服用这种药可以看作是一次试验，试验结果只有两种：治愈或未治愈. 因为各个病人是否被治愈是相互独立的，所以 10 个病人服用这种药就是 10 次独立试验. 于是，可以用二项概率公式(1.6.3) 计算得所求概率为

$$\sum_{k=6}^{10} P_{10}(k) = \sum_{k=6}^{10} C_{10}^k (0.8)^k (0.2)^{10-k} \approx 0.967.$$

这个结果表明，服用这种药的 10 个病人中至少有 6 人被治愈的可能性是很大的.

习题 1.6

习题 1.6 答案

1. 问答题

（1）如何判断两个事件相互独立？有几种方法？

（2）事件 A, B 相互独立与 A, B 互斥有何区别与联系？

（3）多个(3 个) 以上的事件两两独立与相互独立有何不同？

（4）事件 A, B 相互独立有何性质、定理？相互独立的多个(3 个以上) 事件有何性质？

（5）如何求 n 个相互独立的事件的和事件的概率？

（6）如何利用事件的独立性简化概率的计算？

（7）独立试验概型的特点及二项概率公式的特点是什么？

（8）如何应用二项概率公式？

2. 一个工人看管三台车床，在一小时内车床不需要工人照管的概率：第一台等于 0.9，第二台等于0.8，第三台等于0.7. 求在一小时内三台车床中最多有一台需要工人照管的概率.

3. 电路由电池 a 与两个并联的电池 b 及 c 串联而成. 设电池 a, b, c 损坏的概率分别是 0.3、0.2、0.2，求电路发生中断的概率.

4. 3 个人独立地去破译一个密码，他们能译出的概率分别为 $\dfrac{1}{5}$、$\dfrac{1}{3}$、$\dfrac{1}{4}$，求能将此密码译出的概率.

5. 甲、乙、丙三人同时对飞机进行射击，三人的命中概率分别为 0.4, 0.5, 0.7. 飞机被

一人击中而被击落的概率为 0.2，被两人击中而被击落的概率为 0.6，若三人都击中，则飞机必被击落. 求飞机被击落的概率.

6. 某机构有一个 9 人组成的顾问小组，若每个顾问贡献正确意见的概率都是 0.7，现在该机构内就某事可行与否个别征求每个顾问的意见，并按多数人意见作出决策，求作出正确决策的概率.

7. 每次试验中事件 A 发生的概率为 p，为了使事件 A 在独立试验序列中至少发生一次的概率不小于 p，问至少需要进行多少次试验？

习题一

习题一答案

一、填空题

1. 假设 A,B 是两个随机事件，且 $AB = \bar{A} \cap \bar{B}$，则 $A \cup B =$ _____，$AB =$ _____.

2. 假设 A,B 是任意两个事件，则 $P[(\bar{A} \cup B)(A \cup B)(A \cup \bar{B})(\bar{A} \cup \bar{B})] =$ _____.

3. 已知 $P(A) = P(B) = P(C) = \dfrac{1}{4}$，$P(AB) = 0$，$P(AC) = P(BC) = \dfrac{1}{16}$. 则事件 A、B、C 全不发生的概率为_____.

二、选择题

1. 设 $P(A) = 0.8$，$P(B) = 0.7$，$P(A \mid B) = 0.8$，则下列结论正确的是（　　）.

(A) 事件 A 与事件 B 相互独立　　　　(B) 事件 A 与事件 B 互逆

(C) $B \supset A$　　　　(D) $P(A \cup B) = P(A) + P(B)$

2. 设 A,B 为两个互逆的事件，且 $P(A) > 0$，$P(B) > 0$，则下列结论正确的是（　　）.

(A) $P(B \mid A) > 0$　　　　(B) $P(A \mid B) = P(A)$

(C) $P(A \mid B) = 0$　　　　(D) $P(AB) = P(A)P(B)$

3. 设 $0 < P(A) < 1$，$0 < P(B) < 1$，$P(A \mid B) + P(\bar{A} \mid \bar{B}) = 1$，则下列结论正确的是（　　）.

(A) 事件 A 与事件 B 互不相容　　　　(B) 事件 A 与事件 B 互逆

(C) 事件 A 与事件 B 不相互独立　　　　(D) 事件 A 与事件 B 相互独立

三、计算题

1. 从 5 双不同的鞋子中任取 4 只，求取得的 4 只鞋子中至少有两只配成一双的概率.

2. 向正方形区域 $\Omega = \{(x,y) \mid |x| \leqslant 1, |y| \leqslant 1\}$ 中随机地投一个点，如果 (p,q) 是所投点 M 的坐标，试求：(1) $x^2 + px + q = 0$ 有两个实根的概率；(2) 方程 $x^2 + px + q = 0$ 有两个正实根的概率.

3. 将一根长为 L 的棍子任意地折成 3 段，求此 3 段能够成一个三角形的概率.

4. 口袋中有 20 个球，其中两个是红球；现从袋中取球三次，每次取一个，取后不放回，求第三次才取到红球的概率.

5. 要验收一批 100 件的乐器，验收方案如下：从该批乐器中随机地取 3 件测试（设 3 件乐器的测试是相互独立的），如果 3 件中至少有一件被认为音色不纯，则这批乐器就被拒绝接收. 设一件音色不纯的乐器经测试查出其为音色不纯的概率为 0.95，而一件音色纯的乐器经测试被误认为不纯的概率为 0.01，如果已知这 100 件乐器中恰好有 4 件音色不纯的，试问这批乐器被接收的概率是多少？

6. 甲从 2, 4, 6, 8, 10 中任取一个数, 乙从 1, 3, 5, 7, 9 中任取一个数, 求甲取得的数大于乙取得的数的概率.

7. 设一枚深水炸弹击沉一艘潜水艇的概率为 $\frac{1}{3}$, 击伤的概率为 $\frac{1}{2}$, 击不中的概率为 $\frac{1}{6}$, 并设击伤两次会导致潜水艇下沉, 求施放 4 枚深水炸弹能击沉潜水艇的概率. (提示: 先求出击不沉的概率)

8. (1) 若 $P(A \mid B) > P(A \mid \bar{B})$, 试证 $P(B \mid A) > P(B \mid \bar{A})$;

(2) 设 $0 < P(B) < 1$, 试证 A 与 B 独立的充要条件是 $P(A \mid B) = P(A \mid \bar{B})$.

课外阅读
概率论与数理统计发展简史

第 2 章　一维随机变量及其概率分布

"在生活中只要能做两件事就已很好了, 一是发现数学, 二是教授数学."

—— 泊松

泊松(Poisson, Siméon Denis 1781—1840), 法国的著名数学家、物理学家和几何学家.

在实际问题中, 随机试验的结果可以用数量来表示, 也可以用非数量表示. 在研究随机试验的结果时, 可能关心的不是样本空间的各个样本点本身, 而是对于与样本点联系着的某个数感兴趣. 例如, 将一枚硬币掷一次, 观察出现正面 H、反面 T 的情况. 这一试验有两个结果: "出现 H" 或 "出现 T". 为了便于讨论, 如何引入数量化的描述方式对其进行研究? 即, 将每一个结果用一个实数来代表. 比如, 用数 "1" 代表 "出现 H", 用数 "0" 代表 "出现 T". 这样, 当讨论试验结果时, 就可以简单地说成结果是 1 或 0. 建立这种数量化的关系, 实际上就相当于引入一个变量 X, 对于试验的两个结果, 将 X 的值分别规定为 1 或 0. 如果与样本空间 $\Omega = \{\omega\} = \{H, T\}$ 联系起来, 那么, 对于样本空间的不同元素, 变量 X 可以取不同的值. 因此, X 是定义在样本空间上的函数, 具体地说是

$$X = X(\omega) = \begin{cases} 1, & \text{当 } \omega = H; \\ 0, & \text{当 } \omega = T. \end{cases}$$

由于试验结果的出现是随机的, 因而 $X(\omega)$ 的取值也是随机的, 为此称 $X(\omega)$ 为随机变量.

随机变量是将随机现象的结果数量化, 把对随机事件的研究转化为对随机变量及其分布的研究. 随机变量是概率论中最基本的、重要的概念, 通过对其概念、分类及一些常见的随机变量及其分布的研究能够延伸概率论的研究, 沟通概率论与数理统计的联系, 同时为统计学奠定基础.

本章从引入随机变量的概念入手, 首先, 介绍随机变量及其分类. 然后针对一维离散型随机变量, 讨论其分布律及其性质等内容, 并进一步介绍几种常见的离散型随机变量及其分布, 如两点分布、二项分布、泊松分布等. 其次, 介绍随机变量分布函数的概念及其性质. 再次, 讨论一维连续性随机变量及其分布, 几种常见的一维连续性随机变量及其分布, 如均匀分布、指数分布、正态分布等. 最后介绍随机变量函数及其分布.

2.1　随机变量的引入及其分类

引例 2.1.1　在一批灯泡中任意取一只, 测试它的寿命. 为了便于讨论, 如何引入数量化

的描述方式对灯泡寿命进行研究?

以 X 记灯泡的寿命,它的取值由试验的结果所确定,随着试验结果的不同而取不同的值, X 是定义在样本空间 $\Omega = \{t \mid t \geq 0\}$ 上的函数

$$X = X(t) = t, t \in \Omega.$$

因此 X 也是一个随机变量.

导学 2.1

(2.1　2.2)

2.1.1　随机变量的概念

定义 2.1.1　设 Ω 为一个随机试验的样本空间,如果对于 Ω 中的每一个元素 ω,都有一个实数 $X(\omega)$ 与之相对应,则称 X 为随机变量.

一旦定义了随机变量 X 后,就可以用它来描述事件. 通常,对于任意实数集合 L, X 在 L 上的取值,记为 $\{X \in L\}$,它表示事件 $\{\omega \mid X(\omega) \in L\}$,即 $\{X \in L\} = \{\omega \mid X(\omega) \in L\}$.

例 2.1.1　将一枚硬币掷三次,观察出现正、反面的情况. 设 X 表示"正面出现"的次数,用随机变量 X 表示以下事件:(1) 出现三次正面;(2) 至少出现一次正面. 求这两个事件的概率.

解　由题意知, X 是一个随机变量. 显然, X 的取值为 0, 1, 2, 3.

设 H 表示出现的是正面, T 表示出现的是反面, X 的取值与样本点之间的对应关系如表 2.1.1 所示.

表 2.1.1

ω	$X(\omega)$	ω	$X(\omega)$	ω	$X(\omega)$	ω	$X(\omega)$
HHH	3	THT	1	HTT	1	TTH	1
HHT	2	THH	2	HTH	2	TTT	0

从上表中可以看出,事件 $\{X = 0\} = \{TTT\}$, $\{X = 1\} = \{HTT, THT, TTH\}$,

$\{X = 2\} = \{HHT, HTH, THH\}$, $\{X = 3\} = \{HHH\}$,

利用古典概型的概率计算公式,得

$$P\{X = 0\} = \frac{1}{8}, P\{X = 1\} = \frac{3}{8}, P\{X = 2\} = \frac{3}{8}, P\{X = 3\} = \frac{1}{8}.$$

则事件(1)"出现三次正面"用随机变量 X 表示为 $\{X = 3\}$,且 $P\{X = 3\} = \frac{1}{8}$;

事件(2)"至少出现一次正面"用随机变量 X 表示为 $\{X \geq 1\}$,且

$$P\{X \geq 1\} = 1 - P\{X = 0\} = \frac{7}{8}.$$

例 2.1.2　设一袋中共有 4 个白球 5 个黑球，随机地摸出 4 个球，用 X 表示摸出的 4 个球中"白球的数目"，用随机变量 X 表示以下事件：（1）"摸出的 4 个球中最多有 3 个白球"；（2）"摸出的 4 个球中白球数大于 3"．求这两个事件的概率．

解　由题意知 X 是一个随机变量，显然 X 的取值为 0，1，2，3，4．

设 $\{X \leqslant 3\}$ 表示"摸出的 4 个球中最多有 3 个白球"的事件；$\{X > 3\}$ 表示"摸出的 4 个球中白球数大于 3"的事件，此时当然有 $\{X > 3\} = \{X = 4\}$．因此有

（1）$P\{X \leqslant 3\} = 1 - P\{X > 3\} = 1 - P\{X = 4\} = 1 - \dfrac{C_4^4 C_5^0}{C_9^4} = \dfrac{125}{126}$，

（2）$P\{X = 4\} = \dfrac{C_4^4 C_5^0}{C_9^4} = \dfrac{1}{126}$．

2.1.2　引入随机变量的意义

在随机试验中引入随机变量，可以将对随机事件的研究转化为对随机变量的研究，这能全面地反映随机试验的情况．使对随机现象的研究，从对事件及对事件的概率的研究，扩大到对随机变量的研究，这样就可将数学分析的方法用于研究随机现象．在试验前只能知道随机变量的取值范围，但不能预言它取什么值，它随着试验结果的不同而取不同的值；随机变量取某些确定的值或在某一区间取值都表示随机事件，因而具有确定的概率．

随机变量的引入对概率论的发展具有重要意义：一是使得事件的表达更加方便、系统；二是在引入随机变量后，对事件概率的研究不再是重点，而是转化为对随机变量的研究．这具有划时代的意义：事件是有无穷个的，对其研究是无止境的，但随机变量的规律可以利用它的分布函数完全确定，而分布函数只有一个，由此促进了概率论的发展．

2.1.3　随机变量的分类

随机变量按其取值情况分为两种类型：如果随机变量所有可能的取值为有限个或可列个，则称为**离散型随机变量**；否则称为**非离散型随机变量**．在非离散型随机变量中最常见是连续型随机变量．

一个随机变量所可能取到的值有有限个（如掷骰子出现的点数）或可列无穷多个（如电话交换台接到的呼唤次数），则称为**离散型随机变量**．像弹着点到目标的距离这样的随机变量，它的取值连续地充满了一个区间，则称为**连续型随机变量**．

2.1.4　离散型随机变量的概念

从例 2.1.1 和例 2.1.2 可知，引入随机变量 X 表示随机试验的结果时，不仅需要讨论它的全部可能的取值（有限个或可列无限个），还需要知道它取各个值的概率，即要知道它的概率分布的情况．

如在例 2.1.1 中，随机变量 X（"正面出现"的次数）的全部可能的取值为 $\{X = x_i\} = 0，1，2，3$（$i = 0，1，2，3$），它取这些值的概率为 $P\{X = x_i\} = p_i$，其中 $p_0 = \dfrac{1}{8}$，$p_1 = \dfrac{3}{8}$，

$p_2 = \dfrac{3}{8}$，$p_3 = \dfrac{1}{8}$，亦可描述如下：

$X = x_i$	$x_0 = 0$	$x_1 = 1$	$x_2 = 2$	$x_3 = 3$
p_i	$\dfrac{1}{8}$	$\dfrac{3}{8}$	$\dfrac{3}{8}$	$\dfrac{1}{8}$

此外，可以得出，$\displaystyle\sum_{i=0}^{3} p_i = 1$.

　　类似地，例 2.1.2 中，随机变量 X（"摸出的 4 个球中白球的数目"）的全部可能的取值为 $\{X = x_i\} = 0, 1, 2, 3, 4 (i = 0, 1, 2, 3, 4)$，它取这些值的概率可利用古典概率公式表示如下：

$$P\{X = x_i\} = p_i = \frac{C_4^i C_5^{4-i}}{C_9^4},\ i = 0, 1, 2, 3, 4,$$

同样，可以得出，$\displaystyle\sum_{i=0}^{4} p_i = 1$.

定义 2.1.2　设离散型随机变量 X 所有可能取值为 $x_k (k = 1, 2, \cdots, n, \cdots)$，

$$P\{X = x_k\} = p_k (k = 1, 2, \cdots, n, \cdots). \tag{2.1.1}$$

则式（2.1.1）称为离散型随机变量 X 的**概率分布**或**分布律**（也称为**分布密度**）.

　　分布律也可以用表格的形式来表示

表 2.1.2

X	x_1	x_2	$\cdots$	x_n	$\cdots$
p_k	p_1	p_2	$\cdots$	p_n	$\cdots$

由概率的定义可知：

　　(1) $p_k \geqslant 0 (k = 1, 2, \cdots)$；

　　(2) $\displaystyle\sum_{k=1}^{\infty} p_k = 1$.

　　如果一个离散型随机变量 X 的分布律已经确定，我们就能求得 X 落在任一区间的概率，不管这个区间是什么样的区间. 例如：

$$P\{a < X < b\} = \sum_{a < x_k < b} P\{X = x_k\} = \sum_{a < x_k < b} p_k,$$

这里和式是对所有满足 $a < x_k < b$ 的 p_k 求和. 可见离散型随机变量的分布律完全决定了它的概率分布. 有时我们也把离散型随机变量的分布律称为它的概率分布.

例 2.1.3　设离散型随机变量 X 的分布律为

$$P\{X = k\} = a\frac{\lambda^k}{k!},\ k = 0, 1, 2, \cdots, \lambda > 0.$$

试确定常数 a.

　　解　依据概率函数的性质

$$\begin{cases} P\{X = k\} \geqslant 0; \\ \sum_k P\{X = k\} = 1. \end{cases}$$

要使上述函数为概率函数应有

$$a \geqslant 0, \quad \sum_{k=1}^{\infty} a \frac{\lambda^k}{k!} = a \cdot \sum_{k=1}^{\infty} \frac{\lambda^k}{k!} = a e^{\lambda} = 1.$$

从中解得 $a = e^{-\lambda}$.

例 2.1.4 设 X 的分布律为

X	-1	1	2
P	$\frac{1}{3}$	$\frac{1}{2}$	$\frac{1}{6}$

求 $P\{0 < X \leqslant 2\}$.

解 事件 $\{0 < X \leqslant 2\} = \{X = 1\} \cup \{X = 2\}$, 且事件 $\{X = 1\}$, $\{X = 2\}$ 互不相容, 可得

$$P\{0 < X \leqslant 2\} = P\{X = 1\} + P\{X = 2\}$$
$$= \frac{1}{2} + \frac{1}{6} = \frac{2}{3}.$$

习题 2.1

习题 2.1 答案

1. 问答题

(1) 为什么要引入随机变量?

(2) 如何对随机变量进行分类?

2. 一战士连续地向一目标射击, 每次射中目标的概率都是 p, 设 X 为首次命中目标所需的射击次数, 求 X 的分布律.

3. 汽车需通过 4 个有红绿信号灯的路口才能到达目的地. 设汽车在每个路口通过(即遇到绿灯) 的概率都是 0.6, 停止前进(即遇到红灯) 的概率为 0.4. 在各个路口是否遇到绿灯相互独立. 求:

(1) 汽车首次停止前进(即遇到红灯或到达目的地) 时, 已通过的路口数的分布律;

(2) 汽车首次停止前进时, 已通过的路口不超过 2 个的概率.

4. 随机变量 X 所有可能取值为 1, 2, 3, 4, 且已知概率 $P\{X = k\}$ 与 k 成正比, 即
$$P\{X = k\} = ak(k = 1, 2, 3, 4),$$
求常数 a 及 X 的分布律.

2.2 随机变量的分布函数

引例 2.2.1 对于随机变量 X, 不仅要知道 X 取哪些值以及 X 取这些值的概率(即随机变量 X 的分布律), 还需要知道 X 在任意有限区间 I(I 为 $(-\infty, b)$ 或 $(b, +\infty)$ 或 (a, b) 或 $[a,$

b) 或(a, b] 或[a, b]) 内取值的概率, 更关键的问题是若已知随机变量 X 的分布律, 能否用一个简便的方法求以上事件的概率.

比如, 利用 X 的分布律可求得 $P\{X \leqslant a\}$, $P\{X \leqslant b\}$, 如何再求 $P\{X > b\}$, $P\{a < X \leqslant b\}$, $P\{a \leqslant X < b\}$. 可以采用下列方法解答:

$P\{X > b\} = 1 - P\{X \leqslant b\}$,

$P\{a < X \leqslant b\} = P\{X \leqslant b\} - P\{X \leqslant a\}$,

$P\{a \leqslant X < b\} = P\{X = a\} + P\{a < X \leqslant b\} - P\{X = b\}$

$\qquad\qquad = P\{X = a\} + P\{X \leqslant b\} - P\{X \leqslant a\} - P\{X = b\}$,

$P\{a \leqslant X \leqslant b\} = P\{X = a\} + P\{a < X \leqslant b\} = P\{X = a\} + P\{X \leqslant b\} - P\{X \leqslant a\}$

由此, 有必要引入随机变量分布函数的概念, 简化以上计算. 此外, 在许多实际问题中有许多随机变量, 它们是非离散的, 它们的取值无法一一列举出来, 其所有可能取值可以充满某个区间, 甚至整个数轴, 是不能一个一个地列出来, 这样就不能用求出它取每个值的概率的方法, 来确定它落在任一区间的概率. 就好比不能用每个点的长度(其实每个点的长度都等于零) 来确定一个区间的长度.

例如, 加工直径为(65 ± 0.5) mm 的圆轴, 令 X 表示加工出来的圆轴直径, 正常情况下 X 的取值范围为 64.5 ~ 65.5 mm. 对于像取固定值的概率是多少是没有实际意义的, 而是考虑 X 落在某个区间[a, b] 内的概率, 才能掌握其概率分布的情况.

本节所介绍的随机变量的分布函数, 具有普适性, 适用于任何类型的随机变量, 不管是离散型还是非离散型, 均十分有效, 故这一内容是用来确定随机变量的概率分布的数学工具.

2.2.1 分布函数的概念

> **定义 2.2.1** 设 X 是一个随机变量, x 是任意实数, 函数
> $$F(x) = P\{X \leqslant x\}, \quad (-\infty < x < +\infty) \qquad (2.2.1)$$
> 称为随机变量 X 的**分布函数**.

分布函数 $F(x)$ 是一个普通的函数, 它的定义域是整个数轴. $F(x)$ 在 x 点处的函数值表示随机变量 X 落在区间($-\infty$, x] 上的概率, 即 X 落在点 x 及其左边的概率.

如图 2.2.1 所示: 分布函数可以把各种类型的随机试验的结果的概率分布用一个统一的形式表示出来, 它就是一个普通的函数, 它有很好的分析性质, 便于处理, 它的引入使得许多概率论问题得以简化而归结为普通函数的运算, 这样就能利用数学分析的结果研究随机现象规律性.

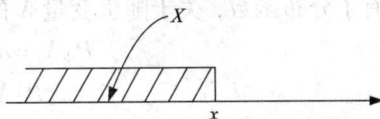

图 2.2.1

由上述定义及 (2.2.1) 式立即得到

(1) $P\{X > b\} = 1 - F(b)$,

(2) $P\{a < X \leqslant b\} = F(b) - F(a)$,

(3)$P\{a \leqslant X < b\} = P\{X = a\} + F(b) - F(a) - P\{X = b\}$,

(4)$P\{a \leqslant X \leqslant b\} = P\{X = a\} + F(b) - F(a)$.

2.2.2　分布函数的性质

分布函数 $F(x)$ 具有以下性质:

(1) 有界性: $0 \leqslant F(x) \leqslant 1$, $-\infty < x < +\infty$;

(2) 单调性: $F(x)$ 是单调不减的函数, 即当 $x_1 < x_2$ 时, 有 $F(x_1) \leqslant F(x_2)$;

(3) $F(-\infty) = \lim\limits_{x \to -\infty} F(x) = 0$, $F(+\infty) = \lim\limits_{x \to +\infty} F(x) = 1$;

(4) $F(x + 0) = F(x)$, 即 $F(x)$ 是右连续的.

(5) 对每一个 x, $P(X = x) = F(x) - F(x - 0)$.

性质(1)与性质(2)显然成立,性质(4)的证明从略,性质(3)在这里不作严格证明,只从几何上加以说明.

在图 2.2.1 中,若将区间 $(-\infty, x]$ 的端点 x 沿数轴无限向左移动(即 $x \to -\infty$)时,则"随机变量 X 落入在 x 左边"这一事件趋于不可能事件,从而其概率趋于 0,即 $F(-\infty) = 0$;又若将区间 $(-\infty, x]$ 的端点 x 沿数轴无限向右移动(即 $x \to +\infty$),则"随机变量 X 落入在 x 左边"这一事件趋于必然事件,从而其概率趋于 1,即 $F(+\infty) = 1$.

事实上对连续型随机变量 X,其分布函数是连续函数.反之,具有上述性质的实函数,必是某个随机变量的分布函数.故(1)、(2)、(4)三个性质是分布函数的充分必要性质.

例 2.2.1　设有函数

$$F(x) = \begin{cases} \sin x, & 0 \leqslant x \leqslant \pi; \\ 0, & 其他. \end{cases}$$

试说明 $F(x)$ 能否是某个随机变量的分布函数.

解　由 $F(x)$ 的形式,可知在 $\left[\dfrac{\pi}{2}, \pi\right]$ 上,$F(x)$ 单调减少,这与分布函数的性质(2)不符合,所以 $F(x)$ 不是某个随机变量的分布函数.

或者利用 $F(+\infty) = 0$,不符合分布函数的性质(3),也可以说明该函数 $F(x)$ 不是某个随机变量的分布函数.

有了分布函数,关于随机变量 X 的许多概率都能方便算出.比如

$$P\{X = a\} = F(a) - F(a - 0),$$
$$P\{X < a\} = F(a - 0),$$
$$P\{X \geqslant a\} = 1 - F(a - 0).$$

综上所述,分布函数是一种分析性质良好的函数,便于处理,而且给定了分布函数就能算出各种事件的概率.因此引进分布函数使许多概率问题得于简化并且归结为函数的计算,这样就能利用数学分析的许多结果,这是引进随机变量的好处之一.

例 2.2.2　设随机变量 X 的分布函数为

$$F(x) = A + B\arctan x, \quad x \in (-\infty, +\infty).$$

试求：(1) 系数 A 与 B；(2) X 落在 $(-1,1]$ 的概率.

解　(1) 由于 $F(-\infty) = 0, F(+\infty) = 1$，可知

$$\begin{cases} A + B \cdot \left(-\dfrac{\pi}{2}\right) = 0, \\ A + B \cdot \dfrac{\pi}{2} = 1, \end{cases}$$

解得

$$A = \frac{1}{2}, B = \frac{1}{\pi}.$$

可得，$F(x) = \dfrac{1}{2} + \dfrac{1}{\pi}\arctan x, x \in (-\infty, +\infty)$.

$(2) P(-1 < X \leqslant 1) = F(1) - F(-1) = \dfrac{1}{4} - \left(-\dfrac{1}{4}\right) = \dfrac{1}{2}.$

例 2.2.3　抛掷一枚均匀硬币，令

$$X = \begin{cases} 1, & \text{出现正面}; \\ 0, & \text{出现反面}. \end{cases}$$

求随机变量 X 的分布函数.

解　由题意知

$$P\{X = 1\} = P\{X = 0\} = \frac{1}{2},$$

当 $x < 0$ 时，如下图知

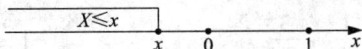

可得：　$F(x) = P\{X \leqslant x < 0\} = 0;$

当 $0 \leqslant x < 1$ 时，如下图知

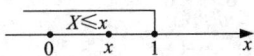

可得　$F(x) = P\{X \leqslant x\} = P\{X = 0\} = \dfrac{1}{2};$

当 $x \geqslant 1$ 时，如下图知

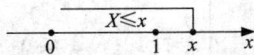

可得：　$F(x) = P\{X \leqslant x\} = P\{X = 0\} + P\{X = 1\} = \dfrac{1}{2} + \dfrac{1}{2} = 1.$

综上，随机变量 X 的分布函数为：

$$F(x) = \begin{cases} 0, & x < 0; \\ \dfrac{1}{2}, & 0 \leqslant x < 1; \\ 1, & x \geqslant 1. \end{cases}$$

一般地, 设离散型随机变量 X 的分布律为

$$P\{X = x_k\} = p_k, \quad k = 1, 2, \cdots,$$

则其分布函数为

$$F(x) = P\{X \leqslant x\} = \sum_{x_k \leqslant x} P\{X = x_k\} = \sum_{x_k \leqslant x} p_k,$$

其中, 和式是对所有满足 $x_k \leqslant x$ 的指标 k 进行的.

例 2.2.4 将一枚硬币掷三次, 设 X 为正面出现的次数, 求 X 的分布函数, 画出其图形, 并求 $P\{X \leqslant 1\}$, $P\{1 < X \leqslant 2\}$, $P\{2 \leqslant X \leqslant 3\}$.

解 由于 X 的取值为 $0, 1, 2, 3$, 因此 X 为一个离散随机变量. 由例 2.1.1 知 X 的分布律为

$X = x_i$	$x_0 = 0$	$x_1 = 1$	$x_2 = 2$	$x_3 = 3$
p_i	$\dfrac{1}{8}$	$\dfrac{3}{8}$	$\dfrac{3}{8}$	$\dfrac{1}{8}$

得 X 的分布函数

$$F(x) = \begin{cases} 0, & x < 0; \\ \dfrac{1}{8}, & 0 \leqslant x < 1; \\ \dfrac{1}{8} + \dfrac{3}{8}, & 1 \leqslant x < 2; \\ \dfrac{1}{8} + \dfrac{3}{8} + \dfrac{3}{8}, & 2 \leqslant x < 3; \\ \dfrac{1}{8} + \dfrac{3}{8} + \dfrac{3}{8} + \dfrac{1}{8}, & x \geqslant 3. \end{cases}$$

即

$$F(x) = \begin{cases} 0, & x < 0; \\ \dfrac{1}{8}, & 0 \leqslant x < 1; \\ \dfrac{4}{8}, & 1 \leqslant x < 2; \\ \dfrac{7}{8}, & 2 \leqslant x < 3; \\ 1, & x \geqslant 3. \end{cases}$$

其图形如图 2.2.2 所示.

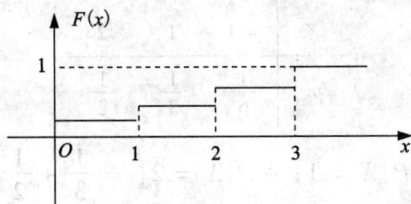

图 2.2.2

$$P\{X \leqslant 1\} = F(1) = \frac{4}{8},$$

$$P\{1 < X \leqslant 2\} = F(2) - F(1) = \frac{7}{8} - \frac{4}{8} = \frac{3}{8},$$

$$P\{2 \leqslant X \leqslant 3\} = p_2 + F(3) - F(2) = \frac{3}{8} + 1 - \frac{7}{8} = \frac{4}{8}.$$

从图形 2.2.2 可以看出，函数 $F(x)$ 是一个单调、有界、右连续的跳跃函数，$x = 0, 1, 2, 3$ 为函数的跳跃点，其跃度为随机变量 X 取该点值的概率.

例 2.2.5　设离散型随机变量 X 的分布函数为

$$F(x) = \begin{cases} 0, & x < -1, \\ a, & -1 \leqslant x < 1, \\ \dfrac{2}{3} - a, & 1 \leqslant x < 2, \\ a + b, & x \geqslant 2, \end{cases}$$

且 $P\{X = 2\} = \dfrac{1}{2}$，(1) 试确定常数 a, b；(2) 求 X 的分布律；(3) 计算 $P\{-1 < X \leqslant 2\}$.

解　(1) 利用分布函数 $F(x)$ 的性质：

$$P\{X = a\} = F(a) - F(a - 0), \quad F(+\infty) = 1,$$

知

$$\frac{1}{2} = P\{X = 2\} = (a + b) - \left(\frac{2}{3} - a\right) = 2a + b - \frac{2}{3},$$

且 $a + b = 1$，由此解得

$$a = \frac{1}{6}, \quad b = \frac{5}{6}.$$

(2) 由 (1) 得

$$F(x) = \begin{cases} 0, & x < -1, \\ \dfrac{1}{6}, & -1 \leqslant x < 1, \\ \dfrac{1}{2}, & 1 \leqslant x < 2, \\ 1, & x \geqslant 2. \end{cases}$$

再由 $P\{X = a\} = F(a) - F(a - 0)$ 得 X 的分布律为

X	-1	1	2
p_i	$\dfrac{1}{6}$	$\dfrac{1}{3}$	$\dfrac{1}{2}$

$(3) P\{-1 < X \leqslant 2\} = P\{X = 1\} + P\{X = 2\} = \dfrac{1}{3} + \dfrac{1}{2} = \dfrac{5}{6}.$

例 2.2.6　一个靶子其形状是半径为 2 m 的圆盘, 设击中靶上任一同心圆盘的概率与该圆盘的面积成正比, 并设射击都能中靶, 令随机变量 X 表示弹着点与圆心的距离. 求:

(1) 随机变量 X 的分布函数;

(2) $P\left\{\dfrac{1}{2} < X \leqslant 1\right\}$, $P\{X = 1\}$.

解　X 的所有可能值充满区间 $[0, 2]$, 因此随机变量 X 不是离散型的.

(1) X 的分布函数 $F(x) = P\{X \leqslant x\}$.

若 $x < 0$, 则 $\{X \leqslant x\}$ 是不可能事件, $F(x) = P\{X \leqslant x\} = 0$.

若 $0 \leqslant x \leqslant 2$, 由题意 $P\{0 \leqslant X \leqslant x\} = ax^2$, a 为某一常数.

为了确定 a 的值, 取 $x = 2$,

有 $P\{0 \leqslant X \leqslant 2\} = a \cdot 2^2$, 因 $P\{0 \leqslant X \leqslant 2\} = 1$,

故得 $a = \dfrac{1}{4}$. 从而有, $P\{0 \leqslant X \leqslant x\} = \dfrac{1}{4}x^2$.

于是

$$F(x) = P\{X \leqslant x\} = P\{X < 0\} + P\{0 \leqslant X \leqslant x\} = 0 + \dfrac{1}{4}x^2.$$

若 $x > 2$, 则 $\{X \leqslant x\}$ 是必然事件, $F(x) = P\{X \leqslant x\} = 1$.

综上所述, X 的分布函数为

$$F(x) = \begin{cases} 0, & x < 0, \\ \dfrac{x^2}{4}, & 0 \leqslant x \leqslant 2, \\ 1, & x > 2. \end{cases}$$

它是一条连续曲线, 其图形如图 2.2.3 所示.

(2) $P\left\{\dfrac{1}{2} < X \leqslant 1\right\} = F(1) - F\left(\dfrac{1}{2}\right)$

$$= \dfrac{1}{4} - \dfrac{1}{16} = \dfrac{3}{16}.$$

$P\{X = 1\} = F(1) - F(1 - 0) = 0.$

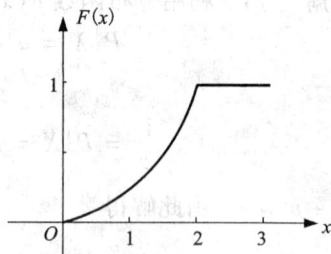

图 2.2.3

需要指出, 这里 $P\{X = 1\} = 0$ 并非意味着事件 $\{X = 1\}$ 是不可能事件. 在此例中 X 表示弹着点与圆心的距离, 因此事件 $\{X = 1\}$ 即"弹着点与圆心的距离等于 1", 亦即"弹着点落在半径为 1 的圆周曲线上", 这事件的概率虽然为 0, 但并不是不可能事件, 它是有可能发生的.

也就是说, 虽然有 $P(\varnothing) = 0$, 但反之, 若 $P(A) = 0$, 则并不一定意味着 A 是不可能事件. 同样, 虽然有 $P(\Omega) = 1$, 但反之, 若 $P(A) = 1$, 则也不一定意味着 A 是必然事件.

例 2.2.6 中的随机变量 X, 其分布函数 $F(x)$ 不仅是一个连续函数, 而且除个别点外(除点 $x = 2$ 外), 它们导数都存在,

$$F'(x) = \begin{cases} \dfrac{x}{2}, & 0 < x < 2, \\ 0, & x \leqslant 0 \text{ 或 } x > 2. \end{cases}$$

如果我们定义一个函数 $f(x)$, 除 $x = 2$ 外, 与 $F'(x)$ 相同, 而在 $x = 2$ 处, 定义其函数值为 0, 即

$$f(x) = \begin{cases} \dfrac{x}{2}, & 0 < x < 2, \\ 0, & x \leqslant 0 \text{ 或 } x \geqslant 2. \end{cases}$$

那么可以验证以下式子成立

$$F(x) = \int_{-\infty}^{x} f(t)\,\mathrm{d}t,$$

即 $F(x)$ 可以表示为一个非负函数 $f(t)$ 在区间 $(-\infty, x]$ 上的积分.

若一个随机变量的分布函数具有以上性质, 则这正是本章 2.4 节要讨论的连续型随机变量.

习题 2.2

习题 2.2 答案

1. 问答题

(1) 为什么要引入分布函数的概念?

(2) 如何定义随机变量的分布函数? 该定义有何特点?

(3) 随机变量分布函数有什么性质?

(4) 如何求离散型随机变量的分布函数?

2. 函数 $F(X) = \dfrac{1}{1 + x^2}$ 可否是连续随机变量 X 的分布函数? 为什么? 如果 X 的可能值充满区间:

(1)$(-\infty, +\infty)$; (2)$(-\infty, 0)$.

3. 设随机变量 X 的分布律为:

X	0	1	2
p_i	$\dfrac{1}{3}$	$\dfrac{1}{6}$	$\dfrac{1}{2}$

求: $(1)X$ 的分布函数; $(2)P\{X \leqslant \dfrac{1}{2}\}$; $(3)P\{\dfrac{1}{2} < X \leqslant \dfrac{3}{2}\}$; $(4)P\{1 \leqslant X \leqslant 2\}$.

2.3 几种常见的离散型随机变量

引例 2.3.1 进行重复独立实验，设每次成功的概率为 p，失败的概率为 $q = 1 - p(0 < p < 1)$.

（1）将实验进行到出现一次成功为止，以 X 表示所需的试验次数，求 X 的分布律.

（2）将实验进行到出现 r 次成功为止，以 Y 表示所需的试验次数，求 Y 的分布律.

解 （1）$P(X = k) = q^{k-1}p, \ k = 1, 2, \cdots$（此时称 X 服从以 p 为参数的几何分布）.

（2）$Y = r + n = \{$最后一次实验前 $r + n - 1$ 次有 n 次失败，且最后一次成功$\}$

$$P(Y = r + n) = C_{r+n-1}^{n} q^{n} p^{r-1} \cdot p = C_{r+n-1}^{n} q^{n} p^{r}, \ n = 0, 1, 2, \cdots,$$

其中 $q = 1 - p$，或记 $r + n = k$，则

$$P\{Y = k\} = C_{k-1}^{r-1} p^{r} (1 - p)^{k-r}, \ k = r, r + 1, \cdots.$$

（此时称 Y 服从以 r, p 为参数的**巴斯卡分布**）

本节介绍一些常见的离散型随机变量的分布，以便直接使用这些随机变量的概率分布，进行关于这些随机变量的其他特性的研究.

2.3.1 常用的几种离散型分布

1. 两点分布

导学 2.2
(2.3)

如果离散型随机变量 X 的分布律为

X	0	1
P	q	p

其中 $0 < p < 1$，$q + p = 1$，则称 X 服从**两点分布**. 由于 X 值只取 $0, 1$，为此两点分布又称为 **(0 - 1) 分布**.

显然，两点分布满足分布律的两个基本性质.

一次伯努利试验，比如，掷一枚硬币出现正面的次数；从一批产品中任取一件产品的次品数；一次射击命中目标的次数；等等，都服从两点分布.

例 2.3.1 100 件产品中，有 95 件正品，5 件次品，现从中随机地取 1 件，设随机变量 X 为

$$X = \begin{cases} 1, & \text{当取得正品}; \\ 0, & \text{当取得次品}. \end{cases}$$

求 X 的分布律.

解
$$P\{X = 0\} = \frac{C_5^1}{C_{100}^1} = 0.05,$$

$$P\{X = 1\} = \frac{C_{95}^1}{C_{100}^1} = 0.95.$$

即 X 服从 $(0-1)$ 分布. 其分布律也可写成下面形式：

X	0	1
P_x	0.05	0.95

2. 二项分布

如果离散型随机变量 X 的分布律为

$$P\{X=k\} = C_n^k p^k q^{n-k}, \quad k=0,1,\cdots,n, \tag{2.3.1}$$

其中 $0<p<1$, $q+p=1$, 则称 X 服从**二项分布**, 记为 $X \sim B(n,p)$.

显然, $P\{X=k\} \geqslant 0$, $k=0,1,\cdots$, 而且

$$\sum_{k=0}^{n} P\{X=k\} = \sum_{k=0}^{n} C_n^k p^k q^{n-k} = (p+q)^n = 1.$$

因此, 二项分布满足分布律的两个基本性质.

特别地, 当 $n=1$ 时, 二项分布退化为两点分布

$$P\{X=k\} = p^k q^{1-k}, \quad k=0,1.$$

可见, 两点分布是二项分布的特例, 因此, 两点分布可记为 $X \sim B(1,p)$.

n 重伯努利试验的分布律服从二项分布. 比如, 重复掷一枚硬币 n 次, 出现正面的次数; 从一批产品中有放回地抽取 n 次(每次任取一件), 抽得产品的次品数; n 次射击命中目标的次数; 等等, 都服从二项分布.

例 2.3.2   一台机器加工某种产品, 设所加工出来的每个产品为一级品的概率都是 0.2, 现独立加工出 20 个产品, 求这 20 个产品中的一级品数的分布律.

解   加工出一个产品看其是否为一级品, 是一个伯努利试验, 加工 20 个相当于做 20 重伯努利试验. 以 X 表示 20 个产品中的一级品数, 则 X 服从参数 $n=20$, $p=0.2$ 的二项分布, 即随机变量 $X \sim B(20,0.2)$. 由式 (2.3.1) 即得 X 的分布律

$$P\{X=k\} = C_{20}^k (0.2)^k (0.8)^{20-k}, \quad k=0,1,\cdots,20.$$

3. 泊松(Poisson)分布

如果离散型随机变量 X 的分布律为

$$P\{X=k\} = \frac{\lambda^k}{k!} e^{-\lambda}, \tag{2.3.2}$$

其中 $\lambda > 0$, 则称 X 服从参数为 λ 的**泊松分布**, 记为 $X \sim \pi(\lambda)$ 或者 $X \sim P(\lambda)$.

显然, $P\{X=k\} \geqslant 0$, $k=0,1,2,\cdots$, 而且

$$\sum_{k=1}^{\infty} P\{X=k\} = \sum_{k=1}^{\infty} \frac{\lambda^k}{k!} e^{-\lambda} = 1.$$

因此, 泊松分布满足分布律的两个基本性质.

西莫恩·德尼·泊松(Simeon – Denis Poisson, 1781—1840)法国数学家、几何学家和物理学家. 1812 年当选为巴黎科学院院士. 他还是 19 世纪概率统计领域里的卓越人物. 他改进了概率论的运用方法, 特别是用于统计方面的方法, 建立了描述随机现象的一种概率分布 —— 泊松分布. 他推广了"大数定律", 并导出了在概率论与数理方程中有重要应用的泊松积分.

泊松分布是一种重要的分布. 实践证明, 在工业、农业、医学及公共事业中, 许多随机变量都服从泊松分布. 比如, 铸件表面的气孔数、电镀件表面的缺陷数、布匹上的疵点数、一段时间里纺纱机上的纱线的断头数等都服从泊松分布. 此外, 放射性物质在一段时间内放射的 α 粒子数、电话交换台在一定时间内接到电话的呼叫数、公共汽车站一段时间内来到的乘客数也服从泊松分布.

为便于计算泊松分布的数值, 书后附有泊松分布表(附表 2)可供查用.

例 2.3.3　对上海某一路公共汽车站的客流进行调查, 统计了某天上午 10：30 至 10：47 左右每隔 20 秒钟来到的乘客批数(每批可能有数人同时来到), 共得 230 个记录. 这里分别计算了来到 0 批、1 批、2 批、3 批、4 批及 4 批以上乘客的记录次数, 结果列于表 2.3.1 中, 其相应的频率与 $\lambda = 0.87$ 的泊松分布符合得很好.

表 2.3.1

来到的乘客批数 k	0	1	2	3	$\geqslant 4$	合计
记录次数	100	81	34	9	6	230
频率	0.43	0.35	0.15	0.04	0.03	
$P\{X = k\} = \dfrac{\lambda^k}{k!}\mathrm{e}^{-\lambda}$	0.42	0.36	0.16	0.05	0.01	$\lambda = 0.87$

例 2.3.4　设电话总机在某段时间内接收到的呼唤次数服从参数 $\lambda = 3$ 的泊松分布, 求：

(1) 恰接收到 5 次呼唤的概率;

(2) 接收到的呼唤不超过 5 次的概率.

解　设 X 表示电话总机接收到的呼唤次数, 按题意,

$$P\{X = k\} = \frac{3^k \mathrm{e}^{-3}}{k!}, \ k = 0, 1, 2, \cdots,$$

(1) $P\{X = 5\} = \dfrac{3^5 \mathrm{e}^{-3}}{5!} = 0.100\,8.$

也可利用泊松分布表计算,

$$P\{X = 5\} = P\{X \geqslant 5\} - P\{X \geqslant 6\} = \sum_{k=5}^{\infty} \frac{\mathrm{e}^{-3} 3^k}{k!} - \sum_{k=6}^{\infty} \frac{\mathrm{e}^{-3} 3^k}{k!} (查附表 2)$$

$$= 0.184\ 7 - 0.083\ 9 = 0.100\ 8.$$

(2) $P\{X \leqslant 5\} = 1 - P\{X \geqslant 6\} = 1 - \sum_{k=6}^{\infty} \dfrac{3^k e^{-3}}{k!} = 1 - 0.083\ 9 = 0.916\ 1.$

2.3.2　二项分布与泊松分布的关系

虽然泊松分布本身是一种非常重要的分布, 但有趣的是, 历史上它却是作为二项分布的近似, 在 1837 年由法国数学家泊松(Poisson) 引入的.

例2.3.5　某保险公司发现索赔要求中有 5% 是因被盗而提出的. 现在知道 1989 年中, 该公司共收到 10 个索赔要求, 试求其中包含 5 个或 5 个以上被盗索赔的概率.

解　记 X 为 10 个索赔中所包含的被盗索赔的个数, 易知, X 服从二项分布 $B(10, 0.05)$.

对所求概率, 可以使用计算器来完成, 但这里所关心的问题是, 应该用怎样的泊松分布来作它的近似计算? 也就是说, 应如何决定它的参数 λ?

下面介绍一个有名的定理.

定理 2.3.1　（**泊松定理**）在伯努利试验中, 用 p_n 表示事件 A 在试验中出现的概率, 它与试验的次数有关. 如果 $np_n \to \lambda$, 则当 $n \to \infty$ 时, 有

$$\lim_{n \to \infty} C_n^k p_n^k q_n^{n-k} = \frac{\lambda^k}{k!} e^{-\lambda}. \tag{2.3.3}$$

证　记 $\lambda_n = np_n$, $q_n = 1 - p$, 则

$$\lim_{n \to \infty} C_n^k p_n^k q_n^{n-k} = \frac{n(n-1)\cdots(n-k+1)}{k!} \left(\frac{\lambda_n}{n}\right)^k \left(1 - \frac{\lambda_n}{n}\right)^{n-k}.$$

$$= \frac{\lambda_n^k}{k!}\left(1 - \frac{1}{n}\right)\left(1 - \frac{2}{n}\right)\cdots\left(1 - \frac{k-1}{n}\right)\left(1 - \frac{\lambda_n}{n}\right)^n \left(1 - \frac{\lambda_n}{n}\right)^{-k}.$$

对于任意固定的 k, 当 $n \to \infty$ 时

$$\lim_{n \to \infty} \lambda_n^k = \lambda^k,$$

$$\lim_{n \to \infty} \left(1 - \frac{\lambda_n}{n}\right)^n = e^{-\lambda},$$

及

$$\lim_{n \to \infty} \left(1 - \frac{1}{n}\right)\left(1 - \frac{2}{n}\right)\cdots\left(1 - \frac{k-1}{n}\right) = 1,$$

$$\lim_{n \to \infty} \left(1 - \frac{\lambda_n}{n}\right)^{-k} = 1,$$

因此有

$$\lim_{n \to \infty} C_n^k p_n^k q_n^{n-k} = \frac{\lambda^k}{k!} e^{-\lambda},$$

因此, 当 n 很大, 且 p 很小时, 由 (2.3.3) 式, 得下列近似公式

$$C_n^k p^k q^{n-k} \approx \frac{\lambda^k}{k!} e^{-\lambda},$$

其中 $np \approx \lambda$.

实验证明，当 $n \geq 10$，且 $p \leq 0.1$ 时，按泊松分布计算的结果与按二项分布计算的结果很接近.

在例2.3.5中的，$X \sim B(10, 0.05)$，因此应取 $\lambda \approx 10 \times 0.05 = 0.5$，用 $\pi(0.5)$ 来近似 $B(10, 0.05)$，从图2.3.1 中可以看出两者的近似程度，而且所求概率 $P\{X \geq 5\} = 1 - \sum_{k=0}^{4} P\{X = k\}$. 易算出，二项分布及其泊松分布的近似值分别为 0.000 064 和 0.000 172，两者误差几乎等于 0.000 1.

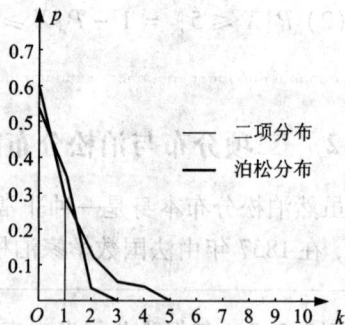

图2.3.1

习题 2.3

习题 2.3 答案

1. 问答题
(1) 简述两点分布、二项分布、泊松分布的特点.
(2) 设随机变量 $X \sim B(n, p)$，其中 n, p 的含义是什么？

2. 从 $0, 1, \cdots, 9$ 十个数字中随机取 1 个(取后放回)，取若干次后所成的序列称为随机数字序列. 求随机数字序列要有多长才能使 0 至少出现一次的概率不小于 0.9.

3. 某人对一目标进行射击，设每次射击的命中率都是 0.001，独立射击 5 000 次，求至少两次击中目标的概率.

4. 已知一批产品共 20 个，其中有 4 个次品.
(1) 不放回抽样，抽取 6 个产品，求样品中次品数的概率分布；
(2) 有放回抽样，抽取 6 个产品，求样品中次品数的概率分布.

5. 电话总机为 300 个电话用户服务. 在一小时内每一电话用户使用电话的概率等于 0.01，求在一小时内有 4 个用户使用电话的概率(先用二项分布计算，再用泊松分布近似计算，并求相对误差).

6. 设事件 A 在每一次试验中发生的概率为 0.3，当 A 发生次数不少于 3 次时，指示灯发出信号. 现进行了 5 次独立试验，求指示灯发出信号的概率.

2.4 连续型随机变量

引例2.4.1 在区间 $[a, b]$ 上任意投掷质点，以 X 表示这个质点的坐标. 设这个质点落在 $[a, b]$ 中任意区间内的概率与这个小区间的长度成正比，试求 $F(x)$，$x \in \mathbf{R}$，并观察是否存在非负函数 $f(x)$，使得 $F(x) = \int_{-\infty}^{x} f(t)\,dt$，如果存在，写出 $f(x)$ 的形式.

解 当 $x < a$ 时，$F(x) = P(X \leq x) = 0$；

当 $a \leq x < b$ 时，$F(x) = P(X \leq x) = P(a \leq X \leq x) = \dfrac{x - a}{b - a}$；

当 $x \geqslant b$ 时, $F(x) = P(X \leqslant x) = P(a \leqslant X \leqslant b) = 1.$

即
$$F(x) = \begin{cases} 0, & x < a, \\ \dfrac{x-a}{b-a}, & a \leqslant x < b, \\ 1, & x \geqslant b. \end{cases} \tag{2.4}$$

易知存在非负函数 $f(x)$, 其形式为

$$f(x) = \begin{cases} \dfrac{1}{b-a}, & x \in [a, b], \\ 0, & x \notin [a, b]. \end{cases}$$

使得

$$F(x) = \int_{-\infty}^{x} f(t)\,\mathrm{d}t$$

2.4.1 连续型随机变量的概念

在非离散型随机变量中, 最重要的一类就是连续型随机变量, 如 2.2 节中的例 2.2.6 及引例 2.4.1 所述, 其特点就是分布函数可以表示为一个非负函数的变上限区间 $(-\infty, x]$ 上的积分, 则有以下连续型随机变量的定义.

> **定义 2.4.1**   如果对于随机变量 X 的分布函数 $F(x)$, 存在非负函数 $f(x)$, 使对于任意实数 x 有
>
> $$F(x) = \int_{-\infty}^{x} f(t)\,\mathrm{d}t, \tag{2.4.1}$$
>
> 则称 X 为**连续型随机变量**.

由式 (2.4.1) 知, 若 $f(x)$ 在点 x 连续, 则有
$$F'(x) = f(x), \tag{2.4.2}$$

即
$$f(x) = F'(x) = \lim_{\Delta x \to 0} \frac{F(x + \Delta x) - F(x)}{\Delta x},$$

而当 $\Delta x > 0$ 时, $P\{x < X \leqslant x + \Delta x\} = F(x + \Delta x) - F(x)$, 仿照质量密度的概念,

$$\frac{P\{x < X \leqslant x + \Delta x\}}{\Delta x} = \frac{F(x + \Delta x) - F(x)}{\Delta x},$$

表示 X 落在长为 Δx 的区间 $(x, x + \Delta x]$ 上的平均概率密度. 当 $\Delta x \to 0$ 时, 其极限为

$$f(x) = F'(x) = \lim_{\Delta x \to 0} \frac{F(x + \Delta x) - F(x)}{\Delta x} = \lim_{\Delta x \to 0} \frac{P\{x < X \leqslant x + \Delta x\}}{\Delta x},$$

表示随机变量 X 在点 x 处的概率密度. 所以在上面定义中的非负函数 $f(x)$ 称为 X 的概率密度函数, 简称为 X 的概率密度或分布密度.

由上述定义知道, 连续型随机变量的分布函数 $F(x)$ 是连续函数, 概率密度函数 $f(x)$ 具有下列性质:

(1) 非负性: $f(x) \geqslant 0$;

(2) 规范性: $\int_{-\infty}^{+\infty} f(x)\,\mathrm{d}x = F(+\infty) = 1$;

(3) $P\{x_1 < X \leqslant x_2\} = F(x_2) - F(x_1) = \int_{x_1}^{x_2} f(x)\,\mathrm{d}x$;

(4) 若 $f(x)$ 在点 x 处连续, 则 $F'(x) = f(x)$.

性质(2) 表明, 介于曲线 $y = f(x)$ 与 x 轴之间的面积等于1, 如图2.4.1所示. 性质(3) 表明, X 落在区间 (x_1, x_2) 的概率 $P\{x_1 < X \leqslant x_2\}$ 等于区间 $(x_1, x_2]$ 上曲线 $y = f(x)$ 之下的曲边梯形的面积, 如图2.4.2所示.

应该指出的是, 对于任意指定的实数 x_0, 由于

$$P\{X = x_0\} \leqslant P\{x_0 - \Delta x < X \leqslant x_0\} = \int_{x_0-\Delta x}^{x_0} f(x)\,\mathrm{d}x,$$

$$0 \leqslant P\{X = x_0\} \leqslant \lim_{\Delta x \to 0} \int_{x_0-\Delta x}^{x_0} f(x)\,\mathrm{d}x = 0.$$

所以

$$P\{X = x_0\} = 0.$$

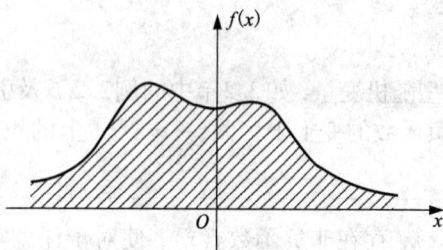

图 2.4.1

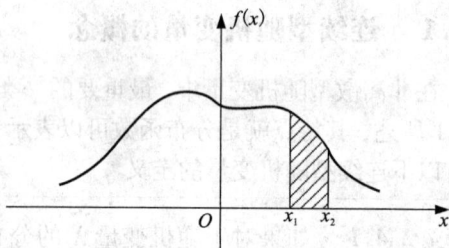

图 2.4.2

这表明, 连续型随机变量 X 取任意个别值 x_0 的概率为零. 因此在计算概率时, 不必区分区间是开区间还是闭区间, 即

$$P\{x_1 < X \leqslant x_2\} = P\{x_1 \leqslant X \leqslant x_2\}$$
$$= P\{x_1 < X < x_2\} = \int_{x_1}^{x_2} f(x)\,\mathrm{d}x \tag{2.4.3}$$

在这里, 事件 $P\{X = x_0\}$ 并非不可能事件, 而 $P\{X = x_0\} = 0$. 就是说, 不可能事件的概率等于零, 但概率等于零的事件未必是不可能事件.

由式(2.4.1) 可知连续型随机变量 X 的分布函数 $F(x)$ 一定是连续函数, 它的图形 $y = F(x)$ 是位于直线 $y = 0$ 与 $y = 1$ 之间的广义单调上升的连续曲线(如图2.4.3所示).

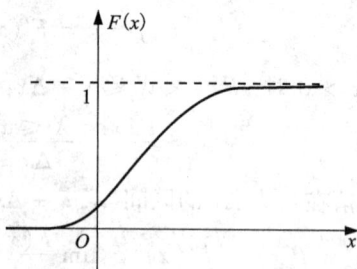

图 2.4.3

例 2.4.1 (拉普拉斯分布) 设随机变量 X 的概率密度为
$$f(x) = Ae^{-|x|}, \quad -\infty < x < +\infty.$$
求: (1) 系数 A; (2) 随机变量 X 落在区间 $(0, 1)$ 内的概率; (3) 随机变量 X 的分布函数.

解　(1) 由 $\int_{-\infty}^{+\infty} f(x)\mathrm{d}x = 1$，得 $\int_{-\infty}^{+\infty} Ae^{-|x|}\mathrm{d}x = 2A\int_{0}^{+\infty} e^{-x}\mathrm{d}x = 2A = 1$，解得 $A = \dfrac{1}{2}$，即有

$$f(x) = \frac{1}{2}e^{-|x|} \quad (-\infty < x < +\infty).$$

(2) $P\{0 < X < 1\} = \int_{0}^{1} f(x)\mathrm{d}x = \dfrac{1}{2}\int_{0}^{1} e^{-x}\mathrm{d}x = \dfrac{1}{2}\left(-e^{-x}\Big|_{0}^{1}\right) = \dfrac{1}{2}\left(1 - \dfrac{1}{e}\right).$

(3) 随机变量 X 的分布函数为

$$F(x) = \int_{-\infty}^{x} f(t)\mathrm{d}t = \frac{1}{2}\int_{-\infty}^{x} e^{-|t|}\mathrm{d}t = \begin{cases} \dfrac{1}{2}e^{x}, & x \leqslant 0, \\[2mm] 1 - \dfrac{1}{2}e^{-x}, & x > 0. \end{cases}$$

例 2.4.2　设随机变量 X 的密度函数为

$$f(x) = \begin{cases} \dfrac{1}{2}\cos x, & |x| \leqslant \dfrac{\pi}{2}, \\[2mm] 0, & |x| > \dfrac{\pi}{2}. \end{cases}$$

求：(1) $f(x)$ 的图形；(2) X 的分布函数及其图形.

解　(1) $f(x)$ 的图形如图 2.4.4 所示.

(2) $F(x) = \int_{-\infty}^{x} f(t)\mathrm{d}t$，

当 $x < -\dfrac{\pi}{2}$ 时，$F(x) = \int_{-\infty}^{x} 0\mathrm{d}t = 0$；

当 $-\dfrac{\pi}{2} \leqslant x < \dfrac{\pi}{2}$ 时，

$F(x) = \int_{-\infty}^{x} f(t)\mathrm{d}t = \int_{-\infty}^{-\frac{\pi}{2}} 0\mathrm{d}t + \int_{-\frac{\pi}{2}}^{x} \dfrac{1}{2}\cos t\mathrm{d}t$

$= \dfrac{1}{2} + \dfrac{1}{2}\sin x$；

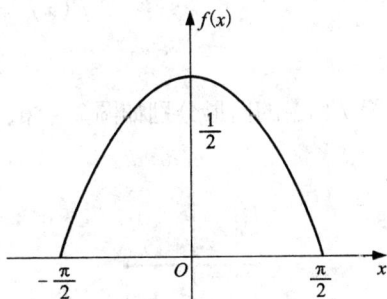

图 2.4.4

当 $x \geqslant \dfrac{\pi}{2}$ 时，

$F(x) = \int_{-\infty}^{x} f(t)\mathrm{d}t = \int_{-\infty}^{-\frac{\pi}{2}} 0\mathrm{d}t + \int_{-\frac{\pi}{2}}^{\frac{\pi}{2}} \dfrac{1}{2}\cos t\mathrm{d}t + \int_{\frac{\pi}{2}}^{x} 0\mathrm{d}t = 1.$

于是得 X 的分布函数为

$$F(x) = \begin{cases} 0, & x < -\dfrac{\pi}{2}, \\[2mm] \dfrac{1}{2} + \dfrac{1}{2}\sin x, & -\dfrac{\pi}{2} \leqslant x < \dfrac{\pi}{2}, \\[2mm] 1, & x \geqslant \dfrac{\pi}{2}. \end{cases}$$

其图形如图 2.4.5 所示.

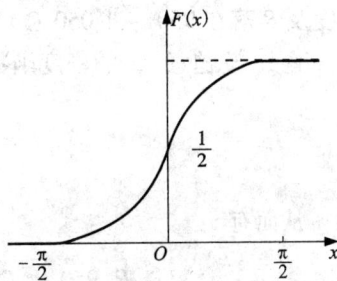

图 2.4.5

2.4.2 常见的连续型随机变量的分布

下面介绍几种重要的连续型随机变量的分布.

1. 均匀分布

若连续随机变量 X 具有概率密度函数

$$f(x) = \begin{cases} \dfrac{1}{b-a}, & a \leqslant x \leqslant b, \\ 0, & \text{其他.} \end{cases} \tag{2.4.4}$$

则称 X 在 $[a, b]$ 上服从**均匀分布**, 记为 $X \sim U[a, b]$.

在区间 $[a, b]$ 上服从均匀分布的随机变量 X, 具有下述意义的等可能性, 即它落在区间 $[a, b]$ 中任意等长度的子区间内的可能性相等, 或者说它落在子区间内的概率只依赖于区间的长度而与子区间的位置无关. 事实上, 对于长度 l 的子区间 $[c, c+l]$, $a \leqslant c \leqslant c+l < b$, 有

$$P\{c \leqslant X \leqslant c+l\} = \int_c^{c+l} f(x)\,\mathrm{d}x = \int_c^{c+l} \frac{1}{b-a}\mathrm{d}x = \frac{l}{b-a}.$$

设 $X \sim U[a, b]$, 由均匀分布的定义得 X 的分布函数为

$$F(x) = \begin{cases} 0, & x < a, \\ \dfrac{x-a}{b-a}, & a \leqslant x \leqslant b, \\ 1, & x > b. \end{cases} \tag{2.4.5}$$

$f(x)$ 及 $F(x)$ 的图形分别如图 2.4.6、图 2.4.7 所示.

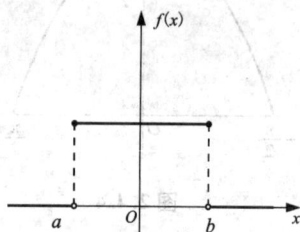

图 2.4.6

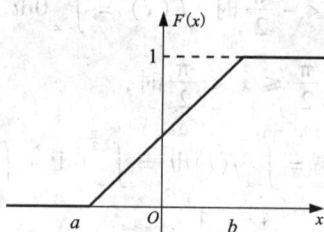

图 2.4.7

例 2.4.3   设电阻 R 是一个随机变量, 它均匀地分布在 $900 \sim 1\,100\ \Omega$ 之间, 求 R 的概率密度及 R 落在 $950 \sim 1\,050\ \Omega$ 的概率.

解   按题意, R 的密度函数为

$$f(x) = \begin{cases} \dfrac{1}{1\,100 - 900}, & 900 < x < 1\,100, \\ 0, & \text{其他.} \end{cases}$$

从而有

$$P\{950 \leqslant R \leqslant 1\,050\} = \int_{950}^{1\,050} \frac{1}{1\,100 - 900}\mathrm{d}x = 0.5.$$

例 2.4.4　某公共汽车站从上午 7 时起，每 15 min 来一辆车，即 7:00、7:15、7:30、7:45 等时刻有汽车到达此站. 如果某乘客到达此站的时间是 7:00 到 7:30 之间的服从均匀分布的随机变量，试求他等候少于 5 min 就能乘车的概率（设公共汽车一来，乘客必能上车）.

解　设乘客于 7 时过 X 分到达此站，由于 X 在 $[0, 30]$ 上服从均匀分布，于是有

$$f(x) = \begin{cases} \dfrac{1}{30}, & 0 \leqslant x \leqslant 30, \\ 0, & \text{其他}. \end{cases}$$

为使等候时间少于 5 min，必须且只需在 7:10 到 7:15 之间或在 7:25 到 7:30 之间到达车站. 因此所求概率为

$$P\{10 < X < 15\} + P\{25 < X < 30\} = \int_{10}^{15} \frac{1}{30}dx + \int_{25}^{30} \frac{1}{30}dx = \frac{1}{3}.$$

2. 指数分布

若连续随机变量 X 具有概率密度函数

$$f(x) = \begin{cases} \dfrac{1}{\theta}e^{-\frac{x}{\theta}}, & x \geqslant 0, \\ 0, & x < 0. \end{cases} \tag{2.4.6}$$

其中，$\theta > 0$ 为常数，则称 X 服从参数为 θ 的**指数分布**，记为 $X \sim e(\theta)$.

容易求得，指数分布的分布函数为

$$F(x) = \begin{cases} 1 - e^{-\frac{x}{\theta}}, & x \geqslant 0, \\ 0, & x < 0. \end{cases} \tag{2.4.7}$$

指数分布在实践中有许多应用. 有许多种"寿命"分布，如无线电元件的寿命，电话的通话时间，随机的服务时间以及动物的寿命都近似地服从指数分布.

例 2.4.5　设某种动物寿命 X（单位：年）服从参数 $\theta = 100$ 的指数分布，求：

(1) 该动物寿命在 50 岁至 150 岁的概率；

(2) 该动物寿命不少于 100 岁的概率；

(3) 已知该动物现 100 岁，求它寿命不少于 200 岁的概率.

解　X 的分布函数为

$$F(x) = \begin{cases} 1 - e^{-\frac{x}{100}}, & x > 0, \\ 0, & x \leqslant 0. \end{cases}$$

(1) $P\{50 \leqslant X \leqslant 150\} = F(150) - F(50) = 1 - e^{-\frac{150}{100}} - (1 - e^{-\frac{50}{100}}) = e^{-\frac{1}{2}} - e^{-\frac{3}{2}}$
$= 0.383\ 4.$

(2) $P\{X \geqslant 100\} = 1 - P\{X < 100\} = 1 - F(100) = e^{-1} = 0.367\ 9.$

(3) $P\{X \geqslant 200 \mid X \geqslant 100\} = \dfrac{P\{X \geqslant 200\}}{P\{X \geqslant 100\}} = \dfrac{\mathrm{e}^{-2}}{\mathrm{e}^{-1}} = \mathrm{e}^{-1} = 0.367\,9.$

由(2)、(3)可知,该动物活过100岁的概率等于该动物已经100岁的条件下再活100岁以上的概率,这种性质称为指数分布的"无记忆性".

一般地,随机变量X服从参数为θ的指数分布,下面证明指数分布的无记忆性,即对于任意非负实数s及t,有

$$P\{X \geqslant s + t \mid X \geqslant s\} = P\{X \geqslant t\}.$$

证明　因为$X \sim e(\theta)$,所以$\forall x \in \mathbf{R}^{+}$,有$F(x) = 1 - \mathrm{e}^{-\frac{x}{\theta}}$,其中$F(x)$为$X$的分布函数.

设$A = X \geqslant s + t$,$B = X \geqslant s$.因为s及t都是非负实数,所以$A \subset B$,从而$AB = A$.根据条件概率公式,我们有

$$P\{X \geqslant s + t \mid X \geqslant s\} = P(A \mid B)) = \frac{P(AB)}{P(B)} = \frac{P(A)}{P(B)} = \frac{P(X \geqslant s + t)}{P(X \geqslant s)}$$

$$= \frac{1 - P\{X < s + t\}}{1 - P\{X < s\}} = \frac{1 - \left[1 - \mathrm{e}^{-\frac{s+t}{\theta}}\right]}{1 - \left[1 - \mathrm{e}^{-\frac{s}{\theta}}\right]} = \mathrm{e}^{-\frac{t}{\theta}}.$$

另一方面,我们有

$$P\{X \geqslant t\} = 1 - P\{X < t\} = 1 - P\{X \leqslant t\} = 1 - F(t) = 1 - \left(1 - \mathrm{e}^{-\frac{t}{\theta}}\right) = \mathrm{e}^{-\frac{t}{\theta}}.$$

综上所述,故有

$$P\{X \geqslant s + t \mid X \geqslant s\} = P\{X \geqslant t\}.$$

3. 正态分布

若连续随机变量X具有概率密度函数

$$f(x) = \frac{1}{\sqrt{2\pi}\sigma}\mathrm{e}^{-\frac{(x-\mu)^2}{2\sigma^2}}, \quad -\infty < x < +\infty. \tag{2.4.8}$$

其中μ,$\sigma(\sigma > 0)$为常数,则称X服从参数为μ,σ的**正态分布**,正态分布也称为**高斯分布**,记为$X \sim N(\mu, \sigma^2)$.

正态分布是概率论和数理统计中最重要的一种分布,在实际问题中许多随机变量服从或近似服从正态分布.例如,人的身高、体重;农作物的收获量;电子管中的噪声电源、电压;某些机械加工零件的长度;测量误差;等等都可以认为服从正态分布.一般说来,一个随机变量如果是大量相互独立的偶然因素之和,而且每个因素的个别影响在总的影响中所起的作用都很微小,那么这个随机变量就会服从或近似服从正态分布.

可以证明,正态分布的密度函数曲线具有下列特征:

(1) 关于$X = \mu$左右对称;

(2) 当$x = \mu$时,取得最大值$f(\mu) = \dfrac{1}{\sqrt{2\pi}\sigma}$;

(3) 在$x = \mu \pm \sigma$处有拐点,且在$(\mu - \sigma, \mu + \sigma)$内为凸弧;在$(-\infty, \mu - \sigma)$与$(\mu + \sigma, +\infty)$内为凹弧;

（4）以 x 轴为渐近线．

因此，$f(x)$ 是一条"中间高，两边低，左右对称"的钟形曲线．$f(x)$ 的图形如图 2.4.8 所示．

正态分布的分布函数为

$$F(x) = \frac{1}{\sqrt{2\pi}\sigma} \int_{-\infty}^{x} e^{-\frac{(t-\mu)^2}{2\sigma^2}} dt, \quad -\infty < x < +\infty \tag{2.4.9}$$

$F(x)$ 的图形如图 2.4.9 所示．

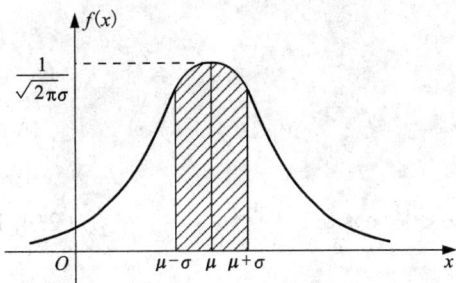

图 2.4.8

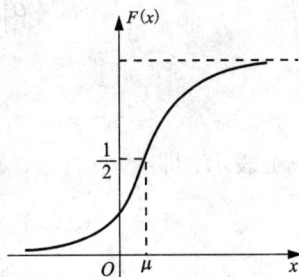

图 2.4.9

$F(x)$ 不是初等函数，它的图形如图 2.4.9 所示，当 $x = \mu$ 时，

$$F(\mu) = \frac{1}{\sqrt{2\pi}\sigma} \int_{-\infty}^{\mu} e^{-\frac{(t-\mu)^2}{2\sigma^2}} dt = \frac{1}{2}.$$

正态概率密度曲线 $y = f(x)$，以 $x = \mu$ 为对称轴，因此对任意 $h > 0$，$P\{\mu - h < X \leqslant \mu\} = P\{\mu < X \leqslant \mu + h\}$（见图 2.4.8 中阴影部分）．在 $x = \mu$ 时，$f(x)$ 达到最大值 $f(\mu) = \frac{1}{\sqrt{2\pi}\sigma}$，$x$ 离 μ 越远，$f(x)$ 的值越小，当 $|x|$ 无限增大时，$f(x)$ 很快趋于零．

$f(x)$ 中有两个参数 μ 和 σ．若固定 σ 而改变 μ 的值，则 $f(x)$ 的图形沿着 x 轴平行移动（见图 2.4.10）．若固定 μ 而改变 σ 的值，则由于最大值为 $f(\mu) = \frac{1}{\sqrt{2\pi}\sigma}$，可知当 σ 越小时，$f(x)$ 的图形越尖陡，即分布越集中；当 σ 越大时，$f(x)$ 的图形越低平，即分布越分散（如图 2.4.11 所示）．

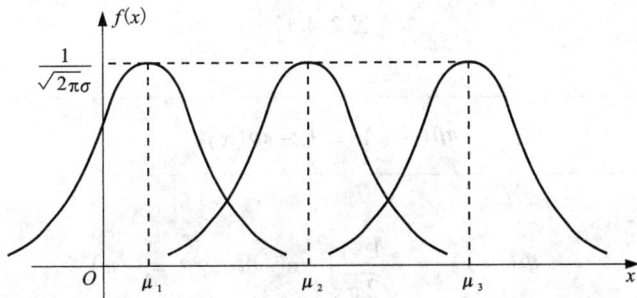

图 2.4.10

特别地，当 $\mu = 0$，$\sigma = 1$ 时，称 X 服从**标准正态分布**，其密度函数与分布函数分别用

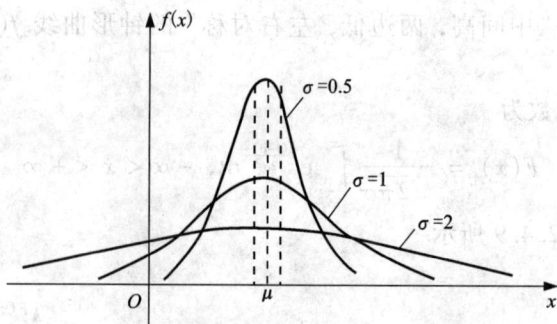

图 2.4.11

$\varphi(x)$, $\Phi(x)$ 表示, 即

$$\varphi(x) = \frac{1}{\sqrt{2\pi}}e^{-\frac{x^2}{2}}, \quad -\infty < x < +\infty. \tag{2.4.10}$$

$$\Phi(x) = \frac{1}{\sqrt{2\pi}}\int_{-\infty}^{x} e^{-\frac{t^2}{2}}dt, \quad -\infty < x < +\infty. \tag{2.4.11}$$

$\Phi(x)$ 的值已编制成表(附表3), 称为标准正态分布函数表. $\Phi(x)$ 有如下性质: 对任何 x 有

$$\Phi(-x) = 1 - \Phi(x). \tag{2.4.12}$$

公式(2.4.12)的正确性可从图2.4.12中根据标准正态分布的概率密度函数 $\varphi(x)$ 的对称性直接看出.

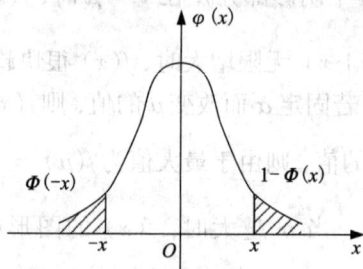

图 2.4.12

定理 2.4.1　　　　$\Phi(-x) = 1 - \Phi(x).$　　　　(2.4.12)

证　因为

$$\Phi(-x) = \frac{1}{\sqrt{2\pi}}\int_{-\infty}^{-x} e^{-\frac{t^2}{2}}dt(令\ t = -u)$$

$$= -\frac{1}{\sqrt{2\pi}}\int_{+\infty}^{x} e^{-\frac{u^2}{2}}du$$

$$= \frac{1}{\sqrt{2\pi}} \int_x^{+\infty} e^{-\frac{u^2}{2}} du$$

$$= 1 - \frac{1}{\sqrt{2\pi}} \int_{-\infty}^x e^{-\frac{u^2}{2}} du = 1 - \Phi(x)$$

所以　　　　　　　　　　$\Phi(-x) = 1 - \Phi(x).$

定理 2.4.2　若 $X \sim N(\mu, \sigma^2)$，则

$$Y = \frac{X - \mu}{\sigma} \sim N(0, 1). \tag{2.4.13}$$

证　因为 Y 的分布函数

$$F(x) = P\{Y \leqslant x\} = P\left\{\frac{X - \mu}{\sigma} \leqslant x\right\} = P\{X \leqslant \mu + \sigma x\}$$

$$= \frac{1}{\sqrt{2\pi}\sigma} \int_{-\infty}^{\mu + \sigma x} e^{-\frac{(t-u)^2}{2\sigma^2}} dt.$$

令 $\frac{t - \mu}{\sigma} = u$，得

$$F(x) = \frac{1}{\sqrt{2\pi}} \int_{-\infty}^x e^{-\frac{u^2}{2}} du = \Phi(x),$$

所以

$$Y = \frac{X - \mu}{\sigma} \sim N(0, 1).$$

于是，若 $X \sim N(\mu, \sigma^2)$，则 X 的分布函数

$$F(x) = P\{X \leqslant x\} = P\left\{\frac{X - \mu}{\sigma} \leqslant \frac{x - \mu}{\sigma}\right\} = \Phi\left(\frac{x - \mu}{\sigma}\right),$$

即

$$F(x) = \Phi\left(\frac{X - \mu}{\sigma}\right),$$

从而对任意区间 $[x_1, x_2]$ 有

$$P\{x_1 \leqslant X \leqslant x_2\} = F(x_2) - F(x_1)$$

$$= \Phi\left(\frac{x_2 - \mu}{\sigma}\right) - \Phi\left(\frac{x_1 - \mu}{\sigma}\right). \tag{2.4.14}$$

为了方便计算，编制了标准正态分布表. 当 $x > 0$ 时，$\Phi(x)$ 的值可以直接从表查到；当 $x < 0$ 时，$\Phi(x)$ 的值可以由 (2.4.12) 式得到；对一般的正态分布函数的值可以通过 (2.4.14) 式算出.

例 2.4.6　设 $X \sim N(2, 0.5^2)$，求 $P\{1 < X < 2.5\}$.

解　由定理 2.4.2，$X \sim N(2, 0.5^2)$，则 $Y = \frac{X - 2}{0.5} \sim N(0, 1)$.

$$P\{1 < X < 2.5\} = F(2.5) - F(1)$$

$$= \Phi\left(\frac{2.5 - 2}{0.5}\right) - \Phi\left(\frac{1 - 2}{0.5}\right)$$

$$= \Phi(1) - \Phi(-2) = \Phi(1) - [1 - \Phi(2)]$$
$$= 0.8413 - 1 + 0.9772 = 0.8185$$

例 2.4.7 设 $X \sim N(\mu, \sigma^2)$，求 X 落在区间 $(\mu - k\sigma, \mu + k\sigma)$ 内的概率，其中 $k = 1, 2, 3, 4$.

解 $P\{|X - \mu| < k\sigma\} = P\{\mu - k\sigma < X < \mu + k\sigma\} = \Phi(k) - \Phi(-k)$
$$= \Phi(k) - [1 - \Phi(k)] = 2\Phi(k) - 1,$$

对 $k = 1, 2, 3, 4$ 分别得

$$P\{|X - \mu| < \sigma\} = 2\Phi(1) - 1 = 0.6826;$$
$$P\{|X - \mu| < 2\sigma\} = 2\Phi(2) - 1 = 0.9544;$$
$$P\{|X - \mu| < 3\sigma\} = 2\Phi(3) - 1 = 0.9973;$$
$$P\{|X - \mu| < 4\sigma\} = 2\Phi(4) - 1 = 0.9994.$$

如图 2.4.13 所示. 因正态变量 X 在 $(\mu - 3\sigma, \mu + 3\sigma)$ 内取值的概率已达 99.73%，因此可认为 X 几乎不在区间 $(\mu - 3\sigma, \mu + 3\sigma)$ 之外取值. 这在工程中一般称为正态变量的"3σ 规则".

对于标准正态分布，引入上 α 分位点定义. 设 $X \sim N(0, 1)$，若 Z_α 满足

$$P\{X > Z_\alpha\} = \alpha, \quad 0 < \alpha < 1.$$

则称点 Z_α 为标准正态分布的**上 α 分位点**. 如图 2.4.14 所示.

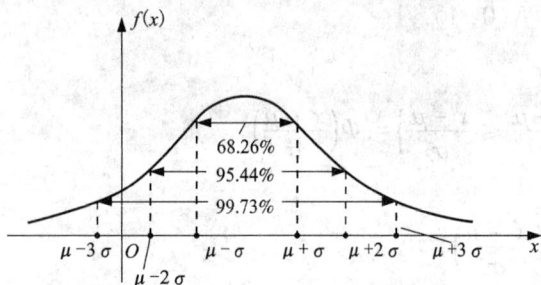

图 2.4.13

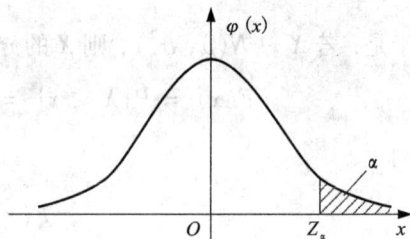

图 2.4.14

例如

$$Z_{0.025} = 1.96, \quad Z_{0.001} = 3.10$$

注意，$\Phi(Z_\alpha) = 1 - \alpha$.

例 2.4.8 设某机器生产的螺栓的长度 $X(\text{cm})$ 服从正态分布 $N(10.5, 0.04)$，并规定螺栓的长度在范围 $(10.3 \sim 10.8 \text{ cm})$ 内为合格品，求螺栓的合格率.

解 螺栓的合格率为

$$P\{10.3 \leqslant X \leqslant 10.8\} = \Phi\left(\frac{10.8 - 10.5}{0.2}\right) - \Phi\left(\frac{10.3 - 10.5}{0.2}\right)$$
$$= \Phi(1.5) - \Phi(-1)$$
$$= \Phi(1.5) + \Phi(1) - 1$$

$$= 0.933\,2 + 0.841\,3 - 1$$
$$= 0.774\,5.$$

例 2.4.9　设火炮射击某目标的纵向偏差 $X \sim N(0, 20^2)$（单位：m）. 试求

(1) 射击 1 弹的纵向偏差绝对值不超过 10 m 的概率；

(2) 射击 3 弹时至少有 2 弹的纵向偏差绝对值不超过 10 m 的概率.

解　(1) 设 A 为"射击 1 弹的纵向偏差绝对不超过 10(m)"，则 A 的概率为

$$P(A) = P\{|X| \leqslant 10\} = P\{-10 \leqslant X \leqslant 10\}$$

$$= \varPhi\left(\frac{10}{20}\right) - \varPhi\left(\frac{-10}{20}\right) = 2\varPhi(0.5) - 1 = 0.383\,0.$$

(2) 射击 3 弹，每弹都看它的纵向偏差绝对值是否不超过 10 m，可认为是 3 重伯努利试验. 因此射击 3 弹时，纵向偏差绝对值不超过 10 m 的弹数，即 A 发生的次数，应服从二项分布 $B(3, 0.383\,0)$. 故所求概率为

$$C_3^2(0.383\,0)^2(0.617\,0) + C_3^3(0.383\,0)^3 = 0.271\,5 + 0.056\,2 = 0.327\,7.$$

正态分布是所有分布中最重要的一种分布，这有实践与理论两方面的原因. 实践方面的原因在于其常见性，如产品的长度、宽度、高度、质量指标；人体的身高、体重；测量的误差；等等，都近似地服从正态分布. 事实上如果影响某一随机变量的因素很多，而每一个因素都不起决定性作用，且这些影响是可以叠加的，那么这一随机变量就近似地服从正态分布，这就是概率论中有名的中心极限定理. 从理论方面来说，正态分布可以导出一些其他的分布，而某些分布在一定条件下又可以用正态分布来近似. 因此正态分布不仅在实践中有广泛的应用，而且在理论研究也具有重要的地位.

习题 2.4

习题 2.4 答案

1. 问答题

(1) 如何定义连续型随机变量？如何理解连续型随机变量的分布函数和密度函数的几何意义？

(2) 简述连续型随机变量密度函数的性质.

(3) 简述均匀分布的特点，均匀分布和几何概型有何联系？举例说明.

(4) 指数分布有何特点？指数分布有何应用背景？如何理解指数分布的"无记忆性"？

(5) 正态分布有何特点？标准正态分布有何特点？它们有什么关系？

(6) 如何理解正态分布的"3σ"准则？

(7) 标准正态分布的分位点是如何定义的？如何应用的？

2. 设连续型随机变量 X 的密度函数

$$f(x) = \begin{cases} A\mathrm{e}^{-3x}, & x \geqslant 0, \\ 0, & x < 0. \end{cases}$$

求：(1) 确定常数 A；(2) 概率 $P\{X > 0.1\}$；(3) X 的分布函数.

3. 设连续型随机变量 X 的分布函数为

$$F(x) = \begin{cases} A + Be^{-\frac{x^2}{2}}, & x > 0, \\ 0, & x \leq 0. \end{cases}$$

求：(1) 常数 A 与 B；(2) X 的概率密度函数 $f(x)$；(3) X 落在区间 $(1, 2)$ 的概率.

4. 公共汽车站每隔 5 分钟有一辆汽车通过. 乘客到达汽车站的任意时刻是等可能的. 求乘客候车时间不超过 3 分钟的概率.

5. 已知某种电子元件的使用寿命 X(单位：h) 服从指数分布，概率密度为

$$f(x) = \begin{cases} \dfrac{1}{800}e^{-\frac{x}{800}}, & x > 0; \\ 0, & x \leq 0. \end{cases}$$

任取 3 个这种电子元件，求至少有 1 个能使用 1 000 h 以上的概率.

6. 设 $X \sim N(1, 4)$，求 $F(5), P\{0 < X \leq 1.6\}, P\{|X - 1| \leq 2\}$.

7. 设某项竞赛成绩 $X \sim N(65, 100)$，若按参赛人数的 10% 发奖，问获奖分数线应定为多少？

8. 将一温度调节器放置在贮存着某种液体的容器内，调节器整定在 $d\,℃$，液体的温度 X(以 $℃$ 计) 是一个随机变量，且 $X \sim N(d, 0.5^2)$. 求：

(1) 若 $d = 90\,℃$，求 X 小于 $89\,℃$ 的概率；

(2) 若要求保持液体的温度至少为 $80\,℃$ 的概率不低于 0.99，问 d 至少为多少？

2.5　随机变量函数的分布

引例 2.5.1　工厂生产的圆轴的截面积 A 是随机变量，但 A 的值无法直接测量得到；然而 $A = \dfrac{\pi d^2}{4}$，其中 d 是截面直径，它是可以直接测量的随机变量，如何由 d 的分布得到 A 的分布？

引例 2.5.2　在统计物理中，已知分子的运动速度 x 的分布，求其动能 $y = \dfrac{1}{2}mx^2$ 的分布.

以上两个引例要讨论的问题是：当随机变量 X 的分布已知时，设 $g(x)$ 是一给定的连续函数，称 $Y = g(X)$ 为随机变量 X 的的一个函数，Y 也是一个随机变量，当 X 取值 x 时，Y 取值 $y = g(x)$，求函数 $Y = g(X)$ 的概率分布. 下面分两种情形讨论.

先讨论 X 为离散型随机变量的情况.

2.5.1　离散型随机变量的函数

若离散型随机变量 X 分布律为

导学 2. 4
(2. 5)

X	x_1	x_2	...	x_n	...
P	p_1	p_2	...	p_n	...

求 $Y = g(X)$ 的分布律.

当 X 取得它的某一可能值 x_i 时, 随机变量函数 $Y = g(X)$ 取值 $y_i = g(x_i)(i = 1, 2, \cdots)$. 如果 $g(x_i)$ 的值全不相等, 则 Y 的分布律为

Y	$g(x_1)$	$g(x_2)$	$\cdots$	$g(x_i)$	$\cdots$
$P\{Y = g(x_i)\}$	p_1	p_2	$\cdots$	p_i	$\cdots$

若 $g(x_k)$ 的值中有相等的, 则应把那些相等的值分别合并, 把对应的概率相加, 并把 $g(x_k)$ 按递增顺序排列.

例 2.5.1　设随机变量 X 的分布律为

X	-1	0	1	2
P	0.2	0.3	0.1	0.4

求 $Y = (X - 1)^2$ 的分布律.

解　Y 所有可能的取值为 $0, 1, 4$. 由

$P\{Y = 0\} = P\{(X - 1)^2 = 0\} = P\{X = 1\} = 0.1,$

$P\{Y = 1\} = P\{X = 0\} + P\{X = 2\} = 0.7,$

$P\{Y = 4\} = P\{X = -1\} = 0.2,$

即得 Y 的分布律为

Y	0	1	4
P	0.1	0.7	0.2

此外, 还可以用以下更为简便的方法求解, 先列出与 X 的分布律的对应的 $(X - 1)^2$ 的表

$(X - 1)^2$	4	1	0	1
P	0.2	0.3	0.1	0.4

从而得 Y 分布律为

Y	0	1	4
P	0.1	0.7	0.2

例 2.5.2　设随机变量 X 的分布律为

X	1	2	3	$\cdots$	n	$\cdots$
$P\{X = n\}$	$\dfrac{1}{2}$	$\left(\dfrac{1}{2}\right)^2$	$\left(\dfrac{1}{2}\right)^3$	$\cdots$	$\left(\dfrac{1}{2}\right)^n$	$\cdots$

求 $Y = \sin\left(\dfrac{\pi}{2}X\right)$ 的分布律.

解　因为

$$\sin\left(\frac{n\pi}{2}\right) = \begin{cases} -1, & \text{当 } n = 4k - 1, \\ 0, & \text{当 } n = 2k, \quad k = 1, 2, \cdots, \\ 1, & \text{当 } n = 4k - 3, \end{cases}$$

所以，$Y = \sin\left(\frac{\pi}{2}X\right)$ 只有 3 个可能值 $-1, 0, 1$，而取得这些值的概率分别是

$$P\{Y = -1\} = \frac{1}{2^3} + \frac{1}{2^7} + \frac{1}{2^{11}} + \cdots + \frac{1}{2^{4k-1}} + \cdots = \frac{1}{8\left(1 - \frac{1}{16}\right)} = \frac{2}{15};$$

$$P\{Y = 0\} = \frac{1}{2^2} + \frac{1}{2^4} + \frac{1}{2^6} + \cdots + \frac{1}{2^{2k}} + \cdots = \frac{1}{4\left(1 - \frac{1}{4}\right)} = \frac{1}{3};$$

$$P\{Y = 1\} = \frac{1}{2} + \frac{1}{2^5} + \frac{1}{2^9} + \cdots + \frac{1}{2^{4k-3}} + \cdots = \frac{1}{2\left(1 - \frac{1}{16}\right)} = \frac{8}{15}.$$

故 Y 的分布律为

Y	-1	0	1
$P\{Y = y\}$	$\dfrac{2}{15}$	$\dfrac{1}{3}$	$\dfrac{8}{15}$

例 2.5.3　设随机变量 $X \sim B(3, 0.4)$，令 $Y = \dfrac{X(3 - X)}{2}$，求 $P\{Y = 1\}$.

解　因为 $X \sim B(3, 0.4)$，所以 X 可能取值为 $0, 1, 2, 3$，

当 $X = 0, 1, 2, 3$ 时，$Y = 0, 1, 1, 0$，

所以，$\{Y = 1\}$ 对应于 $\{X = 1\}$ 和 $\{X = 2\}$，

实际上，由等式 $Y = \dfrac{X(3 - X)}{2}$ 中，当 $Y = 1$ 时，可得 $X(3 - X) = 2$，

即 $X^2 - 3X + 2 = 0$，解得 $X = 1$ 或 $X = 2$，

从而有

$$\begin{aligned} P\{Y = 1\} &= P\{X = 1\} + P\{X = 2\} \\ &= C_3^1 (0.4)^1 \cdot (0.6)^2 + C_3^2 (0.4)^2 \cdot (0.6)^1 \\ &= 0.72. \end{aligned}$$

有时 X 是连续型的，$Y = g(x)$ 不是连续函数，则 Y 有可能是离散的. 详见以下思考题.

思考题：（儿童智商）设儿童智商 $X \sim N(100, 100)$，将儿童按智商分为三类，各类标号 Y 规定如下：

$$Y = \begin{cases} -1, & X \leqslant 90, \\ 0, & 90 < X \leqslant 110, \\ 1, & X > 110. \end{cases}$$

求 Y 的分布律.

2.5.2　连续型随机变量的函数

若 X 是连续型随机变量,已知 X 的概率密度或分布函数,这时如何求 $Y = g(X)$ 的分布呢? 常用的方法有两种.

1. 分布函数法

先求 Y 的分布函数 $F_Y(y)$,再对 $F_Y(y)$ 求导,得到 Y 的概率密度 $f_Y(y)$.

例 2.5.4　设 $X \sim N(0, 1)$,求 $Y = X^2$ 密度函数 $f_Y(y)$.

解　记 Y 的分布函数为 $F_Y(y)$,由于 $Y = X^2 \geqslant 0$,故当 $y < 0$ 时,$F_Y(y) = 0$.

当 $y \geqslant 0$ 时,因为

$$F_Y(y) = P\{Y \leqslant y\} = P\{X^2 \leqslant y\} = P\{-\sqrt{y} \leqslant X \leqslant \sqrt{y}\}$$

$$= \frac{1}{\sqrt{2\pi}} \int_{-\sqrt{y}}^{\sqrt{y}} \mathrm{e}^{-\frac{t^2}{2}} \mathrm{d}t = [\Phi(\sqrt{y}) - \Phi(-\sqrt{y})].$$

两边对 y 求导,得 Y 的概率密度函数

$$f_Y(y) = \left[\Phi(\sqrt{y}) - \Phi(-\sqrt{y})\right]_y'$$

$$= \frac{1}{\sqrt{2\pi}}\left[\frac{1}{2\sqrt{y}}\mathrm{e}^{-\frac{y}{2}} + \frac{1}{2\sqrt{y}}\mathrm{e}^{-\frac{y}{2}}\right]$$

$$= \frac{1}{\sqrt{2\pi}} y^{-\frac{1}{2}} \mathrm{e}^{-\frac{y}{2}}.$$

综上所述,Y 的密度函数为

$$f_Y(y) = \begin{cases} \dfrac{1}{\sqrt{2\pi}} y^{-\frac{1}{2}} \mathrm{e}^{-\frac{y}{2}}, & y \geqslant 0, \\ 0, & y < 0. \end{cases}$$

从上述例子中可以看出,求连续型随机变量 X 的函数 $Y = g(X)$ 的分布是先求出 Y 分布函数,再通过求导得 Y 的密度函数. 在求 Y 的分布函数中,关键的一步是在"$Y \leqslant y$"即"$g(X) \leqslant y$"中,解出 X,而得到一个与"$g(X) \leqslant y$"等价的 X 不等式"$-\sqrt{y} \leqslant X \leqslant \sqrt{y}$",并以后者代替"$g(X) \leqslant y$",它们是同一随机事件,因而概率相等. 实质上关键在于把 $Y = X^2$ 的分布函数在 y 之值 $F_Y(y)$ 转化为 X 的分布函数在 $-\sqrt{y}$,$\sqrt{y}$ 之差值 $F_X(\sqrt{y}) - F_X(-\sqrt{y})$. 这样就建立了分布函数之间的关系,然后通过求导得到 Y 的密度函数. 这种方法称为"**分布函数法**".

一般地,若 X 的密度函数为 $f_X(x)$,则 Y 的分布函数

$$F_Y(y) = P\{Y \leqslant y\} = P\{g(X) \leqslant y\}$$

$$= \int_{g(t) \leqslant y} f_X(t) \mathrm{d}t, \tag{2.5.1}$$

而 Y 的密度函数为

$$f_Y(y) = \frac{\mathrm{d}}{\mathrm{d}y}F_Y(y). \tag{2.5.2}$$

例 2.5.5 设随机变量 X 的概率密度为

$$f_X(x) = \begin{cases} \dfrac{2}{\pi(x^2+1)}, & x > 0, \\ 0, & x \leqslant 0. \end{cases}$$

求随机变量函数 $Y = \ln X$ 的概率密度 $f_Y(y)$.

解 因为 $F_Y(y) = P\{Y < y\} = P\{\ln X < y\} = P\{X < \mathrm{e}^y\} = F_X\{\mathrm{e}^y\}$,
所以随机变量函数 $Y = \ln X$ 的概率密度为

$$f_Y(y) = F'_Y(y) = F'_X(\mathrm{e}^y)\mathrm{e}^y = f_X(\mathrm{e}^y)\mathrm{e}^y = \frac{2\mathrm{e}^y}{\pi(\mathrm{e}^{2y}+1)} \ (-\infty < y < +\infty),$$

即

$$f_Y(y) = \frac{2\mathrm{e}^y}{\pi(\mathrm{e}^{2y}+1)} \ (-\infty < y < +\infty).$$

2. 公式法

定理 2.5.1 设连续型随机变量 X 具有概率密度 $f_X(x)$, 若 $y = g(x)$ 是严格单调函数且可导, 则 $Y = g(X)$ 是一个连续型随机变量, 它的概率密度为

$$f_Y(y) = \begin{cases} f_X[h(y)] \cdot |h'(y)|, & a < y < \beta, \\ 0, & \text{其他}, \end{cases} \tag{2.5.3}$$

其中 $h(y)$ 是 $g(x)$ 的反函数, (α, β) 是 Y 的取值范围,
$$\alpha = \min\{g(-\infty), g(+\infty)\},$$
$$\beta = \max\{g(-\infty), g(+\infty)\}.$$

证 先考虑 $y = g(x)$ 是严格单调增加且可导的情形(如图 2.5.1 所示), 此时它的反函数 $h(y)$ 在 (α, β), 所以当 $y \leqslant \alpha$ 时,
$$F_Y(y) = P\{Y \leqslant y\} = 0;$$
当 $y \geqslant \beta$ 时,
$$F_Y(y) = P\{Y \leqslant y\} = 1;$$
当 $\alpha < y < \beta$ 时,
$$F_Y(y) = P\{Y \leqslant y\} = P\{g(X) \leqslant y\} = P\{X \leqslant h(y)\} = \int_{-\infty}^{h(y)} f(x)\mathrm{d}x$$
于是 Y 的概率密度为
$$f_Y(y) = F'_Y(y) = \begin{cases} f_X[h(y)] \cdot h'(y), & \alpha < y < \beta; \\ 0, & \text{其他}. \end{cases}$$
在上式中, 因 $h'(y) \geqslant 0$, 故 $h'(y) = |h'(y)|$.
如果 $y = g(x)$ 是严格单调减小且可导的情形(如图 2.5.2 所示), 那么它的反函数 $h(y)$

在 (α, β) 内单调减小且可导, $h'(y) \leqslant 0$. 当 $\alpha < y < \beta$ 时, Y 的分布函数

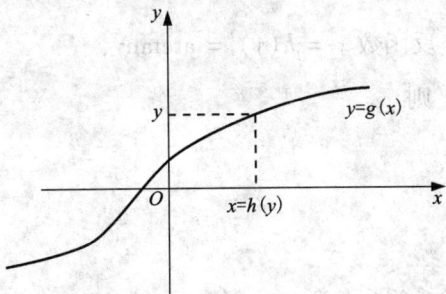

图 2.5.1

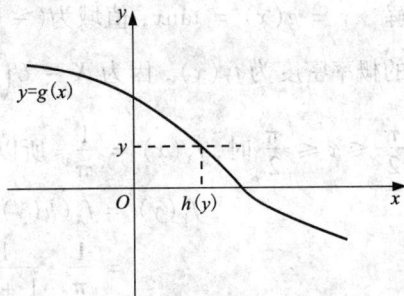

图 2.5.2

$$F_Y(y) = P\{Y \leqslant y\} = P\{g(X) \leqslant y\} = P\{X \geqslant h(y)\} = \int_{h(y)}^{+\infty} f_X(x) \, \mathrm{d}x.$$

于是 Y 的概率密度为

$$f_Y(y) = F'_Y(y) = \begin{cases} -f_X[h(y)] \cdot h'(y), & \alpha < y < \beta, \\ 0, & \text{其他}. \end{cases}$$

在上式中, 因 $h'(y) \leqslant 0$, 故 $-h'(y) = |h'(y)|$.

综合以上两种情形, 即得

$$f_Y(y) = \begin{cases} f_X[h(y)] |h'(y)|, & \alpha < y < \beta, \\ 0, & \text{其他}. \end{cases}$$

注: 若 X 的概率密度 $f_X(x)$ 仅在某区间 (a, b) 内不为零, 则只需设函数 $y = g(x)$ 在 (a, b) 上严格单调且可导即可, 此时 (α, β) 是当 X 仅在 (a, b) 上变化时 $Y = g(X)$ 的取值范围.

例 2.5.6 设随机变量 X 具有概率密度 $f_X(x)$, 求线性函数 $Y = a + bX$ 的概率密度, 其中 a, b 为常数, 且 $b \neq 0$.

解 因 $y = g(x) = a + bx$, 故 $x = h(y) = \dfrac{y-a}{b}$, $h'(y) = \dfrac{1}{b}$, 于是由定理 2.5.1 得

$$f_Y(y) = f_X\left(\frac{y-a}{b}\right)\frac{1}{|b|}, \quad -\infty < y < +\infty.$$

特别地, 若 $X \sim N(\mu, \sigma^2)$, X 的概率密度为

$$f_X(x) = \frac{1}{\sqrt{2\pi}\sigma} e^{-\frac{(x-\mu)^2}{2\sigma^2}}, \quad -\infty < x < +\infty,$$

则 $Y = a + bX$ 的概率密度为

$$f_Y(y) = \frac{1}{|b|} f_X\left(\frac{y-a}{b}\right) = \frac{1}{\sqrt{2\pi}\sigma} e^{-\frac{(y-a-b\mu)^2}{2b^2\sigma^2}},$$

即 $Y \sim N(a + b\mu, b^2\sigma^2)$. 从而得到一个结论: 正态随机变量的线性函数仍然服从正态分布.

例 2.5.7 设 $X \sim U\left(-\dfrac{\pi}{2}, \dfrac{\pi}{2}\right)$，令 $Y = \tan x$，求 Y 的概率密度 $f_Y(y)$.

解 $y = g(x) = \tan x$，值域为 $(-\infty, +\infty)$，反函数 $x = h(y) = \arctan y$，记 X 的概率密度为 $f_X(x)$，因为 $X \sim U\left(-\dfrac{\pi}{2}, \dfrac{\pi}{2}\right)$，则

当 $-\dfrac{\pi}{2} \leqslant x \leqslant \dfrac{\pi}{2}$ 时，$f_X(x) = \dfrac{1}{\pi}$，所以

$$f_Y(y) = f_X(h(y)) \mid h'(y) \mid$$
$$= \dfrac{1}{\pi} \cdot \dfrac{1}{1 + y^2}, \quad -\infty < y < +\infty.$$

这一概率分布称为柯西(Cauchy)分布.

习题 2.5

习题 2.5 答案

1. 问答题

(1) 对离散型随机变量 X，其分布律已知，若 $Y = g(X)$，如何求 Y 的分布律？

(2) 对连续型随机变量 X，其密度函数为 $f_X(x)$，若 $Y = g(X)$，如何求 Y 的密度函数？有几种方法？这几种方法有何特点？

(3) 设随机变量 $X \sim N(\mu, \sigma^2)$，若 $Y = aX + b$，Y 是否也服从正态分布？

2. 设随机变量 X 的分布律为

X	-2	-1	0	1	3
P	$\dfrac{1}{5}$	$\dfrac{1}{6}$	$\dfrac{1}{5}$	$\dfrac{1}{15}$	$\dfrac{11}{30}$

求 $Y = X^2$ 的分布律.

3. 设随机变量 X 服从 $[a, b]$ 上的均匀分布，令 $Y = cX + d (c \neq 0)$，试求随机变量 Y 的密度函数 $f_Y(y)$.

4. 设 $X \sim N(0, 1)$，

(1) 求 $Y = |X|$ 的密度函数 $f_Y(y)$；

(2) 求 $Y = e^X$ 的密度函数 $f_Y(y)$.

5. 设随机变量 X 服从标准正态分布 $N(0, 1)$，求随机变量 $Y = 1 - 2|X|$ 的概率密度.

6. 设随机变量 X 服从柯西分布，其概率密度为

$$f_X(x) = \dfrac{1}{\pi(1 + x^2)}, \quad -\infty < x < +\infty.$$

求 $Y = \dfrac{1}{X}$ 的概率密度 $f_Y(y)$.

习题二

习题二答案

一、填空题

1. 设离散型随机变量 X 的分布函数是 $F(x) = P\{X \le x\}$，则用 $F(x)$ 表示概率 $P\{X = x_0\}$ = _____.

2. 设随机变量 X 的分布函数为 $F(x) = \dfrac{1}{2} + \dfrac{1}{\pi}\arctan x (-\infty < x < +\infty)$，则 $P\{0 < X < 1\}$ = _____.

3. 设随机变量 X 的分布律是 $P\{X = k\} = A\left(\dfrac{1}{2}\right)^k, k = 1, 2, 3, 4$，则 $P\left\{\dfrac{1}{2} < X < \dfrac{5}{2}\right\} =$ _____.

4. 若定义分布函数 $F(x) = P\{X \le x\}$，则函数 $F(x)$ 是某一随机变量 X 的分布函数的充要条件是_____.

5. 设随机变量 $X \sim N(a, \sigma^2)$，记 $g(\sigma) = P\{|X - a| < \sigma\}$，则随着 σ 的增大，$g(\sigma)$ 之值_____.（变大、变小、不变）

6. 设随机变量 $X \sim N(1, 1)$，则 $P\{X \le 1\} = P\{X \ge 1\} =$ _____.

二、计算题

1. 设在 15 件同类型的零件中有 2 件次品，在其中取 3 次，每次任取一件，作不放回抽样，以 X 表示取出次品的件数. 求 X 的分布律.

2. 飞机上载有三枚对空导弹，若每枚导弹命中率为 0.6，发射一枚导弹如果击中敌机则停止，如果未击中则再发射第二枚，再未击中再发射第三枚，求发射导弹数的分布律.

3. 一大楼内装有 5 个同类型的供水设备. 调查表明在任一时刻 t 每个设备被使用的概率为 0.1，问在同一时刻：(1) 恰有两个设备被使用的概率是多少？(2) 至少有 3 个设备被使用的概率是多少？(3) 至多有 3 个设备被使用的概率是多少？(4) 至少有 1 个设备被使用的概率是多少？

4. 设某批电子管正品率为 $\dfrac{3}{4}$，次品率为 $\dfrac{1}{4}$，现对这批电子管进行测试，只要测得一个正品，就不再继续测试，试求测试次数的分布律.

5. 电话站为 300 个用户服务，在一小时内每一电话用户使用电话的概率等于 0.01，试用泊松定理近似计算在一小时内有 4 个用户使用电话的概率.

6. 设 X 服从参数 $\theta = 1$ 的指数分布，求方程 $4k^2 + 4Xk + X + 2 = 0$ 无实根的概率.

7. 已知连续型随机变量 X 的概率密度为

$$f(x) = \begin{cases} Ax + B, & 1 \le x \le 3, \\ 0, & \text{其他.} \end{cases}$$

且随机变量 X 落在区间 $(2, 3)$ 内取值的概率是 X 在区间 $(1, 2)$ 内取值的概率的 2 倍，试确定常数 A, B.

8. 设随机变量 X 具有对称的概率密度 $f(x)$，即 $f(x)$ 为偶函数，$f(-x) = f(x)$，证明：对任意 $a > 0$，有：

$(1) F(-a) = 1 - F(a) = \dfrac{1}{2} - \int_0^a f(x)\,\mathrm{d}x;$

$(2) P\{|X| > a\} = 2[1 - F(a)];$

$(3) P\{|X| < a\} = 2F(a) - 1.$

9. 设随机变量 X 的分布律为

X	0	1	2	3	4	5
p_i	$\dfrac{1}{12}$	$\dfrac{1}{6}$	$\dfrac{1}{3}$	$\dfrac{1}{12}$	$\dfrac{2}{9}$	a

求 $Y = 2(X-2)^2$ 的分布律.

10. 设电流 I 是一个随机变量, 它均匀分布在 $9 \sim 11$ A 之间, 若此电流通过 $2\ \Omega$ 的电阻, 在其上消耗的功率为 $W = 2I^2$, 求 W 的概率密度.

11. 设正方体的棱长为随机变量 X, 且 X 在区间 $(0, a)$ 上服从均匀分布, 求正方体体积的概率密度(其中 $a > 0$).

12. 已知某种产品的质量指标 X 服从 $N(\mu, \sigma^2)$, 并规定 $|X - \mu| \leq m$ 时产品合格, 问 m 取多大时, 才能使产品的合格率达到 95%. (已知标准正态分布函数 $\Phi(x)$ 的值: $\Phi(1.96) = 0.975$, $\Phi(1.65) = 0.95$, $\Phi(-1.65) = 0.05$, $\Phi(-0.06) = 0.475$)

课外阅读
正态分布的历史背景

第 3 章　　多维随机变量及其分布

"数学中的一些美丽定理具有这样的特性：它们极易从事实中归纳出来，但证明却隐藏得极深. 数学是科学之王. "

—— 高斯

约翰·卡尔·弗里德里希·高斯(Johann Carl Friedrich Gauss, 1777—1855)，德国著名数学家、物理学家、天文学家、大地测量学家.

第 2 章介绍了一维随机变量，而在实际问题中，随机试验的结果往往同时需要用两个或两个以上的数量指标来描述. 例如，考察一群儿童的发育情况，需要测量他们的身高 X 和体重 Y，对每个儿童 e 的发育情况就可用一个向量 $(X(e), Y(e))$ 来表示. 这里，X 和 Y 是定义在同一个样本空间 $S = \{$某地区的全部学龄前儿童$\}$ 上的两个随机变量.

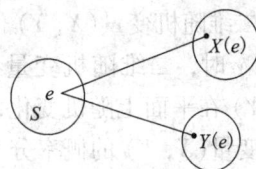

图 3.1.1

又比如炼钢，对于炼出的钢，都需要考虑含碳量 X、含硫量 Y、硬度 Z 这些指标，这时就涉及三个随机变量，如果还需要考虑其他指标，则引入的随机变量会更多.

类似的例子还很多，不过应该指出，同一试验所涉及的随机变量之间是有联系的，故要把它们作为一个整体来看待和研究. 因此，在这种情况下，不仅仅需要研究单个随机变量的统计规律，更需要研究多个随机变量构成整体后综合反映出来的统计规律，即多维随机变量的联合分布. 类似于一维随机变量，可以讨论多维随机变量的分布函数、密度函数等相关内容. 再来看一个实例.

为了克服命题教师在选题、命题、组卷中的主观随意性，保证考试标准的准确性和一致性，控制命题工作的误差，考试机构必须在命题前首先制定命题双向细目表，可以将试卷中每道试题看作一个随机点，试题的分数就是随机点的数量化，从而构成了随机变量. 每道试题有两个属性：考试内容和评价目标. 当试题组成试卷之后，两个属性就构成了两个分布，分别称为考试内容分布和评价目标分布. 从数学角度来说，试卷的试题结构是二维随机变量的联合分布，而上述的两个分布恰是这个二维随机变量的两个边缘分布，这是本章 3.1 节要介绍的内容.

但双向细目表也存在一些不足，比如命题的其他必要因素，如试题的难度、题型、题量等没有考虑. 因此，双向细目表需要推广到多维细目表. 如将每道题的题型和难度考虑进来，则试卷的题型结构就是四维随机变量的联合分布，而每个属性的分布就是这个四维随机变量的四个边缘分布.

本章 3.1 节介绍二维随机变量的定义及二维离散型随机变量和二维连续型随机变量的联合分布和边缘分布,3.2 节介绍条件分布,3.3 节介绍随机变量的独立性,最后在 3.4 节介绍二维随机变量函数的分布.

3.1 二维随机变量及其分布

导学 3.1
(3.1)

3.1.1 二维随机变量的定义及分布函数

> **定义 3.1.1** 设 (X, Y) 是某一随机试验中的两个随机变量,一般情况下,这两个随机变量并不是各自孤立的,而是有一定联系的,为了顾及它们之间的联系,我们把这两个随机变量 X, Y 联合起来,构成一个向量 (X, Y),称为**二维随机向量**(2-dimensional random vector,或 bivariate random vector),或称为**二维随机量**(2-dimensional random vector).

二维随机变量 (X, Y) 也可看成是平面上的随机点,对应于试验的某一结果,X, Y 取得数值 x, y 时,二维随机变量 (X, Y) 就取得平面上的一个点 (x, y). 随着试验结果的不同,(X, Y) 在平面上随机变化,我们要研究 (X, Y) 落在平面上各个区域的概率,即要研究二维随机变量 (X, Y) 的概率分布. 与第 2 章对一个随机变量的讨论类似,为了表示二维随机变量 (X, Y) 的概率分布,有下面一些定义.

> **定义 3.1.2** 设 (X, Y) 是一个二维随机变量,对任何实数 x, y,令
> $$F(x, y) = P\{X \leq x, Y \leq y\}, \quad -\infty < x, y < +\infty, \quad (3.1.1)$$
> 称此二元函数 $F(x, y)$ 为 (X, Y) 的**联合分布函数**(joint distribution function),也简称为 (X, Y) 的**分布函数**.

分布函数 $F(x, y)$ 表示事件 $\{X \leq x\}$ 和事件 $\{Y \leq y\}$ 同时发生的概率.

分布函数的几何解释:如果把二维随机变量看成是平面上随机点的坐标,那么分布函数 $F(x, y)$ 在 (x, y) 处的函数值就是随机点 (x, y) 落在如图 3.1.2 所示的以点 (x, y) 为定点而位于该点左下方的区域内的概率.

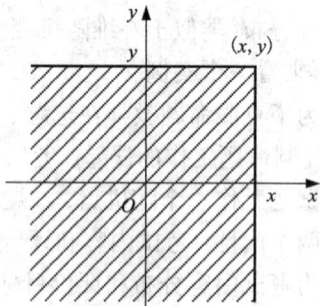

根据 $F(x, y)$ 的定义,不难由图 3.1.3 看出,可以通过 $F(x, y)$ 计算 (X, Y) 落在任一矩形 $\{x_1 < X \leq x_2, y_1 < Y \leq y_2\}$ 的概率.

$$P\{x_1 < X \leq x_2, y_1 < Y \leq y_2\}$$
$$= F(x_2, y_2) - F(x_1, y_2) - F(x_2, y_1) + F(x_1, y_1). \quad (3.1.2)$$

图 3.1.2

分布函数具有如下几条性质:

(1) $F(x, y)$ 是变量 x 和 y 的不减函数,即对于任意固定的 y,当 $x_2 > x_1$ 时
$$F(x_2, y) \geq F(x_1, y),$$

对于任意固定的 x，当 $y_2 > y_1$ 时

$$F(x, y_2) \geqslant F(x, y_1);$$

（2）$0 \leqslant F(x, y) \leqslant 1$，且有对于任意固定的 y，

$$F(-\infty, y) = \lim_{x \to -\infty} F(x, y) = 0,$$

对于任意固定的 x，

$$F(x, -\infty) = \lim_{y \to -\infty} F(x, y) = 0,$$

$$F(-\infty, -\infty) = \lim_{\substack{x \to -\infty \\ y \to -\infty}} F(x, y) = 0,$$

$$F(+\infty, +\infty) = \lim_{\substack{x \to +\infty \\ y \to +\infty}} F(x, y) = 1;$$

（3）$F(x, y) = F(x + 0, y)$，$F(x, y) = F(x, y + 0)$，

即 $F(x, y)$ 关于 x 右连续，关于 y 也右连续；

（4）对于任意 (x_1, y_1)，(x_2, y_2)，$x_1 < x_2$，$y_1 < y_2$，有

$$F(x_2, y_2) - F(x_2, y_1) + F(x_1, y_1) - F(x_1, y_2) \geqslant 0.$$

证明　（4）$P\{x_1 < X \leqslant x_2, y_1 < Y \leqslant y_2\}$

$$= P\{X \leqslant x_2, y_1 < Y \leqslant y_2\} - P\{X \leqslant x_1, y_1 < Y \leqslant y_2\}$$

$$= P\{X \leqslant x_2, Y \leqslant y_2\} - P\{X \leqslant x_2, Y \leqslant y_1\}$$

$$- P\{X \leqslant x_1, Y \leqslant y_2\} + P\{X \leqslant x_1, Y \leqslant y_1\} \geqslant 0,$$

故

$$F(x_2, y_2) - F(x_2, y_1) + F(x_1, y_1) - F(x_1, y_2) \geqslant 0.$$

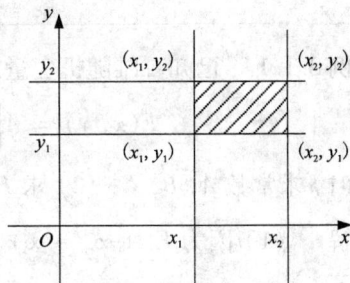

图 3.1.3

定理 3.1.1　若二元函数 $F(x, y)$ 具有上述 4 条性质，则 $F(x, y)$ 一定是某个二维随机向量的联合分布函数.

需要注意的是，在二维分布函数的性质中，性质（1）～（3）类似于一维随机变量的基本性质，而性质（4）是联合分布函数独有的性质，它是不能从前面三个性质推导出来的. 也就是说，仅满足性质（1）～（3）而不满足（4）的二元函数 $F(x, y)$ 一定不是分布函数.

定义 3.1.3　二维随机变量 (X, Y) 作为一个整体，具有分布函数 $F(x, y)$. 而 X 和 Y 都是随机变量，各自也有分布函数，将它们分别记为 $F_X(x)$，$F_Y(y)$，依次称为二维随机变量 (X, Y) 关于 X 和关于 Y 的**边缘分布函数**.

边缘分布函数可以由 (X, Y) 的分布函数 $F(x, y)$ 所确定，事实上，

$$F_X(x) = P\{X \leqslant x\} = P\{X \leqslant x, Y < \infty\} = F(x, \infty),$$

即

$$F_X(x) = F(x, \infty).$$

就是说，只要在函数 $F(x, y)$ 中令 $y \to \infty$ 就能得到 $F_X(x)$. 同理

$$F_Y(y) = F(\infty, y).$$

例 3.1.1　已知二维随机变量 (X, Y) 的分布函数为

$$F(x, y) = A\left[B + \arctan\left(\frac{x}{2}\right)\right]\left[C + \arctan\left(\frac{y}{3}\right)\right].$$

(1) 求常数 A, B, C；(2) 求 $P\{0 < X \leqslant 2, 0 < Y \leqslant 3\}$.

解　(1) 因为 $F(+\infty, +\infty) = A\left[B + \frac{\pi}{2}\right]\left[C + \frac{\pi}{2}\right] = 1$,

且　$F(-\infty, y) = A\left[B - \frac{\pi}{2}\right]\left[C + \arctan\left(\frac{y}{3}\right)\right] = 0$,

以及　$F(x, -\infty) = A\left[B + \arctan\left(\frac{x}{2}\right)\right]\left[C - \frac{\pi}{2}\right] = 0$,

可得 $B = C = \frac{\pi}{2}$, $A = \frac{1}{\pi^2}$.

(2) $P\{0 < X \leqslant 2, 0 < Y \leqslant 3\} = F(2, 3) - F(0, 3) - F(2, 0) + F(0, 0)$

$$= \frac{1}{16}.$$

3.1.2　二维离散型随机变量

1. 二维离散型随机变量的联合分布律

> **定义 3.1.4**　若二维随机变量 (X, Y) 所取的可能值是有限对或无限可列多对，则称 (X, Y) 为**二维离散型随机变量**.

设二维离散型随机变量 (X, Y) 所有可能取的值为 (x_i, y_j) $(i, j = 1, 2, \cdots)$, 记

$$P\{X = x_i, Y = y_j\} = p_{ij}, i, j = 1, 2, \cdots, \tag{3.1.3}$$

称此为**二维离散型随机变量 (X, Y) 的分布律**, 或随机变量 (X, Y) 的**联合分布律**.

二维随机变量 (X, Y) 的分布律也可表示为表格，并称为**联合概率分布表**(简称联合分布律). 如下表 3.1.1 所示.

表 3.1.1

Y \ X	x_1	x_2	$\cdots$	x_i	$\cdots$
y_1	p_{11}	p_{21}	$\cdots$	p_{i1}	$\cdots$
y_2	p_{12}	p_{22}	$\cdots$	p_{i2}	$\cdots$
$\vdots$	$\vdots$	$\vdots$		$\vdots$	
y_j	p_{1j}	p_{2j}	$\cdots$	p_{ij}	$\cdots$
$\vdots$	$\vdots$	$\vdots$		$\vdots$	

显然有 $p_{ij} \geqslant 0$, 且 $\sum\limits_{i=1}^{\infty} \sum\limits_{j=1}^{\infty} p_{ij} = 1$.

对平面上任一区域 D, 有

$$P\{(X, Y) \in D\} = \sum_{\{(x_i, y_j) \in D\}} p_{ij}, \tag{3.1.4}$$

其中和式是对一切满足 $(x_i, y_j) \in D$ 的 i, j 求和.

由二维离散型随机变量 (X, Y) 的联合分布律可以确定 (X, Y) 的联合分布函数

$$F(x, y) = P\{X \leqslant x, Y \leqslant y\} = \sum_{x_i \leqslant x, y_j \leqslant y} p_{ij} = \sum_{x_i \leqslant x} \sum_{y_j \leqslant y} p_{ij}.$$

即和式对一切满足 $x_i \leqslant x$, $y_j \leqslant y$ 的 i 和 j 求和.

例 3.1.2   一个袋中有 3 个球, 依次标有数字 1, 2, 2, 从中任取一个, 不放回袋中, 再任取一个, 设每次取球时, 各球被取到的可能性相等, 以 X, Y 分别记第一次和第二次取到的球上标有的数字, 求 (X, Y) 的联合分布律与联合分布函数.

解 (X, Y) 的可能取值为 $(1, 2)$, $(2, 1)$, $(2, 2)$.

$$P\{X = 1, Y = 2\} = \frac{1}{3} \times \frac{2}{2} = \frac{1}{3},$$

$$P\{X = 2, Y = 1\} = \frac{2}{3} \times \frac{1}{2} = \frac{1}{3},$$

$$P\{X = 2, Y = 2\} = \frac{2}{3} \times \frac{1}{2} = \frac{1}{3}.$$

即 $p_{11} = 0$, $p_{12} = p_{21} = p_{22} = \dfrac{1}{3}$, 故 (X, Y) 的联合分布律为

Y \ X	1	2
1	0	$\frac{1}{3}$
2	$\frac{1}{3}$	$\frac{1}{3}$

下面求得分布函数:

(1) 当 $x < 1$ 或 $y < 1$ 时, $F(x, y) = P\{X \leqslant x, Y \leqslant y\} = 0$;

(2) 当 $1 \leqslant x < 2$, $1 \leqslant y < 2$ 时, $F(x, y) = p_{11} = 0$;

(3) 当 $1 \leqslant x < 2$, $y \geqslant 2$ 时, $F(x, y) = p_{11} + p_{12} = \dfrac{1}{3}$;

(4) 当 $x \geqslant 2$, $1 \leqslant y < 2$ 时, $F(x, y) = p_{11} + p_{21} = \dfrac{1}{3}$;

(5) 当 $x \geqslant 2$, $y \geqslant 2$ 时, $F(x, y) = p_{11} + p_{21} + p_{12} + p_{22} = 1$.

所以 (X, Y) 的分布函数为

$$F(x, y) = \begin{cases} 0, & x < 1 \text{ 或 } y < 1, \text{ 或 } 1 \leqslant x < 2, 1 \leqslant y < 2 \\ \dfrac{1}{3}, & 1 \leqslant x < 2, y \geqslant 2, \text{ 或 } x \geqslant 2, 1 \leqslant y < 2, \\ 1, & x \geqslant 2, y \geqslant 2. \end{cases}$$

2. 二维离散型随机变量的边缘分布律

对于离散型随机变量, $F_X(x) = F(x, \infty) = \sum\limits_{x_i \leqslant x} \sum\limits_{j=1}^{\infty} p_{ij}$. 由一维离散随机变量的分布函数与概率的关系, 可知

$$P\{X = x_i\} = \sum_{j=1}^{\infty} p_{ij}, i = 1, 2, \cdots.$$

同样, Y 的分布律为

$$P\{Y = y_j\} = \sum_{i=1}^{\infty} p_{ij}, j = 1, 2, \cdots.$$

定义 3.1.5 设二维离散型随机变量 (X, Y) 的联合分布律为

$$P\{X = x_i, Y = y_j\} = p_{ij}, i, j = 1, 2, \cdots.$$

记

$$p_{i\cdot} = \sum_{j=1}^{\infty} p_{ij} = P\{X = x_i\}, \quad i = 1, 2, \cdots,$$

$$p_{\cdot j} = \sum_{i=1}^{\infty} p_{ij} = P\{Y = y_j\}, \quad j = 1, 2, \cdots,$$

分别称 $p_{i\cdot}(i = 1, 2, \cdots)$ 和 $p_{\cdot j}(j = 1, 2, \cdots)$ 为 (X, Y) 关于 X 和关于 Y 的**边缘分布律**.

例 3.1.3 设随机变量 X 在 1, 2, 3, 4 四个整数中等可能地取值, 另一个随机变量 Y 等可能地在 $1 \sim X$ 中取一整数, 试求 (X, Y) 的联合分布律和边缘分布律.

解 因为在事件 $\{X = i, Y = j\}$ 中, i 的取值范围为 1, 2, 3, 4, j 取不大于 i 的正整数值, 所以, 由乘法公式得 (X, Y) 的联合分布律为

$$P\{X = i, Y = j\} = P\{X = i\} \cdot P\{Y = j \mid X = i\} = \frac{1}{4} \cdot \frac{1}{i}, i = 1, 2, 3, 4, j \leqslant i.$$

X 的边缘分布律为

$$P\{X = i\} = \sum_{j=1}^{i} \frac{1}{4i} = \frac{1}{4}, i = 1, 2, 3, 4.$$

Y 的边缘分布律为

$$P\{Y = j\} = \sum_{i=j}^{4} \frac{1}{4i}, j = 1, 2, 3, 4.$$

X 和 Y 的联合分布律与边缘分布律也可用表 3.1.2 表示.

表 3.1.2

Y＼X	1	2	3	4	$p_{\cdot j}$
1	$\frac{1}{4}$	$\frac{1}{8}$	$\frac{1}{12}$	$\frac{1}{16}$	$\frac{25}{48}$
2	0	$\frac{1}{8}$	$\frac{1}{12}$	$\frac{1}{16}$	$\frac{13}{48}$

续表

X\Y	1	2	3	4	$p_{\cdot j}$
3	0	0	$\frac{1}{12}$	$\frac{1}{16}$	$\frac{7}{48}$
4	0	0	0	$\frac{1}{16}$	$\frac{1}{16}$
$p_{i\cdot}$	$\frac{1}{4}$	$\frac{1}{4}$	$\frac{1}{4}$	$\frac{1}{4}$	1

例 3.1.4　袋中有 2 只黑球、3 只红球和 2 只白球,在其中任取 2 只球. 以 X 表示取到黑球的只数,以 Y 表示取到白球的只数.

(1) 求 (X, Y) 的联合分布律;

(2) 求概率 $P\{X + Y \geqslant 2\}$, $P\{X^2 + Y^2 \leqslant 1\}$.

解　(1) X 所有可能取的不同值为 0,1,2;Y 所有可能取的不同值为 0,1,2.

(X, Y) 的联合分布律为

$$P\{X = i, Y = j\} = \frac{\binom{2}{i}\binom{2}{j}\binom{3}{2-i-j}}{\binom{7}{2}}$$

$i = 0, 1, 2, j = 0, 1, 2, 0 \leqslant i + j \leqslant 2.$ (X, Y) 的联合分布律也可以写成以下表格形式

X\Y	0	1	2
0	$\frac{1}{7}$	$\frac{2}{7}$	$\frac{1}{21}$
1	$\frac{2}{7}$	$\frac{4}{21}$	0
2	$\frac{1}{21}$	0	0

(2) $P\{X + Y \geqslant 2\} = P\{X = 0, Y = 2\} + P\{X = 1, Y = 1\} + P\{X = 2, Y = 0\}$

$$= \frac{6}{21}.$$

$P\{X^2 + Y^2 \leqslant 1\} = P\{X = 0, Y = 0\} + P\{X = 0, Y = 1\} + P\{X = 1, Y = 0\}$

$$= \frac{5}{7}.$$

3.1.3 二维连续型随机变量

1. 二维连续型随机变量的联合概率密度函数

> **定义 3.1.6** 对于二维随机变量(X, Y)的分布函数$F(x, y)$，如果存在非负的可积函数$f(x, y)$，使对于任意实数x, y有
>
> $$F(x, y) = \int_{-\infty}^{y} \int_{-\infty}^{x} f(u, v) \mathrm{d}u \mathrm{d}v, \tag{3.1.5}$$
>
> 则称(X, Y)为**连续型的二维随机变量**，函数$f(x, y)$称为二维随机变量(X, Y)的**概率密度函数**，或称为随机变量X和Y的**联合概率密度**.

按定义，概率密度$f(x, y)$具有以下性质：

(1) $f(x, y) \geqslant 0$；

(2) $\int_{-\infty}^{\infty} \int_{-\infty}^{\infty} f(x, y) \mathrm{d}x \mathrm{d}y = F(\infty, \infty) = 1$；

(3) 设G是xOy平面上的区域，点(X, Y)落在G内的概率为

$$P\{(X, Y) \in G\} = \iint_G f(x, y) \mathrm{d}x \mathrm{d}y; \tag{3.1.6}$$

(4) 若$f(x, y)$在点(x, y)连续，则有

$$\frac{\partial^2 F(x, y)}{\partial x \partial y} = f(x, y). \tag{3.1.7}$$

证明(4) 在$f(x, y)$的连续点处有

$$\lim_{\substack{\Delta x \to 0^+ \\ \Delta y \to 0^+}} \frac{P\{x < X \leqslant x + \Delta x, y < Y \leqslant y + \Delta y\}}{\Delta x \Delta y}$$

$$\xlongequal{\text{由}(3.1.2)} \lim_{\substack{\Delta x \to 0^+ \\ \Delta y \to 0^+}} \frac{1}{\Delta x \Delta y} [F(x + \Delta x, y + \Delta y) - F(x + \Delta x, y) - F(x, y + \Delta y) + F(x, y)]$$

$$= \frac{\partial^2 F(x, y)}{\partial x \partial y} = f(x, y).$$

这表示若$f(x, y)$在点(x, y)处连续，则当$\Delta x, \Delta y$很小时

$$P\{x < X \leqslant x + \Delta x, y < Y \leqslant y + \Delta y\} \approx f(x, y) \Delta x \Delta y.$$

也就是点(X, Y)落在小长方形$(x, x + \Delta x] \times (y, y + \Delta y]$内的概率近似地等于$f(x, y) \Delta x \Delta y$.

在几何上$z = f(x, y)$表示空间的一个曲面. 由性质(2)知，介于它和xOy平面的空间区域的体积为1. 由性质(3)，$P\{(X, Y) \in G\}$的值等于以G为底，以曲面$z = f(x, y)$为顶面的柱体体积.

例 3.1.5 设二维随机变量(X, Y)的概率密度为

$$f(x, y) = \begin{cases} Ce^{-(2x+y)}, & x > 0, y > 0, \\ 0, & \text{其他}. \end{cases}$$

求：(1) 常数 C；

(2) 求分布函数 $F(x, y)$；

(3) $P\{0 < X < 1, 2 < Y < 3\}$；

(4) $P\{(x, y) \in D\}$，其中区域 D 如图 3.1.4 所示；

(5) $P\{Y \leqslant X\}$．

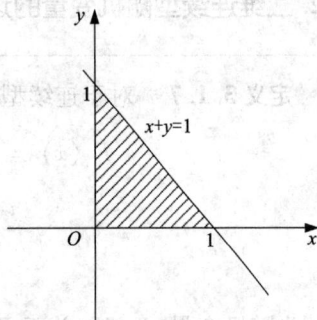

图 3.1.4

解　(1) 根据 $\int_{-\infty}^{+\infty} \int_{-\infty}^{+\infty} f(x, y)\mathrm{d}x\mathrm{d}y = 1$ 有

$$\int_{-\infty}^{+\infty} \int_{-\infty}^{+\infty} f(x, y)\mathrm{d}x\mathrm{d}y = \int_{0}^{+\infty} \int_{0}^{+\infty} Ce^{-(2x+y)}\mathrm{d}x\mathrm{d}y$$

$$= C\left(\int_{0}^{+\infty} e^{-2x}\mathrm{d}x\right)\left(\int_{0}^{+\infty} e^{-y}\mathrm{d}y\right)$$

$$= \frac{C}{2} = 1.$$

即 $C = 2$.

(2) $F(x, y) = \int_{-\infty}^{y} \int_{-\infty}^{x} f(x, y)\mathrm{d}x\mathrm{d}y$

$$= \begin{cases} \int_{0}^{y}\int_{0}^{x} 2e^{-(2x+y)}\mathrm{d}x\mathrm{d}y, & x > 0, y > 0, \\ 0, & \text{其他}. \end{cases}$$

$$= \begin{cases} (1 - e^{-2x})(1 - e^{-y}), & x > 0, y > 0, \\ 0, & \text{其他}. \end{cases}$$

(3) $P\{0 < X < 1, 2 < Y < 3\} = \int_{0}^{1}\int_{2}^{3} f(x, y)\mathrm{d}y\mathrm{d}x$

$$= 2\left(\int_{0}^{1} e^{-2x}\mathrm{d}x\right)\left(\int_{2}^{3} e^{-y}\mathrm{d}y\right)$$

$$= (1 - e^{-2})(e^{-2} - e^{-3}).$$

(4) 由二重积分的知识有

$$P\{(x, y) \in D\} = \iint_{D} f(x, y)\mathrm{d}x\mathrm{d}y = \int_{0}^{1}\left(\int_{0}^{1-x} f(x, y)\mathrm{d}y\right)\mathrm{d}x = 1 + e^{-2} - 2e^{-1}.$$

(5) 将 (X, Y) 看作是平面上随机点的坐标，即有

$$\{Y \leqslant X\} = \{(X, Y) \in G\},$$

其中 G 为 xOy 平面上直线 $y = x$ 及其下方的部分，如图 3.1.5.
于是

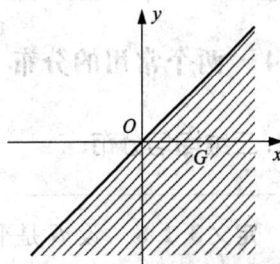

图 3.1.5

$$P\{Y \leqslant X\} = P\{(X,Y) \in G\} = \iint_{G} f(x, y)\mathrm{d}y\mathrm{d}x$$

$$= \int_{0}^{+\infty}\int_{y}^{+\infty} 2e^{-(2x+y)}\mathrm{d}x\mathrm{d}y$$

$$= \int_{0}^{+\infty} \mathrm{d}y\int_{y}^{+\infty} 2e^{-(2x+y)}\mathrm{d}x$$

$$= \int_{0}^{+\infty} e^{-y}\left[-e^{-2x}\right]\Big|_{y}^{+\infty}\mathrm{d}y = \int_{0}^{+\infty} e^{-3y}\mathrm{d}y = \frac{1}{3}.$$

2. 二维连续型随机变量的边缘概率密度函数

> **定义 3.1.7**　对于连续型随机变量(X, Y)，设它的概率密度为$f(x, y)$，由于
>
> $$F_X(x) = F(x, +\infty) = \int_{-\infty}^{x} \left[\int_{-\infty}^{\infty} f(x, y) \mathrm{d}y \right] \mathrm{d}x,$$
>
> 记
>
> $$f_X(x) = \int_{-\infty}^{\infty} f(x, y) \mathrm{d}y,$$
>
> 称其为随机变量(X, Y)关于X的**边缘概率密度**.

同理可得 Y 的边缘分布函数

$$F_Y(y) = F(+\infty, y) = \int_{-\infty}^{y} \int_{-\infty}^{+\infty} f(x, y) \mathrm{d}x \mathrm{d}y,$$

Y 的边缘密度函数

$$f_Y(y) = \int_{-\infty}^{+\infty} f(x, y) \mathrm{d}x.$$

例 3.1.6　设随机变量X和Y具有联合概率密度如图 3.1.6，

$$f(x, y) = \begin{cases} 6, & x^2 \leqslant y \leqslant x, \\ 0, & \text{其他}. \end{cases}$$

求边缘概率密度$f_X(x), f_Y(y)$.

解　$f_X(x) = \int_{-\infty}^{\infty} f(x, y) \mathrm{d}y$

$$= \begin{cases} \int_{x^2}^{x} 6 \mathrm{d}y = 6(x - x^2), & 0 \leqslant x \leqslant 1, \\ 0, & \text{其他}. \end{cases}$$

$$f_Y(y) = \int_{-\infty}^{\infty} f(x, y) \mathrm{d}x = \begin{cases} \int_{y}^{\sqrt{y}} 6 \mathrm{d}x = 6(\sqrt{y} - y), & 0 \leqslant y \leqslant 1, \\ 0, & \text{其他}. \end{cases}$$

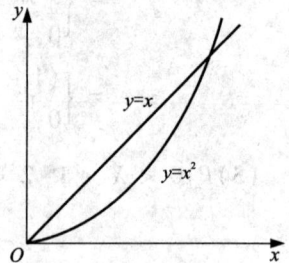

图 3.1.6

3.1.4　两个常用的分布

1. 二维均匀分布

> **定义 3.1.8**　设 G 是平面上的有界区域，其面积为 S，若二维随机变量 (X, Y) 具有概率密度
>
> $$f(x, y) = \begin{cases} \dfrac{1}{S}, & (x, y) \in G, \\ 0, & \text{其他}. \end{cases}$$
>
> 则称 (X, Y) 在 G 上服从**均匀分布**，记作$(X, Y) \sim U(G)$.

可以验证, $f(x, y)$ 满足密度函数的基本性质.

一般地, 向平面上有界区域 G 上任投一质点, 若质点落在 G 内任一小区域 D 的概率与小区域 D 的面积 S_D 成正比, 而与 D 的形状及位置无关. 则质点的坐标 (X, Y) 在 G 上服从均匀分布.

$$P\{(X, Y)\} \in D\} = \frac{S_D}{S_G}.$$

例 3.1.7 设平面上有一区域 G: $0 \leqslant x \leqslant 10$, $0 \leqslant y \leqslant 10$. 又设 (X, Y) 在 G 上服从均匀分布, 求 $P\{X + Y \leqslant 5\}$, $P\{X + Y \leqslant 15\}$.

解 G 的面积为 100, 所以

$$f(x, y) = \begin{cases} \dfrac{1}{100}, & 0 \leqslant x \leqslant 10, 0 \leqslant y \leqslant 10, \\ 0, & \text{其他.} \end{cases}$$

设 G' 为直线 $x + y = 5$ 及 x 轴, y 轴围成的区域. G'' 为直线 $x + y = 15$ 及直线 $y = 10$, $x = 10$ 和 x 轴, y 轴所围成的区域 (见图 3.1.7 所示的阴影部分), 则

$$P\{X + Y \leqslant 5\} = P\{(X, Y) \in G'\} = \iint\limits_{G'} \mathrm{d}x\mathrm{d}y$$

$$= \int_0^5 \mathrm{d}x \int_0^{5-x} \frac{1}{100} \mathrm{d}y$$

$$= \frac{1}{8}.$$

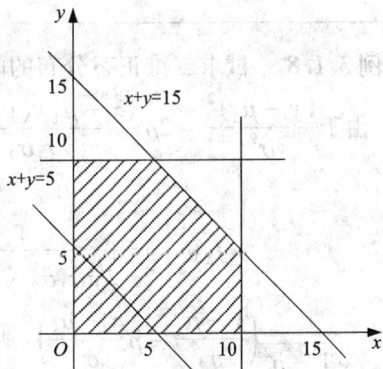

图 3.1.7

$$P\{X + Y \leqslant 15\} = P\{(X, Y) \in G''\} = \iint\limits_{G''} \mathrm{d}x\mathrm{d}y$$

$$= \int_0^5 \mathrm{d}x \int_0^{10} \frac{1}{100} \mathrm{d}y + \int_5^{10} \mathrm{d}x \int_0^{15-x} \frac{1}{100} \mathrm{d}y$$

$$= \frac{7}{8}.$$

说明: 因为是均匀分布, 所以积分计算 $\iint\limits_{G'} \mathrm{d}x\mathrm{d}y$ 和 $\iint\limits_{G''} \mathrm{d}x\mathrm{d}y$ 这里可省去, 有

$$\iint\limits_{G'} \mathrm{d}x\mathrm{d}y = \frac{1}{100} \times G' \text{ 的面积} = \frac{1}{100} \times \frac{25}{2} = \frac{1}{8},$$

$$\iint\limits_{G''} \mathrm{d}x\mathrm{d}y = \frac{1}{100} \times G'' \text{ 的面积} = \frac{1}{100} \times \left(100 - \frac{25}{2}\right) = \frac{7}{8}.$$

2. 二维正态分布

定义 3.1.9 若二维随机变量 (X, Y) 具有联合概率密度

$$f(x, y) = \frac{1}{2\pi\sigma_1\sigma_2\sqrt{1-\rho^2}} e^{\frac{-1}{2(1-\rho^2)}\left[\frac{(x-\mu_1)^2}{\sigma_1^2} - \frac{2\rho(x-\mu_1)(y-\mu_2)}{\sigma_1\sigma_2} + \frac{(y-\mu_2)^2}{\sigma_2^2}\right]},$$

$$(-\infty < x < \infty, \ -\infty < y < \infty),$$

其中 $\mu_1, \mu_2, \sigma_1, \sigma_2, \rho$ 均为常数, 且 $\sigma_1 > 0, \sigma_2 > 0, -1 < \rho < 1$. 则称 (X, Y) 服从参数为 $\mu_1, \mu_2, \sigma_1, \sigma_2, \rho$ 的**二维正态分布**. 记为

$$(X, Y) \sim N(\mu_1, \mu_2, \sigma_1^2, \sigma_2^2, \rho).$$

特别地, $(X, Y) \sim N(0, 0, 1, 1, 0)$ 时,

$$f(x, y) = \frac{1}{2\pi} e^{-\frac{x^2+y^2}{2}}, \ (x, y) \in \mathbf{R}^2.$$

例 3.1.8 试求二维正态分布的两个边缘概率密度.

解 由于 $\dfrac{(y-\mu_2)^2}{\sigma_2^2} - 2\rho\dfrac{(x-\mu_1)(y-\mu_2)}{\sigma_1\sigma_2} = \left(\dfrac{y-\mu_2}{\sigma_2} - \rho\dfrac{x-\mu_1}{\sigma_1}\right)^2 - \rho^2\dfrac{(x-\mu_1)^2}{\sigma_1^2}$,

于是

$$f_X(x) = \frac{1}{2\pi\sigma_1\sigma_2\sqrt{1-\rho^2}} e^{-\frac{(x-\mu_1)^2}{2\sigma_1^2}} \int_{-\infty}^{\infty} e^{-\frac{1}{2(1-\rho^2)}\left(\frac{y-\mu_2}{\sigma_2} - \rho\frac{x-\mu_1}{\sigma_1}\right)^2} dy.$$

令 $t = \dfrac{1}{\sqrt{1-\rho^2}}\left(\dfrac{y-\mu_2}{\sigma_2} - \rho\dfrac{x-\mu_1}{\sigma_1}\right)$, 则有

$$f_X(x) = \frac{1}{2\pi\sigma_1} e^{-\frac{(x-\mu_1)^2}{2\sigma_1^2}} \int_{-\infty}^{\infty} e^{-\frac{t^2}{2}} dt,$$

即

$$f_X(x) = \frac{1}{\sqrt{2\pi}\sigma_1} e^{-\frac{(x-\mu_1)^2}{2\sigma_1^2}}, \ -\infty < x < \infty.$$

同理

$$f_Y(y) = \frac{1}{\sqrt{2\pi}\sigma_2} e^{-\frac{(y-\mu_2)^2}{2\sigma_2^2}}, \ -\infty < y < \infty.$$

我们看到二维正态分布的两个边缘分布都是一维正态分布, 并且都不依赖于参数 ρ, 即对于给定的 $\mu_1, \mu_2, \sigma_1, \sigma_2$, 不同的 ρ 对应不同的二维正态分布, 它们的边缘分布却都是一样的. 这一事实表明, 仅由关于 X 和关于 Y 的边缘分布, 一般来说是不能确定二维随机变量 (X, Y) 的联合分布.

例 3.1.9 设二维随机变量 (X, Y) 的联合密度函数为

$$f(x, y) = \frac{1}{2\pi} e^{-\frac{x^2+y^2}{2}} (1 + \sin x \sin y), \quad -\infty < x, y < +\infty.$$

试求 (X, Y) 关于 X 和 Y 边缘密度函数.

解 X 的边缘概率密度为

$$f_X(x) = \int_{-\infty}^{+\infty} f(x, y) \mathrm{d}y = \frac{1}{2\pi} \int_{-\infty}^{+\infty} e^{-\frac{x^2+y^2}{2}} (1 + \sin x \sin y) \mathrm{d}y$$

$$= \frac{1}{2\pi} e^{-\frac{x^2}{2}} \int_{-\infty}^{+\infty} (e^{\frac{y^2}{2}} + e^{-\frac{y^2}{2}} \sin x \sin y) \mathrm{d}y$$

$$= \frac{1}{\sqrt{2\pi}} e^{-\frac{x^2}{2}}, \quad -\infty < x < +\infty.$$

同理可得 Y 的边缘概率密度

$$f_Y(y) = \frac{1}{\sqrt{2\pi}} e^{-\frac{y^2}{2}}, \quad -\infty < x < +\infty.$$

⬚⬚

即 $X \sim N(0, 1)$, $Y \sim N(0, 1)$, 但 (X, Y) 却不服从二维正态分布.

以上关于二维随机变量的讨论,不难推广到 $n(n > 2)$ 维随机变量的情况. 一般,设 E 是一个随机试验,它的样本空间是 $\Omega = \{e\}$, 设 $X_1 = X_1(e)$, $X_2 = X_2(e)$, $\cdots$, $X_n = X_n(e)$ 是定义在 Ω 上的随机变量,由它们构成的一个 n 维向量 $(X_1, X_2, \cdots, X_n)$ 称为 **n 维随机向量**或 **n 维随机变量**.

对于任意 n 个实数 x_1, x_2, $\cdots$, x_n, n 元函数

$$F(x_1, x_2, \cdots, x_n) = P\{X_1 \leqslant x_1, X_2 \leqslant x_2, \cdots, X_n \leqslant x_n\}$$

称为 n 维随机变量 $(X_1, X_2, \cdots, X_n)$ 的**分布函数**或随机变量 X_1, X_2, $\cdots$, X_n 的**联合分布函数**,它具有类似于二维随机变量的分布函数的性质.

在结束这一节之前,我们再强调指出:"边缘"分布就是通常的分布,并无任何特殊的含义,如果说有什么意思的话,它不过是强调了:这个分布是由于 X_i 作为随机向量 $(X_1, \cdots, X_n)$ 的一个分量,从后者的分布中派生出的分布而已.

与此相应,为了强调 $(X_1, \cdots, X_n)$ 的分布是把 X_1, $\cdots$, X_n 作为一个有联系的整体来考虑,有时把它称为 X_1, $\cdots$, X_n 的"联合分布".

另外,边缘分布也可以不只是单个的. 例如, $X = (X_1, X_2, X_3)$ 它的分布也决定了其任一部分,例如 (X_1, X_3) 的二维分布,这也称为边缘分布.

习题 3.1

习题 3.1 答案

1. 设二元函数

$$F(x, y) = \begin{cases} 1, & x + 2y > 1, \\ 0, & x + 2y \leqslant 1. \end{cases}$$

问 $F(x, y)$ 是不是某个二维随机变量的联合分布函数? 并说明理由.

2. 设 $g(x) \geqslant 0$, 且 $\int_0^{+\infty} g(x) \mathrm{d}x = 1$, 有

$$f(x, y) = \begin{cases} \dfrac{2g\left(\sqrt{x^2 + y^2}\right)}{\pi\sqrt{x^2 + y^2}}, & 0 \leq x, y < +\infty, \\ 0, & \text{其他.} \end{cases}$$

证明:$f(x, y)$ 可作为二维连续型随机变量的概率密度函数.

3. 盒子里装有3只黑球、2只红球、2只白球,在其中任意取4只球,以 X 表示取到黑球的只数,以 Y 表示取到红球的只数.求 X 和 Y 的联合分布律.

4. 将一枚硬币抛掷三次,以 X 表示在三次中出现正面的次数,以 Y 表示三次中出现正面次数与出现反面次数之差的绝对值.

(1) 写出 X, Y 的联合分布律;(2)求随机变量(X, Y) 的边缘分布律.

5. 在区间 $[0, 1]$ 上随机地投掷两点,试求这两点间距离的密度函数.

6. 设随机变量(X, Y) 在正方形域 $|x| + |y| \leq \dfrac{a}{\sqrt{2}}$ 内服从均匀分布.

(1) 求(X, Y) 的联合分布密度;(2) 求(X, Y) 的边缘分布密度.

3.2 条件分布

在第1章中介绍过条件概率,即在事件 B 发生的条件下,事件 A 发生的概率为 $P(A \mid B)$,若 $P(B) > 0$,则有 $P(A \mid B) = \dfrac{P(AB)}{P(B)}$.

导学 3.2

(3.2　3.3)

类似地,此定义可推广到随机变量的条件概率 —— 条件分布函数.

引例 3.2.1　有一大群人,从其中随机抽取一个,分别以 X, Y 记其身高和体重,则 X, Y 都是随机变量,他们都有一定的概率分布,现在如限制 $1.7 \leq X \leq 1.8$(米),在这个条件下去求 Y 的条件分布,这就意味着要从一大群人中把身高在1.7米到1.8米的那些人都挑出来,然后在挑出的人群中求其体重的分布.试说出在这个条件分布中体重取大值的概率会如何?

对引例 3.2.1 的解答可以利用第 1 章条件概率的相关知识进行讨论,本节就是由随机事件条件概率的概念引出二维随机变量的条件分布的概念.

3.2.1　二维离散型随机变量的条件分布

设(X, Y) 是二维离散型随机变量,其分布律为

$$P\{X = x_i, Y = y_j\} = p_{ij}, \quad i, j = 1, 2, \cdots$$

(X, Y) 关于 X 和关于 Y 的边缘分布律分别为

$$P\{X = x_i\} = p_{i\cdot} = \sum_{j=1}^{\infty} p_{ij}, \quad i = 1, 2, 3, \cdots$$

$$P\{Y = y_j\} = p_{\cdot j} = \sum_{i=1}^{\infty} p_{ij}, \quad j = 1, 2, \cdots$$

当 $P_{\cdot j} = P\{Y = y_j\} > 0$ 时,在事件 $\{Y = y_j\}$ 已发生的条件下事件 $\{X = x_i\}$ 发生的条件

概率为

$$P\{X = x_i \mid Y = y_j\} = \frac{P\{X = x_i, Y = y_j\}}{P\{Y = y_j\}} = \frac{p_{ij}}{p_{\cdot j}}, \quad i = 1, 2, \cdots$$

易知上述条件概率具有分布律的性质：

(1) $P\{X = x_i \mid Y = y_j\} \geqslant 0$;

(2) $\displaystyle\sum_{i=1}^{\infty} P\{X = x_i \mid Y = y_j\} = \sum_{i=1}^{\infty} \frac{p_{ij}}{p_{\cdot j}} = \frac{1}{p_{\cdot j}} \sum_{i=1}^{\infty} p_{ij} = \frac{p_{\cdot j}}{p_{\cdot j}} = 1.$

于是引入下面的定义：

定义 3.2.1　设 (X, Y) 是二维离散型随机变量，对于固定的 j，若 $P\{Y = y_j\} > 0$，则称

$$P\{X = x_i \mid Y = y_j\} = \frac{P\{X = x_i, Y = y_j\}}{P\{Y = y_j\}} = \frac{p_{ij}}{p_{\cdot j}}, \quad i = 1, 2, \cdots$$

为在条件 $Y = y_j$ 下随机变量 X 的**条件分布律**.

同样，对于固定的 i，若 $P\{X = x_i\} > 0$，则称

$$P\{Y = y_j \mid X = x_i\} = \frac{P\{X = x_i, Y = y_j\}}{P\{X = x_i\}} = \frac{p_{ij}}{p_{i \cdot}}, \quad j = 1, 2, \cdots$$

为在条件 $X = x_i$ 下随机变量 Y 的**条件分布律**.

例 3.2.1　一射手进行射击，击中目标的概率为 $p(0 < p < 1)$，射击直至击中目标两次为止. 设以 X 表示首次击中目标所进行的射击次数，以 Y 表示总共进行的射击次数，试求 X 和 Y 的联合分布律及条件分布律.

解　按题意 $Y = n$ 就表示在第 n 次射击时击中目标，且在第 1 次，第 2 次，……，第 $n - 1$ 次射击中恰有一次击中目标，已知各次射击是相互独立的，于是不管 $m(m < n)$ 是多少，概率 $P\{X = m, Y = n\}$ 都应等于

$$p \cdot p \cdot \underbrace{q \cdot q \cdot \cdots \cdot q}_{n-2 \text{个}} = p^2 q^{n-2}（这里 q = 1 - p）.$$

即得 X 和 Y 的联合分布律为

$$P\{X = m, Y = n\} = p^2 q^{n-2}, \quad n = 2, 3, \cdots; m = 1, 2, \cdots, n - 1. \quad (3.2.1)$$

又

$$P\{X = m\} = \sum_{n=m+1}^{\infty} P\{X = m, Y = n\} = \sum_{n=m+1}^{\infty} p^2 q^{n-2}$$

$$= p^2 \sum_{n=m+1}^{\infty} q^{n-2} = \frac{p^2 q^{m-1}}{1 - q} = p q^{m-1}, \quad m = 1, 2, \cdots$$

$$(3.2.2)$$

$$P\{Y = n\} = \sum_{m=1}^{n-1} P\{X = m, Y = n\}$$

$$= \sum_{m=1}^{n-1} p^2 q^{n-2} = (n-1) p^2 q^{n-2}, \quad n = 2, 3, \cdots$$

$$(3.2.3)$$

于是由 (3.2.1)、(3.2.2)、(3.2.3) 式得到所求的条件分布律为

当 $n = 2, 3, \cdots$ 时,

$$P\{Y = n \mid X = m\} = \frac{p^2 q^{n-2}}{pq^{m-1}} = pq^{n-m-1}, \quad n = m+1, m+2, \cdots$$

$$P\{X = m \mid Y = n\} = \frac{p^2 q^{n-2}}{(n-1)p^2 q^{n-2}} = \frac{1}{n-1}, \quad m = 1, 2, \cdots, n-1.$$

3.2.2 二维连续型随机变量的条件分布

设 (X, Y) 是二维连续型随机变量, 因为对任意实数 x, y 有

$$P\{X = x\} = 0, \quad P\{Y = y\} = 0,$$

所以, 不能直接运用条件概率公式得到条件分布. 下面我们用极限方法导出条件分布函数.

> **定义 3.2.2** 给定 y, 设对于任意固定的正数 ε, 有
> $$P\{y - \varepsilon < Y \leqslant y + \varepsilon\} > 0,$$
> 若对于任意实数 x, 极限
> $$\lim_{\varepsilon \to 0} P\{X \leqslant x \mid y - \varepsilon < Y \leqslant y + \varepsilon\} = \lim_{\varepsilon \to 0} \frac{P\{X \leqslant x, y - \varepsilon < Y \leqslant y + \varepsilon\}}{P\{y - \varepsilon < Y \leqslant y + \varepsilon\}}$$
> 存在, 则称此极限为在条件 $Y = y$ 下, 随机变量 X 的**条件分布函数**, 记为 $F_{X|Y}(x \mid y)$ 或 $P\{X \leqslant x \mid Y = y\}$, 即
> $$F_{X|Y} = P\{X \leqslant x \mid y - \varepsilon < Y \leqslant y + \varepsilon\}.$$

类似地, 可定义在条件 $X = x$ 下, 随机变量 Y 的条件分布函数为

$$F_{Y|X}(y \mid x) = P\{Y \leqslant y \mid x - \varepsilon < X \leqslant x + \varepsilon\}.$$

设 (X, Y) 的联合分布函数为 $F(x, y)$, 联合密度函数为 $f(x, y)$, 在点 (x, y) 处, $f(x, y)$ 和边缘密度函数 $f_Y(y)$ 连续, 且 $f_Y(y) > 0$, 则有

$$\begin{aligned}
F_{Y|X}(y \mid x) &= \lim_{\varepsilon \to 0} \frac{P\{X \leqslant x \mid y - \varepsilon < Y \leqslant y + \varepsilon\}}{P\{y - \varepsilon < Y \leqslant y + \varepsilon\}} \\
&= \lim_{\varepsilon \to 0} \frac{F(x, y + \varepsilon) - F(x, y - \varepsilon)}{F_Y(y + \varepsilon) - F_Y(y - \varepsilon)} \\
&= \lim_{\varepsilon \to 0} \frac{[F(x, y + \varepsilon) - F(x, y - \varepsilon)]/2\varepsilon}{[F_Y(y + \varepsilon) - F_Y(y - \varepsilon)]/2\varepsilon} \\
&= \frac{\partial F(x, y)/\partial y}{\mathrm{d}F_Y(y)/\mathrm{d}y}.
\end{aligned}$$

因为

$$F(x, y) = \int_{-\infty}^{y} \int_{-\infty}^{x} f(u, v)\,\mathrm{d}u\mathrm{d}v,$$

所以

$$F_{X|Y}(x \mid y) = \frac{1}{f_Y(y)} \int_{-\infty}^{x} f(u, y)\,\mathrm{d}u = \int_{-\infty}^{x} \frac{f(u, y)}{f_Y(y)}\,\mathrm{d}u.$$

若记 $f_{X|Y}(x \mid y)$ 是在条件 $Y = y$ 下, 随机变量 X 的条件概率密度函数, 则

$$f_{X|Y}(x \mid y) = \frac{f(x, y)}{f_Y(y)}.$$

类似地,可定义在条件 $X = x$ 下,随机变量 Y 的条件分布函数 $F_{X|Y}(x \mid y)$ 及条件概率密度函数 $f_{Y|X}(y \mid x)$,且

$$F_{Y|X}(y \mid x) = \int_{-\infty}^{y} \frac{f(x, v)}{f_X(x)} dv,$$

$$f_{Y|X}(y \mid x) = \frac{f(x, y)}{f_X(x)}.$$

这里,$f_X(x) > 0$.

设 G 是平面上的有界区域,其面积为 A,若二维随机变量 (X, Y) 具有概率密度

$$f(x, y) = \begin{cases} \dfrac{1}{A}, & (x, y) \in G, \\ 0, & \text{其他}, \end{cases}$$

则称 (X, Y) 在 G 上服从**均匀分布**.

例 3.2.2　设二维随机变量 (X, Y) 在圆域 $x^2 + y^2 \leq 1$ 上服从均匀分布,求条件概率密度 $f_{X|Y}(x \mid y)$.

解　由假设随机变量 (X, Y) 具有概率密度

$$f(x, y) = \begin{cases} \dfrac{1}{\pi}, & x^2 + y^2 \leq 1, \\ 0, & \text{其他}, \end{cases}$$

且有边缘概率密度

$$f_Y(y) = \int_{-\infty}^{\infty} f(x, y) dx$$

$$= \begin{cases} \dfrac{1}{\pi} \int_{-\sqrt{1-y^2}}^{\sqrt{1-y^2}} dx = \dfrac{2}{\pi} \sqrt{1 - y^2}, & -1 \leq y \leq 1, \\ 0, & \text{其他}. \end{cases}$$

于是当 $-1 < y < 1$ 时有

$$f_{X|Y}(x \mid y) = \begin{cases} \dfrac{1}{2 \sqrt{1 - y^2}}, & -\sqrt{1 - y^2} \leq x \leq \sqrt{1 - y^2}, \\ 0, & \text{其他}. \end{cases}$$

例 3.2.3　设二维随机变量 (X, Y) 的概率密度为

$$f(x, y) = \begin{cases} 4e^{-2(x+y)}, & x > 0, y > 0, \\ 0, & \text{其他}. \end{cases}$$

求条件概率密度 $f_{X|Y}(x \mid y)$ 和条件分布函数 $F_{Y|X}(y \mid x)$.

解　依题意,得边缘概率密度为

$$f_X(x) = \begin{cases} 2e^{-2x}, & x > 0, \\ 0 & \text{其他}, \end{cases} \qquad f_Y(y) = \begin{cases} 2e^{-2y}, & y > 0, \\ 0, & \text{其他}, \end{cases}$$

于是当 $y > 0$ 时

$$f_{X|Y}(x\mid y)=\frac{f(x,y)}{f_Y(y)}=\begin{cases}\dfrac{4\mathrm{e}^{-2(x+y)}}{2\mathrm{e}^{-2y}}, & x>0,\\ 0, & 其他,\end{cases}=\begin{cases}2\mathrm{e}^{-2x}, & x>0,\\ 0, & 其他.\end{cases}$$

同样地，当 $x<0$ 时，

$$f_{Y|X}(y\mid x)=\begin{cases}2\mathrm{e}^{-2y}, & y>0,\\ 0, & 其他,\end{cases}\text{从而}$$

$$F_{Y|X}(y\mid x)=\int_{-\infty}^{y}f_{Y|X}(v\mid x)\mathrm{d}v=\begin{cases}\int_0^y 2\mathrm{e}^{-2v}\mathrm{d}v, & y>0,\\ 0, & 其他,\end{cases}$$

$$=\begin{cases}1-\mathrm{e}^{-2y}, & y>0,\\ 0, & 其他.\end{cases}$$

例 3.2.4　设 $(X,Y)\sim N(\mu_1,\mu_2,\sigma_1^2,\sigma_2^2,\rho)$，求 $f_{X|Y}(x\mid y)$ 和 $f_{Y|X}(y\mid x)$.

解　根据正态分布的性质，有边缘分布为

$$f_X(x)=\frac{1}{\sqrt{2\pi}\sigma_1}\mathrm{e}^{-\frac{1}{2\sigma_1^2}(x-\mu_1)^2},\ f_Y(y)=\frac{1}{\sqrt{2\pi}\sigma_2}\mathrm{e}^{-\frac{1}{2\sigma_2^2}(y-\mu_2)^2},$$

于是条件概率密度为

$$f_{X|Y}(x\mid y)=\frac{f(x,y)}{f_Y(y)}$$

$$=\frac{\dfrac{1}{2\pi\sigma_1\sigma_2\sqrt{1-\rho^2}}\mathrm{e}^{-\frac{1}{2(1-\rho^2)}\left[\frac{(x-\mu_1)^2}{\sigma_1^2}-2\rho\frac{(x-\mu_1)(y-\mu_2)}{\sigma_1\sigma_2}+\frac{(y-\mu_2)^2}{\sigma_2^2}\right]}}{\dfrac{1}{\sqrt{2\pi}\sigma_2}\mathrm{e}^{-\frac{(y-\mu_2)^2}{2\sigma_2^2}}}$$

$$=\frac{1}{\sqrt{2\pi}\sigma_1\sqrt{1-\rho^2}}\mathrm{e}^{-\frac{1}{2(1-\rho^2)}\left(\frac{x-\mu_1}{\sigma_1}-\rho\frac{y-\mu_2}{\sigma_2}\right)^2}$$

$$=\frac{1}{\sqrt{2\pi}\sigma_1\sqrt{1-\rho^2}}\mathrm{e}^{-\frac{1}{2\sigma_1^2(1-\rho^2)}\left[x-\left(\mu_1+\frac{\sigma_1}{\sigma_2}\rho(y-\mu_2)\right)\right]^2}.$$

即在 $Y=y$ 的条件下，X 服从正态分布 $N(\mu_1+\frac{\sigma_1}{\sigma_2}\rho(y-\mu_2),\sigma_1^2(1-\rho^2))$. 类似地，在 $X=x$ 的条件下，Y 服从正态分布 $N(\mu_2+\frac{\sigma_2}{\sigma_1}\rho(x-\mu_1),\sigma_2^2(1-\rho^2))$.

小结：

(1) 正态分布的条件分布仍然是正态分布，这是正态分布的一个重要性质.

(2) 对于条件分布 $N(\mu_2+\frac{\sigma_2}{\sigma_1}\rho(x-\mu_1),\sigma_2^2(1-\rho^2))$. 其中心位置为

$$y=\mu_2+\frac{\sigma_2}{\sigma_1}\rho(x-\mu_1).$$

在这里可以看出，ρ 表示了 X,Y 之间的相互关系，若 $\rho>0$，则随机变量 Y 在 $X=x$ 条件

下的条件分布的中心位置随着 x 增加而增加. 这就意味着, 当 X 增加时, Y 取大值的可能性增加, 即 Y 可随着 X 的增长而增长.

(3) 正是由于 (2) 的原因, 通常把 $\rho > 0$ 的情况称为"正相关", 把 $\rho < 0$ 的情况称为"负相关".

习题 3. 2

习题 3. 2 答案

1. 设二维随机变量 (X, Y) 的联合分布律为

X＼Y	0	1	2	3
1	$\dfrac{2}{27}$	0	0	$\dfrac{1}{27}$
2	$\dfrac{6}{27}$	$\dfrac{6}{27}$	$\dfrac{6}{27}$	0
3	0	$\dfrac{6}{27}$	0	0

(1) 求 X, Y 的边缘分布律;

(2) 求在 $X = 1$ 的条件下 Y 的条件分布律以及 $Y = 0$ 的条件下 X 的条件分布律;

(3) 求 $P\{X = 3 \mid Y = 2\}$ 以及 $P\{Y = 2 \mid X = 3\}$.

2. 设随机变量 (X, Y) 的概率密度为

$$f(x, y) = \begin{cases} 1, & |y| < x, \quad 0 < x < 1, \\ 0, & \text{其他}. \end{cases}$$

求条件概率密度 $f_{Y|X}(y \mid x)$, $f_{X|Y}(x \mid y)$.

3. 设 X 关于 Y 的条件概率为

$$f_{X|Y}(x \mid y) = \begin{cases} 3\dfrac{x^2}{y^3}, & 0 < x < y, \\ 0, & \text{其他}, \end{cases}$$

而 Y 的概率密度为

$$f_Y(y) = \begin{cases} 5y^4, & 0 < y < 1, \\ 0, & \text{其他}. \end{cases}$$

求 $P\left\{X > \dfrac{1}{2}\right\}$.

3.3　随机变量的独立性

引例 3.3.1　甲与乙约定在某地会面, 假定甲、乙两人到达的时间是相互独立的, 且都服从 0 到 T 时的均匀分布, 先到者等 $t(t \leqslant T)$ 时后离去, 试求两人能会面的概率.

对引例 3.3.1 的解答可以利用第 1 章计算几何概率的方法讨论, 也可以利用第 1 章的两

个事件的独立性并由此推广到两个随机变量的独立性上来，并由此讨论其分布.

3.3.1　两个随机变量的独立性

> **定义 3.3.1**　设 $F(x, y)$ 及 $F_X(x)$、$F_Y(y)$ 分别是二维随机变量 (X, Y) 的联合分布函数和两个边缘分布函数，若对任意实数 x, y，有
> $$F(x, y) = F_X(x) F_Y(y) \tag{3.3.1}$$
> 则称随机变量 X 和 Y 相互独立.

由分布函数的定义，(3.3.1) 式可写成
$$P\{X \leqslant x, Y \leqslant y\} = P\{X \leqslant x\} P\{Y \leqslant y\} \tag{3.3.2}$$
因此，随机变量 X 和 Y 相互独立是指对任意实数 x, y，随机事件 $\{X \leqslant x\}$ 和 $\{Y \leqslant y\}$ 相互独立.

> **定理 3.3.1**　当 (X, Y) 为二维离散型随机变量时，设其所有可能取的值为 (x_i, y_j)，$i, j = 1, 2, \cdots$，则 X 和 Y 相互独立的充要条件为
> $$P\{X = x_i, Y = y_j\} = P\{X = x_i\} P\{Y = y_j\}, \quad i, j = 1, 2, \cdots \tag{3.3.3}$$
> 或者
> $$p_{ij} = p_{i.} p_{.j}, \quad i, j = 1, 2, \cdots \tag{3.3.4}$$

证明　先证必要性：若 $P\{X = x_i, Y = y_j\} = P\{X = x_i\} P\{Y = y_j\}$，则
$$
\begin{aligned}
F(x, y) &= P\{X \leqslant x, Y \leqslant y\} = \sum_{x_i \leqslant x, \, y_j \leqslant y} P\{X = x_i, Y = y_j\} \\
&= \sum_{x_i \leqslant x} \sum_{y_j \leqslant y} P\{X = x_i\} P\{Y = y_j\} \\
&= \Big(\sum_{x_i \leqslant x} P\{X = x_i\} \Big) \Big(\sum_{y_j \leqslant y} P\{Y = y_j\} \Big) \\
&= F_X(x) F_Y(y).
\end{aligned}
$$

再证充分性：

已知 $P\{x' < X \leqslant x''\} = F_X(x'') - F_X(x')$，$P\{y' < Y \leqslant y''\} = F_Y(y'') - F_Y(y')$，若 $F(x, y) = F_X(x) F_Y(y)$，则
$$
\begin{aligned}
& P\{x' < X \leqslant x''\} P\{y' < Y \leqslant y''\} \\
&= F_X(x'') F_Y(y'') - F_X(x'') F_Y(y') - F_X(x') F_Y(y'') + F_X(x') F_Y(y') \\
&= F(x'', y'') - F(x'', y') - F(x', y'') + F(x', y'),
\end{aligned}
$$
根据二维随机变量的性质有
$$P\{x' < X \leqslant x'', y' < Y \leqslant y''\} = F(x'', y'') - F(x'', y') - F(x', y'') + F(x', y'),$$
故有
$$P\{x' < X \leqslant x''\} P\{y' < Y \leqslant y''\} = P\{x' < X \leqslant x'', y' < Y \leqslant y''\},$$
此式对任意的 x', x'', y', y'' 都成立，故当 $\{x' < X = x_i \leqslant x'', i = 1, 2, \cdots\} = \{X = x_i\}$，$\{y' < Y = y_j \leqslant y'', i = 1, 2, \cdots\} = \{Y = y_j\}$ 时，就有 $P\{X = x_i, Y = y_j\} = P\{X = x_i\} P\{Y = y_j\}$.

定理 3. 3. 2　当 (X, Y) 为二维连续型随机变量时, 设其联合密度函数、边缘密度函数分别为 $f(x, y), f_X(x), f_Y(y)$, 则 X 和 Y 相互独立的充分必要条件是对任意实数 x, y, 有

$$f(x, y) = f_X(x)f_Y(y).$$

证明　先证必要性: 若 $F(x, y) = F_X(x)F_Y(y)$, 两边求偏导, 即

$$\frac{\partial^2 F(x, y)}{\partial x \partial y} = \frac{\partial^2 [F_X(x)F_Y(y)]}{\partial x \partial y} = \frac{\partial F_X(x)}{\partial x} \times \frac{\partial F_Y(y)}{\partial y},$$

即得 $f(x, y) = f_X(x)f_Y(y)$.

再证充分性: 若连续型随机变量 (X, Y) 的概率密度为 $f(x, y)$, 边缘概率密度为 $f_X(x)$, $f_Y(y)$, 且有 $f(x, y) = f_X(x)f_Y(y)$, 则

$$F(x, y) = \int_{-\infty}^{y}\int_{-\infty}^{x} f(u, v)\,\mathrm{d}u\mathrm{d}v = \int_{-\infty}^{y}\int_{-\infty}^{x} f_X(u)f_Y(v)\,\mathrm{d}u\mathrm{d}v$$

$$= \left[\int_{-\infty}^{y} f_Y(v)\,\mathrm{d}v\right]\left[\int_{-\infty}^{x} f_X(u)\,\mathrm{d}u\right] = F_X(x)F_Y(y).$$

下面简单说明随机变量的独立性与条件分布的关系.

设 $P(Y \leqslant y) > 0$, 则根据条件分布函数的定义有

$$F_{X|Y} = P\{X \leqslant x \mid Y \leqslant y\} = \frac{P\{X \leqslant x, Y \leqslant y\}}{P\{Y \leqslant y\}} = \frac{F(x, y)}{F_Y(y)}.$$

可见, $F_{X|Y}(x|y)$ 是随着 $F_Y(y)$ 的变化而变化, 这反映了 X 与 Y 在概率上有相依关系, 即 X 的条件分布如何, 不仅由 X 本身的取值来决定, 还取决于另一个变量 Y 的值.

若 X, Y 相互独立, 则有

$$P\{X \leqslant x \mid Y \leqslant y\} = \frac{F(x, y)}{F_Y(y)} = \frac{F_X(x)F_Y(y)}{F_Y(y)} = F_X(x) = P\{X \leqslant x\}.$$

则 X 的条件分布情况与 Y 取值完全无关.

因此, 随机变量独立的定义可以通过条件分布来定义.

若随机变量 (X, Y) 满足

$$P\{X \leqslant x \mid Y \leqslant y\} = P\{X \leqslant x\}, \; P\{Y \leqslant y \mid X \leqslant x\} = P\{Y \leqslant y\},$$

则称**随机变量 X, Y 相互独立**.

一般地, 由于随机变量 X, Y 之间存在相互联系, 即一个随机变量的取值会影响另一个随机变量的统计规律性, 因此有定义: 若 X, Y 不是独立的, 则称 X, Y 是相依的.

例 3. 3. 1　设二维随机变量 (X, Y) 的联合分布律如下表所示, 问要使 X 和 Y 相互独立, 则 a, b 应取何值?

X \ Y	1	2	3
1	$\frac{1}{6}$	$\frac{1}{9}$	$\frac{1}{18}$
2	$\frac{1}{3}$	a	b

解 因 X 与 Y 的边缘分布律为

X \ Y	1	2	3	$p_{\cdot j}$
1	$\dfrac{1}{6}$	$\dfrac{1}{9}$	$\dfrac{1}{18}$	$\dfrac{1}{3}$
2	$\dfrac{1}{3}$	a	b	$\dfrac{1}{3}+a+b$
$p_{i\cdot}$	$\dfrac{1}{2}$	$\dfrac{1}{9}+a$	$\dfrac{1}{18}+b$	1

要使 X 和 Y 相互独立,利用式(3.3.4),必有

$$p_{21} = p_{2\cdot}p_{\cdot 1},$$
$$p_{31} = p_{3\cdot}p_{\cdot 1},$$

即

$$\frac{1}{9} = \left(a+\frac{1}{9}\right)\times\frac{1}{3}, \quad \frac{1}{18} = \left(b+\frac{1}{18}\right)\times\frac{1}{3}$$

解得 $a = \dfrac{2}{9}$, $b = \dfrac{1}{9}$.

例 3.3.2 设 (X, Y) 的概率密度分别为以下两种情形

(1) $f(x, y) = \begin{cases} xe^{-(x+y)}, & x > 0, y > 0, \\ 0, & \text{其他}; \end{cases}$

(2) $f(x, y) = \begin{cases} 2, & 0 < x < y, 0 < y < 1, \\ 0, & \text{其他}. \end{cases}$

问在(1)、(2) 两种情形下,随机变量 X 和 Y 是否独立?

解 (1) X, Y 的边缘概率密度分别为

$$f_X(x) = \int_0^{+\infty} xe^{-(x+y)}\mathrm{d}y = \begin{cases} xe^{-x}, & x > 0, \\ 0, & \text{其他}; \end{cases}$$

$$f_Y(y) = \int_0^{+\infty} xe^{-(x+y)}\mathrm{d}x = \begin{cases} e^{-y}, & y > 0, \\ 0, & \text{其他}. \end{cases}$$

因对一切 x, y 均有 $f(x, y) = f_X(x)f_Y(y)$,故 X, Y 独立.

(2) X, Y 的边缘概率密度分别为

$$f_X(x) = \int_x^1 2\mathrm{d}y = \begin{cases} 2(1-x), & 0 < x < 1, \\ 0, & \text{其他}; \end{cases}$$

$$f_Y(y) = \begin{cases} \int_0^y 2\mathrm{d}x = 2y, & 0 < y < 1, \\ 0, & \text{其他}. \end{cases}$$

而 $$f(x, y) \neq f_X(x)f_Y(y),$$

故 X 和 Y 不独立.

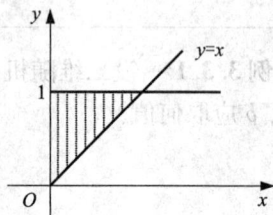

图 3.3.1

下面利用随机变量的独立性讨论引例 3.3.1 的求解.

例 3.3.3 （会面问题）两个朋友，相约在早 7 点到 8 点在某地会面，并约定先到者等 20 分钟，过时即离去，求两人会面的概率（设甲、乙两人等可能地在 7 点到 8 点中任一时刻到达，而且两人的到达时间是相互独立的）.

解 设随机变量 X 是甲到达的时刻，Y 是乙到达的时刻. 由题设

$$f_X(x) = \begin{cases} 1, & 7 \leqslant x \leqslant 8, \\ 0, & \text{其他}; \end{cases}$$

$$f_Y(y) = \begin{cases} 1, & 7 \leqslant y \leqslant 8, \\ 0, & \text{其他}. \end{cases}$$

又由题设 X, Y 独立，所以 $f(x, y) = f_X(x)f_Y(y)$，即

$$f(x, y) = \begin{cases} 1, & 7 \leqslant x \leqslant 8, 7 \leqslant y \leqslant 8, \\ 0, & \text{其他}. \end{cases}$$

因为单位是小时，所以所求概率为 $P\left\{|X - Y| \leqslant \dfrac{1}{3}\right\}$.

$$|x - y| \leqslant \frac{1}{3} \Leftrightarrow -\frac{1}{3} \leqslant x - y \leqslant \frac{1}{3},$$

所以 $\begin{cases} x - y \leqslant \dfrac{1}{3}, \\ x - y \geqslant -\dfrac{1}{3}, \end{cases}$ 即 $\begin{cases} y \geqslant x - \dfrac{1}{3}, \\ y \leqslant x + \dfrac{1}{3}. \end{cases}$

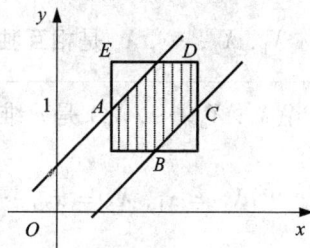

图 3.3.2

$$P\{|X - Y| \leqslant \frac{1}{3}\} = \iint\limits_{\text{区域}ABCD} 1 \mathrm{d}x\mathrm{d}y = ABCD \text{ 的面积}$$

$$= 1 - 2\triangle EAD \text{ 的面积} = 1 - 2 \times \frac{1}{2} \times \left(\frac{2}{3}\right)^2 = \frac{5}{9} \approx 0.556.$$

（其中区域 $ABCD$ 见图 3.3.2 所示阴影部分）

例 3.3.4 设二维随机变量 $(X, Y) \sim N(\mu_1, \mu_2, \sigma_1^2, \sigma_2^2, \rho)$. 证明 X 和 Y 相互独立的充分必要条件是 $\rho = 0$.

证 充分性：若 $\rho = 0$，则有

$$f(x, y) = \frac{1}{2\pi\sigma_1\sigma_2}\exp\left\{-\frac{1}{2}\left[\left(\frac{x - \mu_1}{\sigma_1}\right)^2 + \left(\frac{y - \mu_2}{\sigma_2}\right)^2\right]\right\} = f_X(x) \cdot f_Y(y)$$

对任意实数 x, y 成立，故 X 和 Y 相互独立.

必要性：若 X 和 Y 相互独立，即对任意实数 x, y，有 $f(x, y) = f_X(x)f_Y(y)$.

特别地，令 $x = \mu_1, y = \mu_2$，则有 $f(\mu_1, \mu_2) = f_X(\mu_1)f_Y(\mu_2)$，于是

$$\frac{1}{2\pi\sigma_1\sigma_2\sqrt{1 - \rho^2}} = \frac{1}{\sqrt{2\pi}\sigma_1}\frac{1}{\sqrt{2\pi}\sigma_2},$$

故 $\rho = 0$.

3.3.2　多维随机变量的独立性

定义 3.3.2　设 n 维随机变量 $(X_1, X_2, \cdots, X_n)$ 的联合分布函数为 $F(x_1, x_2, \cdots, x_n)$，联合密度函数为 $f(x_1, x_2, \cdots, x_n)$. 类似于二维随机变量的情形，可得 $(X_1, X_2, \cdots, X_n)$ 关于 $X_i(i = 1, 2, \cdots, n)$ 的边缘分布函数和边缘密度函数为

$$F_{X_i}(x_i) = P\{X_i \leqslant x_i\} = F(+\infty, \cdots, +\infty, x_i, +\infty, \cdots, +\infty).$$

$$F_{X_i}(x_i) = \int_{-\infty}^{+\infty} \cdots \int_{-\infty}^{+\infty} f(x_1, x_2, \cdots, x_n)\,\mathrm{d}x_1 \cdots \mathrm{d}x_{i-1}\mathrm{d}x_{i+1} \cdots \mathrm{d}x_n.$$

仿此可得出 $(X_1, X_2, \cdots, X_n)$ 的任意 $k(1 \leqslant k < n)$ 维边缘分布函数和边缘密度函数.

定义 3.3.3　若对于任意的实数 $x_1, x_2, \cdots, x_n$，有

$$F(x_1, x_2, \cdots, x_n) = F_{X_1}(x_1)F_{X_2}(x_2)\cdots F_{X_n}(x_n),$$

则称 $X_1, X_2, \cdots, X_n$ 是**相互独立**的.

当 $(X_1, X_2, \cdots, X_n)$ 是 n 维离散型随机变量时，上述定义等价于对任意的实数 $x_1, x_2, \cdots, x_n$，有

$$P\{X_1 = x_1, X_2 = x_2, \cdots, X_n = x_n\} = P\{X_1 = x_1\}P\{X_2 = x_2\}\cdots P\{X_n = x_n\}$$

$$(3.3.5)$$

在 n 维连续型随机变量的场合，上述定义的等价形式为，对任意的实数 $x_1, x_2, \cdots, x_n$，有

$$f(x_1, x_2, \cdots, x_n) = f_{X_1}(x_1)f_{X_2}(x_2)\cdots f_{X_n}(x_n). \tag{3.3.6}$$

定义 3.3.4　若对于所有的 $x_1, x_2, \cdots, x_m; y_1, y_2, \cdots, y_n$，有

$$F(x_1, x_2, \cdots, x_m, y_1, y_2, \cdots, y_n) = F_1(x_1, x_2, \cdots, x_m)F_2(y_1, y_2, \cdots, y_n).$$

其中 F_1, F_2, F 依次为随机变量 $(X_1, X_2, \cdots, X_m)$，$(Y_1, Y_2, \cdots, Y_n)$ 和 $(X_1, X_2, \cdots, X_m, Y_1, Y_2, \cdots, Y_n)$ 的分布函数，则称随机变量 $(X_1, X_2, \cdots, X_m)$ 和 $(Y_1, Y_2, \cdots, Y_n)$ 是相互独立的.

下面列出有关多维随机变量独立性的常用结论.

(1) 若 $X_1, X_2, \cdots, X_n$ 相互独立，则

① 其中任意 $k(2 \leqslant k < n)$ 个随机变量相互独立;

② 它们的函数 $g_1(X_1), g_2(X_2), \cdots, g_n(X_n)$ 相互独立.

(2) 若 m 维随机变量 $(X_1, X_2, \cdots, X_m)$ 和 n 维随机变量 $(Y_1, Y_2, \cdots, Y_n)$ 相互独立，则分别在这两组中取出的随机变量 $(X_{i_1}, X_{i_2}, \cdots, X_{i_k})(1 \leqslant k < m)$ 与 $(Y_{j_1}, Y_{j_2}, \cdots, Y_{j_l})(1 \leqslant l < n)$ 仍相互独立;又若 g, h 是连续函数，则 $h(X_1, X_2, \cdots, X_m)$ 和 $g(Y_1, Y_2, \cdots, Y_n)$ 相互独立.

习题 3.3 答案

习题 3.3

1. 设二维随机变量(X, Y)的联合分布律为

X \ Y	2	5	8
0.4	0.15	0.30	0.35
0.8	0.05	0.12	0.03

(1) 求 X 和 Y 的边缘分布；

(2) X 和 Y 是否相互独立？

2. 一电子器件包含两部分，分别以 X, Y 记这两部分的寿命(以小时记)，设(X, Y)的分布函数为 $F(x, y) = \begin{cases} 1 - e^{-0.01x} - e^{-0.01y} + e^{-0.01(x+y)}, & x \geqslant 0, y \geqslant 0, \\ 0, & 其他. \end{cases}$

(1) 问 X 和 Y 是否相互独立？

(2) 并求 $P\{X > 120, Y > 120\}$.

3. 设二维随机变量(X, Y)，在区域 $D: 0 \leqslant x \leqslant 1, y^2 \leqslant x$ 内服从均匀分布，求：

(1)(X, Y) 的联合分布密度；

(2)X 与 Y 的边缘分布密度，并问它们是否独立？

(3)$P\left\{X < \dfrac{1}{2}\right\}, P\left\{Y < \dfrac{1}{2}\right\}$ 及 $P\left\{X < \dfrac{1}{2}, Y < \dfrac{1}{2}\right\}$.

导学 3.3
(3.4)

3.4　两个随机变量函数的分布

上一章已讨论过一维随机变量函数 $Y = g(X)$ 的分布. 在这一节中，我们将讨论两个随机变量的函数 $Z = g(X, Y)$ 的分布. 即已知随机变量(X, Y) 的分布，求随机变量 $Z = g(X, Y)$ 的分布，这里，$z = g(x, y)$ 是 x, y 的连续函数. 本节仅就几个具体的函数进行讨论.

3.4.1　两个离散型随机变量函数的分布

设(X, Y)是二维离散型随机变量，其概率分布为
$$P\{X = x_i, Y = y_j\} = p_{ij}, \quad i, j = 1, 2, \cdots.$$
记随机变量函数 $Z = g(X, Y)$ 的所有可能取值为 $z_k(k = 1, 2, \cdots)$，则 Z 的概率分布为
$$P\{Z = z_k\} = P\{g(X, Y) = z_k\}$$
$$= \sum_{g(x_i, y_j) = z_k} P\{X = x_i, Y = y_j\}, \quad k = 1, 2, \cdots.$$

例 3.4.1　设两个独立的随机变量 X 与 Y 的分布律为

X	1	3
P_X	0.3	0.7

Y	2	4
P_Y	0.6	0.4

求随机变量 $Z = X + Y$ 的分布律.

解　因为 X 与 Y 相互独立, 所以

$$P\{X = x_i, Y = y_j\} = P\{X = x_i\}P\{Y = y_j\},$$

得 X 与 Y 的联合分布律为

X ＼ Y	2	4
1	0.18	0.12
3	0.42	0.28

可得

P	(X, Y)	$Z = X + Y$
0.18	(1, 2)	3
0.12	(1, 4)	5
0.42	(3, 2)	5
0.28	(3, 4)	7

所以, 随机变量 $Z = X + Y$ 的分布律为

$Z = X + Y$	3	5	7
P	0.18	0.54	0.28

例 3.4.2　设随机变量 X 与 Y 相互独立, 它们分别服从参数为 λ_1 和 λ_2 的泊松分布, 证明随机变量 $Z = X + Y$ 服从参数为 $\lambda_1 + \lambda_2$ 的泊松分布.

证　依题意, 有

$$P\{X = i\} = \frac{\lambda_1^i}{i!}e^{-\lambda_1}, \quad i = 0, 1, 2, \cdots$$

$$P\{Y = j\} = \frac{\lambda_2^j}{j!}e^{-\lambda_2}, \quad j = 0, 1, 2, \cdots$$

则 $Z = X + Y$ 的可能值取为 $k = 0, 1, 2, \cdots$

因为 X 与 Y 相互独立, 所以

$$P\{Z = k\} = \sum_{i=0}^{k} P\{X = i, Y = k - i\}$$

$$= \sum_{i=0}^{k} P\{X = i\}P\{Y = k - i\}$$

$$= \sum_{i=0}^{k} \frac{\lambda_1^i}{i!}e^{-\lambda_1} \cdot \frac{\lambda_2^{k-i}}{(k-i)!}e^{-\lambda_2} = \frac{e^{-(\lambda_1 + \lambda_2)}}{k!} \sum_{i=0}^{k} \frac{k!}{i!(k-i)!}\lambda_1^i \lambda_2^{k-i}$$

$$= \frac{(\lambda_1 + \lambda_2)^k}{k!}e^{-(\lambda_1 + \lambda_2)}, \quad k = 0, 1, 2, \cdots$$

故 $Z = X + Y$ 服从参数为 $\lambda_1 + \lambda_2$ 的泊松分布. 称泊松分布是一个可加性分布.

这个结论可以推广到 n 个相互独立且均服从泊松分布的随机变量的情形. 一般地, n 个相

互独立的服从泊松分布的随机变量之和仍是一个服从泊松分布的随机变量, 且其参数为相应的随机变量分布参数的和.

例 3.4.3　假设离散型随机变量 (X, Y) 的概率分布为

$$P\{X = x_i, Y = y_j\}, \quad i, j = 1, 2, \cdots$$

求 $Z = X + Y$ 的概率分布.

解　设 Z 的所有可能取值为 $z_k (k = 1, 2, \cdots)$, 则

$$P\{Z = z_k\} = P\{X + Y = z_k\}$$

$$= \sum_i P\{X = x_i, Y = z_k - x_i\},$$

或 $P\{Z = z_k\} = \sum_j P\{X = z_k - y_j, Y = y_j\}.$

小结　本例就是离散型随机变量和的分布的通用公式. 特别地, 若 X, Y 相互独立, 则

$$P\{Z = z_k\} = \sum_i P\{X = x_i\} P\{Y = z_k - x_i\}$$

$$\left(\text{或} = \sum_j P\{X = z_k - y_j\} P\{Y = y_j\}\right).$$

通常称上式为**离散型随机变量和的卷积公式**, 简称**离散型卷积公式**.

3.4.2　二维连续型随机变量的分布

设随机变量 (X, Y) 的联合密度函数为 $f(x, y)$, X, Y 的函数 $Z = g(X, Y)$, Z 是一维随机变量, 其分布函数为

$$F_Z(z) = P\{Z \leqslant z\} = P\{g(x, y) \leqslant z\} = \iint\limits_{g(x, y) \leqslant z} f(x, y) \, \mathrm{d}x \mathrm{d}y.$$

根据分布函数与密度函数的关系, 可得 Z 的概率密度函数

$$f_Z(z) = \frac{\mathrm{d}}{\mathrm{d}z} F_Z(z) = \frac{\mathrm{d}}{\mathrm{d}z} \iint\limits_{g(x, y) \leqslant z} f(x, y) \, \mathrm{d}x \mathrm{d}y.$$

下面介绍几个常用的连续型随机变量函数的概率分布的求法.

1. $Z = X + Y$ 的分布

设随机变量 (X, Y) 的联合密度为 $f(x, y)$, 则 $Z = X + Y$ 的分布函数为

$$F_Z(z) = P\{X + Y \leqslant z\} = \iint\limits_{x+y \leqslant z} f(x, y) \, \mathrm{d}x \mathrm{d}y$$

$$= \int_{-\infty}^{+\infty} \mathrm{d}y \int_{-\infty}^{z-y} f(x, y) \, \mathrm{d}x.$$

这里积分区域 $G: x + y \leqslant z$ 是直线 $x + y = z$ 及其左下方的半平面, 如图 3.4.1, 固定 z 和 y 对积分 $\int_{-\infty}^{z-y} f(x, y) \, \mathrm{d}x$ 作变换, 令 $x = u - y$, 得

$$\int_{-\infty}^{z-y} f(x, y) \, \mathrm{d}x = \int_{-\infty}^{z} f(u - y, y) \, \mathrm{d}u.$$

于是　　　$F_Z(z) = \int_{-\infty}^{+\infty} \int_{-\infty}^{z} f(u - y, y) \, \mathrm{d}u \mathrm{d}y$

$$= \int_{-\infty}^{z} \left[\int_{-\infty}^{+\infty} f(u - y, y) \, \mathrm{d}u \mathrm{d}y \right].$$

由密度函数的性质,即得 Z 的概率密度为

$$f_Z(z) = F_Z'(z) = \int_{-\infty}^{+\infty} f(z - y, y) \, \mathrm{d}y. \qquad (3.4.1)$$

由 X, Y 的对称性,类似可得

$$f_Z(z) = \int_{-\infty}^{+\infty} f(x, z - x) \, \mathrm{d}x. \qquad (3.4.2)$$

上述两个公式称为两个随机变量和的概率密度的一般公式.

图 3.4.1

特别地,当 X 与 Y 相互独立时,有

$$f_Z(z) = \int_{-\infty}^{+\infty} f_X(z - y) f_Y(y) \, \mathrm{d}y. \qquad (3.4.3)$$

$$f_Z(z) = \int_{-\infty}^{+\infty} f_X(x) f_Y(z - x) \, \mathrm{d}x. \qquad (3.4.4)$$

这两个公式称为卷积公式,记为 $f_X * f_Y$,即

$$f_X * f_Y = \int_{-\infty}^{+\infty} f_X(z - y) f_Y(y) \, \mathrm{d}y = \int_{-\infty}^{+\infty} f_X(x) f_Y(z - x) \, \mathrm{d}x.$$

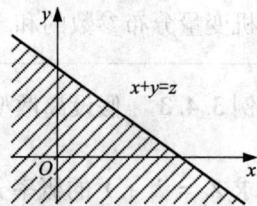

例 3.4.4　设 X 与 Y 是两个相互独立的随机变量,它们都服从 $N(0, 1)$ 分布,求 $Z = X + Y$ 的密度函数.

解　由题设知,X 与 Y 的概率密度分别为

$$f_X(x) = \frac{1}{\sqrt{2\pi}} \mathrm{e}^{-\frac{x^2}{2}}, \quad -\infty < x < +\infty;$$

$$f_Y(y) = \frac{1}{\sqrt{2\pi}} \mathrm{e}^{-\frac{y^2}{2}} \quad -\infty < y < +\infty.$$

又 X 与 Y 相互独立,故 Z 的密度函数为

$$\begin{aligned} f_Z(z) &= \int_{-\infty}^{+\infty} f_X(x) f_Y(z - x) \, \mathrm{d}x \\ &= \frac{1}{2\pi} \int_{-\infty}^{+\infty} \mathrm{e}^{-\frac{x^2}{2}} \mathrm{e}^{-\frac{(z-x)^2}{2}} \, \mathrm{d}x \\ &= \frac{1}{2\pi} \mathrm{e}^{-\frac{z^2}{4}} \int_{-\infty}^{+\infty} \mathrm{e}^{-\left(x - \frac{z}{2}\right)^2} \, \mathrm{d}x. \end{aligned}$$

令 $u = x - \dfrac{z}{2}$,得

$$\begin{aligned} f_Z(z) &= \frac{1}{2\pi} \mathrm{e}^{-\frac{z^2}{4}} \int_{-\infty}^{+\infty} \mathrm{e}^{-u^2} \, \mathrm{d}u \\ &= \frac{1}{2\pi} \mathrm{e}^{-\frac{z^2}{4}} \sqrt{\pi} \\ &= \frac{1}{2\sqrt{\pi}} \mathrm{e}^{-\frac{z^2}{4}} \ (-\infty < x < +\infty). \end{aligned}$$

即 Z 服从正态分布 $N(0, (\sqrt{2})^2)$.

一般地,若 X 与 Y 相互独立,且 $X \sim N(\mu_1, \sigma_1^2)$,$Y \sim N(\mu_2, \sigma_2^2)$,则随机变量 $Z = X + Y$

亦服从正态分布, 且 $Z \sim N(\mu_1 + \mu_2, \sigma_1^2 + \sigma_2^2)$. 这一性质称为正态分布的可加性. 更一般地, 若 $X_1, X_2, \cdots, X_n$ 相互独立, 且 $X_i \sim N(\mu_i, \sigma_i^2)$ $(i = 1, 2, \cdots, n)$, 则

$$Z = \sum_{i=1}^{n} X_i \sim N\left(\sum_{i=1}^{n} u_i, \sum_{i=1}^{n} \sigma_i^2 \right)$$

我们还可以证明, 对任意不全为零的常数 $c_1, c_2, \cdots, c_n$, 有

$$Z = \sum_{i=1}^{n} c_i X_i \sim N\left(\sum_{i=1}^{n} c_i u_i, \sum_{i=1}^{n} c_i^2 \sigma_i^2 \right)$$

即有限个相互独立的正态随机变量的线性组合仍然服从正态分布.

例 3.4.5　设随机变量 X, Y 相互独立, 且分别服从参数为 $\alpha, \theta; \beta, \theta$ 的 Γ 分布(分别记成 $X \sim \Gamma(\alpha, \theta)$, $Y \sim \Gamma(\beta, \theta)$, X, Y 的概率密度分别为

$$f_X(x) = \begin{cases} \dfrac{1}{\theta^\alpha \Gamma(\alpha)} x^{\alpha-1} \mathrm{e}^{-x/\theta}, & x > 0, \\ 0, & \text{其他}, \end{cases} \quad \alpha > 0, \theta > 0.$$

$$f_Y(y) = \begin{cases} \dfrac{1}{\theta^\beta \Gamma(\beta)} y^{\beta-1} \mathrm{e}^{-y/\theta}, & y > 0, \\ 0, & \text{其他}, \end{cases} \quad \beta > 0, \theta > 0.$$

试证明 $Z = X + Y$ 服从参数为 $\alpha + \beta, \theta$ 的 Γ 分布, 即 $X + Y \sim \Gamma(\alpha + \beta, \theta)$.

证　由(3.4.4)式, $Z = X + Y$ 的概率密度为

$$f_Z(z) = \int_{-\infty}^{\infty} f_X(x) f_Y(z - x) \mathrm{d}x.$$

易知仅当

$$\begin{cases} x > 0, \\ z - x > 0, \end{cases} \text{亦即} \begin{cases} x > 0, \\ x < z, \end{cases} \text{时}$$

上述积分的被积函数不等于零, 于是(参见图 3.4.2)知当 $z < 0$ 时 $f_Z(z) = 0$,

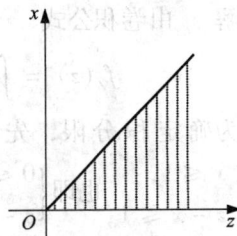

而当 $z > 0$ 时有

$$f_Z(z) = \int_0^z \frac{1}{\theta^\alpha \Gamma(\alpha)} x^{\alpha-1} \mathrm{e}^{-x/\theta} \frac{1}{\theta^\beta \Gamma(\beta)} (z - x)^{\beta-1} \mathrm{e}^{-(z-x)/\theta} \mathrm{d}x$$

$$= \frac{\mathrm{e}^{-z/\theta}}{\theta^{\alpha+\beta} \Gamma(\alpha)\Gamma(\beta)} \int_0^z x^{\alpha-1} (z - x)^{\beta-1} \mathrm{d}x$$

$$\xrightarrow{\text{令} x = zt} \frac{z^{\alpha+\beta-1} \mathrm{e}^{-z/\theta}}{\theta^{\alpha+\beta} \Gamma(\alpha)\Gamma(\beta)} \int_0^1 t^{\alpha-1} (1 - t)^{\beta-1} \mathrm{d}t \xrightarrow{\text{记成}} A z^{\alpha+\beta-1} \mathrm{e}^{-z/\theta},$$

其中

$$A = \frac{1}{\theta^{\alpha+\beta} \Gamma(\alpha)\Gamma(\beta)} \int_0^1 t^{\alpha-1} (1 - t)^{\beta-1} \mathrm{d}t.$$

现在来计算 A. 由概率密度的性质得到:

$$1 = \int_{-\infty}^{\infty} f_Z(z) \mathrm{d}z = \int_0^\infty A z^{\alpha+\beta-1} \mathrm{e}^{-\frac{z}{\theta}} \mathrm{d}z$$

$$= A \theta^{\alpha+\beta} \int_0^\infty (z/\theta)^{\alpha+\beta-1} \mathrm{e}^{-z/\theta} \mathrm{d}(z/\theta)$$

$$= A \theta^{\alpha+\beta} \Gamma(\alpha + \beta),$$

图 3.4.2

即有
$$A = \frac{1}{\theta^{\alpha+\beta}\Gamma(\alpha+\beta)}.$$

于是
$$f_Z(z) = \begin{cases} \dfrac{1}{\theta^{\alpha+\beta}\Gamma(\alpha+\beta)} z^{\alpha+\beta-1} e^{-z/\theta}, & z > 0, \\ 0, & \text{其他}. \end{cases}$$

即
$$X + Y \sim \Gamma(\alpha+\beta, \theta).$$

特别地, 参数为 $1, \beta$ 的 Γ 分布就是参数为 β 的指数分布.

上述结论还能推广到 n 个相互独立的 Γ 分布变量之和的情况.

即若 $X_1, X_2, \cdots, X_n$ 相互独立, 且 X_i 服从参数为 $\alpha_i, \beta(i = 1, 2, \cdots, n)$ 的 Γ 分布, 则 $\sum\limits_{i=1}^{n} X_i$ 服从参数为 $\sum\limits_{i=1}^{n} \alpha_i, \beta$ 的 Γ 分布, 这一性质称为 **Γ 分布的可加性**.

例 3.4.6 若 X 和 Y 独立, 具有共同的概率密度
$$f(x) = \begin{cases} 1, & 0 \leq x \leq 1, \\ 0, & \text{其他}. \end{cases}$$

求 $Z = X + Y$ 的概率密度.

解 由卷积公式
$$f_Z(z) = \int_{-\infty}^{\infty} f_X(x) f_Y(z-x) \, dx.$$

为确定积分限, 先找出使被积函数不为 0 的区域
$$\begin{cases} 0 \leq x \leq 1, \\ 0 \leq z - x \leq 1, \end{cases} \text{也即} \begin{cases} 0 \leq x \leq 1, \\ z-1 \leq x \leq z, \end{cases}$$
如图 3.4.3 所示, 则有
$$f_Z(z) = \begin{cases} \int_0^z dx = z, & 0 \leq z < 1, \\ \int_{z-1}^1 dx = 2 - z, & 1 \leq z < 2, \\ 0, & \text{其他}. \end{cases}$$

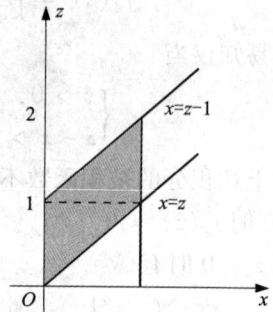
图 3.4.3

2. $Z = \dfrac{Y}{X}$ 的分布、$Z = XY$ 的分布

设 (X, Y) 是二维连续型随机变量, 它具有概率密度 $f(x, y)$, 则 $Z = \dfrac{Y}{X}$、$Z = XY$ 仍为连续型随机变量, 其概率密度分别为
$$f_{Y/X}(z) = \int_{-\infty}^{\infty} |x| f(x, xz) \, dx, \tag{3.4.5}$$
$$f_{XY}(z) = \int_{-\infty}^{\infty} \frac{1}{|x|} f\left(x, \frac{z}{x}\right) dx, \tag{3.4.6}$$

又若 X 和 Y 相互独立, 设 (X, Y) 关于 X, Y 的边缘密度分别为 $f_X(x), f_Y(y)$, 则 (3.4.5) 式化为

$$f_{Y/X}(z) = \int_{-\infty}^{\infty} |x| f_X(x) f_Y(xz) \, dx. \tag{3.4.7}$$

而 (3.4.6) 式化为 $\qquad f_{XY}(z) = \int_{-\infty}^{\infty} \frac{1}{|x|} f_X(x) f_Y\left(\frac{z}{x}\right) dx. \tag{3.4.8}$

证　$Z = \dfrac{Y}{X}$ 的分布函数为 (如图 3.4.4)

$$
\begin{aligned}
F_{Y/X}(z) = P\{Y \mid X \leqslant z\} &= \iint_{G_1 \cup G_2} f(x, y) \, dx dy \\
&= \iint_{\frac{y}{x} \leqslant z,\, x < 0} f(x, y) \, dy dx + \iint_{\frac{y}{x} \leqslant z,\, x > 0} f(x, y) \, dy dx \\
&= \int_{-\infty}^{0} \left[\int_{zx}^{\infty} f(x, y) \, dy \right] dx + \int_{0}^{\infty} \left[\int_{-\infty}^{zx} f(x, y) \, dy \right] dx \\
&\xlongequal{\text{令} \, y = xu} \int_{-\infty}^{0} \left[\int_{z}^{\infty} x f(x, xu) \, du \right] dx + \int_{0}^{\infty} \left[\int_{-\infty}^{z} x f(x, xu) \, du \right] dx \\
&= \int_{-\infty}^{0} \left[\int_{-\infty}^{z} (-x) f(x, xu) \, du \right] dx + \int_{0}^{\infty} \left[\int_{-\infty}^{z} x f(x, xu) \, du \right] dx \\
&= \int_{-\infty}^{0} \left[\int_{-\infty}^{\infty} |x| f(x, xu) \, du \right] dx \\
&= \int_{-\infty}^{z} \left[\int_{-\infty}^{\infty} |x| f(x, xu) \, dx \right] du,
\end{aligned}
$$

由概率密度的定义即得 (3.4.7) 式.

类似地, 可求出 $f_{XY}(z)$ 的概率密度为 (3.4.8) 式.

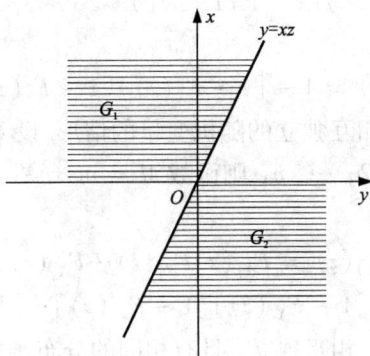

图 3.4.4

例 3.4.7　设随机变量 X, Y 相互独立, 且都服从指数分布: $X \sim e(\lambda_1)$, $X \sim e(\lambda_2)$. 求 $Z = \dfrac{X}{Y}$ 的概率密度.

解　依题意有

$$f_X(x) = \begin{cases} \lambda_1 e^{-\lambda_1 x}, & x > 0, \\ 0, & \text{其他.} \end{cases} \qquad f_Y(y) = \begin{cases} \lambda_2 e^{-\lambda_2 x}, & y > 0, \\ 0, & \text{其他.} \end{cases}$$

根据随机变量商的概率公式, 得

$$f_Z(z) = \int_{-\infty}^{+\infty} |y| f(yz, y)\,\mathrm{d}y = \int_{-\infty}^{+\infty} |y| f_X(yz) f_Y(y)\,\mathrm{d}y$$

$$= \begin{cases} 0, & z \leq 0, \\ \int_{0}^{+\infty} y\lambda_1 \mathrm{e}^{-\lambda_1 yz} \lambda_2 \mathrm{e}^{-\lambda_2 y}\,\mathrm{d}y, & z > 0 \end{cases}$$

$$= \begin{cases} 0, & z \leq 0, \\ \dfrac{\lambda_1\lambda_2}{(\lambda_1 z + \lambda_2)^2}, & z > 0. \end{cases}$$

3. $M = \max(X, Y)$ 及 $N = \min(X, Y)$ 的分布

设 X 与 Y 是两个相互独立的随机变量，它们的分布函数分别为 $F_X(x)$ 和 $F_Y(y)$. 下面求 $M = \max(X, Y)$ 及 $N = \min(X, Y)$ 的分布函数.

由于 $\{M \leq z\} = \{X \leq z, Y \leq z\}$，且 X 与 Y 相互独立，所以，对任意实数 z，有

$$F_M(z) = P\{M \leq z\} = P\{X \leq z, Y \leq z\} = P\{X \leq z\}P\{Y \leq z\}.$$

即 $M = \max(X, Y)$ 的分布函数

$$F_M(z) = F_X(z) F_Y(z). \tag{3.4.9}$$

类似地，可得 $N = \min(X, Y)$ 的分布函数为

$$\begin{aligned} F_N(z) &= P\{N \leq z\} = 1 - P\{N > z\} \\ &= 1 - P\{X > z, Y > z\} = 1 - P\{X > z\}P\{Y > z\} \\ &= 1 - (1 - P\{X \leq z\})(1 - P\{Y \leq z\}). \end{aligned}$$

即

$$F_N(z) = 1 - [1 - F_X(z)][1 - F_Y(z)]. \tag{3.4.10}$$

以上结果可以推广到 n 个相互独立的随机变量的情形. 设 $X_1, X_2, \cdots, X_n$ 相互独立，其分布函数分别为 $F_{X_i}(x_i)$，$i = 1, 2, \cdots, n$，则函数 $M = \max(X_1, X_2, \cdots, X_n)$ 及 $N = \min(X_1, X_2, \cdots, X_n)$ 的分布函数分别为

$$F_M(z) = F_{X_1}(z) F_{X_2}(z) \cdots F_{X_n}(z),$$

$$F_N(z) = 1 - [1 - F_{X_1}(z)][1 - F_{X_2}(z)] \cdots [1 - F_{X_n}(z)],$$

特别地，当 $X_1, X_2, \cdots, X_n$ 相互独立，且有相同的分布函数 $F(x)$，有

$$F_M(z) = [F(z)]^n, \tag{3.4.11}$$

$$F_N(z) = 1 - [1 - F(z)]^n. \tag{3.4.12}$$

例 3.4.8 设 X 和 Y 是相互独立的随机变量，且都在 $[0, 1]$ 上服从均匀分布，求

(1) $U = \max\{X, Y\}$ 的概率密度；

(2) $U = \min\{X, Y\}$ 的概率密度.

解 依题设可知 $X \sim U[0, 1]$，故

$$f_X(x) = \begin{cases} 1, & 0 \leq x \leq 1, \\ 0, & \text{其他,} \end{cases} \quad F_X(x) = \begin{cases} 0, & x < 0, \\ x, & 0 \leq x < 1, \\ 1, & x \geq 1. \end{cases}$$

同理 $F_Y(y) = \begin{cases} 0, & y < 0, \\ y, & 0 \leqslant y < 1, \\ 1, & y \geqslant 1. \end{cases}$

$(1) F_U(z) = P\{\max(X, Y) \leqslant z\} = P\{X \leqslant z, Y \leqslant z\}$

$= P\{X \leqslant z\}P\{Y \leqslant z\} = \begin{cases} 0, & z < 0, \\ z^2, & 0 \leqslant z < 1, \\ 1, & z \geqslant 1. \end{cases}$

故 U 的概率密度为

$$f_u(z) = \begin{cases} 2z, & 0 < z < 1, \\ 0, & \text{其他}. \end{cases}$$

$(2) F_U(z) = P\{V \leqslant z\} = 1 - P\{V > z\}$

$= 1 - P\{X > z\} \cdot P\{Y \geqslant z\} = 1 - (1 - F_X(z))(1 - F_Y(z))$

$= \begin{cases} 0, & z < 0, \\ 1 - (1 - z)^2, & 0 \leqslant z < 1, \\ 1, & z \geqslant 1, \end{cases}$

故 U 的概率密度为

$$f_u(z) = \begin{cases} 2(1 - z), & 0 < z < 1, \\ 0, & \text{其他}. \end{cases}$$

例 3.4.9 设系统 L 由两个相互独立的电子仪器 L_1, L_2 联结而成,联结的方式分别为:(1)串联;(2)并联;(3)备用(当仪器 L_1 用坏时,再开始使用仪器 L_2).如图 3.4.5 所示.设 L_1, L_2 的寿命分别为 X, Y, 它们的分布函数依次为

$$F_X(x) = \begin{cases} 1 - e^{-\alpha x}, & x > 0, \\ 0, & x \leqslant 0, \end{cases} \qquad F_Y(y) = \begin{cases} 1 - e^{-\beta y}, & y > 0, \\ 0, & y \leqslant 0. \end{cases}$$

其中 $\alpha > 0$, $\beta > 0$ 且 $a \neq \beta$. 试分别在上述三种联结方式下求系统 L 的寿命 Z 的概率密度.

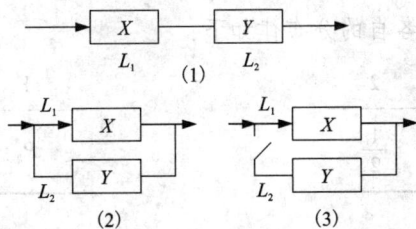

图 3.4.5

解 (1)串联的情况.
由于当 L_1, L_2 中有一个损坏时,系统 L 就停止工作,所以系统的寿命为 $Z = \min(X, Y)$.
由式(3.4.10)得 $Z = \min(X, Y)$ 的分布函数

$$F_{\min}(z) = \begin{cases} 1 - e^{-(\alpha+\beta)z}, & z > 0, \\ 0, & z \leqslant 0. \end{cases}$$

于是 $Z = \min(X, Y)$ 的密度函数

$$f_{\min}(z) = \begin{cases} (\alpha + \beta)e^{-(\alpha+\beta)z}, & z > 0, \\ 0, & z \leqslant 0. \end{cases}$$

（2）并联的情况.

由于当 L_1，L_2 中两个都损坏时，系统 L 就停止工作，所以系统的寿命为 $Z = \max(X, Y)$.
由式（3.4.10）得 $Z = \max(X, Y)$ 的分布函数

$$F_{\max}(z) = \begin{cases} (1 - e^{-\alpha z})(1 - e^{-\beta z}), & z > 0, \\ 0, & z \leqslant 0. \end{cases}$$

于是 $Z = \max(X, Y)$ 的密度函数

$$f_{\max}(z) = \begin{cases} \alpha e^{-\alpha z} + \beta e^{-\beta t} - (\alpha + \beta)e^{-(\alpha+\beta)z}, & z > 0, \\ 0, & z \leqslant 0. \end{cases}$$

（3）备用的情况.

注意到当仪器 L_1 用坏时，才开始使用仪器 L_2，因此系统 L 的寿命为 $Z = (X + Y)$.
因仪器 L_1 和 L_2 相互独立地工作，按式（3.4.11），当 $z > 0$ 时 $Z = X + Y$ 的概率密度

$$f(z) = \int_{-\infty}^{+\infty} f_X(z - y)f_Y(y)\,dy = \int_0^z \alpha e^{-\alpha(z-y)}\beta e^{-\beta y}\,dy$$

$$= \alpha\beta e^{-\alpha z}\int_0^z e^{-(\beta-\alpha)y}\,dy = \frac{\alpha\beta}{\beta - \alpha}(e^{-\alpha z} - e^{-\beta z}),$$

当 $z \leqslant 0$ 时，$f(z) = 0$. 故 $Z = X + Y$ 的概率密度

$$f(z) = \begin{cases} \dfrac{\alpha\beta}{\beta - \alpha}(e^{-\alpha z} - e^{-\beta z}), & z > 0, \\ 0, & z \leqslant 0. \end{cases}$$

习题 3.4

习题 3.4 答案

1. 设 X，Y 相互独立，且各自的分布律如下：

X	1	2
P_k	$\frac{1}{2}$	$\frac{1}{2}$

Y	1	2
P_k	$\frac{1}{2}$	$\frac{1}{2}$

求 $Z = X + Y$ 的分布律.

2. 设相互独立的随机变量 X、Y 具有同一分布律，且 X 的分布律为

X	0	1
P	$\frac{1}{2}$	$\frac{1}{2}$

求随机变量 $Z = \max\{X, Y\}$ 的分布律.

3. X，Y 相互独立，其分布密度函数各自为

$$f_X(x) = \begin{cases} \dfrac{1}{2}e^{-\frac{1}{2}x}, & x \geq 0, \\ 0, & x < 0, \end{cases} \qquad f_Y(y) = \begin{cases} \dfrac{1}{3}e^{-\frac{y}{3}}, & y \geq 0, \\ 0, & y < 0, \end{cases}$$

求 $Z = X + Y$ 的密度函数.

4. 设某种型号的电子管的寿命 X(以小时计) 近似地服从正态分布 $N(160, 20^2)$,随机地选取 4 只,求其中没有一只电子管寿命小于 180 小时的概率.

习题三

习题三答案

1. 设二维随机变量(X, Y) 的概率密度为:

$$f(x, y) = \begin{cases} a(3x^2 + xy), & 0 \leq x \leq 1, 0 \leq y \leq 2, \\ 0, & \text{其他.} \end{cases}$$

求:(1) 常数 a;

(2) (X, Y) 的分布函数;

(3) $P\{X + Y \leq 1\}$ 和 $P\{X + Y \leq 2.3\}$.

2. 设随机变量(X, Y) 在矩形区域 $D = \{(x, y) \mid a < x < b, c < y < d\}$ 内服从均匀分布,

(1) 求联合概率密度及边缘概率密度;

(2) 问随机变量 X, Y 是否相互独立?

3. 随机变量(X, Y) 的分布函数为

$$F(x, y) = \begin{cases} 1 - 3^{-x} - 3^{-y} + 3^{-x-y}, & x \geq 0, y \geq 0, \\ 0, & \text{其他.} \end{cases}$$

求:(1) 边缘密度;

(2) 验证 X, Y 是否独立.

4. 随机变量 X 和 Y 均服从区间$[0, 2]$ 上的均匀分布且相互独立.

(1) 写出二维随机变量(X, Y) 的边缘概率密度和联合概率密度;

(2) 求 $P\{X + Y \leq \dfrac{3}{2}\}$.

5. 已知随机变量 X 与 Y 的分布律为:

X	-1	0	1
P	$\dfrac{1}{4}$	$\dfrac{1}{2}$	$\dfrac{1}{4}$

Y	0	1
P	$\dfrac{1}{2}$	$\dfrac{1}{2}$

且已知 $P\{XY = 0\} = 1$.

(1) 求(X, Y) 的联合分布律;

(2) X 与 Y 是否相互独立? 为什么?

6. 设二维随机变量(X, Y) 服从区域 G 上的均匀分布,其中 G 是由 $x - y = 0, x + y = 2$ 与 $y = 0$ 所围成的三角形区域. 求:

(1) X 的概率密度 $f_X(x)$;

(2) 条件概率密度 $f_{X|Y}(x \mid y), f_{Y|X}(y \mid x = 1.5)$;

(3) X, Y 是否相互独立;

(4) $P\{0.1 < Y \leqslant 0.4 \mid X = 1.5\}$；

(5) $F_{X\mid Y}(x \mid y)$.

7. 设随机变量(X, Y)的分布函数为 $F(x, y) = A\left(B + \arctan \dfrac{x}{2}\right)\left(C + \arctan \dfrac{y}{3}\right)$

求：(1) (X, Y)的联合概率密度$f(x, y)$；

(2) X与Y的边缘分布密度.

8. 已知随机变量(X, Y)的概率密度为

$$f(x, y) = \begin{cases} Ae^{-2x-y}, & x > 0, y > 0, \\ 0, & \text{其他}, \end{cases}$$

求：(1) 常数A；

(2) (X, Y)的分布函数；

(3) $P\{X \leqslant Y\}$.

9. 设随机变量(X, Y)的概率密度为

$$f(x, y) = \begin{cases} k(6 - x - y), & 0 < x < 2, 2 < y < 4, \\ 0, & \text{其他}. \end{cases}$$

(1) 确定常数k；

(2) 求$P\{X < 1, Y < 3\}$；

(3) 求$P\{X < 1.5\}$；

(4) 求$P\{X + Y \leqslant 4\}$.

10. 设X, Y是两个相互独立的随机变量，X在$(0, 1)$区间上服从均匀分布，Y的概率密度为

$$f_Y(y) = \begin{cases} \dfrac{1}{2}(e^{-\frac{y}{2}}), & y > 0, \\ 0, & y \leqslant 0. \end{cases}$$

(1) 求X, Y的联合密度函数；

(2) 求关于σ的二次方程$\sigma^2 + 2X\sigma + Y = 0$有实根的概率.

11. 设(X, Y)的概率密度为

$$f(x, y) = \begin{cases} C(R - \sqrt{x^2 + y^2}), & x^2 + y^2 \leqslant R^2, \\ 0, & \text{其他}. \end{cases}$$

求：(1) 系数C；

(2) (X, Y)落在圆$x^2 + y^2 \leqslant r^2 (r < R)$内的概率.

12. 设(X, Y)的概率密度为

$$f(x, y) = \begin{cases} \dfrac{1}{4}(1 + xy), & |x| < 1, |y| < 1, \\ 0, & \text{其他}. \end{cases}$$

试证明X与Y不独立，但X^2与Y^2是相互独立的.

13. 设二维随机变量(X, Y)的概率密度为

$$f(x, y) = \begin{cases} 2e^{-(x+2y)}, & x > 0, y > 0, \\ 0, & \text{其他}. \end{cases}$$

求 $Z = X + 2Y$ 的分布函数.

14. 设随机变量在直线 $y = x$, $y = 0$, $x = 1$ 围成的区域 G 内服从均匀分布, 求下列随机变量的概率密度.

(1) $Z = XY$;

(2) $Z = \dfrac{Y}{X}$.

15. 设 X 和 Y 为两个随机变量, 且

$$P\{X \geqslant 0, Y \geqslant 0\} = \frac{3}{7}, \quad P\{X \geqslant 0\} = P\{Y \geqslant 0\} = \frac{4}{7},$$

求 $P\{\max(X, Y) \geqslant 0\}$.

16. 设 ξ, η 是相互独立同分布的两个随机变量, 已知 ξ 的分布律为 $P\{\xi = i\} = \dfrac{1}{3}$, $i = 1$, 2, 3, 又设 $X = \max(\xi, \eta)$, $Y = \min(\xi, \eta)$, 试写出二维随机变量 (X, Y) 的分布律及边缘分布律并求 $P\{\xi = \eta\}$.

17. 雷达的圆形屏幕半径为 R, 设目标出现点 (X, Y) 在屏幕上服从均匀分布.

(1) 求 $P\{Y > 0 \mid Y > X\}$;

(2) 设 $M = \max\{X, Y\}$, 求 $P\{M > 0\}$.

18. 设某班车起点站上客人数 X 服从参数为 $\lambda (\lambda > 0)$ 的 Poisson 分布, 每位乘客在中途下车的概率为 $p(0 < p < 1)$, 且中途下车与否是相互独立的, 以 Y 表示中途下车的人数.

求: (1) 在发车时有 n 个乘客的条件下, 中途有 m 人下车的概率;

(2) 二维随机变量 (X, Y) 的概率分布.

19. 设 X 和 Y 分别表示两个不同电子器件的寿命 (以小时计), 并设 X 和 Y 相互独立, 且服从同一分布, 其概率密度为

$$f(x) = \begin{cases} \dfrac{1\,000}{x^2}, & x > 1\,000, \\ 0, & \text{其他}. \end{cases}$$

求 $Z = \dfrac{X}{Y}$ 的概率密度.

20. 设随机变量 (X, Y) 的分布律为

X \ Y	0	1	2	3	4	5
0	0	0.01	0.03	0.05	0.07	0.09
1	0.01	0.02	0.04	0.05	0.06	0.08
2	0.01	0.03	0.05	0.05	0.05	0.06
3	0.01	0.02	0.04	0.06	0.06	0.05

求: (1) $P\{X = 2 \mid Y = 2\}$, $P\{Y = 3 \mid X = 0\}$;

(2) $V = \max(X, Y)$ 的分布律;

(3) $U = \min(X, Y)$ 的分布律;

(4) $W = X + Y$ 的分布律.

第4章　随机变量的数字特征、大数定律与中心极限定理

"在数学中，我们发现真理的主要工具是归纳和模拟."

—— 拉普拉斯

皮埃尔·西蒙·拉普拉斯(Pierre Simon Laplace, 1749—1827)，法国著名的天文学家和数学家.

第3章介绍了随机变量的分布函数、概率密度和分布律，它们都能完整地描述随机变量，但在某些实际或理论问题中，我们感兴趣于某些能描述随机变量某一种特征的常数. 如评价棉花的质量时，既需要注意纤维的平均长度，又需要注意纤维长度与平均长度的偏离程度. 平均长度较大，偏离程度较小，质量就较好. 这种由随机变量的分布所确定的能表示随机变量某一方面的特征的常数统称为**数字特征**，它在理论和实际应用中都很重要. 下面我们先看一个实例.

早些时候，法国有一个称为布莱士·帕斯卡的大数学家，他认识两个赌徒，这两个赌徒向他提出了一个问题：他俩下赌金之后，约定谁先赢满5局，谁就获得全部赌金. 结果，A 赢了4局，B 赢了3局，时间很晚了，他们都不想再赌下去了. 那么，这个钱应该怎么分？是不是把钱分成7份，赢了4局的就拿4份，赢了3局的就拿3份呢？或者，因为最早说的是满5局，而谁也没达到，所以就一人分一半呢？这两种分法都不对. 正确的答案是：赢了4局的拿这个钱的 $\frac{3}{4}$，赢了3局的拿这个钱的 $\frac{1}{4}$.

为什么呢？假定他们俩再赌一局，或者 A 赢，或者 B 赢. 若是 A 赢满了5局，钱应该全归他；A 如果输了，即 A、B 各赢4局，这个钱应该对半分. 现在，A 赢输的可能性都是 $\frac{1}{2}$，所以他拿的钱应该是 $\frac{1}{2} \times 1 + \frac{1}{2} \times \frac{1}{2} = \frac{3}{4}$，当然，$B$ 就应该得 $\frac{1}{4}$. 这正是本章4.1节要介绍的概率论当中一个非常重要的概念 —— 数学期望.

再看一个例子. 在2004年5月1日实行的《道路交通安全法》中，根据最高人民法院的司法解释，交通事故的伤亡赔付更加有利于受害者，死亡赔偿费可达20万元至近50万元. 很多车主想多投第三者人身意外险，却被保险公司拒之门外. 中国人寿保险公司、平安保险公司、太平洋保险公司等内部有规定：私家车最高只能投保20万元的保额. 为什么加保会被拒绝？

保险公司是一个从事对损失理赔的行业，其经营机制是将分散的不确定性集中起来，转变成大致的确定性以分摊损失，它最关心的是实际损失与预期损失概率的偏差. 在开展新的业务前，必须通过大量的损失统计资料对风险损失概率进行精确地估算，根据本章第4节的大数定律和中心极限定理，承保的风险单位(风险单位是发生一次风险事故可能造成标的物

损失的范围. 理想状态下的风险单位应独立同分布. 这种现象的意义在于保险人可以据此向每个潜在的被保险人收取同样的保费) 越多, 实际损失与预期损失概率的偏差越小. 因此, 保险公司在根据大量的损失统计资料精算出预期损失概率并制定出合理的保险费率的基础上应该尽可能多地承保风险单位, 也就越可能有足够的资金赔付保险期内发生的所有索赔. 有数据表明, 随着限额(≤20 万元) 逐渐增大, 预期利润也逐渐增大; 当限额为 20 万元时, 保险公司预期利润最大, 然后随着限额(> 20 万元) 逐渐增大, 预期利润会逐渐减少. 因此, 加保太多(越过 20 万元) 反而会减少保险公司的利润. 这恰好解释了保险公司内部员工的一句话: "公司要保持一定的利润, 加保太多会影响公司利益 ."

　　本章 4.1 介绍随机变量的数学期望, 4.2 介绍随机变量的方差, 4.3 介绍随机变量的协方差、相关系数和协方差矩阵, 最后 4.4 介绍大数定律和中心极限定理.

4.1　数学期望

导学 4.1
(4.1)

4.1.1　离散型数学期望的定义

> **定义 4.1.1**　设离散型随机变量 X 的分布律为
> $$P\{X = x_k\} = p_k, \quad k = 1, 2, \cdots.$$
> 若级数 $\sum_{k=1}^{\infty} x_k p_k$ 绝对收敛, 则称级数 $\sum_{k=1}^{\infty} x_k p_k$ 的和为随机变量 X 的**数学期望**, 记为 $E(X)$, 即
> $$E(X) = \sum_{k=1}^{\infty} x_k p_k. \tag{4.1.1}$$

　　注: 数学期望 $E(X)$ 有时简记为 EX.

　　定义 4.1.1 中的级数绝对收敛是为了保证式(4.1.1) 的求和不受次序改变的影响, 若级数 $\sum_{k=1}^{\infty} x_k p_k$ 不绝对收敛, 则称随机变量的数学期望不存在. 当随机变量 X 只取有限值时, X 的数学期望一定存在, 当随机变量 X 取无限值时, X 的数学期望可能不存在.

　　下面介绍几种常见离散型随机变量的数学期望.

1. (0 - 1) 分布

设 $X \sim (0 - 1)$ 分布, 其分布律为
$$P\{X = k\} = p^k(1 - p)^{1-k}, \quad k = 0, 1, 0 < p < 1,$$
$$E(X) = 0 \times (1 - p) + 1 \times p = p,$$

2. 二项分布

设随机变量 $X \sim B(n, p)$, 其分布律为
$$P\{X = k\} = C_n^k p^k q^{n-k}, \quad k = 0, 1, 2, \cdots, n, 0 < p < 1, p + q = 1,$$

$$E(X) = \sum_{k=1}^{n} k C_n^k p^k q^{n-k} = \sum_{k=1}^{n} k \frac{n(n-1)\cdots[n-(k-1)]}{k!} p^k q^{n-k}$$

$$= np \sum_{k=1}^{n} \frac{(n-1)\cdots[n-1-(k-2)]}{(k-1)!} p^{k-1} q^{(n-1)-(k-1)}$$

$$= np \sum_{k'=0}^{n-1} C_{n-1}^{k'} p^{k'} q^{(n-1)-k'} \quad (k' = k-1)$$

$$= np(p+q)^{(n-1)} = np,$$

从而
$$E(X) = np.$$

3. 泊松分布

设随机变量 $X \sim \pi(\lambda)$，其分布律为

$$P\{X = k\} = \frac{\lambda^k}{k!} e^{-\lambda}, \quad k = 0, 1, 2, \cdots, \lambda > 0 \text{ 是常数,}$$

$$E(X) = \sum_{k=0}^{\infty} k \frac{\lambda^k e^{-\lambda}}{k!} = \lambda e^{-\lambda} \sum_{k=1}^{\infty} \frac{\lambda^{k-1}}{(k-1)!} = \lambda e^{-\lambda} e^{\lambda} = \lambda,$$

从而
$$E(X) = \lambda.$$

例 4.1.1 某种产品每件表面上的疵点数服从参数为 $\lambda = 0.8$ 的泊松分布，若规定疵点数不超过 1 个为一等品，价值 10 元；疵点数大于 1 个不多于 4 个为二等品，价值 8 元，疵点数超过 4 个为废品. 求：

（1）产品的废品率；

（2）产品价值的数学期望.

解 设 X 代表每件产品上的疵点数，由题意知 $\lambda = 0.8$.

（1）因为

$$P\{X > 4\} = 1 - P\{X \leqslant 4\} = 1 - \sum_{k=0}^{4} \frac{0.8^k}{k!} e^{-0.8} = 0.001\,411,$$

所以，产品的废品率为 0.001 411.

（2）设 Y 代表产品的价值，则由数学期望的定义可知

$$E(Y) = 10 \times P\{X \leqslant 1\} + 8 \times P\{1 < X \leqslant 4\} + 0 \times P\{X > 4\}$$

$$= 10 \times \sum_{k=0}^{1} \frac{0.8^k}{k!} e^{-0.8} + 8 \times \sum_{k=2}^{4} \frac{0.8^k}{k!} e^{-0.8} + 0 \approx 9.61 (\text{元}).$$

例 4.1.2 按规定，某车站每天 8:00 ~ 9:00, 9:00 ~ 10:00 之间都恰有一辆客车到站，但到站的时刻是随机的，且两者到站的时刻是相互独立，其规律为

到站时刻	8:10 9:10	8:30 9:30	8:50 9:50
概率	$\frac{1}{6}$	$\frac{3}{6}$	$\frac{2}{6}$

一旅客 8:20 到车站，求他候车时间的数学期望.

分析：对客车到站时刻应该这样理解：8:00 ~ 9:00 那趟班车可能到达的时刻分别为 8:10, 8:30, 8:50, 其发生的概率分别为 $\frac{1}{6}$, $\frac{3}{6}$, $\frac{2}{6}$；另一趟班车 9:00 ~ 10:00 类似可以理解. 而旅客 8:20 到车站, 有 $\frac{3}{6}$ 的可能搭乘 8:30 到的客车, 等车 10 分钟；有 $\frac{2}{6}$ 的可能搭乘 8:50 到的客车, 等车 30 分钟；等车 50 分钟理解为第 1 班车 8:10（记为事件 A）且第 2 班车 9:10（记为事件 B）, 概率为 $\frac{1}{6} \times \frac{1}{6}$. 依此类推.

解　设旅客的候车时间为 X（以分计）. X 的分布律为

X	10	30	50	70	90
p_k	$\frac{3}{6}$	$\frac{2}{6}$	$\frac{1}{6} \times \frac{1}{6}$	$\frac{1}{6} \times \frac{3}{6}$	$\frac{1}{6} \times \frac{2}{6}$

在上表中, 例如

$$P\{X = 50\} = P(AB) = P(A)P(B) = \frac{1}{6} \times \frac{1}{6} = \frac{1}{36},$$

$$P\{X = 70\} = P(AC) = P(C)P(A) = \frac{1}{6} \times \frac{3}{6} = \frac{1}{12},$$

其中 C 为"第二班车在 9:30 到站". 候车时间的数学期望为

$$E(X) = 10 \times \frac{3}{6} + 30 \times \frac{2}{6} + 50 \times \frac{1}{36} + 70 \times \frac{1}{12} + 90 \times \frac{2}{36}$$

$$= 27.22（分）.$$

4.1.2　连续型随机变量的数学期望

> **定义 4.1.2**　设 X 为连续型随机变量, 其有概率密度函数为 $f(x)$, 如果
> $$\int_{-\infty}^{+\infty} |x| f(x) \mathrm{d}x < \infty,$$
> 则称
> $$\int_{-\infty}^{+\infty} x f(x) \mathrm{d}x \qquad (4.1.2)$$
> 为随机变量 X 的**数学期望**, 记作 $E(X)$.

数学期望简称**期望**, 又称为**均值**. 数学期望 $E(X)$ 完全由随机变量 X 的概率分布所确定, 若 X 服从某一分布, 也称 $E(X)$ 是这一分布的数学期望.

下面介绍几种常见连续型随机变量的数学期望.

1. 均匀分布

若随机变量 $X \sim U(a, b)$. 其概率密度

$$f(x) = \begin{cases} \dfrac{1}{b-a}, & a < x < b, \\ 0, & 其他. \end{cases}$$

$$E(X) = \int_a^b \frac{x}{b-a} \mathrm{d}x = \frac{a+b}{2}.$$

2. 指数分布

若随机变量 $X \sim e(\theta)$，其概率密度为

$$f(x) = \begin{cases} \dfrac{1}{\theta} \mathrm{e}^{-\frac{x}{\theta}}, & x > 0, \\ 0, & x \leqslant 0, \end{cases}$$

$$E(X) = \int_0^{+\infty} \frac{1}{\theta} x \mathrm{e}^{-\frac{x}{\theta}} \mathrm{d}x = \theta.$$

3. 正态分布

设随机变量 $X \sim N(\mu, \sigma^2)$，其概率密度为

$$f(x) = \frac{1}{\sqrt{2\pi}\sigma} \mathrm{e}^{-\frac{(x-\mu)^2}{2\sigma^2}}, \quad -\infty < x < +\infty,$$

$$E(X) = \int_{-\infty}^{+\infty} \frac{x}{\sqrt{2\pi}\sigma} \mathrm{e}^{-\frac{(x-\mu)^2}{2\sigma^2}} \mathrm{d}x = \frac{1}{\sqrt{2\pi}} \int_{-\infty}^{+\infty} (\mu + \sigma t) \mathrm{e}^{-\frac{t^2}{2}} \mathrm{d}t = \mu, \ (\text{作变换 } t = \frac{x-\mu}{\sigma})$$

所以

$$E(X) = \mu.$$

例 4.1.3 已知随机变量 X 的分布函数为

$$F(x) = \begin{cases} 0, & x \leqslant 0, \\ \dfrac{x}{4}, & 0 < x \leqslant 4, \\ 1, & x > 4, \end{cases}$$

求 $E(X)$.

解 随机变量 X 的分布密度为

$$f(x) = F'(x) = \begin{cases} \dfrac{1}{4}, & 0 < x \leqslant 4, \\ 0, & \text{其他}. \end{cases}$$

故

$$E(X) = \int_{-\infty}^{+\infty} x f(x) \mathrm{d}x = \int_0^4 x \cdot \frac{1}{4} \mathrm{d}x = \frac{x^2}{8} \Big|_0^4 = 2.$$

例 4.1.4 设 X 服从自由度为 n 的 χ^2 分布，它的密度函数为

$$f(x) = \begin{cases} \dfrac{1}{2^{\frac{n}{2}} \Gamma(\frac{n}{2})} x^{\frac{n}{2}-1} \mathrm{e}^{-\frac{x}{2}}, & x \geqslant 0, \\ 0, & x < 0, \end{cases}$$

其中 n 为正整数，求 $E(X)$.

解   由数学期望的定义得：

$$E(X) = \int_{-\infty}^{+\infty} xf(x)\,\mathrm{d}x = \int_0^{+\infty} \frac{x^{\frac{n}{2}}}{2^{\frac{n}{2}}\Gamma\left(\frac{n}{2}\right)}\mathrm{e}^{-\frac{x}{2}}\,\mathrm{d}x$$

$$\xrightarrow{\diamond\, y = \frac{x}{2}} \int_0^{+\infty} \frac{1}{2^{\frac{n}{2}}\Gamma\left(\frac{n}{2}\right)}(2y)^{\frac{n}{2}}\mathrm{e}^{-y} \cdot 2\mathrm{d}y$$

$$= \frac{2}{\Gamma\left(\frac{n}{2}\right)}\int_0^{+\infty} y^{\frac{n}{2}}\mathrm{e}^{-y}\mathrm{d}y$$

$$= \frac{2}{\Gamma\left(\frac{n}{2}\right)}\Gamma\left(\frac{n}{2}+1\right) = \frac{2}{\Gamma\left(\frac{n}{2}\right)} \cdot \frac{n}{2}\Gamma\left(\frac{n}{2}\right) = n.$$

4.1.3   随机变量函数的数学期望

> **定理 4.1.1**   设 Y 是随机变量 X 的函数：$Y = g(X)$（g 是连续函数），
>
> （1）如果 X 是离散型随机变量，它的分布律为 $P\{X = x_k\} = p_k$，$k = 1, 2, \cdots$，若 $\sum_{k=1}^{\infty} g(x_k)p_k$ 绝对收敛，则有
>
> $$E(Y) = E(g(X)) = \sum_{k=1}^{\infty} g(x_k)p_k. \tag{4.1.3}$$
>
> （2）如果 X 是连续型随机变量，它的概率密度是 $f(x)$，若 $\int_{-\infty}^{+\infty} g(x)f(x)\,\mathrm{d}x$ 绝对收敛，则有
>
> $$E(Y) = E(g(X)) = \int_{-\infty}^{+\infty} g(x)f(x)\,\mathrm{d}x. \tag{4.1.4}$$

证   设 X 是连续型随机变量，且 $y = g(x)$ 满足第 2 章 2.5 节中定理 2.5.1 的条件. 由第 2 章 2.5 中的 (2.5.3) 式知道随机变量 $Y = g(X)$ 的概率密度为

$$f_Y(y) = \begin{cases} f_X[h(y)]\,|\,h'(y)\,|, & \alpha < y < \beta, \\ 0, & \text{其他,} \end{cases}$$

于是

$$E(Y) = \int_{-\infty}^{\infty} yf_Y(y)\,\mathrm{d}y = \int_\alpha^\beta yf_X[h(y)]\,|\,h'(y)\,|\,\mathrm{d}y.$$

当 $h'(y) > 0$ 时

$$E(Y) = \int_\alpha^\beta yf_X[h(y)]h'(y)\,\mathrm{d}y = \int_{-\infty}^{+\infty} g(x)f(x)\,\mathrm{d}x.$$

当 $h'(y) < 0$ 时

$$E(Y) = -\int_\alpha^\beta y f_X[h(y)]h'(y)\mathrm{d}y$$

$$= -\int_{+\infty}^{-\infty} g(x)f(x)\mathrm{d}x = \int_{-\infty}^{+\infty} g(x)f(x)\mathrm{d}x.$$

综合以上两式, (4.1.4) 式得证.

定理 4.1.1 的重要意义在于当我们求 $E(Y)$ 时, 不必算出 Y 的分布律或概率密度, 而只需利用 X 的分布律或概率密度就可以了. 上述定理还可以推广到两个或两个以上随机变量的函数的情况.

定理 4.1.2 设 (X,Y) 是二维随机变量, $Z = g(X,Y)$ ($g(x,y)$ 为连续函数), 则 Z 也是一个随机变量.

若 (X,Y) 为离散型随机变量, 且其联合分布律为

$$P\{X = x_i, Y = y_j\} = p_{ij}, i, j = 1, 2, \cdots$$

则有

$$E(Z) = E[g(X,Y)] = \sum_{i=1}^\infty \sum_{j=1}^\infty g(x_i, y_j)p_{ij}. \tag{4.1.5}$$

若 (X,Y) 为连续型随机变量, 且其联合密度函数为 $f(x,y)$, 则有

$$E(Z) = E[g(X,Y)] = \int_{-\infty}^{+\infty} \int_{-\infty}^{+\infty} g(x,y)f(x,y)\mathrm{d}x\mathrm{d}y. \tag{4.1.6}$$

这里要求等式右端的级数或积分都是绝对收敛的.

例 4.1.5 设随机变量 X 服从参数为 n, p 的二项分布, $Y = \mathrm{e}^{2X}$, 求 $E(Y)$.

解 因 $X \sim B(n,p)$, 分布律为

$$P\{X = k\} = \mathrm{C}_n^k p^k q^{n-k}, \quad k = 0, 1, 2, \cdots, n.$$

所以

$$E(Y) = E(\mathrm{e}^{2x}) = \sum_{k=0}^n \mathrm{e}^{2k} \mathrm{C}_n^k p^k q^{n-k}$$

$$= \sum_{k=0}^n \mathrm{C}_n^k (p\mathrm{e}^2)^k q^{n-k} = (p\mathrm{e}^2 + q)^n.$$

其中 $0 < p < 1, p + q = 1$.

例 4.1.6 游客乘电梯从底层到电视塔顶层观光: 电梯于每个整点的第 5 分钟, 25 分钟和 55 分钟从底层起行. 假设一游客在早上八点的第 X 分钟到达底层候梯处, 且 X 在 $[0, 60]$ 上服从均匀分布, 求该游客等候时间的数学期望.

解 已知 X 在 $[0, 60]$ 上服从均匀分布, 其密度为

$$f(x) = \begin{cases} \dfrac{1}{60}, & 若 0 \leqslant x \leqslant 60, \\ 0, & 其他. \end{cases}$$

设 Y 是游客等候电梯的时间(单位：分)，则

$$Y = g(X) = \begin{cases} 5 - X, & \text{若 } 0 < X \le 5, \\ 25 - X, & \text{若 } 5 < X \le 25, \\ 55 - X, & \text{若 } 25 < X \le 55, \\ 60 - X + 5, & \text{若 } 55 < X \le 60. \end{cases}$$

因此

$$E(Y) = E(g(X)) = \int_{-\infty}^{+\infty} g(x) \cdot f(x) \, dx = \frac{1}{60} \int_0^{60} g(x) \, dx$$

$$= \frac{1}{60} \Big[\int_0^5 (5-x) \, dx + \int_5^{25} (25-x) \, dx + \int_{25}^{55} (55-x) \, dx + \int_{55}^{60} (65-x) \, dx \Big]$$

$$= \frac{1}{60} [12.5 + 200 + 450 + 37.5] = 11.67.$$

例 4.1.7　设国际市场上对我国某种出口商品的每年需求量是随机变量 X(单位：吨)，它服从区间 $[2\,000, 4\,000]$ 上的均匀分布，每销售出一吨商品，可为国家赚取外汇 3 万元；若销售不出，则每吨商品需贮存费 1 万元，问该商品应出口多少吨，才能使国家的平均收益最大？

解　设应该出口 t 吨，显然应要求 $t > 0$，国家收益 Y(单位，万元) 是 X 的函数 $Y = g(X)$，表达式为

$$g(X) = \begin{cases} 3t, & X \ge t, \\ 4X - t, & X < t. \end{cases}$$

设 X 的概率密度函数为 $f(x)$，则

$$f(x) = \begin{cases} \dfrac{1}{2\,000}, & 2\,000 \le x \le 4\,000, \\ 0, & \text{其他.} \end{cases}$$

于是 Y 的期望为

$$E(Y) = \int_{-\infty}^{+\infty} g(x) f(x) \, dx = \int_{2\,000}^{4\,000} \frac{1}{2\,000} g(x) \, dx$$

$$= \frac{1}{2\,000} \Big[\int_{2\,000}^{t} (4x - t) \, dx + \int_{t}^{4\,000} 3t \, dx \Big]$$

$$= \frac{1}{1\,000} (-t^2 + 7\,000t - 4 \times 10^6).$$

令

$$\frac{dE(Y)}{dt} = \frac{1}{1\,000}(-2t + 7\,000) = 0,$$

考虑 t 的取值使 $E(Y)$ 达到最大，易得 $t = 3\,500$，因此应该出口 3 500 吨商品。

例 4.1.8 某甲与其他三人参与一个项目的竞拍,价格以千美元计,价格高者获胜.若甲中标,他就将此项目以 10 千美元转让给他人,可认为其他三人的竞拍价格是相互独立的,且都在 7 千 ~ 11 千美元之间,服从均匀分布.问甲应如何报价才能使获益的数学期望为最大(若甲中标必须将此项目以他自己的报价买下)?

解 设 X_1, X_2, X_3 是其他三人的报价,按题意 X_1, X_2, X_3 相互独立,且在区间 $(7, 11)$ 上服从均匀分布. 其分布函数为

$$F(u) = \begin{cases} 0, & u < 7, \\ \dfrac{u-7}{4}, & 7 \leqslant u < 11, \\ 1, & u \geqslant 11. \end{cases}$$

以 Y 记三人最大出价,即 $Y = \max\{X_1, X_2, X_3\}$. Y 的分布函数为

$$F_Y(u) = \begin{cases} 0, & u < 7, \\ \left(\dfrac{u-7}{4}\right)^3, & 7 \leqslant u < 11, \\ 1, & u \geqslant 11. \end{cases}$$

若甲的报价为 x,按题意 $7 \leqslant x \leqslant 10$,知甲能赢得这一项目的概率为

$$p = P\{Y \leqslant x\} = F_Y(x) = \left(\frac{x-7}{4}\right)^3, \quad 7 \leqslant x \leqslant 10.$$

以 $G(X)$ 记甲的赚钱数,$G(X)$ 是一个随机变量,它的分布律为

$G(X)$	$10 - x$	0
p	$\left(\dfrac{x-7}{4}\right)^3$	$1 - \left(\dfrac{x-7}{4}\right)^3$

于是甲赚钱数的数学期望为

$$E[G(X)] = \left(\frac{x-7}{4}\right)^3 (10 - x).$$

令

$$\frac{\mathrm{d}}{\mathrm{d}x} E[G(X)] = \frac{1}{4^3}[(x-7)^2(37-4x)] = 0,$$

得

$$x = \frac{37}{4}, \quad x = 7(舍去).$$

又知

$$\frac{\mathrm{d}^2}{\mathrm{d}x^2} E[G(X)] \bigg|_{x=\frac{37}{4}} < 0.$$

故知当甲的报价为 $x = \dfrac{37}{4}$ 千美元时,他赚钱数的数学期望达到极大值,还可知这也是最大值.

4.1.4 数学期望的性质

数学期望之所以在理论和应用上极为重要,除了它本身的含义(作为变量平均取值)外,还有一个原因,即它具有一些良好的性质,这些性质使得它在数学上很方便. 下面给出数学

期望的几个重要性质. 本书只给出连续情形时的证明. 至于离散情形, 证明类似, 留给读者作练习.

(1) 设 C 是常数, 则有 $E(C) = C$.

(2) 设 X 是一个随机变量, C 是常数, 则有
$$E(CX) = CE(X).$$

(3) 设 X, Y 是两个随机变量, 则有
$$E(X + Y) = E(X) + E(Y).$$

这一性质可以推广到任意有限个随机变量之和的情况.

(4) 设 X, Y 是相互独立的随机变量, 则有
$$E(XY) = E(X)E(Y).$$

这一性质可以推广到任意有限个相互独立的随机变量之积的情况.

证　设连续型随机变量 X 的密度函数为 $f(x)$.

(1) 令 $Y = g(X) = C$, 于是, $E(C) = E(Y) = \int_{-\infty}^{+\infty} Cf(x)\,\mathrm{d}x = C$.

(2) $E(CX) = \int_{-\infty}^{+\infty} Cxf(x)\,\mathrm{d}x = C\int_{-\infty}^{+\infty} xf(x)\,\mathrm{d}x = CE(X)$.

(3) 设二维连续型随机变量 (X, Y), 其概率密度为 $f(x, y)$; 则

$$
\begin{aligned}
E(X + Y) &= \int_{-\infty}^{+\infty}\int_{-\infty}^{+\infty} (x + y)f(x, y)\,\mathrm{d}x\mathrm{d}y \\
&= \int_{-\infty}^{+\infty}\int_{-\infty}^{+\infty} xf(x, y)\,\mathrm{d}x\mathrm{d}y + \int_{-\infty}^{+\infty}\int_{-\infty}^{+\infty} yf(x, y)\,\mathrm{d}x\mathrm{d}y \\
&= E(X) + E(Y).
\end{aligned}
$$

一般地, 随机变量线性组合的数学期望, 等于随机变量数学期望的线性组合, 即

$$E\left(\sum_{i=1}^{n} a_i X_i\right) = \sum_{i=1}^{n} a_i E(x_i).$$

其中 $a_1, a_2, \cdots, a_n$ 为常数.

(4) 设 X, Y 为相互独立的连续型随机变量, 概率密度分别为 $f_X(x)$ 和 $f_Y(y)$, 于是 (X, Y) 的联合概率密度为 $f(x, y) = f_X(x)f_Y(y)$. 从而, 由式 (4.1.2) 得

$$
\begin{aligned}
E(XY) &= \int_{-\infty}^{+\infty}\int_{-\infty}^{+\infty} xyf(x, y)\,\mathrm{d}x\mathrm{d}y \\
&= \int_{-\infty}^{+\infty}\int_{-\infty}^{+\infty} xyf_X(x)f_Y(y)\,\mathrm{d}x\mathrm{d}y \\
&= \int_{-\infty}^{+\infty} xf_X(x)\,\mathrm{d}x\int_{-\infty}^{+\infty} yf_Y(y)\,\mathrm{d}y \\
&= E(X)E(Y).
\end{aligned}
$$

例 4.1.9　将 n 个球随机地放入 N 个盒子中, 每个球落入各个盒子是等可能的, 求有球的盒子数的数学期望.

解　设随机变量 $X_i = \begin{cases} 1, & \text{第 } i \text{ 个盒子有球,} \\ 0, & \text{第 } i \text{ 个盒子空.} \end{cases}$　$(i = 1, 2, \cdots, n)$

则有球的盒子数为 $X = \sum_{i=1}^{n} X_i$. 依题意, 每个球落入各个盒子是等可能的, 故每个球放入第 i

个盒子的概率都等于 $\dfrac{1}{N}$，不落入第 i 个盒子的概率都等于 $1-\dfrac{1}{N}$. 因此，n 个球都未落入第 i 个盒子的概率为 $\left(1-\dfrac{1}{N}\right)^n$，从而 X_i 的分布律为

X_i	0	1
p_k	$\left(1-\dfrac{1}{N}\right)^n$	$1-\left(1-\dfrac{1}{N}\right)^n$

故

$$E(X_i) = 1-\left(1-\frac{1}{N}\right)^n, \quad i = 1, 2, \cdots, N,$$

$$E(X) = E\left(\sum_{i=1}^{N} X_i\right) = \sum_{i=1}^{N} E(X_i) = N\left[1-\left(1-\frac{1}{N}\right)^n\right].$$

例 4.1.10 设一电路中电流 $I(A)$ 与电阻 $R(\Omega)$ 是两个相互独立的随机变量，其概率密度分别为

$$g(i) = \begin{cases} 2i, & 0 \le i \le 1, \\ 0, & \text{其他}, \end{cases} \quad h(r) = \begin{cases} \dfrac{r^2}{9}, & 0 \le r \le 3, \\ 0, & \text{其他}. \end{cases}$$

试求电压 $V = IR$ 的均值.

解
$$\begin{aligned}
E(V) = E(IR) &= E(I)E(R) \\
&= \left[\int_{-\infty}^{+\infty} ig(i)\,\mathrm{d}i\right]\left[\int_{-\infty}^{+\infty} rh(r)\,\mathrm{d}r\right] \\
&= \left(\int_0^1 2i^2\,\mathrm{d}i\right)\left(\int_0^3 \frac{r^3}{9}\,\mathrm{d}r\right) = \frac{3}{2}.
\end{aligned}$$

习题 4.1

1. 设随机变量 X 的分布律为

X	-1	0	1	2
p	$\dfrac{1}{8}$	$\dfrac{1}{2}$	$\dfrac{1}{8}$	$\dfrac{1}{4}$

求 $E(X)$, $E(X^2)$, $E(2X+3)$.

2. 设排球队 A 与 B 进行比赛，若有一队胜 3 场，则比赛结束. 假定 A 在每场比赛中获胜的概率是 $p = \dfrac{1}{2}$，试求比赛场数 X 的数学期望.

3. 设随机变量 X 的分布律为

X	-1	0	1
P	p_1	p_2	p_3

且已知 $E(X) = 0.1$，$E(X^2) = 0.9$，求 p_1，p_2 和 p_3.

4. 假设一部机器在一天内发生故障的概率为 0.2，机器发生故障时全天停止工作. 若一周 5 个工作日里无故障，可获利润 10 万元；发生一次故障仍可获利润 5 万元；发生二次故障所获利润 0 元；发生三次或三次以上故障就要亏损 2 万元. 求一周内期望利润是多少？

5. 一辆汽车沿一条街道行驶，需要通过三个都设有红绿信号灯的路口，每个信号灯为红或绿与其他信号灯为红或绿相互独立，且红绿两种信号显示的时间相等. 以 X 表示该汽车首次遇到红灯前已通过的路口的个数. 求：

(1) X 的概率分布；(2) 求 $E\left(\dfrac{1}{1+X}\right)$.

6. 设随机变量 X，Y，Z 相互独立，且 $E(X) = 5$，$E(Y) = 11$，$E(Z) = 8$，求下列随机变量的数学期望.

(1) $U = 2X + 3Y + 1$；(2) $V = YZ - 4X$.

7. 设 X，Y 是相互独立的随机变量，其概率密度分别为

$$f_X(x) = \begin{cases} 2x, & 0 \leqslant x \leqslant 1, \\ 0, & \text{其他}; \end{cases} \qquad f_Y(y) = \begin{cases} \mathrm{e}^{-(y-5)}, & y > 5, \\ 0, & \text{其他}. \end{cases}$$

求 $E(XY)$.

8. 设 X 为只取非负整数的随机变量，证明：$E(X) = \sum\limits_{k=1}^{\infty} P\{X \geqslant k\}$.

4.2　方差和矩

导学 4.2
(4.2)

4.2.1　随机变量的方差

数学期望是随机变量最重要的数字特征之一. 但在许多问题中，除了需要知道随机变量的数学期望外，还要知道随机变量与其数学期望之间的偏离情况. 如下引例 4.2.1.

引例 4.2.1

比较甲、乙两人的射击技术，已知两人每次击中环数

$$X \sim \begin{pmatrix} 7 & 8 & 9 \\ 0.1 & 0.8 & 0.1 \end{pmatrix}, \quad Y \sim \begin{pmatrix} 6 & 7 & 8 & 9 & 10 \\ 0.1 & 0.2 & 0.4 & 0.2 & 0.1 \end{pmatrix},$$

问哪一个人的技术比较好？

解　首先看两人平均击中环数，此时 $E(X) = E(Y) = 8$，从均值来看无法分辨孰优孰劣，但从直观上来看，甲基本上稳定在 8 环左右，而乙却一会儿击中 10 环，一会儿击中 6 环，较不稳定，因此从直观上可以讲甲的射击技术比较好.

那么，怎样度量一个随机变量与其数学期望之间的偏离程度呢？由于偏离值 $X - E(X)$ 有正有负，相加过程中可能互相抵消，为了使每一个偏离值（无论正负）都被考虑到，可以取

$|X - E(X)|$ 的均值 $E(|X - E(X)|)$ 来度量随机变量与其数学期望之间的偏离程度. 但因绝对值运算不便作分析处理. 所以, 通常用 $E([X - E(X)]^2)$ 来度量随机变量 X 与其期望 $E(X)$ 的偏离程度.

定义 4.2.1　设 X 是一个随机变量, 若 $E([X - E(X)]^2)$ 存在, 则称 $E([X - E(X)]^2)$ 为随机变量 X 的方差, 记为 $D(X)$ 或 $\mathrm{Var}(X)$, 即

$$D(X) = \mathrm{Var}(X) = E([X - E(X)]^2). \tag{4.2.1}$$

在应用上还引入量 $\sqrt{D(X)}$, 记为 $\sigma(X)$, 称为随机变量 X 的**标准差**或**均方差**.

按定义, 随机变量 X 的方差表达了 X 的取值与其数学期望的偏离程度. 若 $D(X)$ 较小意味着 X 的取值比较集中在 $E(X)$ 的附近; 反之, 若 $D(X)$ 较大则表示 X 的取值较分散. 因此, $D(X)$ 是刻画 X 取值分散程度的一个量, 它是衡量 X 取值分散程度的一个尺度.

由定义知, 方差实际上就是随机变量 X 的函数 $g(X) = (X - E(X))^2$ 的数学期望. 于是对于离散型随机变量, 按 (4.1.3) 式有

$$D(X) = \sum_{k=1}^{n} [x_k - E(X)]^2 p_k. \tag{4.2.2}$$

其中 $P\{X = x_k\} = p_k, k = 1, 2, \cdots$ 是 X 的分布律.

对于连续型随机变量, 按 (4.1.4) 式有

$$D(X) = \int_{-\infty}^{\infty} [x - E(X)]^2 f(x) \mathrm{d}x, \tag{4.2.3}$$

其中 $f(x)$ 是 X 的概率密度.

随机变量 X 的方差可按下列公式计算.

$$D(X) = E(X^2) - [E(X)]^2. \tag{4.2.4}$$

这是因为, 由数学期望的性质 (1)、(2)、(3) 得

$$
\begin{aligned}
D(X) &= E\{[X - E(X)]^2\} = E\{X^2 - 2XE(X) + [E(X)]^2\} \\
&= E(X^2) - 2E(X)E(X) + [E(X)]^2 \\
&= E(X^2) - [E(X)]^2.
\end{aligned}
$$

下面介绍几个常见分布的方差.

1. (0, 1) 分布

设随机变量 $X \sim B(1, p)$, 由 4.1.1 节知, $E(X) = p$, 则

$$E(X^2) = 1^2 \times p + 0^2 \times q = p,$$

于是按 (4.2.4) 式有

$$D(X) = E(X^2) - [E(X)]^2 = p - p^2 = pq.$$

易见, 当 $p = 1, q = 0$ 或 $p = 0, q = 1$ 时方差 $D(X) = pq = 0$ 最小, 此时分布最集中. 当 $p = q = \dfrac{1}{2}$ 时, 方差 $D(X) = pq = \dfrac{1}{4}$ 最大, 这时随机变量的取值最分散.

2. 二项分布

设随机变量 $X \sim B(n, p)$, 由 4.1.1 知, $E(X) = np$, 则

$$E(X^2) = \sum_{k=1}^{n} k^2 C_n^k p^k q^{n-k} = \sum_{k=1}^{n} \left[k(k-1) + k \right] \frac{n!}{k!(n-k)!} p^k q^{n-k}$$

$$= \sum_{k=1}^{n} \left[(k-1) + 1 \right] \frac{n!}{(k-1)!(n-k)!} p^k q^{n-k}$$

$$= \sum_{k=1}^{n} (k-1) \frac{n(n-1)(n-2)!}{(k-1)!(n-k)!} p^2 p^{(k-2)} q^{(n-2)-(k-2)} + \sum_{k=1}^{n} \frac{n!}{(k-1)!(n-k)!} p^k q^{n-k}$$

$$= n(n-1)p^2 \sum_{k'=0}^{n-2} \frac{(n-2)!}{k'!(n-2-k')!} p^{k'} q^{(n-2)-k'} + E(X) \quad (\diamondsuit\ k' = k - 2)$$

$$= n(n-1)p^2 + np,$$

于是

$$D(X) = E(X^2) - \left[E(X) \right]^2 = n(n-1)p^2 + np - n^2 p^2 = npq.$$

3. 泊松分布

设随机变量 $X \sim \pi(\lambda)$，由 4.1.1 节知，$E(X) = \lambda$，则

$$E(X^2) = \sum_{k=0}^{+\infty} k^2 \frac{\lambda^k}{k!} e^{-\lambda} = \lambda \sum_{k=1}^{+\infty} k \frac{\lambda^{k-1}}{(k-1)!} e^{-\lambda}$$

$$= \lambda \sum_{k=0}^{+\infty} (k+1) \frac{\lambda^k}{k!} e^{-\lambda} = \lambda(\lambda+1),$$

于是

$$D(X) = E(X^2) - \left[E(X) \right]^2 = (\lambda^2 + \lambda) - \lambda^2 = \lambda.$$

由此可知，服从泊松分布的随机变量的方差与期望都等于参数 λ. 因此泊松分布的数学期望或方差完全确定了它的分布.

4. 均匀分布

设随机变量 $X \sim U(a, b)$，由 4.1.2 节知 $E(X) = \dfrac{a+b}{2}$，则

$$E(X^2) = \frac{1}{b-a} \int_a^b x^2 \mathrm{d}x = \frac{b^3 - a^3}{3(b-a)} = \frac{b^2 + ab + a^2}{3},$$

所以

$$D(X) = \frac{b^2 + ab + a^2}{3} - \frac{(a+b)^2}{4} = \frac{(b-a)^2}{12}.$$

5. 指数分布

设随机变量 $X \sim e(\theta)$，由 4.1.2 节知 $E(X) = \theta$，又因

$$E(X^2) = \frac{1}{\theta} \int_0^{+\infty} x^2 e^{-\frac{1}{\theta}x} \mathrm{d}x = \frac{1}{\theta^2} \int_0^{+\infty} t^2 e^{-t} \mathrm{d}t = 2\theta^2 \quad \left(\diamondsuit\ t = \frac{x}{\theta} \right),$$

所以

$$D(X) = E(X^2) - E^2(X) = 2\theta^2 - \theta^2 = \theta^2.$$

6. 正态分布

若 $X \sim N(\mu, \sigma^2)$，则

$$D(X) = \int_{-\infty}^{+\infty} (x-\mu)^2 \frac{1}{\sqrt{2\pi}\sigma} e^{-\frac{(x-\mu)^2}{2\sigma^2}} dx = \frac{\sigma^2}{\sqrt{2\pi}} \int_{-\infty}^{+\infty} t^2 e^{-\frac{t^2}{2}} dt \quad \left(\diamondsuit \ t = \frac{x-\mu}{\sigma} \right)$$

$$= \frac{-\sigma^2}{\sqrt{2\pi}} \int_{-\infty}^{+\infty} t \, d(e^{-\frac{t^2}{2}}) = \frac{-\sigma^2}{\sqrt{2\pi}} \left[\left(te^{-\frac{t^2}{2}} \right) \Big|_{-\infty}^{+\infty} - \int_{-\infty}^{+\infty} e^{-\frac{t^2}{2}} dt \right] = \sigma^2.$$

从上面所述的各种随机变量可见,一些常用分布的期望和方差知道后,其分布中的参数也就知道了,从而分布也就唯一确定,这显示出随机变量数字特征的重要性.

例 4.2.1　设随机变量 X 的分布律为

X	0	1	2
p	0.6	0.3	0.1

求方差 $D(X)$.

解　依题意有

$$E(X) = 0 \times 0.6 + 1 \times 0.3 + 2 \times 0.1 = 0.5.$$

方法一:(通过定义来求方差)

$$D(X) = \sum_{i=1} (x_i - E(X))^2 p_i$$

$$= (0 - 0.5)^2 \times 0.6 + (1 - 0.5)^2 \times 0.3 + (2 - 0.5)^2 \times 0.1$$

$$= 0.45.$$

方法二:(通过简化公式求方差)

$$E(X^2) = 0^2 \times 0.6 + 1^2 \times 0.3 + 2^2 \times 0.1 = 0.7,$$

$$D(X) = E(X^2) - [E(X)]^2 = 0.7 - 0.5^2 = 0.45.$$

例 4.2.2　设随机变量 X 的概率密度为

$$f(x) = \begin{cases} 2x, & 0 < x < 1, \\ 0, & \text{其他}, \end{cases}$$

求方差 $D(X)$.

解　依题意有

$$E(X) = \int_{-\infty}^{+\infty} xf(x) dx = \int_0^1 x \cdot 2x \, dx = \frac{2}{3}.$$

方法一:(通过定义计算方差)

$$D(X) = \int_{-\infty}^{+\infty} (x - E(X))^2 f(x) dx$$

$$= \int_0^1 \left(x - \frac{2}{3} \right)^2 2x \, dx = \int_0^1 \left(2x^3 - \frac{8}{3}x^2 + \frac{8}{9}x \right) dx$$

$$= \frac{1}{18}.$$

方法二:(通过简化公式求方差)

$$E(X^2) = \int_{-\infty}^{+\infty} x^2 f(x) dx = \int_0^1 x^2 \cdot 2x \, dx = \frac{1}{2},$$

$$D(X) = E(X^2) - [E(X)]^2 = \frac{1}{2} - \left(\frac{2}{3}\right)^2 = \frac{1}{18}.$$

4.2.2　方差的性质

下面介绍方差的性质(假定所遇到的随机变量的方差都存在)

性质 4.2.1　设 C 是常数,则 $D(C) = 0$.

证明　因为 $E(C) = C$, $C - E(C) = 0$, 故
$$D(C) = E([C - E(C)]^2) = E(0) = 0.$$

性质 4.2.2　设 X 是一个随机变量, C 是常数,则 $D(X \pm C) = D(X)$.

证明　因为 $E(X \pm C) = E(X) \pm C$, 故
$$D(X \pm C) = E([(X \pm C) - E(X \pm C)]^2) = E([X - E(X)]^2) = D(X).$$

性质 4.2.3　设 X 是一个随机变量, C 是常数,则 $D(CX) = C^2 D(X)$.

证明　因为 C 是常数,故 $E(CX) = CE(X)$,
$$D(CX) = E([CX - E(CX)]^2) = E([CX - CE(X)]^2)$$
$$= E(C^2[X - E(X)]^2) = C^2 E([X - E(X)]^2) = C^2 D(X).$$

性质 4.2.4　$D(X) = 0$ 的充要条件是随机变量 X 依概率 1 取常数,即 $P\{X = C\} = 1$,这里 $C = E(X)$.

性质 4.2.4 的证明需要用到本章 4.4 节的切比雪夫(Chebyshev)不等式,其证明过程写在切比雪夫不等式证明的后面.

性质 4.2.5　设随机变量 $X_1, X_2, \cdots, X_n$ 相互独立,则
$$D(X_1 + X_2 + \cdots + X_n) = D(X_1) + D(X_2) + \cdots + D(X_n).$$

证　记 $E(X_i) = a_i$, $i = 1, \cdots, n$,则因 $E\left(\sum_{i=1}^{n} X_i\right) = \sum_{i=1}^{n} a_i$,有

$$D(X_1 + \cdots + X_n) = E\left[\sum_{i=1}^{n} X_i - \sum_{i=1}^{n} a_i\right]^2 = E\left[\sum_{i=1}^{n} (X_i - a_i)\right]^2$$

$$= \sum_{i,j=1}^{n} E[(X_i - a_i)(X_j - a_j)]. \qquad (*)$$

有两类项:一类是 i, j 相同,这类项按方差的定义,即为 $D(X_i)$;另一类项是 i, j 不同,因 X_i, X_j 独立,则有 $E(X_i X_j) = E(X_i)E(X_j) = a_i a_j$,所以
$$E[(X_i - a_i)(X_j - a_j)] = E(X_i X_j) - E(a_i X_j) - E(a_j X_i) + a_i a_j$$
$$= a_i a_j - a_i a_j - a_i a_j + a_i a_j = 0$$

这样,在 $(*)$ 式最后一个和中,只剩下 $i = j$ 的那些项.这些项之和即所证等式右边,因而证明了本性质.

例 4.2.3　已知随机变量 $E(X) = a$, $D(X) = \sigma^2$,求 $E[(X + 1)^2]$ 与 $D(3X + 5)$ 的值.

解　依题意有 $E(X^2) = D(X) + [E(X)]^2$,故
$$E[(X + 1)^2] = E(X^2 + 2X + 1) = E(X^2) + 2E(X) + 1$$
$$= a^2 + \sigma^2 + 2a + 1 = \sigma^2 + (1 + a)^2,$$

而
$$D(3X + 5) = 3^2 D(X) = 9\sigma^2.$$

例 4.2.4 设随机变量 X 的期望 $E(X)$ 为一非负值, 且 $E\left(\dfrac{X^2}{2} - 1\right) = 2$, $D\left(\dfrac{X}{2} - 1\right) = \dfrac{1}{2}$, 求 $E(X)$.

解 由 $E\left(\dfrac{X^2}{2} - 1\right) = 2$, $D\left(\dfrac{X}{2} - 1\right) = \dfrac{1}{2}$ 得

$$E\left(\frac{X^2}{2} - 1\right) = \frac{1}{2}E(X^2) - 1 = 2, \quad D\left(\frac{X}{2} - 1\right) = \frac{1}{4}D(X) = \frac{1}{2},$$

得
$$E(X^2) = 6, D(X) = 2$$

又因为 $E(X^2) = D(X) + [E(X)]^2$, 且 $E(X) > 0$,

于是
$$E(X) = \sqrt{E(X^2) - D(X)} = \sqrt{6 - 2} = 2.$$

4.2.3　矩、偏态、峰态

> **定义 4.2.2** 设 X, Y 是两个随机变量,
>
> (1) 若 $E(X^k)(k = 1, 2, \cdots)$ 存在, 则称它为 X 的 **k 阶原点矩**, 简称 **k 阶矩**, 记为 v_k;
>
> (2) 若 $E([X - E(X)]^k)(k = 1, 2, \cdots)$ 存在, 则称它为 X 的 **k 阶中心矩**, 记为 μ_k;
>
> (3) 若 $E(X^k Y^l)(k, l = 1, 2, \cdots)$ 存在, 则称它为 X 和 Y 的 **$k + l$ 阶混合矩**;
>
> (4) 若 $E([X - E(X)]^k [Y - E(Y)]^l)(k, l = 1, 2, \cdots)$ 存在, 则称它为 X 和 Y 的 **$k + l$ 阶混合中心矩**.

由定义可知, X 的数学期望 $E(X)$ 就是 X 的一阶原点矩, 方差 $D(X)$ 是 X 的二阶中心矩, 一阶中心矩 $\mu_1 = 0$. 在统计学上, 高于四阶矩极少使用. 三、四阶矩有些应用, 但也不是很多. 应用之一就是用 μ_3 去衡量分布是否有偏.

设 X 的概率密度函数为 $f(x)$, 若 $f(x)$ 关于某点 a 对称, 即 $f(a + x) = f(a - x)$, 如图所示, 则 a 必等于 $E(X)$, 且

$$\mu_3 = E([X - E(X)]^3) = 0.$$

如果 $\mu_3 > 0$, 则称分布为正偏或右偏.

如果 $\mu_3 < 0$, 则称分布为负偏或左偏.

由于 μ_3 的因次是 X 的因次的三次方, 为抵消这一点,

以 X 的标准差的三次方, 即 $\mu_2^{\frac{3}{2}}$ 去除 μ_3, 其商

$$\beta_1 = \frac{\mu_3}{\mu_2^{\frac{3}{2}}},$$

称为 X 或其分布的"**偏态系数**", 简称**偏态**.

应用之二是用 μ_4 去衡量分布密度在均值附近的陡峭程度.

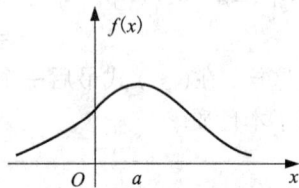

因为 $\mu_4 = E([X - E(X)]^4)$，容易看出，若 X 取值在概率上主要集中在 $E(X)$ 附近，则 μ_4 将倾向于小，否则就倾向于大. 为抵消尺度的影响，类似于 μ_3 的情况，以标准差四次方即 μ_2^2 去除，得

$$\beta_2 = \frac{\mu_4}{\mu_2^2},$$

称之为 X 分布的"**峰态系数**"，简称峰态.

若 X 为正态分布 $N(\mu, \sigma^2)$，则 $\beta_2 = 3$，与 μ, σ^2 无关，为了迁就这一点，也常定义 $\frac{\mu_4}{\mu_2^2} - 3$ 为峰态系数，以使正态分布有峰度系数为 0.

习题 4. 2

1. 袋中有 12 个零件，其中 9 个合格品，3 个废品，安装机器时，从袋中一个一个地取出（取出后不放回），设在取出合格品之前已取出的废品数为随机变量 X，求 $E(X)$ 和 $D(X)$.

2. 若随机变量 X, Y 相互独立，且方差都存在，求 $D(XY)$.

3. 设 $X \sim N(0, 4)$，$Y \sim U(0, 4)$，且 X, Y 相互独立，求：$E(XY)$，$D(X + Y)$，$D(2X - 3Y)$.

4. 设随机变量 X 服从 $\left(-\frac{1}{2}, \frac{1}{2}\right)$ 上的均匀分布，令函数

$$y = g(x) = \begin{cases} \ln x, & x > 0, \\ 0, & x \leq 0. \end{cases}$$

求 $Y = g(X)$ 的期望和方差.

5. 设 $X \sim f(x) = \frac{1}{\pi} \cdot \frac{1}{1 + x^2}$（柯西分布），求 $E(X)$，$D(X)$.

6. 两台同样的自动记录仪，每台无故障工作的时间 $T_i (i = 1, 2)$ 服从参数为 5 的指数分布，首先开动其中一台，当其发生故障时停用而另一台自动开启，试求两台记录仪无故障工作的总时间 $T = T_1 + T_2$ 的概率密度 $f_T(t)$、数学期望 $E(T)$ 和方差 $D(T)$.

7. 证明：事件 A 在一次实验中发生次数 X 的方差一定不超过 $\frac{1}{4}$.

4.3　协方差、相关系数和协方差矩阵

对于二维随机变量 (X, Y)，我们除了讨论 X 与 Y 的数学期望和方差外，还需讨论描述 X 与 Y 之间相互关系的数字特征，本节讨论有关这方面的数字特征.

4.3.1　协方差

在 4.2 节讨论方差性质中，我们已经看到，如果两个随机变量 X 与 Y 是相互独立的，则

$$E([X - E(X)][Y - E(Y)]) = 0,$$

这意味着当$E([X-E(X)][Y-E(Y)])\neq0$时,X与Y不相互独立,而是存在着一定的关系的.

下面先来看以下定义.

定义 4.3.1 设二维随机变量(X,Y),若X与Y的期望和方差都存在,称
$$E([X-E(X)][Y-E(Y)])$$
为随机变量X与Y的**协方差**,记为$\text{Cov}(X,Y)$,即
$$\text{Cov}(X,Y)=E([X-E(X)][Y-E(Y)]).$$

这里"协"即"协同"的意思,X的方差是$(X-E(X))$与$(X-E(X))$的乘积的期望,如今把其中一个$(X-E(X))$换成$(Y-E(Y))$,其形式接近方差,又有X与Y二者的参与,由此得出协方差的名称.

根据定义容易证明协方差有下列性质:

性质 4.3.1 $\text{Cov}(X,Y)=\text{Cov}(Y,X)$;

性质 4.3.2 $\text{Cov}(aX,bY)=ab\text{Cov}(X,Y)$,$a,b$是常数;

性质 4.3.3 $\text{Cov}(X_1+X_2,Y)=\text{Cov}(X_1,Y)+\text{Cov}(X_2,Y)$;

性质 4.3.4 $\text{Cov}(X,Y)=E(XY)-E(X)E(Y)$.

利用协方差,任意两个随机变量X与Y的和或差的方差可表示为
$$D(X\pm Y)=D(X)+D(Y)\pm2\text{Cov}(X,Y).$$
当X与Y相互独立时,显然有$D(X\pm Y)=D(X)+D(Y)$.

例 4.3.1 已知离散型随机变量(X,Y)的概率分布如下表:

Y / X	−1	0	2
0	0.1	0.2	0
1	0.3	0.05	0.1
2	0.15	0	0.1

求 $\text{Cov}(X,Y)$.

解 容易求得X的概率分布为
$$P\{X=0\}=0.3,P\{X=1\}=0.45,P\{X=2\}=0.25;$$
Y的概率分布为
$$P\{Y=-1\}=0.55,P\{Y=0\}=0.25,P\{Y=2\}=0.2,$$
于是有
$$E(X)=0\times0.3+1\times0.45+2\times0.25=0.95,$$
$$E(Y)=(-1)\times0.55+0\times0.25+2\times0.2=-0.15.$$
计算得
$$E(XY)=0\times(-1)\times0.1+0\times0\times0.2+0\times2\times0+1\times(-1)\times0.3+1\times0\times0.5$$
$$+1\times2\times0.1+2\times(-1)\times0.15+2\times0\times0+2\times2\times0.1$$
$$=0.$$
于是

$$\text{Cov}(X, Y) = E(XY) - E(X)E(Y) = 0.95 \times 0.15 = 0.142\ 5.$$

例 4.3.2　设连续型随机变量 (X, Y) 的密度函数为

$$f(x, y) = \begin{cases} 8xy, & 0 \leqslant x \leqslant y \leqslant 1, \\ 0, & \text{其他}. \end{cases}$$

求 $\text{Cov}(X, Y)$, $D(X + Y)$.

解　由 (X, Y) 的密度函数 $f(x, y)$ 可求得其边缘密度函数分别为

$$f_X(x) = \begin{cases} 4x(1 - x^2), & 0 \leqslant x \leqslant 1, \\ 0, & \text{其他}, \end{cases} \quad f_Y(y) = \begin{cases} 4y^3, & 0 \leqslant y \leqslant 1, \\ 0, & \text{其他}. \end{cases}$$

于是

$$E(X) = \int_{-\infty}^{+\infty} x f_X(x)\,\mathrm{d}x = \int_0^1 x \cdot 4x(1 - x^2)\,\mathrm{d}x = \frac{8}{15},$$

$$E(Y) = \int_{-\infty}^{+\infty} y f_Y(y)\,\mathrm{d}y = \int_0^1 y \cdot 4y^3\,\mathrm{d}y = \frac{4}{5}.$$

$$E(XY) = \int_{-\infty}^{+\infty} \int_{-\infty}^{+\infty} xy f(xy)\,\mathrm{d}x\mathrm{d}y = \int_0^1 \mathrm{d}x \int_x^1 xy \cdot 8xy \cdot \mathrm{d}y = \frac{4}{9}.$$

从而

$$\text{Cov}(X, Y) = E(XY) - E(X)E(Y) = \frac{4}{225}.$$

又

$$E(X^2) = \int_{-\infty}^{+\infty} x^2 f_X(x)\,\mathrm{d}x = \int_0^1 x^2 \cdot 4x(1 - x^2)\,\mathrm{d}x = \frac{1}{3},$$

$$E(Y^2) = \int_{-\infty}^{+\infty} y^2 f_Y(y)\,\mathrm{d}y = \int_0^1 y^2 \cdot 4y^3\,\mathrm{d}y = \frac{2}{3},$$

所以

$$D(X) = E(X^2) - [E(X)]^2 = \frac{11}{225},$$

$$D(Y) = E(Y^2) - [E(Y)]^2 = \frac{2}{75},$$

故

$$D(X + Y) = D(X) + D(Y) + 2\text{Cov}(X, Y) = \frac{1}{9}.$$

4.3.2　相关系数

随机变量 X 和 Y 的协方差虽然反映了 X 和 Y 的相互联系，但它受 X 和 Y 量纲的影响，它本身也是一个有量纲的量，为了得到表示随机变量之间相互关系的无量纲的数字特征，引进如下标准化随机变量：

$$X^* = \frac{X - E(X)}{\sqrt{D(X)}}, \quad Y^* = \frac{Y - E(Y)}{\sqrt{D(Y)}},$$

即 $E(X^*) = E(Y^*) = 0, D(X^*) = D(Y^*) = 1.$ 易知, 这两个标准化变量无量纲, 并且有

$$\text{Cov}(X^*, Y^*) = \frac{\text{Cov}(X, Y)}{\sqrt{D(X)}\ \sqrt{D(Y)}}.$$

定义 4.3.2 设 (X, Y) 是二维随机变量, $\text{Cov}(X, Y), D(X), D(Y)$ 均存在, 且 $D(X) > 0$, $D(Y) > 0$, 则称

$$\rho_{XY} = \frac{\text{Cov}(X, Y)}{\sqrt{D(X)}\ \sqrt{D(Y)}}$$

为随机变量 X 和 Y 的**相关系数**或标准协方差, 简记为 ρ.

关于相关系数, 有如下一个重要的定理, 定理的证明过程省略.

定理 4.3.1 (1) $|\rho_{XY}| \leqslant 1$;

(2) $|\rho_{XY}| = 1$ 的充要条件是, 存在常数 a, b 使得

$$P\{Y = a + bX\} = 1.$$

相关系数是一个可以用来表示随机变量 X 和 Y 之间线性关系紧密程度的量. 当 $|\rho_{XY}|$ 较大时, 我们通常说 X 和 Y 线性相关的程度较好; 当 $|\rho_{XY}|$ 较小时, 我们说, X 和 Y 线性相关的程度较差.

当 $\rho_{XY} = 0$ 时, 称 X 和 Y 不相关, 但它们之间可能存在其他关系.

例 4.3.3 设随机变量 (X, Y) 的分布律为

Y \ X	-1	0	1
-1	$\frac{1}{8}$	$\frac{1}{8}$	$\frac{1}{8}$
0	$\frac{1}{8}$	0	$\frac{1}{8}$
1	$\frac{1}{8}$	$\frac{1}{8}$	$\frac{1}{8}$

验证 X 和 Y 是不相关的, 但 X 和 Y 不是相互独立的.

解 由联合分布律易求得 X, Y 及 XY 的分布律, 其分布律如下表

X	-1	0	1
P	$\frac{3}{8}$	$\frac{2}{8}$	$\frac{3}{8}$

Y	-1	0	1
P	$\frac{3}{8}$	$\frac{2}{8}$	$\frac{3}{8}$

XY	-1	0	1
P	$\frac{2}{8}$	$\frac{4}{8}$	$\frac{2}{8}$

由期望定义易得 $E(X) = E(Y) = E(XY) = 0.$

从而 $E(XY) = E(X)E(Y)$, 再由相关系数定义知 $\rho_{XY} = 0$,

即 X 与 Y 的相关系数为 0, 从而 X 和 Y 是不相关的.

又 $P\{X=-1\}P\{Y=-1\}=\dfrac{3}{8}\times\dfrac{3}{8}\neq\dfrac{1}{8}=P\{X=-1,\,Y=-1\}$，

从而 X 与 Y 不是相互独立的.

例 4.3.4　设 (X,Y) 服从二维正态分布，它的概率密度为

$$f(x,y)=\frac{1}{2\pi\sigma_1\sigma_2\sqrt{1-\rho^2}}\exp\left\{\frac{-1}{2(1-\rho^2)}\left[\frac{(x-\mu_1)^2}{\sigma_1^2}-2\rho\frac{(x-\mu_1)(y-\mu_2)}{\sigma_1\sigma_2}+\frac{(y-\mu_2)^2}{\sigma_2^2}\right]\right\},$$

求 X 和 Y 的相关系数.

解　可以求出 X 和 Y 的边缘密度函数分别为

$$f_X(x)=\frac{1}{\sqrt{2\pi}\sigma_1}e^{-\frac{(x-\mu_1)^2}{2\sigma_1^2}},\quad -\infty<x<\infty,$$

$$f_Y(y)=\frac{1}{\sqrt{2\pi}\sigma_2}e^{-\frac{(y-\mu_2)^2}{2\sigma_2^2}},\quad -\infty<y<\infty.$$

故知 $E(X)=\mu_1$，$E(Y)=\mu_2$，$D(X)=\sigma_1^2$，$D(Y)=\sigma_2^2$. 而

$$\mathrm{Cov}(X,Y)=\int_{-\infty}^{\infty}\int_{-\infty}^{\infty}(x-\mu_1)(y-\mu_2)f(x,y)\mathrm{d}x\mathrm{d}y$$

$$=\frac{1}{2\pi\sigma_1\sigma_2\sqrt{1-\rho^2}}\int_{-\infty}^{\infty}\int_{-\infty}^{\infty}(x-\mu_1)(y-\mu_2)$$

$$\times\exp\left[\frac{1}{\sqrt{2(1-\rho^2)}}\left(\frac{y-\mu_2}{\sigma_2}-\rho\frac{x-\mu_1}{\sigma_1}\right)^2-\frac{(x-\mu_1)^2}{2\sigma_1^2}\right]\mathrm{d}y\mathrm{d}x.$$

令 $t=\dfrac{1}{\sqrt{1-\rho^2}}\left(\dfrac{y-\mu_2}{\sigma_2}-\rho\dfrac{x-\mu_1}{\sigma_1}\right)$，$\mu=\dfrac{x-\mu_1}{\sigma_1}$，则有

$$\mathrm{Cov}(X,Y)=\frac{1}{2\pi}\int_{-\infty}^{\infty}\int_{-\infty}^{\infty}(\sigma_1\sigma_2\sqrt{1-\rho^2}tu+\rho\sigma_1\sigma_2u^2)e^{-\frac{(u^2+t^2)}{2}}\mathrm{d}t\mathrm{d}u$$

$$=\frac{\rho\sigma_1\sigma_2}{2\pi}\left(\int_{-\infty}^{\infty}u^2e^{-\frac{u^2}{2}}\mathrm{d}u\right)\left(\int_{-\infty}^{\infty}e^{-\frac{t^2}{2}}\mathrm{d}t\right)$$

$$+\frac{\sigma_1\sigma_2\sqrt{1-\rho^2}}{2\pi}\left(\int_{-\infty}^{\infty}ue^{-\frac{u^2}{2}}\mathrm{d}u\right)\left(\int_{-\infty}^{\infty}te^{-\frac{t^2}{2}}\mathrm{d}t\right)$$

$$=\frac{\rho\sigma_1\sigma_2}{2\pi}\sqrt{2\pi}\cdot\sqrt{2\pi},$$

即有　　　　　　　　　　$\mathrm{Cov}(X,Y)=\rho\sigma_1\sigma_2.$

于是　　　　　　　　　　$\rho_{XY}=\dfrac{\mathrm{Cov}(X,Y)}{\sqrt{D(X)}\sqrt{D(Y)}}=\rho.$

由此说明，二维正态随机变量 (X,Y) 的概率密度中的参数 ρ 就是 X 和 Y 的相关系数，因而二维正态随机变量的分布完全可由 X,Y 各自的数学期望、方差以及它们的相关系数所确定.

在前面讲过，若 (X,Y) 服从二维正态分布，那么 X 和 Y 相互独立的充要条件为 $\rho=0$. 现

在知道 $\rho = \rho_{XY}$, 则对于二维正态随机变量(X, Y)来说, X 和 Y 不相关与 X 和 Y 相互独立是等价的.

4.3.3　协方差矩阵

下面介绍 n 维随机变量的协方差矩阵, 以二维随机变量为例讨论.

二维随机变量(X_1, X_2)有 4 个二阶中心矩(设它们都存在), 分别记为

$$c_{11} = E\{[X_1 - E(X_1)]^2\},$$
$$c_{12} = E\{[X_1 - E(X_1)][X_2 - E(X_2)]\},$$
$$c_{21} = E\{[X_2 - E(X_2)][X_1 - E(X_1)]\},$$
$$c_{22} = E\{[X_2 - E(X_2)]^2\}.$$

将它们排成矩阵的形式

$$\begin{pmatrix} c_{11} & c_{12} \\ c_{21} & c_{22} \end{pmatrix}.$$

该矩阵称为随机变量(X_1, X_2)的**协方差矩阵**.

设 n 维随机变量$(X_1, X_2, \cdots, X_n)$的二阶混合中心矩

$$c_{ij} = \mathrm{Cov}(X_i, X_j) = E\{[X_i - E(X_i)][X_j - E(X_j)]\}, \quad i, j = 1, 2, \cdots, n$$

都存在, 则称矩阵

$$C = \begin{pmatrix} c_{11} & c_{12} & \cdots & c_{1n} \\ c_{21} & c_{22} & \cdots & c_{2n} \\ \vdots & \vdots & & \vdots \\ c_{n1} & c_{n2} & \cdots & c_{nn} \end{pmatrix}$$

为 n 维随机变量$(X_1, X_2, \cdots, X_n)$的协方差矩阵. 由于 $c_{ij} = c_{ji}(i \neq j; i, j = 1, 2, \cdots, n)$, 因而上述矩阵是一个对称矩阵.

本节的最后, 介绍 n 维正态随机变量的概率密度. 我们先将二维正态随机变量的概率密度改写成另一种形式, 以便将它推广到 n 维随机变量的场合中去. 二维正态随机变量(X_1, X_2)的概率密度为

$$f(x_1, x_2) = \frac{1}{2\pi\sigma_1\sigma_2\sqrt{1-\rho^2}}\exp\left\{\frac{-1}{2(1-\rho^2)}\left[\frac{(x_1-\mu_1)^2}{\sigma_1^2} - 2\rho\frac{(x_1-\mu_1)(x_2-\mu_2)}{\sigma_1\sigma_2} + \frac{(x_2-\mu_2)^2}{\sigma_2^2}\right]\right\}.$$

现在将上式中花括号内的式子写成矩阵形式, 为此引入下面的列矩阵

$$X = \begin{pmatrix} x_1 \\ x_2 \end{pmatrix}, \ \mu = \begin{pmatrix} \mu_1 \\ \mu_2 \end{pmatrix}.$$

(X_1, X_2)的协方差矩阵为

$$C = \begin{pmatrix} c_{11} & c_{12} \\ c_{21} & c_{22} \end{pmatrix} = \begin{pmatrix} \sigma_1^2 & \rho\sigma_1\sigma_2 \\ \rho\sigma_1\sigma_2 & \sigma_2^2 \end{pmatrix},$$

它的行列式 $\det C = \sigma_1^2\sigma_2^2(1-\rho^2)$, C 的逆矩阵为

$$C^{-1} = \frac{1}{\det C}\begin{pmatrix} \sigma_2^2 & \sigma_2\sigma_2 \\ -\rho\sigma_1\sigma_2 & \sigma_1^2 \end{pmatrix}.$$

经过计算可知(这里矩阵$(X-\mu)^{\mathrm{T}}$是$(X-\mu)$的转置矩阵)

$$(X-\mu)^{\mathrm{T}}C^{-1}(X-\mu) = \frac{1}{\det C}(x-\mu_1 \quad x_2-\mu_2)\begin{pmatrix} \sigma_2^2 & \sigma_2\sigma_2 \\ -\rho\sigma_1\sigma_2 & \sigma_1^2 \end{pmatrix}\begin{pmatrix} x_1-\mu_1 \\ x_2-\mu_2 \end{pmatrix}$$

$$= \frac{1}{1-\rho^2}\Big[\frac{(x_1-\mu_1)^2}{\sigma_1^2} - 2\rho\frac{(x_1-\mu_1)(x_2-\mu_2)}{\sigma_1\sigma_2} + \frac{(x_2-\mu_2)^2}{\sigma_2^2}\Big].$$

于是(X_1, X_2)的概率密度可写成

$$f(x_1, x_2) = \frac{1}{(2\pi)^{\frac{2}{2}}(\det C)^{\frac{1}{2}}}\exp\Big\{-\frac{1}{2}(X-\mu)^{\mathrm{T}}C^{-1}(X-\mu)\Big\}.$$

上式容易推广到 n 维正态随机变量$(X_1, X_2, \cdots, X_n)$的情况.

引入列矩阵

$$X = \begin{pmatrix} x_1 \\ x_2 \\ \vdots \\ x_n \end{pmatrix} \text{和} \quad \mu = \begin{pmatrix} \mu_1 \\ \mu_2 \\ \vdots \\ \mu_n \end{pmatrix} = \begin{pmatrix} E(X_1) \\ E(X_2) \\ \vdots \\ E(X_n) \end{pmatrix}.$$

n 维正态随机变量$(X_1, X_2, \cdots, X_n)$的概率密度定义为

$$f(x_2, x_2, \cdots, x_n) = \frac{1}{(2\pi)^{\frac{n}{2}}}(\det C)^{-\frac{1}{2}}\exp\Big\{-\frac{1}{2}(X-\mu)^{\mathrm{T}}C^{-1}(X-\mu)\Big\},$$

其中 C 是$(X_1, X_2, \cdots, X_n)$的协方差矩阵.

例 4.3.5　已知二维随机变量(X, Y)的协方差矩阵为$\begin{pmatrix} 1 & 1 \\ 1 & 4 \end{pmatrix}$, 试求 $Z_1 = X - 2Y$ 和 $Z_2 = 2X - Y$ 的相关系数.

解　由已知知: $D(X) = 1$, $D(Y) = 4$, $\mathrm{Cov}(X, Y) = 1$.

从而

$$D(Z_1) = D(X-2Y) = D(X) + 4D(Y) - 4\mathrm{Cov}(X, Y)$$
$$= 1 + 4\times 4 - 4\times 1 = 13,$$
$$D(Z_2) = D(2X-Y) = 4D(X) + D(Y) - 4\mathrm{Cov}(X, Y)$$
$$= 4\times 1 + 4 - 4\times 1 = 4,$$
$$\mathrm{Cov}(Z_1, Z_2) = \mathrm{Cov}(X-2Y, 2X-Y)$$
$$= 2\mathrm{Cov}(X, X) - 4\mathrm{Cov}(Y, X) - \mathrm{Cov}(X, Y) + 2\mathrm{Cov}(Y, Y)$$
$$= 2D(X) - 5\mathrm{Cov}(X, Y) + 2D(Y) = 2\times 1 - 5\times 1 + 2\times 4 = 5.$$

故

$$\rho_{Z_1 Z_2} = \frac{\mathrm{Cov}(Z_1, Z_2)}{\sqrt{D(Z_1)}\sqrt{D(Z_2)}} = \frac{5}{\sqrt{13}\times\sqrt{4}} = \frac{5}{26}\sqrt{13}.$$

---

n 维正态随机变量具有以下四条重要性质(证略):

(1) n 维正态随机变量$(X_1, X_2, \cdots, X_n)$的每一个分量 X_i, $i = 1, 2, \cdots, n$ 都是正态随机变量; 反之, 若 $X_1, X_2, \cdots, X_n$ 都是正态随机变量, 且相互独立, 则$(X_1, X_2, \cdots, X_n)$是 n 维正态随机变量.

（2）n 维随机变量 $(X_1, X_2, \cdots, X_n)$ 服从 n 维正态分布的充要条件是 $X_1, X_2, \cdots, X_n$ 的任意的线性组合

$$l_1 X_1 + l_2 X_2 + \cdots + l_n X_n$$

服从一维正态分布（其中 $l_1, l_2, \cdots, l_n$ 不全为零）．

（3）若 $(X_1, X_2, \cdots, X_n)$ 服从 n 维正态分布，设 $Y_1, Y_2, \cdots, Y_k$ 是 $X_j (j = 1, 2, \cdots, n)$ 的线性函数，则 $(Y_1, Y_2, \cdots, Y_k)$ 也服从多维正态分布．

这一性质称为正态变量的线性变换不变性．

（4）设 $(X_1, X_2, \cdots, X_n)$ 服从 n 维正态分布，则"$X_1, X_2, \cdots, X_n$ 相互独立"与"$X_1, X_2, \cdots, X_n$"两两不相关是等价的．

习题 4.3

1. 设有随机变量 X, Y，已知 $D(X) = 2$, $D(Y) = 3$, $\text{Cov}(X, Y) = -1$，求：$\text{Cov}(3X - 2Y + 1, X + 4Y - 3)$．

2. 将一枚硬币重复掷 n 次，以 X 和 Y 表示正面向上和反面向上的次数，试求 X 和 Y 的相关系数 ρ_{XY}．

3. 设有任意两个事件 A 和 B，且 $0 < P(A) < 1$, $0 < P(B) < 1$，则称

$$\rho = \frac{P(AB) - P(A)P(B)}{\sqrt{P(A)P(B)P(\bar{A})P(\bar{B})}}$$

为事件 A 和 B 的相关系数．试证：

（1）事件 A 和 B 独立的充要条件是 $\rho = 0$；

（2）$|\rho| \leqslant 1$．

4. 设随机变量 X 服从 $[0, 2\pi]$ 上的均匀分布，又 $Y = \sin X$, $Z = \sin(X + a)$，其中 $a \in [0, 2\pi]$ 为常数，试求 ρ_{YZ}，并讨论 Y 与 Z 的相关性和独立性．

5. 设 A 和 B 是随机试验 E 的两个事件，且 $P(A) > 0$, $P(B) > 0$，又设随机变量 X, Y 为

$$X = \begin{cases} 1, & \text{若 } A \text{ 发生}, \\ 0, & \text{若 } A \text{ 不发生}; \end{cases} \qquad Y = \begin{cases} 1, & \text{若 } B \text{ 发生}, \\ 0, & \text{若 } B \text{ 不发生}. \end{cases}$$

证明：若 $\rho_{XY} = 0$，则 X, Y 必定相互独立．

6. 设随机变量 $X_1, X_2, \cdots, X_{m+n} (m < n)$ 相互独立且服从同一分布，并且有有限的方差，试求随机变量 $X = X_1 + X_2 + X_n$ 和 $Y = X_{m+1} + X_{m+2} + X_{m+n}$ 的相关系数 ρ_{XY}．

4.4　大数定律与中心极限定理

在概率论中，所谓"大数定律"是由概率的统计定义"频率收敛于概率"引申而来，它是叙述随机变量序列的前一些项的算术平均值在某种条件下收敛到这些项的均值的算术平均值；而中心极限定理则是确定在什么条件下，大量随机变量之和的分布逼近于正态分布，本节介绍几个大数定律和中心极限定理．

4.4.1　切比雪夫不等式

切比雪夫(Cheybshev, 1821—1894)，俄国数学家、力学家. 他一生发表了 70 多篇科学论文，内容涉及数论、概率论、函数逼近论、积分学等方面. 他证明了贝尔特兰公式，自然数列中素数分布的定理，大数定律的一般公式以及中心极限定理. 他不仅重视纯数学，而且十分重视数学的应用. 他首次解决了直动机构(将旋转运动转化为直线运动的机构)的理论计算方法，并由此创立了机构和机器的理论，提出了有关传动机械的结构公式.

> **定理 4.4.1**　(切比雪夫不等式) 设随机变量 X 具有数学期望 $E(X) = \mu$，方差 $D(X) = \sigma^2$，则对于任意正数 ε，不等式
> $$P\{|X - \mu| \geqslant \varepsilon\} \leqslant \frac{\sigma^2}{\varepsilon^2} \tag{4.4.1}$$
> 成立.

证　我们就连续型随机变量的情况来证明. 设 X 的概率密度为 $f(x)$，则有(如图 4.4.1)

$$P\{|X - \mu| \geqslant \varepsilon\} = \int_{|x - \mu| \geqslant \varepsilon} f(x)\,\mathrm{d}x \leqslant \int_{|x - \mu| \geqslant \varepsilon} \frac{|x - \mu|^2}{\varepsilon^2} f(x)\,\mathrm{d}x$$

$$\leqslant \frac{1}{\varepsilon^2} \int_{-\infty}^{\infty} (x - \mu)^2 f(x)\,\mathrm{d}x = \frac{\sigma^2}{\varepsilon^2}.$$

切比雪夫不等式也可以写成如下的形式：

$$P\{|X - \mu| < \varepsilon\} \geqslant 1 - \frac{\sigma^2}{\varepsilon^2}. \tag{4.4.2}$$

切比雪夫不等式给出了在随机变量的分布未知，而只知道 $E(X)$ 和 $D(X)$ 的情况下估计概率 $P\{|X - E(X)| < \varepsilon\}$ 的界限.

下面给出方差性质 4.2.4 的证明.

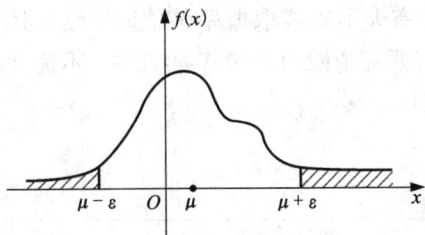

图 4.4.1

证　由于 $(X - E(X))^2 \geqslant 0$，从而
$$D(X) = E(X - E(X))^2 \geqslant 0.$$
当 $D(X) = 0$ 时，由切比雪夫不等式，对任意 $\varepsilon > 0$，有
$$0 \leqslant P\{|X - E(X)| \geqslant \varepsilon\} \leqslant \frac{D(X)}{\varepsilon^2} = 0.$$

从而

$$P\{X \neq E(X)\} = P\{|X - E(X)| > 0\} = 0.$$

即 $P\{X = E(X)\} = 1$，必要性得证.

充分性：当 $P\{X = C\} = 1$ 时，$E(X) = C$，从而

$$D(X) = E\{(X - E(X))^2\} = 0.$$

例 4.4.1 设随机变量 X 的概率密度为

$$f(x) = \begin{cases} 2x, & 0 < x < 1, \\ 0, & \text{其他.} \end{cases}$$

(1) 用切比雪夫不等式估计 $P\{|X - E(X)| < \frac{1}{4}\}$；

(2) 求 $P\{|X - E(X)| < \frac{1}{4}\}$.

解 依题意得

$$E(X) = \int_0^1 2x^2 \mathrm{d}x = \frac{2}{3}, \quad E(X^2) = \int_0^1 2x^3 \mathrm{d}x = \frac{1}{2},$$

故 $D(X) = E(X^2) - [E(X)]^2 = \frac{1}{18}$.

(1) $P\{|X - E(X)| < \frac{1}{4}\} = P\{|X - \frac{2}{3}| < \frac{1}{4}\} \geqslant 1 - \frac{D(X)}{\left(\frac{1}{4}\right)^2} = \frac{1}{9}$；

(2) $P\{|X - E(X)| < \frac{1}{4}\} = P\{|X - \frac{2}{3}| < \frac{1}{4}\}$

$$= P\{-\frac{1}{4} < X - \frac{2}{3} < \frac{1}{4}\} = P\{\frac{5}{12} < X < \frac{11}{12}\}$$

$$= \int_{\frac{5}{12}}^{\frac{11}{12}} 2x \mathrm{d}x = \frac{2}{3}.$$

说明： 可以看出，用切比雪夫不等式取概率估值时，结果还是比较粗糙的，但是切比雪夫不等式有它的优点，它只需要知道随机变量 X 的方差，不需要 X 的具体分布形式，就可以对 X 进行均值偏离程度的估计.

4.4.2 大数定律

定义 4.4.1 设 $X_1, X_2, \cdots, X_n, \cdots$ 是一列随机变量，令 $\overline{X}_n = \frac{1}{n} \sum_{i=1}^{n} X_i (n = 1, 2, \cdots)$，若存在这样的常数列 $a_1, a_2, \cdots, a_n, \cdots$ 对于任意的 $\varepsilon > 0$，有

$$\lim_{n \to \infty} P\{|\overline{X}_n - a_n| < \varepsilon\} = 1$$

则称 $X_1, X_2, \cdots, X_n, \cdots$ 服从大数定律.

定义 4.4.2　设 X_1, X_2, $\cdots$, X_n, $\cdots$ 是一个随机变量序列，a 是一个常数，若对于任意正数 $\varepsilon > 0$, 有

$$\lim_{n \to \infty} P\{ |X_n - a| < \varepsilon \} = 1,$$

则称序列 X_1, X_2, $\cdots$, X_n, $\cdots$ **依概率收敛于 a**，记为

$$X_n \xrightarrow{P} a.$$

依概率收敛有如下重要的性质.

设 $X_n \xrightarrow{P} a$, $Y_n \xrightarrow{P} b$, 又设函数 $g(x, y)$ 在点 (a, b) 连续，则

$$g(X_n, Y_n) \xrightarrow{P} g(a, b). (证略)$$

定理 4.4.2　（**切比雪夫大数定律**）设 X_1, X_2, $\cdots$, X_n, $\cdots$ 为相互独立的随机变量序列，每个随机变量的方差存在且有界，即存在正的常数 C, 使得 $D(X_i) \leq C (i = 1, 2, \cdots)$, 则此随机变量序列 $\{X_n\}$ 服从大数定律.

证　由于随机变量 X_1, X_2, $\cdots$, X_n 相互独立，所以

$$D\left(\frac{1}{n}\sum_{i=1}^{n} X_i\right) = \frac{1}{n^2}\sum_{i=1}^{n} D(X_i) \leq \frac{C}{n}$$

由切比雪夫不等式，对于任意的 $\varepsilon > 0$, 有

$$P\left\{ \left| \frac{1}{n}\sum_{i=1}^{n} X_i - E\left(\frac{1}{n}\sum_{i=1}^{n} X_i\right) \right| < \varepsilon \right\} \geq 1 - \frac{D\left(\frac{1}{n}\sum_{i=1}^{n} X_i\right)}{\varepsilon^2}$$

$$\geq 1 - \frac{C}{n\varepsilon^2} \to 1. \quad (n \to \infty)$$

由于事件的概率不能大于 1, 故有

$$\lim_{n \to \infty} P\left\{ \left| \frac{1}{n}\sum_{i=1}^{n} X_i - \frac{1}{n}E\left(\sum_{i=1}^{n} X_i\right) \right| < \varepsilon \right\} = 1.$$

特别地，当随机变量序列 $\{X_n\}$ 两两独立（或两两不相关），且有相同的期望和方差，即，$E(X_i) = \mu$, $D(X_i) = \sigma^2 (i = 1, 2, \cdots)$, 上述定理的结论仍成立，即对于任意的 $\varepsilon > 0$, 有

$$\lim_{n \to \infty} P\left\{ \left| \frac{1}{n}\sum_{i=1}^{n} X_i - \mu \right| < \varepsilon \right\} = 1. \tag{4.4.3}$$

此式表明，在上述条件下，序列中前 n 个随机变量的算术平均值 $\overline{X}_n = \frac{1}{n}\sum_{i=1}^{n} X_i$, 当 n 无限增大时，依概率收敛于它们的期望 μ（常数）. 这就是满足上述条件的 n 个随机变量的算术平均值，当 n 无限增大时具有稳定性的确切含义.

一个独立同分布且期望、方差有限的随机变量序列是满足上述结论的全部条件的，若这个分布为"0 – 1"分布，就有下面的伯努利大数定律.

定理4.4.3 （伯努利大数定律）设 n_A 为 n 重伯努利试验中事件 A 出现的次数，设每次试验事件 A 发生的概率为 $p(0 < p < 1)$，则对于任意的 $\varepsilon > 0$，有

$$\lim_{n \to \infty} P\left\{ \left| \frac{n_A}{n} - p \right| < \varepsilon \right\} = 1 \tag{4.4.4}$$

或

$$\lim_{n \to \infty} P\left\{ \left| \frac{n_A}{n} - p \right| \geqslant \varepsilon \right\} = 0.$$

证 定义随机变量序列：$X_i = 1$ 表示在第 i 次试验中事件 A 出现；$X_i = 0$ 表示在第 i 次试验中事件 A 不出现，$i = 1, 2, \cdots$，则 $X_1, X_2, \cdots, X_n, \cdots$ 相互独立，且都服从 $B(1, p)$ 分布，$E(X_i) = p$，$D(X_i) = p(1-p) \leqslant \frac{1}{4}$，$i = 1, 2, \cdots$，且 $n_A = \sum_{i=1}^{n} X_i$. 由切比雪夫大数定律，有

$$\lim_{n \to \infty} P\left\{ \left| \frac{1}{n} \sum_{i=1}^{n} X_i - \frac{1}{n} E\left(\sum_{i=1}^{n} X_i \right) \right| < \varepsilon \right\} = \lim_{n \to \infty} P\left\{ \left| \frac{n_A}{n} - p \right| < \varepsilon \right\} = 1.$$

伯努利大数定律表明，在条件完全相同的独立重复试验中，事件发生的频率 $\frac{n_A}{n}$ 依概率收敛于事件 A 发生的概率 p. 此定理以严格的数学形式表达了频率的稳定性，即随着试验次数的增加，事件发生的频率逐渐稳定于事件发生的概率. 即当 n 很大时，事件发生的频率与概率有较大偏差的可能性很小. 由实际推断原理，在实际应用中，当试验次数很大时，便可以用事件发生的频率来代替事件的概率.

前两个定理中均要求随机变量 $X_1, X_2, \cdots, X_n, \cdots$ 的方差存在，但若这些随机变量服从同分布的情形，并不需要这一要求，其证明已超出本书的范围，故仅叙述不予证明.

定理4.4.4 （辛钦大数定律）设 $X_1, X_2, \cdots, X_n, \cdots$ 为独立同分布的随机变量序列，且具有数学期望 $E(X_i) = \mu(i = 1, 2, \cdots)$，则对于任意的 $\varepsilon > 0$，有

$$\lim_{n \to \infty} P\left\{ \left| \frac{1}{n} \sum_{i=1}^{n} X_i - \mu \right| < \varepsilon \right\} = 1. \tag{4.4.5}$$

显然，伯努利大数定律是辛钦大数定律的特殊情形. 辛钦大数定律在应用中是很重要的. 若视 X_i 为重复试验中对随机变量 X 的第 i 次观察，则定理4.4.4表明，当 n 无限增大时，对 X 的 n 次观察结果的算术平均依概率收敛于 X 的数学期望值 $E(X) = \mu$. 这为在随机变量 X 的分布未知的情况下，估计 X 的平均值 $E(X)$ 提供了一条切实可行的途径. 例如要测量某一物理量 a，在相同的条件下重复测量 n 次，得 n 个测量值 $X_1, X_2, \cdots, X_n$，它们可以看成是 n 个相互独立的随机变量，具有相同的分布，并具有数学期望 a. 根据大数定律，当 n 充分大时，可用 n 次测量结果的算术平均值 $\frac{X_1 + X_2 + \cdots + X_n}{n}$ 作为 a 的近似值，且产生的误差是很小的.

例4.4.2 设 $\{X_k\}(k = 1, 2, \cdots)$ 为相互独立的随机变量序列，且

X_k	-2^k	0	2^k
p_k	$\dfrac{1}{2^{2k+1}}$	$1-\dfrac{1}{2^{2k}}$	$\dfrac{1}{2^{2k+1}}$

试证明 $\{X_k\}$ 服从大数定律.

证　由题意可知

$$E(X_k) = (-2^k) \times \frac{1}{2^{2k+1}} + 0 \times \left(1 - \frac{1}{2^{2k}}\right) + 2^k \cdot \frac{1}{2^{2k+1}} = 0,$$

$$D(X_k) = E(X_k^2) = (-2^k)^2 \times \frac{1}{2^{2k+1}} + (2^k)^2 \cdot \frac{1}{2^{2k+1}} = 1,$$

$k = 1, 2, \cdots$. 由切比雪夫大数定律可知随机变量序列 $\{X_k\}$ 服从大数定律.

例 4.4.3　设 $\{X_k\}$ $(k = 1, 2, \cdots)$ 为相互独立同分布的随机变量序列,且概率分布为

$$P\{X_k = 2^{i-2\ln i}\} = 2^{-i}, \quad (i = 1, 2, \cdots)$$

试证明 $\{X_k\}$ 服从大数定律.

证　因为 $E(X_k) = \displaystyle\sum_{i=1}^{\infty} 2^{i-2\ln i} \cdot 2^{-i} = \sum_{i=1}^{\infty} \frac{1}{2^{2\ln i}} = \sum_{i=1}^{\infty} \frac{1}{4^{\ln i}} = \sum_{i=1}^{\infty} \frac{1}{i^{\ln 4}} < +\infty$ $(k = 1, 2, \cdots)$,

由辛钦大数定律可知 $\{X_k\}$ 服从大数定律.

例 4.4.4　利用某种仪器测量物体的温度 a(真值)时,所产生的随机误差的分布在独立试验过程中保持不变. 设 $X_1, X_2, \cdots, X_n, \cdots$ 表示各次测量的结果,则可否取 $\dfrac{1}{n}\displaystyle\sum_{i=1}^{n}(X_i - a)^2$ 作为仪器误差的方差的近似值?

解　由题意可知,各次测量的结果 $X_1, X_2, \cdots, X_n, \cdots$ 是服从同一分布的相互独立的随机变量序列,设 $E(X_i) = \mu$, $D(X_i) = \sigma^2$, $i = 1, 2, \cdots, n, \cdots$,则仪器误差的数学期望及方差分别为

$$E(X_i - a) = E(X_i) - a = \mu - a, \quad i = 1, 2, \cdots, n, \cdots,$$

$$D(X_i - a) = D(X_i) = \sigma^2, \quad i = 1, 2, \cdots, n, \cdots,$$

令随机变量 $Y_i = (X_i - a)^2$, $i = 1, 2, \cdots, n, \cdots$,显然,$Y_1, Y_2, \cdots, Y_n, \cdots$ 也是相互独立的,并且服从同一分布,因此

$$\begin{aligned} E(Y_i) &= E(X_i - a)^2 = D(X_i - a) + [E(X_i - a)]^2 \\ &= \sigma^2 + (\mu - a)^2, \quad i = 1, 2, \cdots, n, \cdots, \end{aligned}$$

则由切比雪夫定理(或辛钦定理)可得

$$\lim_{n \to \infty} P\left\{ \left| \frac{1}{n}\sum_{i=1}^{n} Y_i - \sigma^2 \right| < \varepsilon \right\} = 1.$$

即

$$\lim_{n \to \infty} P\left\{ \left| \frac{1}{n}\sum_{i=1}^{n}(X_i - a)^2 - \sigma^2 \right| < \varepsilon \right\} = 1.$$

这表明, 当 $n \to \infty$ 时, $\frac{1}{n}\sum_{i=1}^{n}(X_i - a)^2$ 依概率收敛于 σ^2, 由此可知, 当 n 充分大时, $\frac{1}{n}\sum_{i=1}^{n}(X_i - a)^2$ 可以作为 σ^2 的近似值.

4.4.3 中心极限定理

在客观实际中有许多随机变量, 它们是由大量的相互独立的随机因素的综合影响所形成的, 而其中每个因素在总的影响中所起的作用都是微小的. 这种随机变量往往近似地服从正态分布, 这就是中心极限定理的客观背景.

定理4.4.5　(**Lindbeyg – Levy 中心极限定理**) 设随机变量序列 $X_1, X_2, \cdots, X_n, \cdots$ 相互独立, 服从同一分布, 且具有数学期望和方差: $E(X_k) = \mu$, $D(x_k) = \sigma^2 > 0 (k = 1, 2, \cdots)$, 则随机变量之和 $\sum_{k=1}^{n} X_k$ 的标准化随机变量

$$Y_n = \frac{\sum_{k=1}^{n} X_k - E\left(\sum_{k=1}^{n} x_k\right)}{\sqrt{D\left(\sum_{k=1}^{n} X_k\right)}} = \frac{\sum_{k=1}^{n} X_k - n\mu}{\sqrt{n}\sigma}$$

的分布函数 $F_n(x)$ 对于任意 x 满足

$$\lim_{n \to \infty} F_n(x) = \lim_{n \to \infty} P\left\{ \frac{\sum_{k=1}^{n} X_k - n\mu}{\sqrt{n}\sigma} \leqslant x \right\}$$

$$= \int_{-\infty}^{x} \frac{1}{\sqrt{2\pi}} e^{-\frac{t^2}{2}} dt = \Phi(x).$$

由以上定理可知, 均值为 μ, 方差为 $\sigma^2 > 0$ 的独立同分布的随机变量 $X_1, X_2, \cdots, X_n$ 之和 $\sum_{k=1}^{n} X_k$ 的标准化随机变量, 当 n 充分大时, 有

$$\frac{\sum_{i=1}^{n} X_k - n\mu}{\sqrt{n}\sigma} \underset{\text{近似地}}{\sim} N(0,1). \tag{4.4.6}$$

在一般情况下, 很难求出 n 个随机变量之和 $\sum_{k=1}^{n} X_k$ 的分布函数, (4.4.6) 式表明, 当 n 充分大时, 可以通过 $\Phi(x)$ 给出其近似分布. 这样, 就可以利用正态分布对 $\sum_{k=1}^{n} X_k$ 作理论分析或作实际计算, 其好处是明显的.

将(4.4.6)式左端改写成 $\dfrac{\dfrac{1}{n}\sum\limits_{k=1}^{n} X_k - \mu}{\dfrac{\sigma}{\sqrt{n}}} = \dfrac{\overline{X} - \mu}{\dfrac{\sigma}{\sqrt{n}}}$，这样，上述结果可写成：当 n 充分大时，

$$\dfrac{\overline{X} - \mu}{\dfrac{\sigma}{\sqrt{n}}} \underset{\text{近似地}}{\sim} N(0,1) \quad \text{或} \quad \overline{X} \underset{\text{近似地}}{\sim} N\left(\mu, \dfrac{\sigma^2}{n}\right). \tag{4.4.7}$$

这是独立同分布中心极限定理的结论的另一个形式. 即均值为 μ，方差为 $\sigma^2 > 0$ 的独立同分布的随机变量 $X_1, X_2, \cdots, X_n$ 的算术平均值 $\overline{X} = \dfrac{1}{n}\sum\limits_{k=1}^{n} X_k$，当 n 充分大时近似地服从均值为 μ，方差为 $\dfrac{\sigma^2}{n}$ 的正态分布，这一结论是数理统计中大样本统计推断的基础.

拉普拉斯（Pierre Simon Laplace，1749—1827），法国著名的天文学家和数学家，天体力学的集大成者. 1812 年发表了重要的《概率分析理论》一书，在该书中总结了当时整个概率论的研究，论述了概率在选举审判调查、气象等方面的应用，导入"拉普拉斯变换"等. 拉普拉斯在研究天体问题的过程中，创造和发展了许多数学的方法，以他的名字命名的拉普拉斯变换、拉普拉斯定理和拉普拉斯方程，在科学技术的各个领域有着广泛的应用.

棣莫佛（Abraham de Moivre，1667—1754），法国数学家. 他对数学最著名的贡献是棣莫佛公式和棣莫佛－拉普拉斯中心极限定理，以及他对正态分布和概率理论的研究. 棣莫佛还写了一本概率理论的教科书 *The Doctrine of Chances*，据说这本书被投机主义者（Gambler）高度赞扬. 棣莫佛是解析几何和概率理论的先驱之一；他还最早发现了一个二项分布的近似公式，这一公式被认为是正态分布的首次露面.

定理 4.4.6 （**棣莫佛 – 拉普拉斯定理**）设 $X \sim B(n, p)$，则对任意实数 x，有

$$\lim_{n\to\infty} P\left\{\dfrac{X - np}{\sqrt{np(1-p)}} \le x\right\} = \int_{-\infty}^{x} \dfrac{1}{\sqrt{2\pi}} e^{-\frac{t^2}{2}} dt = \Phi(x). \tag{4.4.8}$$

证 因为 $X \sim B(n, p)$，所以把 X 看成 n 个相互独立的，服从 $0-1$ 分布的随机变量之和，即 $X = X_1 + X_2 + \cdots + X_n$，

于是 $E(X_i) = p$，$D(X_i) = p(1-p)$，而

$$E(X) = \sum_{i=1}^{n} E(X_i) = np, \quad D(X) = \sum_{i=1}^{n} D(X_i) = np(1-p).$$

由林德伯格 – 列维中心极限定理知，

对于
$$Z_n = \frac{X - np}{\sqrt{np(1-p)}} = \frac{\sum\limits_{i=1}^{n} X_i - E\left(\sum\limits_{i=1}^{n} X_i\right)}{\sqrt{D\left(\sum\limits_{i=1}^{n} X_i\right)}},$$

有
$$\lim_{n\to\infty} P\{Z_n \leqslant x\} = \lim_{n\to\infty} P\left\{\frac{X-np}{\sqrt{np(1-p)}} \leqslant x\right\} = \Phi(x).$$

这个定理表明，正态分布是二项分布的极限分布，当 n 充分大时，我们可以利用(4.4.8)式来计算二项分布的概率. 下面举几个关于中心极限定理应用的例子.

例 4.4.5　对敌人的防御地段进行 100 次轰炸，每次轰炸命中目标的炸弹数目是一个随机变量，其数学期望为 2，方差为 1.69. 求在 100 次轰炸中有 180 颗到 220 颗炸弹命中目标的概率.

解　令第 i 次轰炸命中目标的炸弹数为 X_i，则 100 次轰炸命中目标的炸弹数 $X = \sum\limits_{i=1}^{100} X_i$.

由题设，$E(X_i) = 2$，$D(X_i) = 1.69$. 应用中心极限定理 4.4.5，X 近似服从正态分布，$E(X) = 200$，$D(X) = 169$，所以

$$P\{180 \leqslant X \leqslant 220\} = P\left\{\frac{180-200}{\sqrt{169}} \leqslant \frac{X-200}{\sqrt{169}} \leqslant \frac{220-200}{\sqrt{169}}\right\}$$

$$\approx \Phi\left(\frac{20}{13}\right) - \Phi\left(-\frac{20}{13}\right) = 2\Phi(1.54) - 1 = 0.876\,44.$$

例 4.4.6　计算机在进行数学计算时，遵从四舍五入原则，为简单计算，现在对小数点后面第一位进行舍入运算，则误差 X 可以认为服从 $[-0.5, 0.5]$ 上的均匀分布，若在一项计算中进行了 100 次数字计算，求平均误差落在区间 $\left[-\frac{\sqrt{3}}{20}, \frac{\sqrt{3}}{20}\right]$ 上的概率.

解　由于 $n = 100$，用 X_i 表示第 i 次运算中产生的误差. $X_1, X_2, \cdots, X_{100}$ 相互独立，都服从 $[-0.5, 0.5]$ 上的均匀分布，则

$$E(X_i) = 0,\ D(X_i) = \frac{1}{12},\ i = 1, 2, \cdots, 100.$$

从而

$$Y_{100} = \frac{\sum\limits_{i=1}^{100} X_i - 100 \times 0}{\sqrt{\frac{100}{12}}} = \frac{\sqrt{3}}{5} \sum_{i=1}^{100} X_i \underset{\text{近似地}}{\sim} N(0,1).$$

故平均误差 $\overline{X} = \frac{1}{100}\sum\limits_{i=1}^{100} X_i$ 落在 $\left[-\frac{\sqrt{3}}{20}, \frac{\sqrt{3}}{20}\right]$ 上的概率为

$$P\left\{-\frac{\sqrt{3}}{20} \leqslant \overline{X} \leqslant \frac{\sqrt{3}}{20}\right\} = P\left\{-\frac{\sqrt{3}}{20} \leqslant \frac{1}{100}\sum_{i=1}^{100} X_i \leqslant \frac{\sqrt{3}}{20}\right\}$$

$$= P\left\{-3 \leqslant \frac{\sqrt{3}}{5}\sum_{i=1}^{100} X_i \leqslant 3\right\}$$

$$\approx \Phi(3) - \Phi(-3) = 0.997\ 3.$$

例 4.4.7　设有 1 000 个人独立行动，每个人能够按时进入掩蔽体的概率为 0.9，以 95% 概率估计，在一次行动中：

(1) 至少有多少个人能够进入？

(2) 至多有多少个人能够进入？

解　用 X_i 表示第 i 个人能够按时进入掩蔽体 $(i = 1, 2, \cdots, 1\ 000)$

令
$$S_n = X_1 + X_2 + \cdots + X_{1\ 000}.$$

(1) 设至少有 m 人能够进入掩蔽体，要求 $P\{m \leqslant S_n \leqslant 1\ 000\} \geqslant 0.95$，事件

$$\{S_n \geqslant m\} = \left(\frac{m - 1\ 000 \times 0.9}{\sqrt{1\ 000 \times 0.9 \times 0.1}} \leqslant \frac{S_n - 900}{\sqrt{90}} \right).$$

由中心极限定理知：

$$P\{m \leqslant S_n\} = 1 - P\{S_n < m\} = 1 - \Phi\left(\frac{m - 1\ 000 \times 0.9}{\sqrt{1\ 000 \times 0.9 \times 0.1}} \right) \geqslant 0.95.$$

从而
$$\Phi\left(\frac{m - 900}{\sqrt{90}} \right) \leqslant 0.05,$$

故
$$\frac{m - 900}{\sqrt{90}} = -1.65.$$

所以
$$m = 900 - 15.65 = 884.35 \approx 884(人).$$

(2) 设至多有 M 人能进入掩蔽体，要求 $P\{0 \leqslant S_n \leqslant M\} \geqslant 0.95$.

$$P\{S_n \leqslant M\} = \Phi\left(\frac{M - 900}{\sqrt{90}} \right) = 0.95.$$

查表知 $\dfrac{M - 900}{\sqrt{90}} = 1.65$，$M = 900 + 15.65 = 915.65 \approx 916(人).$

例 4.4.8　多次测量一个物理量，每次都产生一个随机误差 $\varepsilon_i(i = 1, 2, \cdots, n)$. 假定 ε_i 服从 $(-1, 1)$ 内的均匀分布. 问 n 次测量的算术平均值与真值的差小于正数 δ 的概率是多少？若 $n = 100, \delta = 0.1$，上述概率的近似值是多少？对 $\delta = 0.1$，欲使上述概率值不小于 0.95，至少应进行多少次测量？

解　设以 μ 表示物理量的真值，$X_i(i = 1, 2, \cdots, n)$ 表示测量值. 据题意

$$X_i = \mu + \varepsilon_i, \quad \varepsilon_i \sim U(-1, 1),$$

$$E(\varepsilon_i) = 0, \quad D(\varepsilon_i) = \frac{2^2}{12} = \frac{1}{3},$$

$$E(X_i) = \mu, \quad D(X_i) = D(\varepsilon_i) = \frac{1}{3}.$$

令 $X = \displaystyle\sum_{i=1}^{n} X_i$，$X_i$ 之间相互独立，则 $E(X) = n\mu$，$D(X) = nD(\varepsilon_i) = \dfrac{n}{3}$. 于是所求概率

为

$$P\left\{\left|\frac{1}{n}\sum_{i=1}^{n}X_i-\mu\right|<\delta\right\}=P\left\{\left|\frac{X-n\mu}{\sqrt{n/3}}\right|<\frac{n\delta}{\sqrt{n/3}}\right\}=P\left\{|X^*|<\sqrt{3n}\delta\right\}.$$

根据中心极限定理，X^* 近似服从标准正态分布 $N(0,1)$，所以

$$P\left\{|X^*|<\sqrt{3n}\delta\right\}\approx\Phi(\sqrt{3n}\delta)-\Phi(-\sqrt{3n}\delta)=2\Phi(\sqrt{3n}\delta)-1.$$

若 $n=100$，$\delta=0.1$，则

$$P\left\{\left|\frac{1}{100}\sum_{i=1}^{100}X_i-\mu\right|<0.1\right\}=2\Phi(0.1\times\sqrt{3\times100})-1$$

$$\approx2\Phi(1.732)-1$$

$$=2\times0.9584-1=0.9168.$$

欲使

$$P\left\{\left|\frac{1}{n}\sum_{i=1}^{n}X_i-\mu\right|<0.1\right\}\geqslant0.95,$$

只要

$$P\left\{|X^*|<\sqrt{3n}\delta\right\}=2\Phi(0.1\times\sqrt{3n})-1\geqslant0.95,$$

即

$$\Phi(0.1\times\sqrt{3n})\geqslant0.975.$$

反查附表 3 得

$$0.1\times\sqrt{3n}\geqslant1.95,$$

所以 $n\geqslant128.05$，取 $n=129$ 即可.

习题 4.4

1. 利用 Chebyshev 不等式估计随机变量与其数学期望之差大于 3 倍标准差的概率.

2. 设随机变量 X，Y 的数学期望都是 2，方差分别是 1 和 4，而相关系数为 0.5，试根据 Chebyshev 不等式给出 $P\{|X-Y|\geqslant6\}$ 的估计.

3. 若随机变量序列 X_1，X_2，$\cdots$，X_n，$\cdots$ 满足条件

$$\lim_{n\to\infty}\frac{1}{n^2}D\left(\sum_{i=1}^{n}X_i^2\right)=0,$$

证明 $\{X_n\}$ 服从大数定律.

4. 某工厂有 400 台同类机器，各台机器发生故障的概率都是 0.02，假设各台机器工作是相互独立的，试求机器出故障的台数不少于 2 台的概率.

5. 某车间有 200 台车床，在生产时间内由于需要检修、调换刀具、变换位置、调换工件等常需要停车，设开工率为 0.6，并设每台车床的工作是独立的，且在开工时需电力 1 kW，问应供该车间多少瓦电力，才能以 99.9% 的概率保证该车间不会因为供电不足而影响生产?

6. 试利用 Chebyshev 不等式和中心极限定理分别确定投掷一枚均匀硬币的次数，使得出现"正面向上"的频率在 0.4 到 0.6 之间的概率不小于 0.9.

习题 4.4 答案

习题四

习题四答案

一、填空题

1. 若 $D(X) = 8$, $D(Y) = 4$, 且 X, Y 相互独立, 则 $D(2X - Y) = $ _____.

2. 设一次实验成功的概率是 p, 进行 100 次独立重复试验, 当 $p = $ _____ 时, 成功次数的标准差的值最大, 其最大值为 _____.

3. 设随机变量 X 服从参数为 λ 的泊松分布, 且已知 $E[(X-1)(X-2)] = 1$, 则 $\lambda = $ _____.

二、计算题

1. 向一目标射击, 目标中心为坐标原点, 已知命中点的横坐标 X 和纵坐标 Y 相互独立, 且均服从 $N(0, 2^2)$ 的分布, 试求:

(1) 命中环形区域 $D = \{(x, y) \mid 1 \leq x^2 + y^2 \leq 2\}$ 的概率;

(2) 命中点到目标中心距离 $Z = \sqrt{X^2 + Y^2}$ 的数学期望.

2. (1) 设 $X \sim U[0, 1]$, $Y \sim U[0, 1]$, 且 X 与 Y 相互独立, 求 $E|X - Y|$;

(2) 设 $X \sim N(0, 1)$, $Y \sim N(0, 1)$, 且 X 与 Y 相互独立, 求 $E|X - Y|$.

3. 设二维随机变量 (X, Y) 的联合概率分布为

X＼Y	-1	0	1
-1	a	0	0.2
0	0.1	b	0.2
1	0	0.1	c

其中 a, b, c 均为常数, 且 X 的数学期望 $E(X) = 0.2$, $P\{Y \leq 0 \mid X \leq 0\} = 0.8$, 记 $Z = X + Y$, 求:

(1) a, b, c 的值;

(2) Z 的概率分布;

(3) $P\{X = Z\}$.

4. 设随机变量 X 服从瑞利分布, 其概率密度为

$$f(x) = \begin{cases} \dfrac{1}{2}\cos\dfrac{x}{2}, & 0 \leq x \leq \pi, \\ 0, & \text{其他}. \end{cases}$$

对 X 独立地重复观察 4 次, 用 Y 表示观察值大于 $\dfrac{\pi}{3}$ 的次数, 求 Y^2 的数学期望.

5. 对某目标进行射击, 直到击中为止, 如果每次命中率为 p, 求射击次数的数学期望和方差.

6. 一工人负责 n 台同样机床的维修, 这 n 台机床自左到右排在一条直线上, 相邻两台机床的距离为 a(米), 假设每台机床发生故障的概率均为 $\dfrac{1}{n}$, 且相互独立, 若 Z 表示工人修完

一台后到另一台需要检修的机床所走的路程，求 $E(Z)$.

7. 设考生的外语成绩(百分制)X 服从正态分布，平均成绩(即参数 μ 之值)为 72 分，96 分以上的人占考生总数的 2.3%，今任取 100 个考生的成绩，以 Y 表示成绩在 60 分至 84 分之间的人数，求：

(1) Y 的分布律；

(2) $E(Y)$ 和 $D(Y)$.

8. 设随机变量 X 的概率密度函数为

$$f(x) = \frac{1}{2}\mathrm{e}^{-|x|} \quad (-\infty < x < +\infty),$$

(1) 求 $E(X)$ 和 $D(X)$；

(2) 求 $\mathrm{Cov}(X, |X|)$，并问 X 与 $|X|$ 是否不相关？

(3) 问 X 与 $|X|$ 是否相互独立，为什么？

9. 设 θ 服从 $[-\pi, \pi]$ 上的均匀分布，且

$$X = \sin\theta, \quad Y = \cos\theta,$$

判断 X 与 Y 是否不相关，是否相互独立？

10. 已知随机变量 X 与 Y 的联合概率分布为

(x, y)	$(0,0)$	$(0, 1)$	$(1, 0)$	$(1, 1)$	$(2, 0)$	$(2, 1)$
$P\{X = x, Y = y\}$	0.10	0.15	0.25	0.20	0.15	0.15

求：(1) $X + Y$ 的概率分布；

(2) $Z = \sin\dfrac{\pi(X+Y)}{2}$ 的数学期望；

(3) X 与 Y 的相关系数 ρ_{XY}.

11. 已知随机变量 X 与 Y 分别服从正态分布 $N(1, 3^2)$ 与 $N(1, 4^2)$，且 X 与 Y 的相关系数 $\rho_{XY} = -\dfrac{1}{2}$，设 $Z = \dfrac{X}{3} + \dfrac{Y}{2}$.

(1) 求 Z 的数学期望 $E(Z)$ 和方差 $D(Z)$；

(2) 求 X 与 Z 的相关系数 ρ_{XZ}；

(3) 问 X 与 Z 是否相互独立，为什么？

12. 设随机变量 X 的分布密度为

$$f(x) = \begin{cases} ax, & 0 < x < 2 \\ bx + c, & 2 \leqslant x < 4, \\ 0, & \text{其他} \end{cases}$$

已知 $E(X) = 2$，$P\{1 < X < 3\} = \dfrac{3}{4}$，求：

(1) 常数 a, b, c 的值；

(2) 方差 $D(X)$；

(3) 随机变量 $Y = \mathrm{e}^X$ 的期望和方差.

13. 某箱装有 100 件产品，其中一、二和三等品分别为 80 件、10 件、10 件，现从中随机抽

取一件，记

$$X_i = \begin{cases} 1, & \text{抽到 } i \text{ 等品}(i = 1, 2, 3), \\ 0, & \text{其他}. \end{cases}$$

试求：

(1) 随机变量 X_1，X_2 的联合分布；

(2) 随机变量 X_1，X_2 的相关系数.

14. 设有甲、乙两种投资证券，其收益分别为随机变量 X_1，X_2，已知均值分别为 μ_1，μ_2，风险分别为 σ_1，σ_2，相关系数为 ρ，现有资金总额为 C(设为 1 个单位). 怎样组合资金才可使风险最小？

15. 设二维随机变量 (X, Y) 具有概率密度

$$f(x, y) = \begin{cases} \dfrac{1}{8}(x + y), & 0 \leqslant x \leqslant 2, 0 \leqslant y \leqslant 2, \\ 0, & \text{其他}. \end{cases}$$

求 $E(X)$，$E(Y)$，$\mathrm{Cov}(X, Y)$，ρ_{XY}，$D(X + Y)$.

16. 设随机变量 X 与 Y 相互独立，且均服从参数为 1 的指数分布，记 $U = \max\{X, Y\}$，$V = \min\{X, Y\}$. 求 (1) V 的概率密度 $f_V(v)$；(2) $E(U + V)$.

17. 某药厂断言，该厂生产的某种药品对于医治一种疑难的血液病的治愈率为 0.8，医院检验员任意抽查 100 个服用此药品的病人，如果其中多于 75 人治愈，就接受这一断言，否则就拒绝这一断言.

(1) 若实际上此药品对这种疾病的治愈率是 0.8，问接受这一断言的概率是多少？

(2) 若实际上此药品对这种疾病的治愈率是 0.7，问接受这一断言的概率是多少？

18. 某保险公司多年统计资料表明，在索赔户中，被盗索赔户占 20%，以 X 表示在随机抽查的 100 个索赔户中，因被盗向保险公司索赔的户数.

(1) 写出 X 的概率分布；

(2) 利用中心极限定理，求被盗索赔户不少于 14 户且不多于 30 户的概率近似值.

19. 某个单位设置一个电话总机，共有 200 个分机，设每个分机有 5% 的时间要使用外线通话，假定每个分机是否使用外线通话是相互独立的，问总机要多少外线才能够以 90% 的概率保证每个分机要使用外线通话时可供使用？

20. 设有 30 个电子器件 D_1，D_2，$\cdots$，D_{30}，它们的使用情况如下：D_1 损坏，D_2 立即使用；D_2 损坏，D_3 立即使用；等等. 设器件 $D_i(i = 1, 2, \cdots, 30)$ 的寿命服从参数为 $\theta = 10\text{ h}$ 的指数分布的随机变量，令 T 为 30 个器件使用的总时间，求 T 超过 350 h 的概率.

21. 计算器在进行加法时，将每个加数舍入最靠近它的整数，设所有舍入误差是独立的且在 $(-0.5, 0.5)$ 上服从均匀分布.

(1) 若将 1500 个数相加，问误差总和的绝对值超过 15 的概率是多少？

(2) 最多可有几个数相加使得误差总和的绝对值小于 10 的概率不小于 0.90？

第 5 章 　 数理统计中的基本概念

在前四章中, 我们学习了概率论的基本内容. 在概率论中, 一般是在随机变量分布已知的情况下讨论随机变量的性质和数字特征, 一切的推理都基于这个已知的分布. 但在实际问题中, 情况往往并非总是如此. 一个随机现象所服从的分布是什么概型, 可能完全不知道, 或者即使知道其概型, 但其分布函数中可能包含一些未知的参数. 例如, 某型号电池的使用寿命服从什么分布是不知道的, 某种药品的失效时间服从什么分布也是不知道的. 又如, 某工厂生产大批的电子元件, 根据概率论中的理论, 元件的寿命可以用指数分布 $E(\theta)$ 来描述, 但分布中的参数 θ 却是不知道的. 那么怎样才能知道一个随机现象的分布或其参数呢? 这些问题都属于数理统计研究的范畴.

数理统计是伴随着概率论的发展而发展起来的一个数学分支, 数理统计与概率论是两个有密切联系的姊妹学科, 它们的研究对象都是随机现象. 可以说, 概率论是数理统计的基础, 而数理统计是概率论的重要应用.

数理统计是研究统计工作的一般原理和方法的科学, 它包含的内容十分丰富, 大体可以分为**收集数据**和**统计推断**两个方面. **收集数据**是研究如何对随机现象进行观察或试验, 以便获得能够很好反映整体情况的局部数据, 其内容包括抽样技术、试验设计等; **统计推断**是研究如何对收集到的局部数据进行整理、分析, 并对所考察的研究对象的整体特性做出尽可能准确可信的推测和判断, 其内容包括参数估计、假设检验、回归分析等.

数理统计是一系列的思想和技术, 它使人们有效地收集数据, 然后发现数据所表示的意义. 它是一门应用学科, 既涉及个人判断, 也涉及详细的逻辑推导. 现在数理统计成为应用广泛、方法独特的一门数学学科. 它用来帮助作决定, 它也用来控制制造过程, 衡量这些过程的成功. 它用来计算保险政策下的保费, 它还用来识别罪犯.

本章 5.1 节介绍了总体与样本中的基本概念; 5.2 节介绍了统计学中的三大分布概念及应用计算; 5.3 节介绍了正态总体下几个常见的抽样分布以及它们的应用.

5.1 　 总体与样本

在数据的海洋中, 文字、数字、图像、测量数据、声音都被转变成适合传播、处理、存储的上万亿的二进制数字, 生成大量数据, 这些是需要大量的处理工作. 如何理解这么大量的数字和事实, 或者分析它们来揭示包含的模式呢? 第一步是收集大量数据. 收集有用的数据并不容易, 但是这只是第一步. 数据是任何科学的基础, 但是只有数据是不够的. 任何仔细收集起来的信息, 在发现它的价值之前, 一定意味着什么. 自然地, 我们想要从这大量数据中获得一些有用信息. 比如数据组中的最大值是多少? 最小值? 平均值是多少? 数值如何围绕平均值分布? 不同类的数字之间是否存在关系? 等等. 所有这些问题都很重要, 因为每个问题都可以让研究者更多地了解数据代表什么.

5.1.1　总体与个体

在数理统计中，把研究对象的全体称为**总体**（或**母体**），总体中的每个元素称为**个体**. 例如，检查某批电子元件的寿命，该批元件构成一个总体，而每一只元件就是一个个体. 总体中含有有限个个体，称其为**有限总体**，含有无限个个体，称为**无限总体**. 如果一个有限总体中所包含的个体数量很大，则可以将有限总体视为无限总体.

在实际问题中，人们往往关心的不是研究对象的整体情况，而是研究对象的一个或几个数量指标，如产品的使用寿命、学生的身高等. 对于选定的数量指标 X 而言，每个个体所取的数值不同，而且事先无法准确预测，因而这一数量指标是一个随机变量. 而 X 的分布完全描述了总体中我们所关心的这一数量指标的分布情况，因此对总体的研究，可以归结为对这一数量指标 X 的分布函数及其数字特征的研究，并把数量指标 X 的分布称为总体分布.

5.1.2　样本与抽样

为了了解总体 X 的分布，需要从中随机抽取一定数量的个体进行观测，这些被抽取的部分个体，称为总体的一个**样本**（又称**子样**），样本中的每个个体称为**样品**. 样本中所含个体的数量称为**样本容量**，从总体中抽取样本的过程称为**抽样**.

人们从总体 X 中每抽取一个样品，就是对总体 X 做了一次随机试验，并记录其结果. 抽取一个容量为 n 的样本，就相当于对总体 X 做了 n 次随机试验，试验的结果依次记为 $X_1, X_2, \cdots, X_n$，因此常用 n 维随机变量 $(X_1, X_2, \cdots, X_n)$ 表示来自总体 X 的一个容量为 n 的样本. 一旦抽样已经实现，就得到一组实数 $(x_1, x_2, \cdots, x_n)$，它们依次是随机变量 $X_1, X_2, \cdots, X_n$ 的观测值，称为**样本观察值**，简称**样本值**.

为了有效地利用样本来推测总体，又在数学上便于处理，对所抽取的样本常常提出最基本的两个要求：

（1）**代表性**：样本中的每个个体 X_i 都与总体 X 有相同的分布.

（2）**独立性**：样本中的各个体 $X_1, X_2, \cdots, X_n$ 相互独立，即每次抽样的结果既不影响其他各次抽样的结果，也不受其他各次抽样的影响.

我们称满足以上两个条件的样本为**简单随机样本**. 称获得简单随机样本的抽样方法为**简单随机抽样**.

通常的抽样方法有**随机放回抽样**和**不放回抽样**两种. 对于随机放回抽样，每次都是从完整的总体中随机抽取一个个体 X_i，X_i 的取值情况与总体 X 是完全相同的，因此它是一个与总体 X 有相同分布的随机变量，$X_1, X_2, \cdots, X_n$ 的抽取互不影响，即 $X_1, X_2, \cdots, X_n$ 相互独立，因此随机放回抽样是简单随机抽样. 对于不放回抽样，各次抽样是有影响的，后面抽取的个体已不能代表完整的总体，因此不是简单随机抽样. 但在实际问题中，样本容量往往很小（一般在总体数量的 $\frac{1}{10}$ 以下），每取出一个个体，总体成分变化很小，又因为是随机抽样，取出的个体对总体仍具有"代表性"，因此，在样本容量很小时，随机不放回抽样也可看成简单随机抽样.

本书中所涉及的样本除另有说明外，均指简单随机样本.

由定义，若总体 X 的分布函数为 $F(x)$，则样本 $(X_1, X_2, \cdots, X_n)$ 的联合分布函数为

$$
\begin{aligned}
F(x_1, x_2, \cdots, x_n) &= P\{X_1 \leqslant x_1, X_2 \leqslant x_2, \cdots, X_n \leqslant x_n\} \\
&= P\{X_1 \leqslant x_1\} P\{X_2 \leqslant x_2\} \cdots P\{X_n \leqslant x_n\} \\
&= F(x_1) F(x_2) \cdots F(x_n) \\
&= \prod_{i=1}^{n} F(x_i).
\end{aligned}
$$

若总体 X 为离散型随机变量, 其概率分布为 $P\{X = x_{(k)}\} = P\{x_{(k)}\}$, $k = 1, 2, \cdots$ 时, 则样本 $(X_1, X_2, \cdots, X_n)$ 的联合分布律为

$$
P\{X_1 = x_1, X_2 = x_2, \cdots, X_n = x_n\} = \prod_{i=1}^{n} P\{x_i\}.
$$

其中 $x_1, x_2, \cdots, x_n$ 的每一个取值都在 X 所有可能取值 $X_{(1)}, X_{(2)}, \cdots, X_{(n)}$ 之中.

若总体 X 为连续型随机变量, 其概率密度为 $f(x)$, 则样本 $(X_1, X_2, \cdots, X_n)$ 的联合概率密度为

$$
f(x_1, x_2, \cdots, x_n) = \prod_{i=1}^{n} f(x_i).
$$

例5.1.1 设总体 X 服从参数为 λ 的泊松分布, 求来自总体 X 的容量为 n 的样本 $(X_1, X_2, \cdots, X_n)$ 的联合分布律.

解 因为总体 X 服从参数为 λ 的泊松分布, 其分布律为

$$
P(X = x) = \frac{\lambda^x}{x!} e^{-\lambda}, \quad x = 0, 1, 2, \cdots
$$

所以来自总体 X 的容量为 n 的样本 $(X_1, X_2, \cdots, X_n)$ 的联合分布律为

$$
\begin{aligned}
P\{X_1 = x_1, X_2 = x_2, \cdots, X_n = x_n\} &= \prod_{i=1}^{n} P\{X_i = x_i\} \\
&= \prod_{i=1}^{n} \frac{\lambda^{x_i}}{x_i!} e^{-\lambda} \\
&= \frac{\lambda^{\sum\limits_{i=1}^{n} x_i}}{x_1! x_2! \cdots x_n!} e^{-n\lambda}, \quad x_i = 0, 1, 2, \cdots
\end{aligned}
$$

例5.1.2 设 $X_1, \cdots, X_n$ 为总体 X 的样本, X 的密度函数为

$$
f(x; \theta) = \begin{cases} \theta, & 0 < x < 1, \\ 1 - \theta, & 1 \leqslant x < 2, \\ 0, & \text{其他}. \end{cases}
$$

记 N 为样本值 $X_1, \cdots, X_n$ 中小于 1 的个数, 求样本 $(X_1, X_2, \cdots, X_n)$ 的概率密度.

解 因为 $X_1, X_2, \cdots, X_n$ 相互独立, 且与 X 有相同的分布, 所以 $(X_1, X_2, \cdots, X_n)$ 的概率密度为

$$
\begin{aligned}
f(x_1, x_2, \cdots, x_n) &= \prod_{i=1}^{n} f(x_i) \\
&= \begin{cases} \theta^N (1 - \theta)^{n-N}, & 0 < x_i < 2, \\ 0, & \text{其他}. \end{cases}
\end{aligned}
$$

例 5.1.3　设总体 X 服从两点分布 $B(1, p)$，其中 $0 < p < 1$，$(X_1, X_2, \cdots, X_n)$ 是来自总体的样本，求样本 $(X_1, X_2, \cdots, X_n)$ 的分布律.

解　　总体 X 的分布律为　　$P\{X = i\} = p^i (1 - p)^{1-i}, \quad i = 0, 1.$

因为 $X_1, X_2, \cdots, X_n$ 相互独立，且与 X 有相同的分布，所以，样本 $(X_1, X_2, \cdots, X_n)$ 的分布律为

$$P\{X_1 = x_1, X_2 = x_2, \cdots, X_n = x_n\} = P\{X_1 = x_1\} P\{X_2 = x_2\} \cdots P\{X_n = x_n\}$$
$$= p^{\sum_{i=1}^{n} x_i} (1 - p)^{n - \sum_{i=1}^{n} x_i}.$$

其中 $x_1, x_2, \cdots, x_n$ 在集合 $\{0, 1\}$ 中取值.

5.1.3　统计量

样本是总体的代表和反映，但是我们抽取样本以后，并不能直接利用样本进行统计推断，而需要对样本进行"加工"与"提炼"，得到我们所关心的信息. 在数理统计中需要针对不同的问题构造样本的函数，通过样本的函数来提取与总体有关的主要信息，进行统计分析和推断，这种样本的函数称为统计量，其定义如下：

> **定义 5.1.1**　设 $(X_1, X_2, \cdots, X_n)$ 是来自总体 X 的一个样本，$g(X_1, X_2, \cdots, X_n)$ 是样本 $X_1, X_2, \cdots, X_n$ 的函数，若 g 是连续函数，且 g 中不含任何未知参数，则称 $g(X_1, X_2, \cdots, X_n)$ 为一个**统计量**，$g(x_1, x_2, \cdots, x_n)$ 称为这个统计量的观测值.

例如，设样本 $X_1, X_2, \cdots, X_n$ 是从正态总体 $N(\mu, \sigma^2)$ 中抽取的一个样本，其中 μ 是已知常数，而 σ^2 是未知参数，则 $X_1 + X_2 + \cdots + X_n$，X_1^2，$X_1^2 + \mu$ 都是统计量，而 $X_1 + \sigma^2$，$\dfrac{X_1 + X_2}{\sigma^2}$，$\sigma^2 X_1^2$ 都不是统计量.

常用的统计量及其观察值有

(1) 样本均值　$\overline{X} = \dfrac{1}{n} \sum_{i=1}^{n} X_i$，观察值

$$\bar{x} = \frac{1}{n} \sum_{i=1}^{n} x_i;$$

(2) 样本方差　$S^2 = \dfrac{1}{n-1} \sum_{i=1}^{n} (X_i - \overline{X})^2$，观察值

$$s^2 = \frac{1}{n-1} \sum_{i=1}^{n} (x_i - \bar{x})^2,$$

通过化简，可将样本方差化简为 $S^2 = \dfrac{1}{n-1} \left(\sum_{i=1}^{n} X_i^2 - n \overline{X}^2 \right)$；

(3) 样本标准差　$S = \sqrt{\dfrac{1}{n-1} \sum_{i=1}^{n} (X_i - \overline{X})^2}$，观察值 $s = \sqrt{\dfrac{1}{n-1} \sum_{i=1}^{n} (x_i - \bar{x})^2}$；

(4) 样本 k 阶原点矩　$A_k = \dfrac{1}{n} \sum_{i=1}^{n} X_i^k$，$k = 1, 2, \cdots$，观察值

$$a_k = \frac{1}{n}\sum_{i=1}^{n} x_i^k, \; k = 1, 2, \cdots,$$

显然，$A_1 = \overline{X}$.

(5) 样本 k 阶中心矩 $B_k = \frac{1}{n}\sum_{i=1}^{n}(X_i - \overline{X})^k, \; k = 1, 2, \cdots,$ 观察值

$$b_k = \frac{1}{n}\sum_{i=1}^{n}(x_i - \overline{x})^k, \quad k = 1, 2, \cdots,$$

这里，样本的二阶中心矩 $B_2 = \frac{1}{n}\sum_{i=1}^{n}(X_i - \overline{X})^2$ 也可以记为 S_n^2，注意 S_n^2 与 S^2 的关系是 S^2 $= \frac{n}{n-1}S_n^2$.

样本均值反映样本观测值的集中情况，样本方差反映样本观测值的离散程度. 当 n 充分大时，它们大致反映了总体 X 的集中情况和离散程度，即数学期望和方差.

例 5.1.4 在某工厂的轴承中随机取 10 只，测得其质量(以 kg 计) 为

| 2.36 | 2.42 | 2.38 | 2.34 | 2.40 |
| 2.42 | 2.39 | 2.43 | 2.39 | 2.37 |

求样本均值、样本方差和样本标准差.

解 $\overline{x} = \dfrac{2.36 + 2.42 + \cdots + 2.37}{10} = 2.39(\text{kg})$;

$s^2 = \dfrac{1}{10-1}(2.36^2 + 2.42^2 + \cdots + 2.37^2 - 10 \times 2.39^2)$

$= 0.000\,822\,2(\text{kg}^2)$;

$s = \sqrt{0.000\,822\,2} = 0.028\,67(\text{kg})$.

例 5.1.5 设 $X_1, X_2, \cdots, X_n$ 是来自总体 X 的一个简单随机样本，总体 X 的期望为 μ，方差为 σ^2，求样本均值 $\overline{X}$ 的期望和方差，样本方差 S^2 的期望.

解 因为 $X_1, \cdots, X_n$ 相互独立，$E(X_i) = \mu, D(X_i) = \sigma^2$.

则 $E(\overline{X}) = E\left(\frac{1}{n}\sum_{i=1}^{n}X_i\right) = \frac{1}{n}\sum_{i=1}^{n}E(X_i) = \frac{1}{n}\cdot n\mu = \mu,$

$D(\overline{X}) = D\left(\frac{1}{n}\sum_{i=1}^{n}X_i\right) = \frac{1}{n^2}\sum_{i=1}^{n}D(X_i) = \frac{1}{n^2}\cdot n\sigma^2 = \frac{\sigma^2}{n}.$

由 S^2 的简化计算式：$S^2 = \frac{1}{n-1}\left(\sum_{i=1}^{n}X_i^2 - n\overline{X}^2\right)$,

$E(S^2) = \frac{1}{n-1}\left[\sum_{i=1}^{n}E(X_i^2) - nE(\overline{X}^2)\right]$

$= \frac{1}{n-1}\left\{\sum_{i=1}^{n}[D(X_i) + E^2(X_i)] - n[D(\overline{X}) + E^2(\overline{X})]\right\}$

$$= \frac{1}{n-1}\left[n(\sigma^2 + \mu^2) - n \cdot \left(\frac{\sigma^2}{n} + \mu^2\right)\right] = \sigma^2.$$

注意：$E(S_n^2) = \dfrac{n-1}{n}\sigma^2$.

5.1.4　经验分布函数

设 $x_1, x_2, \cdots, x_n$ 是相应于总体 X 的一组样本观察值，将它们按从小到大的顺序排列，得到 $x_1 \leqslant x_2 \leqslant \cdots \leqslant x_n$，则称

$$F_n(x) = \begin{cases} 0, & \text{当 } x < x_1^*, \\ \dfrac{1}{n}, & \text{当 } x_1^* \leqslant x < x_2^*, \\ \vdots \\ \dfrac{k}{n}, & \text{当 } x_k^* \leqslant x < x_{k+1}^*, \\ \vdots \\ 1, & \text{当 } x \geqslant x_n^*. \end{cases}$$

为总体 X 的**经验分布函数**.

根据大数定律，事件发生的频率依概率收敛于这个事件发生的概率，从而有以下结论.

定理5.1.1(格列汶科定理)　设总体 X 的分布函数为 $F(x)$，经验分布函数为 $F_n(x)$，则当 $n \to \infty$ 时，$F_n(x)$ 以概率 1 关于 x 均匀地收敛于 $F(x)$，即

$$P\left\{\lim_{n \to \infty} \sup_{-\infty < x < \infty} |F_n(x) - F(x)| = 0\right\} = 1.$$

因此可用事件 $\{X \leqslant x\}$ 发生的频率 $\dfrac{k}{n}$ 来估计 $P\{X \leqslant x\}$，即用经验分布函数 $F_n(x)$ 来估计 X 的理论分布 $F(x) = P\{X \leqslant x\}$.

例5.1.6　设一药店 100 天内出售某保健品的情况如下：

日售出量	3	4	5	6	7	合计
天数	20	25	25	20	10	100

求样本容量，样本均值，样本方差，经验分布函数.

解　由题设知样本容量 $n = 100$，

样本均值 $\bar{x} = \dfrac{3 \times 20 + 4 \times 25 + 5 \times 25 + 6 \times 20 + 7 \times 10}{100} = 4.75$，

样本方差 $S^2 = \dfrac{1}{99}[3^2 \times 20 + 4^2 \times 25 + 5^2 \times 25 + 6^2 \times 20 + 7^2 \times 10 - 100 \times 4.75^2]$

≈ 1.60，

经验分布函数

$$F_{100}(x) = \begin{cases} 0, & x < 3; \\ \dfrac{1}{5}, & 3 \leqslant x < 4; \\ \dfrac{9}{20}, & 4 \leqslant x < 5; \\ \dfrac{7}{10}, & 5 \leqslant x < 6; \\ \dfrac{9}{10}, & 6 \leqslant x < 7; \\ 1, & x \geqslant 7. \end{cases}$$

5.1.5 直方图

设 X 是一个随机变量,如何根据样本值 $x_1, x_2, \cdots, x_n$ 近似求出它的概率密度呢? 这里介绍一种近似求概率密度的图解法 —— **直方图法**. 它的步骤如下:

第一步: 先把样本值 $x_1, x_2, \cdots, x_n$ 进行分组:

(1) 找出 $x_1, x_2, \cdots, x_n$ 的最小值与最大值, 分别记为 x_1^*, x_n^*;

(2) 选 a(它略小于 x_1^*), b(它略大于 x_n^*), 并等分区间 $[a, b]$, 得

$$a = t_0 < t_1 < t_2 < \cdots < t_m < t_{m+1} = b,$$

其中

$$t_{i+1} - t_i = \frac{b - a}{m + 1}, \quad i = 0, 1, \cdots, m.$$

(m 的大小没有硬性规定, 当样本容量 n 小时, m 也应小些, n 大时, m 则大些. 为方便起见, 一般使 t_i 比样本值多一位小数)

(3) 数出样本值落在区间 $(t_i, t_{i+1}]$ 中的个数, 记为频数 $n_i(i = 1, 2, \cdots, m)$.

第二步: 记

$$f_i = \frac{n_i}{n}, \quad i = 0, 1, 2, \cdots, m,$$

则 f_i 是样本值落入区间 $(t_i, t_{i+1}]$ 的频率.

由于 n 个样本的抽取是独立的, 由概率的统计定义可知, f_i 近似等于随机变量 X 落入区间 $(t_i, t_{i+1}]$ 的概率, 即

$$f_i \approx P\{t_i < X \leqslant t_{i+1}\}, i = 0, 1, \cdots, m.$$

现假设 X 的概率密度为 $f(t)$, 则有

$$f_i \approx P\{t_i < X \leqslant t_{i+1}\} = \int_{t_i}^{t_{i+1}} f(x)\,dx, \quad i = 0, 1, \cdots, m. \tag{5.1.1}$$

上式中 f_i 是已知的, 而 $f(x)$ 未知, 但它们之间有近似关系式(5.1.1), 怎样由 f_i 近似得出 $f(x)$ 呢? 为直观起见, 借助于图形.

第三步: 在 xOy 平面上, 画一排竖着的长方形: 对每个 $i(0 \leqslant i \leqslant m)$, 以 t_i, t_{i+1} 为底, 以

$y_i = \dfrac{f_i}{t_{i+1} - t_i}$ 为高，见图 5.1.1.

注意，图 5.1.1 中 $(t_i, t_{i+1}]$ 上的长方形（阴影部分）的面积为

$$\frac{f_i}{t_{i+1} - t_i}(t_{i+1} - t_i) = f_i \approx P\{t_i < X \leqslant t_{i+1}\}.$$

这样的图（一排竖着的长方形）就叫 **直方图**.

这个图的好处就在于，它大致地描述了 X 的

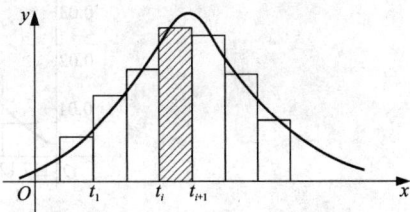

图 5.1.1

概率分布情况，因为每个竖着的长方形的面积，刚好近似地代表了 X 取值落入"底边"的概率.

再回忆随机变量 X 的概率密度曲线的直观意义（"曲边梯形"的面积代表 X 取值落入底边的概率），可以说，上面竖着的长方形面积近似地等于有同样底边的"曲边梯形"的面积.

这样，只要有了直方图，就可大致画出概率密度曲线：让曲线大致经过每个竖着的长方形的"上边". 换句话说，直方图提供了概率密度的大致样子. 容易看出，如果样本容量越大，分组越细，则直方图就越接近概率密度曲线下的"曲边梯形"，因而提供了概率密度更加准确的样子.

例 5.1.7　某养殖场 40 头牲畜的质量（单位：kg）如下：

138	164	150	132	144	125	149	157	146	158
140	147	136	148	152	144	168	127	138	176
163	119	154	165	146	173	142	147	135	153
140	135	161	145	135	142	150	156	145	128

试求牲畜质量的直方图.

解　样本最小值为 119，最大值为 176，取 $a = 117$，$b = 180$，将区间 $[117, 180]$ 等分成 7 个小区间，小区间长度为 9，见表 5.1.1.

表 5.1.1

区间 I_i	频数 n_i	频率 f_i	高 $\dfrac{f_i}{\Delta t_i}$
$[117, 126]$	2	0.050	0.005
$(126, 135]$	6	0.150	0.015
$(135, 144]$	9	0.225	0.025
$(144, 153]$	12	0.300	0.033
$(153, 162]$	5	0.125	0.014
$(162, 171]$	4	0.100	0.011
$(171, 180]$	2	0.050	0.006
$\sum$	40	1	

以区间 I_i 为底，$\dfrac{f_i}{\Delta t_i}$ 为高作矩形 $(i = 1, 2, \cdots, 7)$，得牲畜质量的直方图（图 5.1.2）.

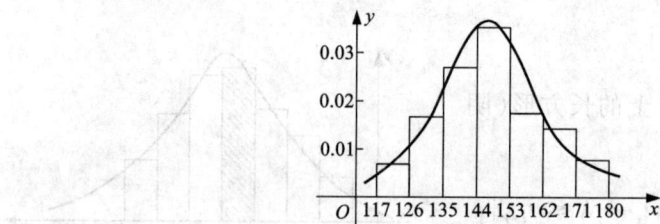

图 5.1.2

根据此直方图可大致画出牲畜质量 X 的密度函数图形,看来它有点像正态分布概率密度.

习题 5.1

习题 5.1 答案

1. 从总体 X 中抽出一容量为 10 的样本值:

$$4.5, 2.0, 1.0, 1.5, 3.4, 4.5, 6.5, 5.0, 3.5, 4.0,$$

试分别计算统计量 $\overline{X} = \dfrac{1}{n} \sum\limits_{i=1}^{n} X_i$ 及 $S^2 = \dfrac{1}{n-1} \sum\limits_{i=1}^{n} (X_i - \overline{X})^2$ 的值.

2. 若总体 $X \sim N(\mu, \sigma^2)$,其中 σ^2 已知,但 μ 未知,而 $X_1, X_2, \cdots, X_n$ 为它的一个简单随机样本,试指出下列量中哪些是统计量,哪些不是统计量:

(1) $\dfrac{1}{n} \sum\limits_{i=1}^{n} X_i$;　　　　(2) $\dfrac{1}{n} \sum\limits_{i=1}^{n} (X_i - \mu)^2$;　　　　(3) $\dfrac{1}{n} \sum\limits_{i=1}^{n} (X_i - \overline{X})^2$;

(4) $\dfrac{\overline{X} - 3}{\sigma} \sqrt{n}$;　　　　(5) $\dfrac{\overline{X} - \mu}{\sigma} \sqrt{n}$;　　　　(6) $\dfrac{\overline{X} - 5}{\sqrt{\dfrac{1}{n(n+1)} \sum\limits_{i=1}^{n} (X_i - \overline{X})^2}}$.

3. 总体 X 服从指数分布,密度函数:

$$f(x) = \begin{cases} \dfrac{1}{\theta} e^{-\frac{x}{\theta}}, & x > 0, \\ 0, & x \leqslant 0. \end{cases} \quad \left(\dfrac{1}{\theta} > 0 \right)$$

(X_1, X_2, X_3, X_4) 为来自 X 的样本,求该样本的联合概率密度.

4. 设总体 X 服从 $[a, b]$ 上的均匀分布,$(X_1, X_2, \cdots, X_n)$ 为来自总体 X 的样本,求样本均值 $\overline{X}$ 的数学期望和方差.

5. 从总体 X 中抽取一个容量为 8 的样本,样本值为 $3, 2, 2, 3, 1, 4, 3, 5$,求 X 的经验分布函数,并画出图形.

6. 某食品厂为了加强质量管理,对某天生产的罐头抽查了 50 个,数据如下(单位:克):

336	341	342	346	347	356	337	343	344	348
349	351	352	357	338	345	341	350	346	353
354	342	343	347	348	351	352	344	341	349
350	353	354	346	347	353	352	348	349	350
346	348	347	349	350	347	346	348	349	346

试将这些数据按区间 $[335,340)$，$[340,345)$，…，$[355,360]$ 分为 5 组，列出分组数据的统计表，并画出直方图.

5.2　统计学的三大分布

导学 5.2
(5.2　5.3)

统计量作为样本的函数是一个随机变量. 统计量的分布称为抽样分布. 在数理统计中，正态分布是非常重要的分布，在正态分布的基础上，又可派生出各种各样的分布，其中 χ^2 分布、t 分布和 F 分布在统计推断中是应用最广的重要分布.

5.2.1　χ^2 分布

1. χ^2 分布的定义

> **定义 5.2.1**　设 X_1，X_2，…，X_n 是来自总体 $N(0,1)$ 样本，则称统计量
> $$\chi^2 = X_1^2 + X_2^2 + \cdots + X_n^2$$
> 的分布为自由度为 n 的 χ^2 分布，记为 $\chi^2 \sim \chi^2(n)$，其中自由度 n 指的是上式右端和式中包含的独立变量的个数.

可以证明，$\chi^2(n)$ 分布的概率密度为

$$f(x) = \begin{cases} \dfrac{1}{2^{\frac{n}{2}}\Gamma\left(\dfrac{n}{2}\right)} x^{\frac{n}{2}-1} e^{-\frac{x}{2}}, & x > 0, \\ 0, & x \leqslant 0, \end{cases}$$

其中 $\Gamma(\alpha) = \displaystyle\int_0^{+\infty} x^{\alpha-1} e^{-x} dx\,(\alpha > 0)$ 是 Γ 函数.

图 5.2.1 画出了 $n=1$，$n=2$，$n=4$，$n=6$ 和 $n=11$ 的概率密度 $f(x)$ 的曲线.

从图中可以看出随着自由度 n 增大，$\chi^2(n)$ 的概率密度逐渐接近于正态分布的概率密度曲线.

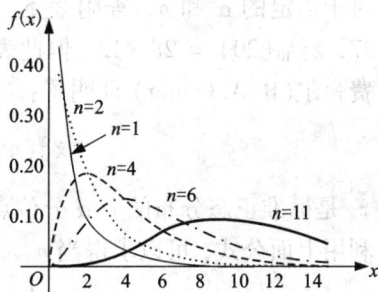

图 5.2.1

2. χ^2 分布的性质

（1）若 $Y \sim \chi^2(n)$，则 $E(Y) = n$，$D(Y) = 2n$.

证明　设 $X_i \sim N(0,1)$，且 X_1，X_2，…，X_n 相互独立，则
$$E(X_i^2) = D(X_i) + E^2(X_i) = 1, \quad D(X_i^2) = E(X_i^4) - E^2(X_i^2) = 3 - 1 = 2,$$
由 χ^2 分布的定义，$Y = X_1^2 + X_2^2 + \cdots + X_n^2$，可得
$$E(Y) = E(X_1^2 + X_2^2 + \cdots + X_n^2) = E(X_1^2) + E(X_2^2) + \cdots + E(X_n^2) = n,$$
$$D(Y) = D(X_1^2 + X_2^2 + \cdots + X_n^2) = D(X_1^2) + D(X_2^2) + \cdots + D(X_n^2) = 2n.$$

（2）χ^2 分布的可加性：设 $Y_1 \sim \chi^2(m)$，$Y_2 \sim \chi^2(n)$，且 Y_1，Y_2 相互独立，则 $Y_1 + Y_2 \sim \chi^2(m+n)$.

3. χ^2 分布的 α 分位点

设 $\chi^2 \sim \chi^2(n)$，对于给定的正数 $\alpha(0 < \alpha < 1)$，若

$$P\{\chi^2 > \chi_\alpha^2(n)\} = \int_{\chi_\alpha^2(n)}^{+\infty} f(x)\mathrm{d}t = \alpha,$$

则称 $\chi_\alpha^2(n)$ 为 $\chi^2(n)$ 分布的上 α 分位点；

若

$$P\{\chi^2 < \chi_\alpha^2(n)\} = \int_{-\infty}^{\chi_\alpha^2(n)} f(x)\mathrm{d}t = \alpha,$$

则称 $\chi_\alpha^2(n)$ 为 $\chi^2(n)$ 分布的下 α 分位点(见图 5.2.2)

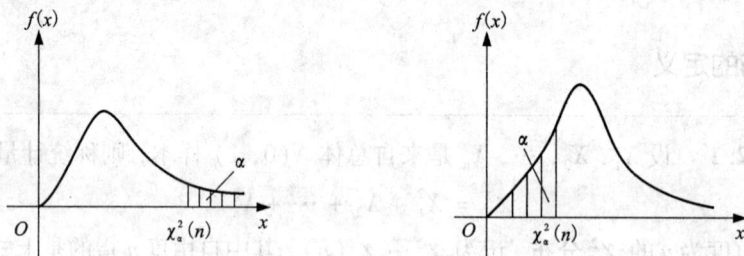

图 5.2.2

对于给定的 α 和 n，查附表 5，χ^2 分布表可得上分位点 $\chi_\alpha^2(n)$ 的值，如 $\chi_{0.05}^2(10) = 18.307$，$\chi_{0.10}^2(20) = 28.412$，但此表只详列到 $n = 45$ 为止.

费舍尔(R. A. Fisher)证明了：当 n 充分大时

$$\chi_\alpha^2(n) \approx \frac{1}{2}(z_\alpha + \sqrt{2n-1})^2,$$

其中 z_α 是标准正态分布的上 α 分位点.

利用上面公式，可以求得当 $n > 45$ 时，$\chi_\alpha^2(n)$ 的近似值，如

$$\chi_{0.25}^2(80) \approx \frac{1}{2}(0.67 + \sqrt{2 \times 80 - 1})^2 \approx 88.179\,2.$$

当 $\chi_\alpha^2(n)$ 表示下分位点时，可计算得 $\chi_{0.05}^2(10) = 3.940$，$\chi_{0.10}^2(20) = 12.443$. 在数理统计中 $\chi_\alpha^2(n)$ 有时表示上 α 分位点，有时又表示下 α 分位点.

例 5.2.1 设 X_1，X_2，$\cdots$，X_6 是来自 $N(0, 1)$ 的样本，又设

$$Y = (X_1 + X_2 + X_3)^2 + (X_4 + X_5 + X_6)^2.$$

求常数 C，使得 CY 服从 χ^2 分布.

解 因为 X_1，X_2，$\cdots$，X_6 是来自 $N(0, 1)$ 的样本，故 $X_1 + X_2 + X_3 \sim N(0, 3)$，$X_4 + X_5 + X_6 \sim N(0, 3)$，从而

$$\frac{X_1 + X_2 + X_3}{\sqrt{3}} \sim N(0, 1), \qquad \frac{X_4 + X_5 + X_6}{\sqrt{3}} \sim N(0, 1),$$

于是由 χ^2 分布的定义，有 $\left(\dfrac{X_1 + X_2 + X_3}{\sqrt{3}}\right)^2 + \left(\dfrac{X_4 + X_5 + X_6}{\sqrt{3}}\right)^2 \sim \chi^2(2)$，故

$\dfrac{1}{3}Y \sim \chi^2(2)$，所以当 $C = \dfrac{1}{3}$ 时，CY 服从 χ^2 分布.

5.2.2　t 分布

1. t 分布的定义

> **定义 5.2.2**　设 $X \sim N(0,1)$，$Y \sim \chi^2(n)$，且 X 与 Y 相互独立，则称统计量
> $$T = \frac{X}{\sqrt{\dfrac{Y}{n}}}$$
> 的分布为自由度为 n 的 **t 分布**，又称**学生氏(Student)分布**，记为 $T \sim t(n)$.

$t(n)$ 分布的概率密度为

$$f(t) = \frac{\Gamma\left(\dfrac{n+1}{2}\right)}{\sqrt{\pi n}\,\Gamma\left(\dfrac{n}{2}\right)} \left(1 + \frac{t^2}{n}\right)^{-\frac{n+1}{2}}, \quad -\infty < t < +\infty$$

图 5.2.3 给出了 $n = 2$，$n = 5$，$n = 20$ 的概率密度曲线.

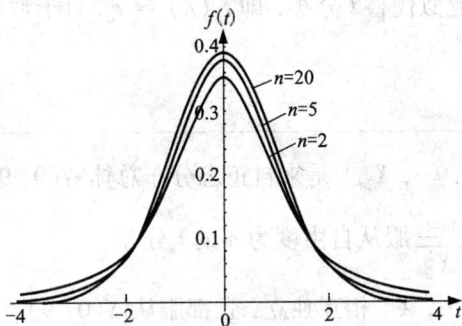

图 5.2.3

2. t 分布的性质

(1) 从图形可以看出 t 分布和 $N(0,1)$ 分布相当接近. 实际上由 Γ 函数的性质可得

$$\lim_{n \to \infty} f(t) = \frac{1}{\sqrt{2\pi}} \mathrm{e}^{-\frac{t^2}{2}}.$$

(2) $f(t)$ 是偶函数，$f(-t) = f(t)$.

(3) 当 $n > 30$ 时，t 分布近似于 $N(0,1)$ 分布.

3. t 分布的分位点

设 $t \sim t(n)$，对于给定的正数 $\alpha(0 < \alpha < 1)$，若

$$P\{t > t_\alpha(n)\} = \int_{t_\alpha(n)}^{+\infty} f(t)\,\mathrm{d}x = \alpha,$$

则称 $t_\alpha(n)$ 为 $t(n)$ 分布的**上 α 分位点**. 如图 5.2.4(a) 所示；若

$$P\{t < t_\alpha(n)\} = \int_{-\infty}^{t_\alpha(n)} f(t)\,\mathrm{d}x = \alpha,$$

则称 $t_\alpha(n)$ 为 $t(n)$ 分布的**下 α 分位点**. 若 $P\{|t| > t_{\frac{\alpha}{2}}(n)\} = \alpha$, 则称 $t_\alpha(n)$ 为 $t(n)$ 分布的**双侧分位点**, 如图 5.2.4(b) 所示.

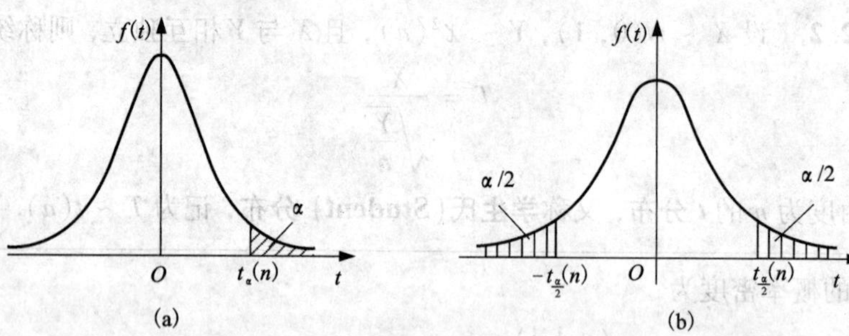

图 5.2.4

由 t 分布的上 α 分位点的定义及概率密度曲线的对称性可知 $-t_\alpha(n) = t_{1-\alpha}(n)$, t 分布的上 α 分位点可查附表 4, 如 $t_{0.05}(10) = 1.8125$, $t_{0.975}(10) = -t_{0.025}(10) = -2.2281$. 当 $n > 45$ 时, 可用标准正态分布近似代替 t 分布, 即 $t_\alpha(n) \approx z_\alpha$. 对于常用的 α 值, 这样的近似值相对误差不超过 1.3%.

例 5.2.2 设 $(X_1, X_2, \cdots, X_{2n})$ 是来自正态分布总体 $N(0,9)$ 的样本, 证明统计量

$$T = \frac{X_1 + X_3 + \cdots + X_{2n-1}}{\sqrt{X_2^2 + X_4^2 + \cdots + X_{2n}^2}}$$

服从自由度为 n 的 t 分布.

证明 因为 $X_1, X_2, \cdots, X_{2n}$ 相互独立, 且都服从 $N(0,9)$, 所以

$$X_1 + X_3 + \cdots + X_{2n-1} \sim N(0, 9n),$$

于是

$$\frac{X_1 + X_3 + \cdots + X_{2n-1}}{3\sqrt{n}} \sim N(0,1),$$

又

$$\frac{X_i}{3} \sim N(0,1), \quad i = 1, 2, \cdots, 2n,$$

所以

$$\frac{X_2^2 + X_4^2 + \cdots + X_{2n}^2}{9} \sim \chi^2(n).$$

因此

$$T = \frac{X_1 + X_3 + \cdots + X_{2n-1}}{\sqrt{X_2^2 + X_4^2 + \cdots + X_{2n}^2}} = \frac{\dfrac{X_1 + X_3 + \cdots + X_{2n-1}}{3\sqrt{n}}}{\sqrt{\dfrac{X_2^2 + X_4^2 + \cdots + X_{2n}^2}{9}/n}} \sim t(n).$$

5.2.3　F 分布

1. F 分布的定义

> **定义 5.2.3**　设 $U \sim \chi^2(m)$，$V \sim \chi^2(n)$，且 U，V 相互独立，则称随机变量
>
> $$F = \frac{\dfrac{U}{m}}{\dfrac{V}{n}}$$
>
> 服从自由度为 (m, n) 的 **F 分布**，记为 $F \sim F(m, n)$，其中 m 为第一自由度，n 为第二自由度.

利用求两个随机变量之商的概率密度的方法可以求得 $F(m, n)$ 分布的概率密度为

$$f(x) = \begin{cases} m^{\frac{m}{2}} n^{\frac{n}{2}} \dfrac{\Gamma\left(\dfrac{m+n}{2}\right)}{\Gamma\left(\dfrac{m}{2}\right)\Gamma\left(\dfrac{n}{2}\right)} x^{\frac{m}{2}-1} (mx+n)^{-\frac{m+n}{2}}, & x > 0, \\ 0, & \text{其他.} \end{cases}$$

$F(m, n)$ 分布的概率密度函数图形如图 5.2.5 所示.

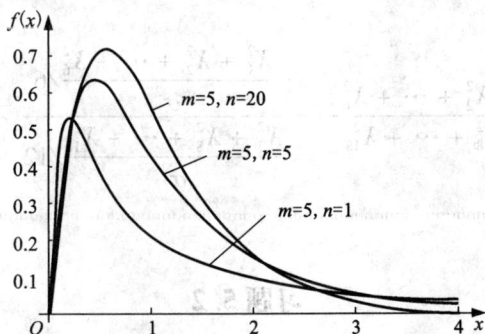

图 5.2.5

2. F 分布的分位点

设 $F \sim F(m, n)$，对于给定的正数 $\alpha(0 < \alpha < 1)$，若

$$P\{F > F_\alpha(m, n)\} = \int_{F_\alpha(m, n)}^{+\infty} f(x)\,\mathrm{d}x = \alpha,$$

则称 $F_\alpha(m, n)$ 为 $F(m, n)$ 分布的**上 α 分位点**，如图 5.2.6 所示；若

$$P\{F < F_\alpha(m, n)\} = \int_{-\infty}^{F_\alpha(m, n)} f(x)\,\mathrm{d}x = \alpha,$$

则称 $F_\alpha(m, n)$ 为 $F(m, n)$ 分布的**下 α 分位点**.

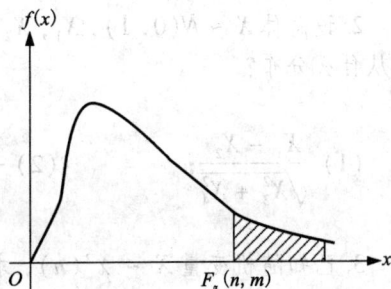

图 5.2.6

根据 α 及自由度 m, n, 可查附表 6 得出上 α 分位点的值. 如 $F_{0.10}(5, 9) = 2.61$, $F_{0.05}(8, 6) = 4.15$.

3. F 分布的性质

(1) 若 $F \sim F(m, n)$, 则 $\dfrac{1}{F} \sim F(n, m)$;

(2) $F_{1-\alpha}(n, m) = \dfrac{1}{F_{\alpha}(m, n)}$.

例如 $F_{0.99}(30, 10)$ 不能由附表 6 查到, 但利用上述性质 (2) 可求得

$$F_{0.99}(30, 10) = \frac{1}{F_{0.01}(10, 30)} = \frac{1}{2.98} = 0.336.$$

例 5.2.3 设 $(X_1, X_2, \cdots, X_{18})$ 是来自正态分布总体 $N(0, \sigma^2)$ 的样本, 证明统计量

$$F = \frac{2(X_1^2 + X_2^2 + \cdots + X_6^2)}{X_7^2 + X_8^2 + \cdots + X_{18}^2} \sim F(6, 12).$$

证明 因为 $X_1, X_2, \cdots, X_{18}$ 相互独立且都服从正态分布 $N(0, \sigma^2)$, 所以

$$\frac{X_i}{\sigma} \sim N(0, 1), \quad i = 1, 2, \cdots, 18,$$

于是

$$\frac{X_1^2 + X_2^2 + \cdots + X_6^2}{\sigma^2} \sim \chi^2(6), \qquad \frac{X_7^2 + X_8^2 + \cdots + X_{18}^2}{\sigma^2} \sim \chi^2(12),$$

从而有

$$F = \frac{2(X_1^2 + X_2^2 + \cdots + X_6^2)}{X_7^2 + X_8^2 + \cdots + X_{18}^2} = \frac{\dfrac{X_1^2 + X_2^2 + \cdots + X_6^2}{\sigma^2}/6}{\dfrac{X_7^2 + X_8^2 + \cdots + X_{18}^2}{\sigma^2}/12} \sim F(6, 12).$$

习题 5.2

习题 5.2 答案

1. (1) 已知 $X \sim \chi^2(n)$, $n = 20$, $\alpha = 0.05$, 求 χ^2_{α} 的上分位点和下分位点;

(2) 已知 $t \sim t(n)$, $n = 20$, $\alpha = 0.05$, 求 t_{α} 的上分位点、下分位点和双侧分位点.

2. 设总体 $X \sim N(0, 1)$, $X_1, X_2, \cdots, X_n$ 是取自总体的简单随机样本, 试问下列统计量各服从什么分布?

(1) $\dfrac{X_1 - X_2}{\sqrt{X_3^2 + X_4^2}}$;

(2) $\dfrac{\sqrt{n-1} X_1}{\sqrt{\sum\limits_{i=2}^{n} X_i^2}}$;

(3) $\dfrac{(n-3)\sum\limits_{i=1}^{3} X_i^2}{3 \sum\limits_{i=4}^{n} X_i^2}$.

3. 已知随机变量 $X \sim \chi^2(n)$, 求 $E(X)$, $D(X)$.

4. 设 $(X_1, X_2, \cdots, X_{10})$ 为 $N(0, 0.3^2)$ 的一个样本, 求 $P\{\sum\limits_{i=1}^{10} X_i^2 > 1.44\}$.

5. 设 X_1, X_2, X_3, X_4 是取自总体 $N(0, 2)$ 的一个样本, 令 $Y = a(2X_1 - X_2)^2 +$

$b(3X_3 + 4X_4)^2$，求系数 a，b 使 Y 服从 χ^2 分布，并求自由度.

6. 设随机变量 $X \sim N(2,1)$，随机变量 Y_1，Y_2，Y_3，Y_4 均服从 $N(0,4)$，且 X，$Y_i (i = 1, 2, 3, 4)$ 都相互独立，令 $T = \dfrac{4(X - 2)}{\sqrt{\sum\limits_{i=1}^{4} Y_i^2}}$，试求 T 的分布，并确定 t_0 的值，使 $P\{|T| > t_0\} = 0.01$.

5.3　正态总体下几个常见的抽样分布

正态分布是非常重要的分布，在数理统计中使用得非常普遍，本节我们给出在正态总体场合下，几个常见的抽样分布，这几个抽样分布在后续两章中使用得非常频繁.

定理 5.3.1　设 X_1，X_2，$\cdots$，X_n 是正态总体 $X \sim N(\mu, \sigma^2)$ 的样本，$\overline{X}$ 为样本均值，则有

$$\frac{\overline{X} - \mu}{\dfrac{\sigma}{\sqrt{n}}} \sim N(0, 1). \tag{5.3.1}$$

证明　$\overline{X}$ 是 n 个相互独立且与总体同分布的正态随机变量的线性组合. 由正态随机变量的性质知，$\overline{X}$ 仍为正态随机变量，按均值与方差运算性质，有

$$E(\overline{X}) = E\left(\frac{X_1 + X_2 + \cdots + X_n}{n}\right) = \frac{1}{n}\sum_{i=1}^{n} E(X_i) = \mu,$$

$$D(\overline{X}) = D\left(\frac{X_1 + X_2 + \cdots + X_n}{n}\right) = \frac{1}{n^2}\sum_{i=1}^{n} D(X_i) = \frac{\sigma^2}{n},$$

所以

$$\overline{X} \sim N\left(\mu, \frac{\sigma^2}{n}\right),$$

从而

$$\frac{\overline{X} - \mu}{\dfrac{\sigma}{\sqrt{n}}} \sim N(0, 1).$$

定理 5.3.2　设 X_1，X_2，$\cdots$，X_n 是正态总体 $X \sim N(\mu, \sigma^2)$ 的样本，$\overline{X}$ 为样本均值，S^2 为样本方差，则有

$$\frac{(n-1)S^2}{\sigma^2} \sim \chi^2(n-1), \tag{5.3.2}$$

$\overline{X}$ 与 S^2 相互独立.

定理 5.3.2 的证明要用到较多的理论知识，这里从略.

定理 5.3.3　设 X_1，X_2，$\cdots$，X_n 是正态总体 $X \sim N(\mu, \sigma^2)$ 的样本，$\overline{X}$ 为样本均值，S^2 为样本方差，则有

$$\frac{\overline{X} - \mu}{\dfrac{S}{\sqrt{n}}} \sim t(n-1). \tag{5.3.3}$$

证明   由定理 5.3.1 及定理 5.3.2 得

$$\frac{\overline{X} - \mu}{\frac{\sigma}{\sqrt{n}}} \sim N(0, 1), \qquad \frac{(n-1)S^2}{\sigma^2} \sim \chi^2(n-1)$$

且两者相互独立, 由 t 分布的定义知

$$\frac{\overline{X} - \mu}{\frac{\sigma}{\sqrt{n}}} \Big/ \sqrt{\frac{(n-1)S^2}{\sigma^2} / n - 1} = \frac{\overline{X} - \mu}{\frac{S}{\sqrt{n}}} \sim t(n-1).$$

定理 5.3.4   设总体 $X \sim N(\mu_1, \sigma_1^2)$, 总体 $Y \sim N(\mu_2, \sigma_2^2)$, $(X_1, X_2, \cdots, X_m)$ 和 $(Y_1, Y_2, \cdots, Y_n)$ 是从这两个正态总体中独立抽取的两个样本, $\overline{X}, S_X^2, \overline{Y}, S_Y^2$ 分别为这两个样本的样本均值与样本方差, 则有

(1) $\dfrac{(\overline{X} - \overline{Y}) - (\mu_1 - \mu_2)}{\sqrt{\dfrac{\sigma_1^2}{m} + \dfrac{\sigma_2^2}{n}}} \sim N(0, 1);$ \hfill (5.3.4)

(2) 当 $\sigma_1^2 = \sigma_2^2 = \sigma^2$ 时

$$\frac{(\overline{X} - \overline{Y}) - (\mu_1 - \mu_2)}{S_\omega \sqrt{\dfrac{1}{m} + \dfrac{1}{n}}} \sim t(m + n - 2), \hfill (5.3.5)$$

其中 $S_\omega^2 = \dfrac{(m-1)S_X^2 + (n-1)S_Y^2}{m + n - 2}, S_\omega = \sqrt{S_\omega^2};$

(3) $\dfrac{\dfrac{S_X^2}{S_Y^2}}{\dfrac{\sigma_1^2}{\sigma_2^2}} \sim F(m-1, n-1).$ \hfill (5.3.6)

证明   (1) 由定理 5.3.1 知

$$\overline{X} \sim N\left(\mu_1, \frac{\sigma_1^2}{m}\right), \overline{Y} \sim N\left(\mu_2, \frac{\sigma_2^2}{n}\right),$$

又 $\overline{X}$ 与 $\overline{Y}$ 相互独立, 故

$$\overline{X} - \overline{Y} \sim N\left(\mu_1 - \mu_2, \frac{\sigma_1^2}{m} + \frac{\sigma_2^2}{n}\right),$$

经标准化处理后即得 5.3.4 式, 即

$$\frac{(\overline{X} - \overline{Y}) - (\mu_1 - \mu_2)}{\sqrt{\dfrac{\sigma_1^2}{m} + \dfrac{\sigma_2^2}{n}}} \sim N(0, 1).$$

(2) 当 $\sigma_1^2 = \sigma_2^2 = \sigma^2$ 时, 由(1)知

$$U = \frac{(\overline{X} - \overline{Y}) - (\mu_1 - \mu_2)}{\sigma \sqrt{\dfrac{1}{m} + \dfrac{1}{n}}} \sim N(0, 1),$$

又由定理 5.3.2 知

$$\frac{(m-1)S_X^2}{\sigma^2} \sim \chi^2(m-1), \qquad \frac{(n-1)S_Y^2}{\sigma^2} \sim \chi^2(n-1),$$

且 S_X^2 与 S_Y^2 相互独立,根据 χ^2 分布的可加性,有

$$V = \frac{(m-1)S_X^2 + (n-1)S_Y^2}{\sigma^2} \sim \chi^2(m+n-2),$$

且 U 与 V 相互独立,再由 t 分布的定义得

$$\frac{U}{\sqrt{V/m+n-2}} \sim t(m+n-2),$$

化简即得 5.3.5 式,即

$$\frac{(\overline{X}-\overline{Y})-(\mu_1-\mu_2)}{S_\omega \sqrt{\frac{1}{m}+\frac{1}{n}}} \sim t(m+n-2).$$

(3) 由定理 5.3.2 知

$$\frac{(m-1)S_X^2}{\sigma^2} \sim \chi^2(m-1), \qquad \frac{(n-1)S_Y^2}{\sigma^2} \sim \chi^2(n-1),$$

且它们相互独立,由 F 分布的定义知

$$\frac{\dfrac{(m-1)S_X^2}{\sigma_1^2}/m-1}{\dfrac{(n-1)S_Y^2}{\sigma_2^2}/n-1} \sim F(m-1,n-1),$$

化简即得

$$\frac{S_X^2/S_Y^2}{\sigma_1^2/\sigma_2^2} \sim F(m-1,n-1).$$

例 5.3.1　设随机变量 X 服从自由度为 n 的 t 分布,求 X^2 的分布.

解　因为 $X \sim t(n)$,由 t 分布的定义可设 $X = \dfrac{U}{\sqrt{\dfrac{V}{n}}}$,其中 $U \sim N(0,1)$,$V \sim \chi^2(n)$,

且 U,V 相互独立,则由 $U \sim N(0,1)$,得 $U^2 \sim \chi^2(1)$,所以

$$X^2 = \frac{U^2}{\dfrac{V}{n}} = \frac{U^2}{1} \big/ \frac{V}{n} \sim F(1,n).$$

例 5.3.2　设总体 $X \sim N(\mu,\sigma^2)$,$X_1,X_2,\cdots,X_n$ 是 X 的一个样本,$\overline{X},S_X^2$ 分别为样本均值与样本方差,问

(1) $U = n\left(\dfrac{\overline{X}-\mu}{\sigma}\right)^2$ 服从什么分布?

$(2) V = n\left(\dfrac{\overline{X}-\mu}{S}\right)^2$ 服从什么分布?

解 $(1) U = n\left(\dfrac{\overline{X}-\mu}{\sigma}\right)^2 = \left(\dfrac{\overline{X}-\mu}{\frac{\sigma}{\sqrt{n}}}\right)^2 \sim \chi^2(1).$

$(2) V = n\left(\dfrac{\overline{X}-\mu}{S}\right)^2 = \dfrac{\left(\dfrac{\overline{X}-\mu}{\frac{\sigma}{\sqrt{n}}}\right)^2}{\frac{(n-1)S^2}{\sigma^2}/n-1} \sim F(1, n-1).$

例 5.3.3 设总体 $X \sim N(\mu, \sigma^2)$, $X_1, X_2, \cdots, X_n$ 是 X 的一个样本, $\overline{X}, S_X^2$ 分别为样本均值与样本方差, 求

$(1)\ P\left((\overline{X}-\mu)^2 \leqslant \dfrac{4\sigma^2}{n}\right);$

(2) 若 $n = 8$, 求 $P\left\{(\overline{X}-\mu)^2 \leqslant \dfrac{S^2}{4}\right\}.$

解 $(1)\ P\left((\overline{X}-\mu)^2 \leqslant \dfrac{4\sigma^2}{n}\right) = P\left(|\overline{X}-\mu| \leqslant \dfrac{2\sigma}{\sqrt{n}}\right) = P\left(\dfrac{|\overline{X}-\mu|}{\frac{\sigma}{\sqrt{n}}} \leqslant 2\right)$

$\qquad\qquad = \Phi(2) - \Phi(-2) = 2\Phi(2) - 1 = 0.9544.$

$(2) n = 8$ 时, 令 $T = \dfrac{\overline{X}-\mu}{\frac{S}{\sqrt{n}}} \sim t(7)$, 记 $t_\alpha(7) = \sqrt{2}$, $t_{1-\alpha}(7) = -\sqrt{2}$,

$P\left\{(\overline{X}-\mu)^2 \leqslant \dfrac{S^2}{4}\right\} = P\left\{(\overline{X}-\mu)^2 \leqslant \dfrac{2S^2}{8}\right\} = P\left\{\left|\dfrac{\overline{X}-\mu}{\frac{S}{\sqrt{8}}}\right| \leqslant \sqrt{2}\right\}$

$\qquad\qquad = P\{T > -\sqrt{2}\} - P\{T > \sqrt{2}\}$

$\qquad\qquad = P\{T > t_{1-\alpha}(7)\} - P\{T > t_\alpha(7)\}$

$\qquad\qquad = 1 - \alpha - \alpha = 1 - 2\alpha.$

由 $t_\alpha(7) = \sqrt{2}$ 反查 t 分布表得 $\alpha \approx 0.1$,

所以 $\qquad\qquad P\left\{(\overline{X}-\mu)^2 \leqslant \dfrac{S^2}{4}\right\} = 1 - 2 \times 0.1 = 0.8.$

例 5.3.4 设总体 $X \sim N(\mu, 0.5^2)$, $X_1, X_2, \cdots, X_{10}$ 是 X 的一个样本,

(1) 已知 $\mu = 0$, 求概率 $P\left\{\sum_{i=1}^{10} X_i^2 \geqslant 4\right\};$

(2) 未知 μ, 求概率 $P\left\{\sum_{i=1}^{10}(X_i - \overline{X})^2 \geqslant 2.85\right\}.$

解　(1) 由 χ^2 分布定义

$$\chi_1^2 = \frac{1}{\sigma^2} \sum_{i=1}^{10} (X_i - \mu)^2 = \frac{1}{0.5^2} \sum_{i=1}^{10} X_i^2 \sim \chi^2(10),$$

而

$$P\left\{ \sum_{i=1}^{10} X_i^2 \geqslant 4 \right\} = P\left\{ \frac{1}{0.5^2} \sum_{i=1}^{10} X_i^2 \geqslant \frac{4}{0.5^2} \right\} = P\{ \chi_1^2 \geqslant 16 \},$$

查附表 5 得 $\chi_{0.1}^2(10) = 16.0$，由此得概率 $P\left\{ \sum_{i=1}^{10} X_i^2 \geqslant 4 \right\} = 0.10.$

(2) 由定理 5.3.2，知

$$\chi_2^2 = \frac{1}{\sigma^2} \sum_{i=1}^{10} (X_i - \overline{X})^2 = \frac{1}{0.5^2} \sum_{i=1}^{10} (X_i - \overline{X})^2 \sim \chi^2(9),$$

而　$P\left\{ \sum_{i=1}^{10} (X_i - \overline{X})^2 \geqslant 2.85 \right\} = P\left\{ \frac{1}{0.5^2} \sum_{i=1}^{10} (X_i - \overline{X})^2 \geqslant \frac{2.85}{0.5^2} \right\} = P\{ \chi_2^2 \geqslant 11.4 \},$

查附表 5 得 $\chi_{0.25}^2(9) = 11.4$，由此得概率

$$P\left\{ \sum_{i=1}^{10} (X_i - \overline{X})^2 \geqslant 2.85 \right\} = 0.25.$$

习题 5.3

习题 5.3 答案

1. 设 $(X_1, X_2, \cdots, X_n)$ 为来自泊松分布 $\pi(\lambda)$ 的样本，$\overline{X}$ 和 S^2 分别为样本均值和样本方差，求 $E(\overline{X})$，$D(\overline{X})$，$E(S^2)$.

2. 从总体 $N(12, 4)$ 中抽取容量为 5 的样本 $(X_1, X_2, X_3, X_4, X_5)$，求：

(1) 样本均值 $\overline{X}$ 大于 13 的概率；(2) 样本最小值 $X_{(1)}$ 大于 10 的概率.

3 设 $X \sim N(\mu, \sigma^2)$，$X_1, X_2, \cdots, X_n$ 是取自总体 X 的一个简单随机样本，$\overline{X}$ 为样本均值，

问下列统计量：(1) $\dfrac{nS_n^2}{\sigma^2}$；　(2) $\dfrac{\overline{X} - \mu}{\dfrac{S_n}{\sqrt{n-1}}}$；　(3) $\dfrac{1}{\sigma^2} \sum_{i=1}^{n} (X_i - \mu)^2$ 各服从什么分布？

4. 设总体 $X \sim N(80, 20^2)$，$(X_1, X_2, \cdots, X_{100})$ 为来自 X 的一个样本，求样本均值与总体期望之差的绝对值大于 3 的概率.

5. 总体 $X \sim N(0, 0.4^2)$，$(X_1, X_2, \cdots, X_{15})$ 为 X 的一个样本，求 $P\left\{ \sum_{i=1}^{15} X_i^2 > 3.999 \right\}$.

6. 设 $(X_1, X_2, \cdots, X_{40})$ 为 X 的一个样本，$X \sim N(\mu, 2^2)$，S^2 为样本方差，求 $P\{ S^2 > 5.6 \}$.

习题五

习题五答案

1. 求样本 $(X_1, X_2, \cdots, X_n)$ 的联合分布.

(1) 总体 X 服从参数为 λ 的泊松分布；

(2) $X \sim B(n, p)$.

2. 已知随机变量 $X \sim t(n)$，$Y = X^2$，求 Y 的概率分布.

3. 设总体 $X \sim N(\mu, \sigma^2)$，样本 $(X_1, X_2, \cdots, X_{n+1})$ 为来自总体 X 的样本，$\overline{X} = \dfrac{1}{n}\sum_{i=1}^{n} X_i$ 与 $S^2 = \dfrac{1}{n-1}\sum_{i=1}^{n} (X_i - \overline{X})^2$ 分别为样本均值与样本方差，统计量 $T = \dfrac{X_{n+1} - \overline{X}}{S}\sqrt{\dfrac{n}{n+1}}$，求 T 的概率分布.

4. 设 $X_1, X_2, \cdots, X_m$；$Y_1, Y_2, \cdots, Y_n$ 独立. $X_i \sim N(a, \sigma^2)$，$i = 1, 2, \cdots, m$，$Y_i \sim N(b, \sigma^2)$，$i = 1, 2, \cdots, n$，$\overline{X} = \dfrac{1}{m}\sum_{i=1}^{m} X_i$，$\overline{Y} = \dfrac{1}{n}\sum_{i=1}^{n} Y_i$，$S_1^2 = \dfrac{1}{m}\sum_{i=1}^{m} (X_i - \overline{X})^2$，$S_2^2 = \dfrac{1}{n}\sum_{i=1}^{n} (Y_i - \overline{Y})^2$，而 α, β 为常数，试求 $\dfrac{\alpha(\overline{X} - a) + \beta(\overline{Y} - b)}{\sqrt{\dfrac{(m-1)S_1^2 + (n-1)S_2^2}{m+n-2}}\sqrt{\dfrac{\alpha^2}{m} + \dfrac{\beta^2}{n}}}$ 的分布.

5. 设 (X_1, X_2, X_3, X_4) 是取自正态总体 $X \sim N(0, \sigma^2)$ 的一个样本，求 $P\left\{\dfrac{(X_1 + X_2)^2}{(X_3 - X_4)^2} < 40\right\}$.

6. 设 $X_1, X_2, \cdots, X_5, X_6$ 是总体 $X \sim N(0, 1)$ 的一个样本，求常数 k，使
$$P\left\{\dfrac{(X_1 + X_2)^2}{(X_3 + X_4)^2 + (X_5 - X_6)^2} > k\right\} = 0.10.$$

7. 设总体 X 服从标准正态分布，$X_1, X_2, \cdots, X_5$ 是取自总体 X 的一个简单随机样本，试问统计量 $Y = \left(\dfrac{n}{5} - 1\right)\sum_{i=1}^{5} X_i^2 \Big/ \sum_{i=6}^{n} X_i^2$，$n > 5$ 服从何种分布？

8. 从正态总体 $N(3.4, 6^2)$ 中抽取 n 个样本，如果要求其样本均值位于区间 $(1.4, 5.4)$ 内的概率不小于 0.95，问样本容量 n 至少应取多大？

9. 设总体 $X \sim N(\mu, 4)$，$X_1, X_2, \cdots, X_n$ 是取自总体的简单随机样本，$\overline{X}$ 为样本均值，问样本容量 n 为多大时有：(1) $E(|\overline{X} - \mu|^2) \leqslant 0.1$；(2) $P(|\overline{X} - \mu| \leqslant 0.1) \geqslant 0.95$.

10. 设总体 $X \sim N(\mu, \sigma^2)$，抽取容量为 20 的样本 $X_1, X_2, \cdots, X_{20}$，求
(1) $P\left\{10.9 \leqslant \dfrac{1}{\sigma^2}\sum_{i=1}^{20} (X_i - \mu)^2 \leqslant 37.6\right\}$；　(2) $P\left\{11.7 \leqslant \dfrac{1}{\sigma^2}\sum_{i=1}^{20} (X_i - \overline{X})^2 \leqslant 38.6\right\}$.

11. 在总体 $N(52, 6.3^2)$ 中随机抽取一容量为 36 的样本，求样本均值 $\overline{X}$ 落在 $50.8 \sim 53.8$ 之间的概率.

12. 在总体 $N(80, 20^2)$ 中随机抽取一容量为 100 的样本，问样本均值与总体均值差的绝对值大于 3 的概率是多少？

13. 设总体 $X \sim N(20, 3^2)$，从总体 X 中分别抽取两个样本容量为 10, 15 的相互独立的样本，求它们的样本均值之差绝对值大于 0.3 的概率.

14. 设总体 X 与 Y 相互独立，且都服从正态分布 $N(30, 3^2)$，$X_1, X_2, \cdots, X_{20}$ 和 $Y_1, Y_2, \cdots, Y_{25}$ 分别是来自 X 与 Y 的样本，求 $|\overline{X} - \overline{Y}| > 0.4$ 的概率.

15. 在总体 $N(12, 4)$ 中随机抽取一个容量为 5 的样本 $X_1, X_2, \cdots, X_5$，求：
(1) 样本均值与总体均值之差的绝对值大于 1 的概率；
(2) 概率 $P\{\max(X_1, X_2, \cdots, X_5) > 15\}$ 和 $P\{\min(X_1, X_2, \cdots, X_5) < 10\}$.

16. 设正态总体 $X \sim N(\mu, \sigma^2)$，$\sigma^2 > 0$，从该总体中抽取随机样本 $X_1, X_2, \cdots, X_{2n}(n \geqslant 1)$，

其样本均值 $\overline{X} = \dfrac{1}{2n}\sum\limits_{i=1}^{2n} X_i$，求统计量 $\sum\limits_{i=1}^{n}\left(X_i + X_{n+i} - 2\overline{X}\right)^2$ 的期望.

17. 设在总体 $N(\mu, \sigma^2)$ 中抽取一个容量为 16 的样本, 这里 μ, σ^2 均未知, 求

(1) $P\left\{\dfrac{S^2}{\sigma^2} \leqslant 2.041\right\}$, 其中 S^2 为样本方差;

(2) $D(S^2)$.

18. 总体 X 服从指数分布, 密度函数:

$$f(x) = \begin{cases} \lambda e^{-\lambda x}, & x > 0, \\ 0, & x \leqslant 0, \end{cases} \qquad (\lambda > 0)$$

(1) $Y = 2\lambda X$, Y 的概率密度函数 $f_Y(y)$;

(2) 设 $(X_1, X_2, \cdots, X_n)$ 为来自总体 X 的样本, 证明 $2n\lambda\overline{X} \sim \chi^2(2n)$.

19. 设 $X_1, X_2, \cdots, X_n$ 是总体 $X \sim N(0, 1)$ 的简单随机样本, 记

$$\overline{X} = \frac{1}{n}\sum_{i=1}^{n} X_i, \quad S^2 = \frac{1}{n-1}\sum_{i=1}^{n}\left(X_i - \overline{X}\right)^2, \quad T = \overline{X}^2 - \frac{1}{n}S^2,$$

求 $D(T)$.

课外阅读
数理统计的起源、历史与发展

第 6 章　参数估计

在第 5 章中, 我们已经指出数理统计的基本问题是如何根据样本提供的信息, 对于总体的分布以及分布的某些数字特征进行统计推断. 因此, 统计推断是数理统计研究的核心问题. 统计推断的主要内容分为两大类: 一类是参数估计问题, 另一类是假设检验问题. 两者都是根据样本资料, 运用科学的统计理论和方法对总体的参数进行推断; 参数估计对所要研究的总体参数, 进行合乎数理逻辑的推断; 假设检验对提出的关于总体或总体参数的某个陈述进行检验, 判断真伪.

例如, 某地消费者协会的工作人员, 负责治理市场中缺斤少两的不法行为. 假如某公司生产的某一种瓶装饮料, 包装上标明其净含量是 500 mL, 在市场上随机抽取了 25 瓶, 测得其平均含量为 499.5 mL, 标准差为 2.63 mL. 拿着这些数据可能做两件事: 一是做一个估计: 该种包装的饮料平均含量在 498.03 ~ 500.97mL 之间, 然后向消协写份报告; 二是做一个裁决: 说 "某公司有欺骗消费者的行为" 的证据不足. 这两种做法, 在统计推断中, 前者是参数估计 (parameter estimation) ; 后者是假设检验.

如果总体的分布类型已知, 而其参数未知. 例如, 某交换装置的电话呼唤次数服从泊松分布. 又由经验知, 在单位时间内到达商场购物的顾客人数服从泊松分布, 这些分布中的参数 λ 有时是未知的, 这时我们希望对于未知参数 λ 进行估计. 在许多实际问题中, 只需找到总体的分布中一些重要的数字特征及一些重要参数, 对这些数字特征及参数有比较恰当的数值估计, 也就容易从分布推断出其他重要信息. 那么如何去估计这些参数, 同时得到的估计值效果怎样, 这是参数估计的主要研究问题. 参数估计是统计推断的一种基本形式, 是数理统计学的一个重要分支, 分为点估计和区间估计两部分.

参数估计在医疗, 交通, 市场消费, 甚至是自然灾害的预测等实际生活中都有着举足轻重的作用.

本章 6.1 节介绍了总体分布中未知参数的点估计的两种方法: 矩估计和极大似然估计的基本思想和方法以及计算. 6.2 节介绍了点估计优劣的评价标准: 无偏性、有效性和一致性. 6.3 节介绍了单个正态总体均值与方差的区间估计, 以及两个正态总体均值差与方差比的区间估计等. 6.4 节介绍了非正态总体参数的区间估计.

6.1　参数的点估计

设总体 X 的分布函数 $F(x, \theta)$ 的形式已知, θ 是待估计的未知参数, 设 $X_1, X_2, \cdots, X_n$ 是来自 X 的一个样本, $x_1, x_2, \cdots, x_n$ 是相应的一个样本值.

导学 6.1
(6.1　6.1.1　6.1.2)

参数的**点估计**就是构造一个合适的统计量 $\hat{\theta}(X_1, X_2, \cdots, X_n)$, 用它的观察值 $\hat{\theta}(x_1, x_2, \cdots, x_n)$ 作为未知参数 θ 的近似值, 则称 $\hat{\theta}(X_1, X_2, \cdots, X_n)$ 为 θ 的**估计量**, 称 $\hat{\theta}(x_1, x_2, \cdots, x_n)$ 为 θ

的**估计值**. 在不致混淆的情况下, 估计量和估计值统称为**估计**, 都用 $\hat{\theta}$ 表示.

对于点估计问题, 关键是找一个合适的统计量, 它既要具有理论上的合理性, 又要具有计算上的便利性. 构造估计量的常用方法有矩估计法和极大似然估计法.

6.1.1 矩估计法

概率论中的辛钦大数定律告诉我们, 样本均值 $\overline{X}$ 依概率收敛于总体均值 $E(X)$, 样本的 k 阶矩 $A_k = \overline{X^k}$ 也依概率收敛于总体的 k 阶矩 $E(X^k)$, 这意味着当样本容量充分大时, 利用样本的 k 阶矩 $A_k = \overline{X^k}$ 可以很好地估计总体的 k 阶矩 $E(X^k)$. 根据这种想法, 1894 年英国统计学家 K. Pearson 提出了一个所谓的 "替换原则", 即利用样本的经验分布和样本矩, 分别替换总体的分布和总体矩, 后人称此方法为 "矩法", 相应的原则称为 "矩法原则".

定义 6.1.1 用样本矩作为总体相应的原点矩的**估计**, 从而得到参数 θ 的估计量的方法叫**矩估计法**, 这样的估计量称为**矩估计量**.

注意: 在利用 "矩法" 估计时常用原点矩, 但有时也用中心矩.

矩估计的具体做法如下:

(1) 计算总体分布的矩 $E(X^k) = \mu_k(\theta_1, \theta_2, \cdots, \theta_m)$, $k = 1, 2, \cdots, m$, 计算到 m 阶矩为止 (m 是总体分布中未知参数的个数).

(2) 列方程

$$\begin{cases} \mu_1(\hat{\theta}_1, \hat{\theta}_2, \cdots, \hat{\theta}_m) = E(\hat{X}) = \overline{X}, \\ \mu_2(\hat{\theta}_1, \hat{\theta}_2, \cdots, \hat{\theta}_m) = E(\hat{X^2}) = \overline{X^2}, \\ \vdots \\ \mu_m(\hat{\theta}_1, \hat{\theta}_2, \cdots, \hat{\theta}_m) = E(\hat{X^m}) = \overline{X^m}. \end{cases} \tag{6.1.1}$$

(3) 从方程中解出 $\hat{\theta}_1, \hat{\theta}_2, \cdots, \hat{\theta}_m$, 它们就是未知参数 $\theta_1, \theta_2, \cdots, \theta_m$ 的矩估计量.

例 6.1.1 设总体 $X \sim U(0, \theta)$, $\theta > 0$ 未知, $X_1, X_2, \cdots, X_n$ 为来自总体 X 的样本, 求参数 θ 的矩估计量.

解 由于总体 $X \sim U(0, \theta)$, 其概率密度为

$$f(x) = \begin{cases} \dfrac{1}{\theta}, & 0 < x < \theta, \\ 0, & \text{其他.} \end{cases}$$

先求总体分布的矩, 得 $E(X) = \displaystyle\int_{-\infty}^{+\infty} xf(x)\,\mathrm{d}x = \int_0^\theta \dfrac{x}{\theta}\,\mathrm{d}x = \dfrac{\theta}{2}$.

再用一阶样本矩 $\overline{X}$ 代替上式中的一阶总体矩 $E(X)$, 得方程

$$\overline{X} = \frac{\theta}{2},$$

从中解出 θ, 得到 θ 的矩估计量 $\hat{\theta} = 2\overline{X}$.

例 6.1.2 设灯泡寿命 X 服从参数为 θ 的指数分布，其中 $\theta > 0$ 未知，抽取 10 只测得寿命（单位：h）$\bar{x} = 990$，求参数 θ 的矩估计值.

解 由于总体的一阶原点矩为

$$E(X) = \theta,$$

由矩估计法，得 θ 的矩估计量为

$$\hat{\theta} = \overline{X},$$

进一步得 θ 的矩估计值为 $\hat{\theta} = \bar{x} = 990$.

例 6.1.3 设总体 X 的分布律如下：

X	1	2	3
P_k	θ^2	$2\theta(1-\theta)$	$(1-\theta)^2$

其中，θ 为未知参数. 现抽得一个样本 $2, 3, 2, 1, 3, 2$，求 θ 的矩估计值.

解 总体 X 的一阶原点矩为

$$\mu_1 = E(X) = 1 \times \theta^2 + 2 \times 2\theta(1-\theta) + 3(1-\theta)^2 = 3 - 2\theta,$$

以一阶样本矩 $\overline{X}$ 代替上式一阶总体矩 μ_1，得方程

$$\overline{X} = 3 - 2\theta,$$

从中解出 θ，得到 θ 的矩估计量 $\hat{\theta} = \dfrac{3 - \overline{X}}{2}$. 又由样本计算得 $\overline{X} = 2.17$，代入 $\hat{\theta}$，得 θ 的矩估计值 $\hat{\theta} = 0.415$.

例 6.1.4 设总体 X 在 (a, b) 上服从均匀分布，a, b 未知，$X_1, X_2, \cdots, X_n$ 是一个样本，试求 a, b 的矩估计量.

解 先求总体分布的矩，得

$$E(X) = \frac{a+b}{2}, \quad E(X^2) = D(X) + [E(X)]^2 = \frac{(b-a)^2}{12} + \frac{(a+b)^2}{4}.$$

再列方程组

$$\begin{cases} \dfrac{\hat{a} + \hat{b}}{2} = \overline{X}, \\ \dfrac{(\hat{b} - \hat{a})^2}{12} + \dfrac{(\hat{a} + \hat{b})^2}{4} = \overline{X^2}, \end{cases}$$

即

$$\begin{cases} \hat{a} + \hat{b} = 2\overline{X}, \\ \hat{b} - \hat{a} = 2\sqrt{3}\sqrt{\dfrac{1}{n}\sum_{i=1}^{n} X_i^2 - \overline{X}^2} = 2\sqrt{3}\sqrt{\dfrac{1}{n}\sum_{i=1}^{n}(X_i - \overline{X})^2}. \end{cases}$$

$$\hat{a} = \overline{X} - \sqrt{3}\sqrt{\frac{1}{n}\sum_{i=1}^{n}(X_i - \overline{X})^2}, \quad \hat{b} = \overline{X} + \sqrt{3}\sqrt{\frac{1}{n}\sum_{i=1}^{n}(X_i - \overline{X})^2}.$$

若记 $S_n^2 = \dfrac{1}{n}\displaystyle\sum_{i=1}^{n}(X_i - \overline{X})^2$，则得 a，b 的矩估计量为

$$\begin{cases} \hat{a} = \overline{X} - \sqrt{3}S_n, \\ \hat{b} = \overline{X} + \sqrt{3}S_n. \end{cases}$$

例 6.1.5　设总体 X 服从参数为 n，p 的二项分布，$X_1, X_2, \cdots, X_m$ 为来自总体的样本.
(1) 当 n 为已知时，求未知参数 p 的矩估计量；(2) 当 n，p 均为未知时，求 n，p 的矩估计量.

解　(1) 先求总体的一阶原点矩，得

$$E(X) = np,$$

即得 $p = \dfrac{E(X)}{n}$，由矩估计法，有

$$p = \frac{\overline{X}}{n} = \frac{1}{nm}\sum_{i=1}^{m}X_i,$$

所以，$\hat{p} = \dfrac{1}{nm}\displaystyle\sum_{i=1}^{m}X_i$ 为参数 p 的矩估计量；

(2) 求总体的一阶、二阶原点矩，得

$$\begin{cases} E(X) = np, \\ \begin{aligned} E(X^2) &= D(X) + [E(X)]^2 \\ &= np(1-p) + [E(X)^2]. \end{aligned} \end{cases}$$

由矩估计法，有

$$\begin{cases} np = \overline{X}, \\ np(1-p) = \overline{X^2} - \overline{X}^2 = S_m^2. \end{cases}$$

解之，得 n，p 的矩估计量为

$$\begin{cases} \hat{p} = \dfrac{\overline{X} - S_m^2}{\overline{X}}, \\ \hat{n} = \dfrac{\overline{X}^2}{\overline{X} - S_m^2}. \end{cases}$$

显然，在参数 n 已知、未知的条件下，p 的矩估计量是不同的.

例 6.1.6　设总体 X 的均值 μ 和方差 σ^2 均存在但未知，$\sigma^2 > 0$，$X_1, X_2, \cdots, X_n$ 为来自总体 X 的样本，求 μ，σ^2 的矩估计量.

解　由总体 X 的矩 $E(X) = \mu$，$D(X) = \sigma^2$，列方程

$$\begin{cases} \hat{\mu} = E(\hat{X}) = \overline{X}, \\ \hat{\sigma}^2 + \hat{\mu}^2 = E(\hat{X}^2) = \overline{X^2}. \end{cases}$$

解方程组得 $\begin{cases} \hat{\mu} = \overline{X}, \\ \hat{\sigma}^2 = \dfrac{1}{n}\displaystyle\sum_{i=1}^{n}(X_i - \overline{X})^2 = \overline{X^2} - \overline{X}^2 = S_n^2. \end{cases}$

这个结果具有普遍性，即无论总体服从什么样的分布，总体均值 μ 与方差 σ^2 的矩估计量的表达式都是 $\overline{X}$ 和 $S_n^2 = \dfrac{1}{n}\sum\limits_{i=1}^{n}(X_i - \overline{X})^2$.

矩估计法的优点是简单易行，意义明确，不需要事先知道总体是什么分布. 但它也有一些缺点：

① 矩估计法有时会得到不合理的解.

例如，在例 6.1.1 中，若抽取了一个容量为 3 的样本，其观测值为 $(x_1, x_2, x_3) = (1, 2, 9)$，代入 $\hat{\theta} = 2\overline{X}$ 后可得 $\hat{\theta} = 8$，即总体 $X \sim U(0, 8)$，这样它的样本 X_i 都应该在区间 $(0, 8)$ 中均匀取值，它们取值的上界不应超过 8，但实际上样本观测值中的 $x_3 = 9$ 已落在 $(0, 8)$ 外面，显然，这是不合理的.

② 求矩估计量时，随着选用矩的阶数不同，得到的矩估计量也会不同.

例如，在例 6.1.1 中，如果采用二阶原点矩替换（即用 $\overline{X^2}$ 估计 $E(X^2)$），则有

$$E(X^2) = \int_{-\infty}^{+\infty} x^2 f(x)\,\mathrm{d}x = \int_0^\theta \frac{x^2}{\theta}\,\mathrm{d}x = \frac{\theta^2}{3},$$

解出 $\hat{\theta} = \sqrt{3\,\overline{X^2}}$，显然，这与 $\hat{\theta} = 2\overline{X}$ 是完全不同的解.

针对当矩估计不唯一时，我们可以根据下面的两个基本原则来选择是否用矩估计：

第一，涉及矩的阶数尽量小，对总体 X 的要求也尽量少，比较常用到的矩估计的阶数一般是一、二阶数；

第二，用的估计最好是最小充分统计量的函数，因为在各种统计问题中充分性原则都应是适合的.

由于矩估计是基于经验分布函数，而经验分布函数逼近真实分布函数的前提条件是样本容量较大，所以理论上，矩估计是以大样本为应用对象的，所以尽量在大样本下使用矩估计.

正因为矩估计法有一些缺点，所以，有人提出了另一种点估计法——极大似然估计法.

6.1.2　极大似然估计法

极大似然估计方法（maximum likelihood estimate，MLE）也称为**最大概似估计**或**最大似然估计**，是求总体分布参数估计的另一常用方法. 它最早是由德国数学家 C. F. Gauss 提出，R. A. Fisher 在其 1912 的文章中重新提出，并证明了该方法的一些重要性质，给出了现在所用的这个名字. 这是一种目前仍然得到广泛应用的方法.

先看一个简单的例子，某位同学与一位猎人一起外出打猎，一只野兔从前方窜过. 只听一声枪响，野兔应声倒下，如果要你推测，这一发命中的子弹是谁打的？你就会想，只发一枪便打中，由于猎人命中的概率一般大于这位同学命中的概率，看来这一枪是猎人射中的. 这个例子所作的推断就体现了极大似然法的基本思想.

极大似然估计原理的直观想法是：一个随机试验如有若干个可能的结果——A，B，C，在一次试验中，结果 A 出现，则一般认为试验条件对 A 出现有利，也即 A 出现的概率很大.

极大似然原理的基本思想是：设总体分布的函数形式已知，但有未知参数 θ，$\theta \in \Theta$ 可以取很多值，在一次抽样中，获得了样本 $X_1, \cdots, X_n$ 的一组观测值 $x_1, \cdots, x_n$，说明该组观测值出现的概率最大，θ 的真实值应是 θ 的全部可能取值中使样本观察值出现概率最大的那个值，以此作为 θ 的估计，记作 $\hat{\theta}$，称为 θ 的**极大似然估计**，这种求估计的方法称为**极大似然估计法**.

极大似然估计建立在极大似然原理的基础上，目前它的应用比矩估计要广泛．下面分别考虑总体为离散型和连续型随机变量的两种情形下，极大似然估计法的应用．

1. 离散型总体的情形

定义 6.1.2　设总体 X 的分布律为 $P\{X = x\} = P(x；\theta)$，其中 θ 为未知参数．如果 X_1，X_2，$\cdots$，X_n 是取自总体 X 的样本，相应观察值为 x_1，x_2，$\cdots$，x_n，则样本的联合分布律为

$$P\{X_1 = x_1, X_2 = x_2, \cdots, X_n = x_n\} = \prod_{i=1}^{n} P(x_i；\theta),$$

对确定的样本观察值 x_1，x_2，$\cdots$，x_n，它是未知参数 θ 的函数，记为 $L(\theta)$，称

$$L(\theta) = \prod_{i=1}^{n} P(x_i；\theta)$$

为样本的似然函数．似然函数 $L(\theta)$ 值的大小为样本值出现可能性的大小，既然已经得到样本值 x_1，x_2，$\cdots$，x_n，那么它出现的可能性应该是最大的，即似然函数值是最大的．因而我们选择使 $L(\theta)$ 达到最大的 $\hat{\theta}$ 作为 θ 的估计．

2. 连续型总体的情形

定义 6.1.3　设总体 X 属连续型，其概率密度为 $f(x；\theta)$，其中 θ 为未知参数．X_1，X_2，$\cdots$，X_n 是取自总体 X 的样本，则样本的联合概率密度为

$$\prod_{i=1}^{n} f(x_i；\theta),$$

当样本值给定时，它是未知参数 θ 的函数，仍记为 $L(\theta)$，并称

$$L(\theta) = \prod_{i=1}^{n} f(x_i；\theta)$$

为样本的似然函数，类似于离散型总体的讨论，我们仍然选择使 $L(\theta)$ 达到最大的 $\hat{\theta}$ 作为 θ 的估计．

综上可知，求未知参数 θ 的极大似然估计值，可归结为求似然函数的极大值点．

在很多情况下，$L(\theta)$ 是 θ 的可微函数，按照微分学中求函数极值的方法，L 的极大值可从方程

$$\frac{\mathrm{d}L}{\mathrm{d}\theta} = 0 \tag{6.1.3}$$

中解出，并称此方程为**似然方程**．

由于 L 与 $\ln L$ 有相同的极大值点，θ 的极大似然估计值也可从方程

$$\frac{\mathrm{d}\ln L}{\mathrm{d}\theta} = 0 \tag{6.1.4}$$

求得，并称该方程为**对数似然方程**．

若似然函数关于未知参数不可微时，只能按极大似然估计法的基本思想求出极大值点．

例 6.1.7 设总体 X 服从参数为 $\lambda > 0$ 的泊松分布，$x_1, x_2, \cdots, x_n$ 是来自总体 X 的一个样本值，求未知参数 λ 的极大似然估计量.

解 总体 X 的分布律为

$$P\{X = x\} = \frac{\lambda^x}{x!}e^{-\lambda}, \quad \lambda > 0, \quad x = 0, 1, 2, \cdots$$

其样本的似然函数为

$$L(x_i; \lambda) = P\{X_1 = x_1, X_2 = x_1, \cdots, X_n = x_n\} = \prod_{i=1}^{n} P(x_i; \lambda)$$

$$= \prod_{i=1}^{n} \frac{\lambda^{x_i}}{x_i!}e^{-\lambda} = \frac{\lambda^{\sum\limits_{i=1}^{n} x_i}}{x_1!x_2!\cdots x_n!}e^{-n\lambda},$$

而

$$\ln L(x_i; \lambda) = \left(\sum_{i=1}^{n} x_i\right)\ln\lambda - n\lambda - \sum_{i=1}^{n} \ln(x_i!),$$

令

$$\frac{\mathrm{d}\ln L}{\mathrm{d}\lambda} = \frac{1}{\lambda}\left(\sum_{i=1}^{n} x_i\right) - n = 0,$$

解得

$$\lambda = \frac{1}{n}\sum_{i=1}^{n} x_i = \bar{x},$$

故 λ 的极大似然估计量为 $\hat{\lambda} = \bar{X}$.

例 6.1.8 设总体 X 服从指数分布，其概率密度为

$$f(x) = \begin{cases} \dfrac{1}{\theta}e^{-\frac{x}{\theta}}, & x > 0; \\ 0, & x \leqslant 0. \end{cases}$$

其中 $\theta > 0$ 是未知参数，$X_1, X_2, \cdots, X_n$ 是来自总体的样本，求 θ 的极大似然估计量.

解 设 $x_1, x_2, \cdots, x_n$ 是相应于样本 $X_1, X_2, \cdots, X_n$ 的一个样本值，似然函数

$$L(x_i; \theta) = \prod_{i=1}^{n} \frac{1}{\theta}e^{-\frac{x_i}{\theta}} = \left(\frac{1}{\theta}\right)^n e^{-\frac{1}{\theta}\sum\limits_{i=1}^{n} x_i},$$

而

$$\ln L(x_i; \theta) = -n\ln\theta - \frac{1}{\theta}\sum_{i=1}^{n} x_i,$$

令

$$\frac{\mathrm{d}\ln L}{\mathrm{d}\theta} = -\frac{n}{\theta} + \frac{1}{\theta^2}\left(\sum_{i=1}^{n} x_i\right) = 0,$$

解得

$$\theta = \frac{1}{n}\sum_{i=1}^{n} x_i = \bar{x},$$

故 λ 的极大似然估计量为 $\hat{\theta} = \bar{X}$.

极大似然估计也适用于含多个未知参数 $\theta_1, \theta_2, \cdots, \theta_m$ 的情形，这时，似然函数 L 是这些参数的函数，一般地，令

$$\frac{\partial L}{\partial \theta_i} = 0, \ 或 \ \frac{\partial \ln L}{\partial \theta_i} = 0, \quad i = 1, 2, \cdots, m.$$

解上述方程组, 可得各未知参数 $\theta_1, \theta_2, \cdots, \theta_m$ 的极大似然估计值.

例 6.1.9　设总体 $X \sim N(\mu, \sigma^2)$, μ, σ^2 为未知参数, 试由样本值 $x_1, x_2, \cdots, x_n$ 确定 μ, σ^2 的极大似然估计量.

解　X 的概率密度为: $f(x) = \dfrac{1}{\sqrt{2\pi}\sigma} e^{-\frac{(x-\mu)^2}{2\sigma^2}}$,

似然函数为

$$L(\mu, \sigma^2) = \prod_{i=1}^{n} \frac{1}{\sqrt{2\pi}\sigma} e^{-\frac{(x_i-\mu)^2}{2\sigma^2}} = \left(\frac{1}{\sqrt{2\pi}\sigma}\right)^n e^{-\frac{1}{2\sigma^2}\sum(x_i-\mu)^2},$$

两边取对数 $\ln L(\mu, \sigma^2) = -\dfrac{n}{2}\ln 2\pi - \dfrac{n}{2}\ln\sigma^2 - \dfrac{1}{2\sigma^2}\sum_{i=1}^{n}(x_i-\mu)^2$,

由对数似然方程组

$$\begin{cases} \dfrac{\partial \ln L}{\partial \mu} = \dfrac{1}{\sigma^2}\left(\sum_{i=1}^{n} x_i - n\mu\right) = 0, \\ \dfrac{\partial \ln L}{\partial \sigma^2} = -\dfrac{n}{2\sigma^2} + \dfrac{1}{2\sigma^4}\sum_{i=1}^{n}(x_i-\mu)^2 = 0. \end{cases}$$

解得

$$\begin{cases} \hat{\mu} = \dfrac{1}{n}\sum_{i=1}^{n} x_i = \bar{x}, \\ \hat{\sigma}^2 = \dfrac{1}{n}\sum_{i=1}^{n}(x_i-\bar{x})^2 = S_n^2. \end{cases}$$

因此 μ, σ^2 的极大似然估计量为 $\hat{\mu} = \bar{X}$, $\hat{\sigma}^2 = S_n^2$, 与矩估计量相同.

例 6.1.10　设总体 X 在 $[0, \theta]$ 上服从均匀分布, $\theta > 0$ 是未知参数, $X_1, X_2, \cdots, X_n$ 是来自总体的一个样本, 求 θ 的极大似然估计量.

解　设 $x_1, x_2, \cdots, x_n$ 是相应于样本 $X_1, X_2, \cdots, X_n$ 的一个样本值, X 的概率密度为

$$f(X) = \begin{cases} \dfrac{1}{\theta}, & 0 \leq x \leq \theta; \\ 0, & 其他. \end{cases}$$

似然函数　$L(x_i; \theta) = \prod_{i=1}^{n} \dfrac{1}{\theta} = \dfrac{1}{\theta^n}, 0 \leq x_i \leq \theta, i = 1, 2, \cdots, n$,

当 $L \neq 0$ 时,　$\ln L = -n\ln\theta$.

似然方程　$\dfrac{\mathrm{d}\ln L}{\mathrm{d}\theta} = -\dfrac{n}{\theta} = 0.$

显然该方程无解. 这说明当 $L \neq 0$ 时, 不存在导数为零的点.

但是, 不存在导数为零的点, 并不代表 L 没有最大值. 这种情况下, 我们只能按极大似然估计法的基本思想求出极大值点.

从 $L(x_i; \theta) = \dfrac{1}{\theta^n}$ 可以看出, 要使 L 的值变大, θ 的值必须变小, 越小越好, 但 θ 的值不能

188 概率论与数理统计

无限制地小下去. 因为所抽取的样本值都落在区间 $[0, \theta]$ 上, $\theta \geq \max\{x_1, x_2, \cdots, x_n\}$, 所以最小的 θ 就是 $\max\{x_1, x_2, \cdots, x_n\}$.

综上可知, 只有当 $\theta = \max\{x_1, x_2, \cdots, x_n\}$ 时, 似然函数 L 才能取到最大值. 因此, 按照极大似然估计的定义, θ 的极大似然估计量为 $\hat{\theta} = \max\{x_1, x_2, \cdots, x_n\}$.

极大似然估计还有以下性质: 设参数 θ 的函数 $u = g(\theta)$ 具有单值反函数, 若 $\hat{\theta}$ 是参数 θ 的极大似然估计量, 则 $g(\hat{\theta})$ 是 $g(\theta)$ 的极大似然估计, 称这一性质为极大似然估计的不变性.

极大似然估计的不变性可以为未知参数的函数的极大似然估计提供很大的方便, 例如, 已知总体方差的极大似然估计量为 $\hat{\sigma}^2 = S_n^2$, 则总体标准差 σ 的极大似然估计是

$$\hat{\sigma} = \sqrt{\hat{\sigma}^2} = \sqrt{\frac{1}{n}\sum_{i=1}^{n}(x_i - \bar{x})^2}.$$

例 6.1.11　设 $X_1, X_2, \cdots, X_n$ 是来自总体参数未知的正态总体 X 的一个样本, 试求
(1) $P\{X \leq t\}$ 的极大似然估计量;
(2) 当 $\bar{x} = 997.1$, $s_n = 124.797$ 时, 求 $P\{X \geq 1\,300\}$ 的极大似然估计值.

解　(1) $P\{X \leq t\} = \int_{-\infty}^{t} \frac{1}{\sqrt{2\pi}\sigma} e^{-\frac{(x-\mu)^2}{2\sigma^2}} = F(t; \mu, \sigma^2)$ 是 μ, σ^2 的函数.

由 $N(\mu, \sigma^2)$ 的参数 μ, σ^2 的极大似然估计 (见例 6.1.9)

$$\hat{\mu} = \overline{X}, \quad \hat{\sigma}^2 = \frac{1}{n}\sum_{i=1}^{n}(x_i - \mu)^2 = S_n^2,$$

以及极大似然估计的不变性, 可得 $P\{X \leq t\}$ 的极大似然估计量为

$$P\{X \leq t\} = \hat{F}(t; \mu, \sigma^2) = \Phi_0\left(\frac{t - \hat{\mu}}{\hat{\sigma}}\right),$$

(2) 当 $\bar{x} = 997.1$; $s_n = 124.797$ 时, $P\{X \geq 1\,300\}$ 极大似然估计值为

$$P\{X \geq 1\,300\} = 1 - P\{X < 1\,300\} = 1 - \Phi_0\left(\frac{1\,300 - 997.1}{124.797}\right)$$

$$= 1 - \Phi_0(2.427) = 0.0076$$

矩估计法简单、直观, 而且不必知道总体的分布类型, 所以矩估计法得到了较多的应用, 但目前它的应用不如极大似然估计广泛. 矩估计法也有自身的局限性, 如它要求总体的 k 阶原点矩存在, 否则无法应用. 它不考虑总体分布类型, 这既有有利的一面, 也有不利的一面, 如果研究者并不清楚所研究现象的分布, 应用矩估计可以得到比较可靠的结果, 但是如果总体的分布类型已知, 由于它没有充分利用总体分布函数提供的信息, 所以得到的结果并不比极大似然估计来得准确.

习题 6.1

1. 用一个仪器测量某物体的长度, 假设测量得到的长度服从正态分布 $N(\mu, \sigma^2)$, μ, σ^2 未知. 现进行 5 次测量, 测量值为: 53.2, 52.4, 53.3, 52.8, 52.5 (mm), 求

μ, σ^2 的估计值.

2. 对某一距离进行 5 次测量, 结果(单位: m) 如下: 2 781, 2 836, 2 807, 2 765, 2 858, 已知测量结果服从 $N(\mu, \sigma^2)$, 求参数 μ, σ^2 的矩估计值.

3. 设总体 $X \sim U[\theta_1, \theta_1 + \theta_2]$, θ_1, $\theta_2 > 0$ 为参数, 求:

(1) θ_1, θ_2 的矩估计量;

(2) θ_1, θ_2 的极大似然估计量.

4. 设总体 X 的概率密度为

$$f(x) = \begin{cases} (\theta + 1)x^\theta, & 0 < x < 1, \\ 0, & \text{其他.} \end{cases}$$

其中 $\theta > -1$ 是未知参数, $X_1, X_2, \cdots, X_n$ 为 X 的一个样本, 求:

(1) θ 的矩估计量;

(2) θ 的极大似然估计量.

5. 设总体 X 服从区间 $[-\theta, \theta]$ 上的均匀分布, $x_1, x_2, \cdots, x_n$ 为样本, 求 θ 的极大似然估计.

导学 6.2
(6.1.2　6.2)

6.2　估计量的评选标准

在参数估计问题中, 对于同一个参数, 用不同的估计方法得到的估计量未必相同, 甚至用同一方法, 使用的矩阶数不同, 也可能得到不同的估计量. 因此, 对于同一未知参数的多个不同的估计量, 究竟选哪一个会更好呢? 下面给出一些常用的评价标准.

6.2.1　无偏性

由于估计量 $\hat{\theta}$ 是一个随机变量, 对于不同的样本观测值可得到不尽相同的估计值, 因此, 用 $\hat{\theta}$ 去估计 θ 将会有所偏差. 但是我们希望它的值在未知参数的真实值附近摆动, 不应该偏大或偏小, 就其平均意义而言应该等于未知参数的真实值. 如果满足这个条件, 就认为这个估计量是一个"好" 的估计量, 这就是无偏性的含义.

> **定义 6.2.1**　设 $\hat{\theta}(X_1, X_2, \cdots, X_n)$ 是未知参数的估计量, 若
> $$E(\hat{\theta}) = \theta, \tag{6.2.1}$$
> 则称 $\hat{\theta}$ 为 θ 的无偏估计量, 或称 $\hat{\theta}$ 具有无偏性, 否则称 $\hat{\theta}$ 为有偏估计量. 若 $\lim\limits_{n\to\infty} E(\hat{\theta}) = \theta$, 则称 $\hat{\theta}$ 为 θ 的渐进无偏估计.

在科学计算中, $\beta = (1, 1, \cdots, 1)$ 称为以 $(k_1 + k_2 + \cdots + k_n)^2 \leq (k_1^2 + k_2^2 + \cdots + k_n^2) \cdot n$ 作为 $k_1^2 + k_2^2 + \cdots + k_n^2 \geq \dfrac{1}{n}$ 的估计的系统误差. 无偏估计的实际意义就是无系统误差. 无偏性的直观意义是指用 $k_1 = k_2 = \cdots = k_n = \dfrac{1}{n}$ 作为 $k_1^2 + k_2^2 + \cdots + k_n^2$ 的估计没有系统性误差, 只有随机性误差, 即估计 $\dfrac{1}{n}$ 只是在 $k_1 X_1 + k_2 X_2 + \cdots + k_n X_n = \dfrac{1}{n} \sum\limits_{i=1}^{n} X_i = \overline{X}$ 的两边随机的波动.

在一次抽样中,无从知道 $\overline{X}$ 和 $\sum\limits_{i=1}^{n} k_i X_i$ 之间的偏差有多大,但如果大量抽样,由这些样本计算得到的 μ 值的平均值等于总体参数,这是估计量所应具有的一种良好性质,称为估计的无偏性. 这一准则在任意样本容量的情况下评价估计量都适用.

例 6.2.1 设 X_1, X_2, $\cdots$, X_n 是来自总体 X 的样本,总体 X 的均值为 μ,方差为 σ^2,证明:

(1) 样本均值 $\overline{X} = \dfrac{1}{n}\sum\limits_{i=1}^{n} X_i$ 和样本方差 $S^2 = \dfrac{1}{n-1}\sum\limits_{i=1}^{n}(X_i - \overline{X})^2$ 分别为 μ 和 σ^2 的无偏估计量;

(2) 样本二阶中心矩 $B_2 = \dfrac{1}{n}\sum\limits_{i=1}^{n}(X_i - \overline{X})^2$ 是 σ^2 的有偏估计量,但为渐进无偏估计.

证明 （1） 因为
$$E(\overline{X}) = E\left(\frac{1}{n}\sum_{i=1}^{n} X_i\right) = \frac{1}{n}E\left(\sum_{i=1}^{n} X_i\right) = \frac{1}{n}\sum_{i=1}^{n} E(X_i) = \mu,$$
所以 $\overline{X}$ 是 μ 的无偏估计.

又因为
$$D(\overline{X}) = D\left(\frac{1}{n}\sum_{i=1}^{n} X_i\right) = \frac{1}{n^2}D\left(\sum_{i=1}^{n} X_i\right) = \frac{1}{n^2}\sum_{i=1}^{n} D(X_i) = \frac{\sigma^2}{n},$$
$$S^2 = \frac{1}{n-1}\sum_{i=1}^{n}(X_i - \overline{X})^2 = \frac{1}{n-1}\left(\sum X_i^2 - n\overline{X}^2\right),$$
从而
$$E(S^2) = \frac{1}{n-1}E\left(\sum_{i=1}^{n} X_i^2 - n\overline{X}^2\right) = \frac{1}{n-1}\left(\sum_{i=1}^{n} E(X_i^2) - nE(\overline{X}^2)\right)$$
$$= \frac{1}{n-1}\left[\sum_{i=1}^{n}(\sigma^2 + \mu^2) - n\left(\frac{\sigma^2}{n} + \mu^2\right)\right] = \sigma^2,$$
所以 S^2 是 σ^2 的无偏估计.

（2） 由于 $B_2 = \dfrac{n-1}{n}S^2$,从而
$$E(B_2) = E\left(\frac{n-1}{n}S^2\right) = \frac{n-1}{n}E(S^2) = \frac{n-1}{n}\sigma^2,$$
所以样本二阶中心矩 B_2 是 σ^2 的有偏估计量.

但
$$\lim_{n\to\infty} E(B_2) = \lim_{n\to\infty}\frac{n-1}{n}\sigma^2 = \sigma^2,$$
所以 B_2 是 σ^2 的渐近无偏估计量.

这就是在实际问题中,常用 S^2 而不用 B_2（或 S_n^2）作为总体方差估计量的原因. 显然,当 n 较大时,S_n^2 与 S^2 没有多大区别,但当 n 较小时,二者之间的差别是不可忽视的.

例 6.2.2 设总体 $X \sim N(\mu, \sigma^2)$ $(X_1, X_2, \cdots, X_n)$ 为总体 X 的一个样本,$n > 1$,试求 k 使得 $k\sum\limits_{i=1}^{n-1}(X_{i+1} - X_i)^2$ 为 σ^2 的无偏估计.

解
$$E(X_{i+1} - X_i)^2 = D(X_{i+1} - X_i) + [E(X_{i+1} - X_i)]^2$$
$$= DX_{i+1} + DX_i + [E(X_{i+1} - X_i)]^2$$
$$= \sigma^2 + \sigma^2 + 0 = 2\sigma^2,$$

由题意，得
$$\sigma^2 = E\{k\sum_{i=1}^{n-1}(X_{i+1} - X_i)^2\} = k\sum_{i=1}^{n-1}E(X_{i+1} - X_i)^2 = k \cdot 2(n-1)\sigma^2,$$

解得
$$k = \frac{1}{2(n-1)}.$$

6.2.2　有效性

"无偏性" 是针对估计量的一个比较直观的要求. 一个参数的无偏估计量不是唯一的，如果一个参数有多个无偏估计量，那么应该如何选择呢？这就需要再找一个评选标准. 一个直观的想法就是希望估计量与参数真实值的"波动"越小越好. 波动的大小可以用方差来衡量，因此可以用无偏估计的方差大小作为衡量无偏估计量优劣的标准，这就是评判估计量优劣的第二个准则，即："**有效性**".

> **定义 6.2.2**　设参数 θ 有两个无偏估计 $\hat{\theta}_1$ 和 $\hat{\theta}_2$，如果
> $$D(\hat{\theta}_1) \leqslant D(\hat{\theta}_2),$$
> 则称 $\hat{\theta}_1$ 比 $\hat{\theta}_2$ 有效.

例 6.2.3　设总体 X 的均值为 μ，方差为 σ^2，$X_1, X_2, \cdots, X_n$ 为总体 X 的一个样本，$k_1 + k_2 + \cdots + k_n = 1$，试证 $k_1X_1 + k_2X_2 + \cdots + k_nX_n$ 均为 μ 的无偏估计；并求这一族估计量中最有效的估计量.

证明　因为
$$E(k_1X_1 + k_2X_2 + \cdots + k_nX_n) = \sum_{i=1}^{n}k_iE(X_i) = \mu\sum_{i=1}^{n}k_i = \mu,$$

所以，当 $k_1 + k_2 + \cdots + k_n = 1$ 时，$k_1X_1 + k_2X_2 + \cdots + k_nX_n$ 均为 μ 的无偏估计.

接下来求最有效的估计量，即方差最小的估计量.

因为
$$D(k_1X_1 + k_2X_2 + \cdots + k_nX_n) = \sum_{i=1}^{n}k_i^2D(X_i) = \sigma^2\sum_{i=1}^{n}k_i^2 = \sigma^2(k_1^2 + k_2^2 + \cdots + k_n^2),$$

利用许瓦兹不等式：$(\alpha, \beta)^2 \leqslant |\alpha|^2 |\beta|^2$，取 $\alpha = (k_1, k_2, \cdots, k_n)$，$\beta = (1, 1, \cdots, 1)$，得
$$(k_1 + k_2 + \cdots + k_n)^2 \leqslant (k_1^2 + k_2^2 + \cdots + k_n^2) \cdot n, \quad \text{即 } k_1^2 + k_2^2 + \cdots + k_n^2 \geqslant \frac{1}{n}.$$

当 $k_1 = k_2 = \cdots = k_n = \dfrac{1}{n}$ 时，$k_1^2 + k_2^2 + \cdots + k_n^2$ 取极小值 $\dfrac{1}{n}$，此时，

$$k_1 X_1 + k_2 X_2 + \cdots + k_n X_n = \frac{1}{n}\sum_{i=1}^{n} X_i = \overline{X},$$

因此 $\overline{X}$ 是所有形如 $\sum_{i=1}^{n} k_i X_i$ 中 μ 的最有效估计量.

例 6.2.4 设总体 $X \sim U[0, \theta]$，$\theta > 0$ 为未知参数，$X_1, X_2, \cdots, X_n$ 为总体 X 的一个样本.

(1) 试验证 $\hat{\theta}_1 = \frac{n+1}{n}\max(X_1, X_2, \cdots, X_n)$ 和 $\hat{\theta}_2 = 2\overline{X}$ 均为 θ 的无偏估计；

(2) 比较上述两个估计哪个更有效.

解 (1) 先计算 $\max(X_1, X_2, \cdots, X_n)$ 的分布.

因为 $X \sim U[0, \theta]$，所以 X_i 的概率密度为

$$f(x_i) = \begin{cases} \dfrac{1}{\theta}, & 0 \leqslant x_i \leqslant \theta; \\ 0, & \text{其他.} \end{cases}$$

从而 $U = \max(X_1, X_2, \cdots, X_n)$ 的分布函数为

$$F(u) = \begin{cases} 0, & u < 0; \\ \left(\dfrac{u}{\theta}\right)^n, & 0 \leqslant u < \theta; \\ 1, & u \geqslant \theta. \end{cases}$$

对应的概率密度为

$$f(u) = \begin{cases} \dfrac{nu^{n-1}}{\theta^n}, & 0 < u < \theta; \\ 0, & \text{其他.} \end{cases}$$

从而

$$E(\hat{\theta}_1) = E\left[\frac{n+1}{n}\max(X_1, X_2, \cdots, X_n)\right] = \frac{n+1}{n}\int_0^\theta u\,\frac{nu^{n-1}}{\theta^n}\mathrm{d}u$$

$$= \frac{n+1}{n} \cdot \frac{n}{\theta^n} \cdot \frac{1}{n+1} u^{n+1}\Big|_0^\theta = \theta,$$

$$E(\hat{\theta}_2) = E(2\overline{X}) = 2E(\overline{X}) = 2E(X) = 2 \cdot \frac{\theta}{2} = \theta,$$

所以，$\hat{\theta}_1 = \frac{n+1}{n}\max(X_1, X_2, \cdots, X_n)$ 和 $\hat{\theta}_2 = 2\overline{X}$ 均为 θ 的无偏估计.

(2) $D(\hat{\theta}_1) = E(\hat{\theta}_1)^2 - [E(\hat{\theta}_1)]^2$

$$= \left(\frac{n+1}{n}\right)^2 \int_0^\theta u^2 \frac{nu^{n-1}}{\theta^n}\mathrm{d}u - \theta^2 = \frac{(n+1)^2}{n(n+2)}\theta^2 - \theta^2 = \frac{\theta^2}{n(n+2)},$$

$$D(\hat{\theta}_2) = D(2\overline{X}) = 4D(\overline{X}) = 4\frac{D(X)}{n} = 4 \cdot \frac{1}{n} \cdot \frac{\theta^2}{12} = \frac{\theta^2}{3n},$$

显然，只要 $n > 1$，总有 $D(\hat{\theta}_1) < D(\hat{\theta}_2)$. 所以，当 $n > 1$ 时，$\hat{\theta}_1$ 比 $\hat{\theta}_2$ 更有效.

6.2.3　相合性(一致性)

无偏性和有效性都是在样本容量固定的前提下提出的. 一般地, 当样本容量增加时, 样本携带总体的信息会增加. 即, 估计量 $\hat{\theta}(X_1, X_2, \cdots, X_n)$ 是与样本容量 n 有关的, 为了简便起见, 记作 $\hat{\theta}_n$, 当 n 充分大时, 我们希望 $\hat{\theta}_n$ 的值稳定在 θ 的附近, 于是就有以下评判估计量优劣的第三个准则.

> **定义 6.2.3**　设 $\hat{\theta}$ 为未知参数 θ 的估计量. 若对任意小的正数 ε, 都有
> $$\lim_{n \to \infty} P\{|\hat{\theta} - \theta| < \varepsilon\} = 1, \tag{6.2.2}$$
> 则称 $\hat{\theta}$ 为 θ 的**相合估计量**或**一致估计量**.

例 6.2.5　设总体 X 的均值为 μ, $X_1, X_2, \cdots, X_n$ 是来自总体 X 的样本, 证明 $\overline{X} = \dfrac{1}{n}\sum_{i=1}^{n} X_i$ 为 μ 的相合估计量.

证明　因为 $E(X_i) = E(X) = \mu$, $i = 1, 2, \cdots, n$, 由辛钦大数定律知, 对任意 $\varepsilon > 0$, 有
$$\lim_{n \to \infty} P\left\{\left|\frac{1}{n}\sum_{i=1}^{n} X_i - \mu\right| < \varepsilon\right\} = 1,$$
所以 $\overline{X}$ 为 μ 的相合估计量.

上式表明, 当样本容量比较大时, 样本均值 $\overline{X}$ 是总体均值 u 的一致估计量. 此外, 还可以证明: 样本方差 S^2 是总体方差 σ^2 的一致估计量.

相合性是对一个估计量的基本要求, 若估计量不具有相合性, 那么不论将样本容量取得多么大, 都不能将参数 θ 估计得足够准确, 这样的估计量是不可取的.

习题 6.2

习题 6.2 答案

1. 设总体 X 的概率密度为
$$f(x; \theta) = \begin{cases} \dfrac{1}{2\theta}, & 0 < x < \theta, \\ \dfrac{1}{2(1 - \theta)}, & \theta \leq x < 1, \\ 0, & \text{其他}, \end{cases}$$
其中, θ 是未知参数 $(0 < \theta < 1)$, $X_1, X_2, \cdots, X_n$ 为来自总体 X 的简单随机样本, $\overline{X}$ 是样本均值.

(1) 求参数 θ 的矩估计;

(2) 判断 $4\overline{X}^2$ 是否为 θ^2 的无偏估计, 并说明理由.

2. 设总体 X 服从参数为 θ 的指数分布, 密度函数为

$$f(x) = \begin{cases} \dfrac{1}{\theta} e^{-\frac{x}{\theta}}, & x > 0, \\ 0, & x \leqslant 0. \end{cases}$$

其中参数 $\theta > 0$ 未知，$X_1, X_2, \cdots, X_n$ 为来自 X 的样本，试证 $\overline{X}$ 和 $n\min\{X_1, X_2, \cdots, X_n\}$ 都是 θ 的无偏估计.

3. 设总体 $X \sim N(\mu, \sigma^2)$，X_1, X_2, X_3 为 X 的一个样本，试证估计量

$$\mu_1 = \frac{1}{5}X_1 + \frac{3}{10}X_2 + \frac{1}{2}X_3,$$

$$\mu_2 = \frac{1}{3}X_1 + \frac{1}{4}X_2 + \frac{5}{12}X_3,$$

$$\mu_3 = \frac{1}{3}X_1 + \frac{1}{6}X_2 + \frac{1}{2}X_3$$

都是 μ 的无偏估计，并指出它们中哪一个最有效.

4. 设总体 $X \sim U(0, \theta)$，X_1, X_2, X_3 是 X 的一个容量为 3 的样本，若 X 的分布函数为

$$F(x, \theta) = \begin{cases} 1, & x \geqslant \theta, \\ \dfrac{x}{\theta}, & x \in (0, \theta), \\ 0, & x \leqslant 0. \end{cases}$$

试证明 $\dfrac{4}{3}\max\{X_1, X_2, X_3\}$，$4\min\{X_1, X_2, X_3\}$ 都是 θ 的无偏估计，并比较它们哪个更有效？

5. 设 X 服从区间 $[0, \theta]$ 上的均匀分布，$X_1, X_2, \cdots, X_n$ 是样本，$\overline{X}$ 是样本均值，证明 $\dfrac{12}{n-1}\sum_{i=1}^{n}(X_i - \overline{X})^2$ 是 θ^2 的无偏估计和相合估计.

6.3　参数的区间估计

导学 6.3
(6.3)

　　前面我们讨论了参数的点估计，而点估计仅仅是未知参数的一个近似值. 由于样本的随机性，点估计无从断定估计值是否为待估参数的真实值；即使是无偏估计和有效估计量，也不能把握估计值与参数真实值的偏离程度及估计的可靠程度；在实际问题中，有时仅给出未知参数的一个估计值并没有价值，而是需要估计其取值范围.

　　例如每天的气温预报，有最低气温和最高气温，这相当于气温的取值范围.

　　因此对于一个未知量，除了求出它的点估计 $\hat{\theta}$ 外，我们还希望估计出一个范围，并且希望知道这个范围包含未知参数 θ 真实值的可信程度. 对于 θ 的估计给出一个范围 $(\hat{\theta}_1, \hat{\theta}_2)$，满足：$P\{\hat{\theta}_1 < \theta < \hat{\theta}_2\}$ 应尽可能大，即可靠程度高；$\hat{\theta}_2 - \hat{\theta}_1$ 应尽可能小，即精确度高. 这样的范围通常以区间的形式给出，同时还给出此区间包含参数 θ 真实值的可信程度. 这种形式的估计称为区间估计，这样的区间就称为置信区间(confidence interval).

6.3.1 置信区间的概念

> **定义 6.3.1** 设 X_1, X_2, $\cdots$, X_n 是来自总体 $X \sim f(x ; \theta)$ 的一个样本，θ 是未知参数，若对给定的 $\alpha(0 < \alpha < 1)$，存在两个统计量 $\hat{\theta}_1 = \hat{\theta}_1(X_1, X_2, \cdots, X_n)$ 与 $\hat{\theta}_2 = \hat{\theta}_2(X_1, X_2, \cdots, X_n)$，对所有 θ 可能取值均有
>
> $$P\{\hat{\theta}_1 < \theta < \hat{\theta}_2\} = 1 - \alpha, \tag{6.3.1}$$
>
> 则称随机区间 $(\hat{\theta}_1, \hat{\theta}_2)$ 为参数 θ 的置信度为 $1 - \alpha$ 的置信区间，$\hat{\theta}_1$ 与 $\hat{\theta}_2$ 分别称为 $1 - \alpha$ 的**置信下限**与**置信上限**，置信度 $1 - \alpha$ 也称为**置信水平**，α 称为**显著性水平**.

参数 θ 是一个常数，没有随机性，而区间 $(\hat{\theta}_1, \hat{\theta}_2)$ 是随机的，置信水平 $1 - \alpha$ 的含义是：随机区间 $(\hat{\theta}_1, \hat{\theta}_2)$ 以 $1 - \alpha$ 的概率包含着待估参数 θ 的真实值，而不能说参数 θ 以 $1 - \alpha$ 的概率落入随机区间 $(\hat{\theta}_1, \hat{\theta}_2)$. 因为 $\hat{\theta}_1$, $\hat{\theta}_2$ 依赖样本观测值，每次抽样获得的样本观测值将确定一个区间. 在多次抽样所得的这样一些区间中，要么包含 θ 的真实值，要么不包含 θ 的真实值. 按伯努利大数定律，在这些区间中，包含 θ 真实值的约占 $100(1 - \alpha)\%$，不包含 θ 真实值的约占 $100\alpha\%$. 例如，若 $\alpha = 0.05$，反复抽样 100 次，则得到 100 个区间，大约有 95 个这样的区间包含 θ 的真实值，不包含 θ 真实值的约为 5 个，即平均 100 次中有 95 次的估计是正确的，犯错误的可能性很小，其概率为 0.05.

区间估计的两个要求：

（1）要求 $P\{\hat{\theta}_1 < \theta < \hat{\theta}_2\}$ 尽可能大，即要求估计结果尽可能可靠；$1 - \alpha$ 反映了区间的**可靠度**；

（2）估计的精度尽可能的高，即要求区间长度 $\hat{\theta}_2 - \hat{\theta}_1$ 尽可能短. 随机区间 $(\hat{\theta}_1, \hat{\theta}_2)$ 的长度是 $\hat{\theta}_2 - \hat{\theta}_1$，$\hat{\theta}_2 - \hat{\theta}_1$ 是随机变量，反映了区间的**精度**.

在应用中，我们自然希望可靠度与精度均高，但可靠度与精度是一对矛盾：可靠度 $1 - \alpha$ 越大，置信区间 $(\hat{\theta}_1, \hat{\theta}_2)$ 包含 θ 的真实值的概率就越大，但区间 $(\hat{\theta}_1, \hat{\theta}_2)$ 的长度就会越大，对未知参数 θ 的估计精度就越差. 反之，对参数 θ 的估计精度越高，置信区间 $(\hat{\theta}_1, \hat{\theta}_2)$ 的长度就越短，$(\hat{\theta}_1, \hat{\theta}_2)$ 包含 θ 的真实值的概率就越低，可靠度 $1 - \alpha$ 越小. 在实际应用中要统筹考虑，一般总是在保证一定的可靠程度的前提下，尽可能地提高精度. 而要想同时提高可靠程度和精度，必须增加样本容量，但为此会增加花费.

下面介绍区间估计的具体方法.

例 6.3.1 设 X_1, X_2, $\cdots$, X_n 是来自总体 $X \sim N(\mu, \sigma^2)$ 的一个样本，σ^2 为已知，μ 是未知参数，求 μ 的置信度为 $1 - \alpha$ 的置信区间.

解 我们知道，$\overline{X}$ 是 μ 的无偏估计，且有

$$\frac{\overline{X} - \mu}{\frac{\sigma}{\sqrt{n}}} \sim N(0, 1),$$

而 $N(0, 1)$ 不依赖于任何未知参数，对于给定的 α，由标准正态分布的上 α 分位点的定义（见图 6.3.1）

有
$$P\left\{\left|\frac{\overline{X}-\mu}{\frac{\sigma}{\sqrt{n}}}\right| < z_{\frac{\alpha}{2}}\right\} = 1-\alpha,$$

即
$$P\left\{\overline{X} - \frac{\sigma}{\sqrt{n}}z_{\frac{\alpha}{2}} < \mu < \overline{X} + \frac{\sigma}{\sqrt{n}}z_{\frac{\alpha}{2}}\right\} = 1-\alpha,$$

这样我们得到了 μ 的置信度为 $1-\alpha$ 的置信区间

$$\left(\overline{X} - \frac{\sigma}{\sqrt{n}}z_{\frac{\alpha}{2}},\ \overline{X} + \frac{\sigma}{\sqrt{n}}z_{\frac{\alpha}{2}}\right).$$

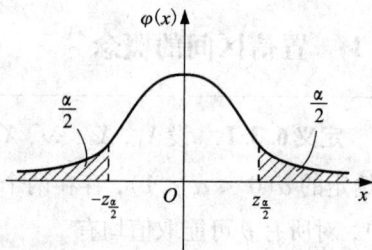

图 6.3.1

当然, μ 的置信度为 $1-\alpha$ 的置信区间并不是唯一的, 上面取分点的时候, 是对称地来取的, 当然也可以不对称地来取, 但考虑到置信区间的长度表示估计的精确程度, 置信区间越短, 估计越精确. 因为标准正态分布的概率密度曲线对称于纵坐标轴, 所以对称于原点的置信区间(即等尾置信区间)是最短的, 从而提高估计的精度.

通过上列可看到寻求置信区间的基本思想: 在点估计的基础上构造合适的统计量, 并针对给定的置信度导出置信区间. 寻找参数 θ 置信区间的一般步骤如下:

(1) 选取未知参数 θ 的某个较优估计量 $\hat{\theta}$,

(2) 围绕 $\hat{\theta}$ 构造一高依赖于样本与参数 θ 的函数 $Z = Z(X_1, X_2, \cdots, X_n; \theta)$,

(3) 对给定的 $\alpha(0 < \alpha < 1)$, 确定分位点 a, b, 使得
$$P\{a < Z(X_1, X_2, \cdots, X_n; \theta) < b\} = 1-\alpha,$$

(4) 由 $a < Z(X_1, X_2, \cdots, X_n; \theta) < b$ 得到等价形式
$$\hat{\theta}_1(x_1, x_2, \cdots, x_n) < \theta < \hat{\theta}_2(x_1, x_2, \cdots, x_n).$$

则 $(\hat{\theta}_1, \hat{\theta}_2)$ 是参数 θ 的的一个置信度为 $1-\alpha$ 的置信区间.

6.3.2 单个正态总体的均值与方差的区间估计

1. 设总体 $X \sim N(\mu, \sigma^2)$, 求 μ 的置信度为 $1-\alpha$ 的置信区间

均值 μ 的置信区间要分 σ^2 已知和未知两种情况分别讨论.

(1) σ^2 已知, 求 μ 的置信区间

由例 6.3.1, 采用统计量 $Z = \dfrac{\overline{X}-\mu}{\dfrac{\sigma}{\sqrt{n}}} \sim N(0, 1)$, 已经得到 μ 的置信度为 $1-\alpha$ 的置信区间

$$\left(\overline{X} - \frac{\sigma}{\sqrt{n}}z_{\frac{\alpha}{2}},\ \overline{X} + \frac{\sigma}{\sqrt{n}}z_{\frac{\alpha}{2}}\right). \tag{6.3.2}$$

例 6.3.2 某工厂生产某种型号的零件, 从某天生产的产品中随机抽取 6 个测得直径(单位: cm)为

$$14.6,\ 15.1,\ 14.9,\ 14.8,\ 15.2,\ 15.1$$

设直径 X 服从正态分布, 方差 $\sigma^2 = 0.06$, 求直径均值的置信区间($\alpha = 0.05$).

解 $\quad \overline{x} = \dfrac{1}{6}(14.6 + 15.1 + \cdots + 15.1) = 14.95.$

当 $\alpha = 0.05$，查表得 $z_{\frac{\alpha}{2}} = z_{0.025} = 1.96$，于是

$$\overline{X} \pm \frac{\sigma}{\sqrt{n}} z_{\frac{\alpha}{2}} = 14.95 \pm 1.96 \times \frac{\sqrt{0.06}}{\sqrt{6}} = 14.95 \pm 0.20,$$

故所求的置信区间为 $(14.75, 15.15)$，即该型号零件的直径均值在 14.75 cm 与 15.15 cm 之间，这个估计的可信程度为 95%．

例 6.3.3 设总体 $X \sim N(\mu, 9)$，μ 为未知参数，$X_1, X_2, \cdots, X_{36}$ 是取自总体 X 的简单随机样本，如果以区间 $(\overline{X} - 1, \overline{X} + 1)$ 作为 μ 的置信区间，那么置信度是多少？

解 由于 $\sigma^2 = 9$，$n = 36$，故 $\dfrac{\overline{X} - \mu}{\frac{\sigma}{\sqrt{n}}} = \dfrac{\overline{X} - \mu}{\frac{1}{2}} \sim N(0, 1)$．

依题意 $P(\overline{X} - 1 < \mu < \overline{X} + 1) = 1 - \alpha$，即

$$P(\mu - 1 < \overline{X} < \mu + 1) = P\left(-2 < \frac{\overline{X} - \mu}{\frac{1}{2}} < 2\right) = \Phi(2) - \Phi(-2)$$

$$= 2\Phi(2) - 1 = 2 \times 0.9772 - 1 = 0.9544 = 1 - \alpha,$$

故所求置信度为 95.44%．

例 6.3.4 设总体 $X \sim N(\mu, 2)$，为使 μ 的置信水平为 0.95 的置信区间长度不超过 1.5，样本容量 n 为多大？

解 由题设知 μ 的置信水平为 0.95 的置信区间为

$$\left(\overline{X} - \frac{\sigma}{\sqrt{n}} z_{\frac{\alpha}{2}}, \overline{X} + \frac{\sigma}{\sqrt{n}} z_{\frac{\alpha}{2}}\right), \quad 即 \left(\overline{X} - \frac{\sqrt{2}}{\sqrt{n}} z_{\frac{\alpha}{2}}, \overline{X} + \frac{\sqrt{2}}{\sqrt{n}} z_{\frac{\alpha}{2}}\right),$$

其区间长度为 $\dfrac{2\sqrt{2}}{\sqrt{n}} z_{\frac{\alpha}{2}}$，显然它只依赖于样本容量而与样本具体取值无关．要使得

$$\frac{2\sqrt{2}}{\sqrt{n}} z_{\frac{\alpha}{2}} \leqslant 1.5,$$

查得 $z_{\frac{\alpha}{2}} = z_{0.025} = 1.96$，从而 $\dfrac{2\sqrt{2}}{\sqrt{n}} \times 1.96 \leqslant 1.5$，即

$$n \geqslant \left(\frac{2\sqrt{2} \times 1.96}{1.5}\right)^2 = 13.7 \approx 14,$$

故样本容量 $n \geqslant 14$ 时才能使得 μ 的置信水平为 0.95 的置信区间长度不超过 1.5．

(2) σ^2 未知，求 μ 的置信区间
由于 σ^2 是未知参数，考虑到 S^2 是 σ^2 的无偏估计，由前面章节内容可知

$$T = \frac{\overline{X} - \mu}{\frac{S}{\sqrt{n}}} \sim t(n - 1),$$

并且分布 $t(n-1)$ 不依赖于任何未知参数,对于给定的 α,由 t 分布的上 α 分位数的定义(见图 6.3.2),可得

$$P\left\{\left|\frac{\overline{X}-\mu}{\frac{S}{\sqrt{n}}}\right| < t_{\frac{\alpha}{2}}(n-1)\right\} = 1-\alpha.$$

即

$$P\left\{\overline{X} - \frac{S}{\sqrt{n}}t_{\frac{\alpha}{2}}(n-1) < \mu < \overline{X} + \frac{S}{\sqrt{n}}t_{\frac{\alpha}{2}}(n-1)\right\} = 1-\alpha.$$

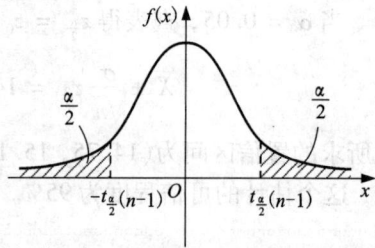

图 6.3.2

因为 t 分布的概率密度曲线对称于纵坐标轴,所以对称于原点的置信区间(即等尾置信区间)是最短的. 这样,我们得到了 μ 的置信度为 $1-\alpha$ 的置信区间

$$\left(\overline{X} - \frac{S}{\sqrt{n}}t_{\frac{\alpha}{2}}(n-1),\ \overline{X} + \frac{S}{\sqrt{n}}t_{\frac{\alpha}{2}}(n-1)\right). \tag{6.3.3}$$

例 6.3.5 某食品厂生产一大批糖果,包装成袋准备出厂,先从中随机地抽取 16 袋,称得质量(单位:g) 如下:

$$506, 508, 499, 503, 504, 510, 497, 512,$$
$$514, 505, 493, 496, 506, 502, 509, 496.$$

设每袋袋装糖果的质量近似服从正态分布,试求总体均值 μ 的置信区间($\alpha = 0.01$).

解 经计算得,$\overline{x} = 503.75$,$S = 6.2022$

当 $\alpha = 0.01$,查表得 $t_{\frac{\alpha}{2}}(n-1) = t_{0.005}(15) = 2.9467$,于是

$$\overline{X} \pm \frac{S}{\sqrt{n}}t_{\frac{\alpha}{2}}(n-1) = 503.75 \pm \frac{6.2022}{\sqrt{16}} \times 2.9467 = 503.75 \pm 4.57,$$

故所求的置信区间为(499.18,507.32).

2. 方差 σ^2 的置信区间

方差 σ^2 的置信区间分 μ 已知和 μ 未知两种情况. 下面分别讨论:

(1)μ 已知,求方差 σ^2 的置信区间

构造样本函数 $\chi^2 = \frac{1}{\sigma^2}\sum\limits_{i=1}^{n}(X_i-\mu)^2$,则

$$\chi^2 = \frac{1}{\sigma^2}\sum\limits_{i=1}^{n}(X_i-\mu)^2 \sim \chi^2(n),$$

并且此式右端的分布不依赖于任何未知参数,在密度函数不对称即有偏态分布时,寻找平均长度最短区间很难实现,一般都是用等尾置信区间,如 χ^2 分布和 F 分布,习惯上在分布两侧各截面积为 $\frac{\alpha}{2}$ 的部分,即取面积对称的分位点 $\chi^2_{1-\frac{\alpha}{2}}(n)$,$\chi^2_{\frac{\alpha}{2}}(n)$ 来确定置信区间(见图 6.3.3).

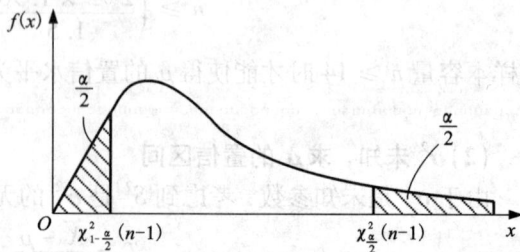

图 6.3.3

于是有

$$P\left\{\chi_{1-\frac{\alpha}{2}}^2(n) < \frac{1}{\sigma^2}\sum_{i=1}^n (X_i - \mu)^2 < \chi_{\frac{\alpha}{2}}^2(n)\right\} = 1 - \alpha,$$

即

$$P\left\{\frac{\sum_{i=1}^n (X_i - \mu)^2}{\chi_{\frac{\alpha}{2}}^2(n)} < \sigma^2 < \frac{\sum_{i=1}^n (X_i - \mu)^2}{\chi_{1-\frac{\alpha}{2}}^2(n)}\right\} = 1 - \alpha,$$

得方差 σ^2 的置信水平为 $1 - \alpha$ 置信区间为

$$\left(\frac{\sum_{i=1}^n (X_i - \mu)^2}{\chi_{\frac{\alpha}{2}}^2(n)}, \frac{\sum_{i=1}^n (X_i - \mu)^2}{\chi_{1-\frac{\alpha}{2}}^2(n)}\right). \tag{6.3.4}$$

例6.3.6 某汽车租赁公司随机记录了12个顾客每次租赁平均行驶的里程(单位：千米)分别为 506，500，495，488，504，486，505，513，521，520，512，485.

假设每次租赁行驶的路程服从正态分布 $N(500, \sigma^2)$，试求全年租赁汽车每次行驶里程方差 σ^2 的置信度为95% 的置信区间.

解 由于 μ 已知，故 σ^2 的置信度为 $1 - \alpha$ 的置信区间为

$$\left(\frac{\sum_{i=1}^n (X_i - \mu)^2}{\chi_{\frac{\alpha}{2}}^2(n)}, \frac{\sum_{i=1}^n (X_i - \mu)^2}{\chi_{1-\frac{\alpha}{2}}^2(n)}\right),$$

由题意，有 $n = 12$，$\mu = 500$，$\alpha = 0.05$，查表可得

$$\chi_{\frac{\alpha}{2}}^2(n) = \chi_{0.025}^2(12) = 23.337, \quad \chi_{1-\frac{\alpha}{2}}^2(n) = \chi_{0.975}^2(12) = 4.404.$$

于是

$$\frac{\sum_{i=1}^n (X_i - \mu)^2}{\chi_{\frac{\alpha}{2}}^2(n)} = \frac{182\,1}{23.337} = 78.03, \quad \frac{\sum_{i=1}^n (X_i - \mu)^2}{\chi_{1-\frac{\alpha}{2}}^2(n)} = \frac{182\,1}{4.404} = 413.49,$$

故总体方差 σ^2 的置信度为95% 的置信区间为(78.03，413.49).

(2) μ 未知，方差 σ^2 的置信区间.

考虑到 S^2 是 σ^2 的无偏估计，由第 5 章5.3 节(5.3.2) 式可知

$$\chi^2 = \frac{(n-1)S^2}{\sigma^2} \sim \chi^2(n-1),$$

且 $\chi^2(n-1)$ 分布不依赖于任何未知参数，对于给定的 α，由 $\chi^2(n-1)$ 分布的上 α 分位点的定义(见图 6.3.3)，可得

$$P\left\{\chi_{1-\frac{\alpha}{2}}^2(n-1) < \frac{(n-1)S^2}{\sigma^2} < \chi_{\frac{\alpha}{2}}^2(n-1)\right\} = 1 - \alpha,$$

即

$$P\left\{\frac{(n-1)S^2}{\chi_{\frac{\alpha}{2}}^2(n-1)} < \sigma^2 < \frac{(n-1)S^2}{\chi_{1-\frac{\alpha}{2}}^2(n-1)}\right\} = 1 - \alpha,$$

这样得 σ^2 的置信度为 $1 - \alpha$ 的置信区间

$$\left(\frac{(n-1)S^2}{\chi_{\frac{\alpha}{2}}^2(n-1)}, \frac{(n-1)S^2}{\chi_{1-\frac{\alpha}{2}}^2(n-1)} \right). \tag{6.3.5}$$

例 6.3.7 设某批产品的应力服从正态分布,为了确定这批产品的应力方差,随机抽取 25 件进行应力试验,测得它们的应力(单位:N)标准差 $S = 100$,取 $\alpha = 0.05$. 对这批产品的应力方差进行区间估计.

解 由题设,$n = 25$, $S = 100$,故 $S^2 = 10\ 000$,当 $\alpha = 0.05$ 时,查表得 $\chi_{1-\frac{\alpha}{2}}^2(n-1) = \chi_{0.975}^2(24) = 12.401$, $\chi_{\frac{\alpha}{2}}^2(n-1) = \chi_{0.025}^2(24) = 39.364$,于是

$$\frac{(n-1)S^2}{\chi_{\frac{\alpha}{2}}^2(n-1)} = \frac{24 \times 10\ 000}{39.364} = 6\ 096.94, \quad \frac{(n-1)S^2}{\chi_{1-\frac{\alpha}{2}}^2(n-1)} = \frac{24 \times 10\ 000}{12.401} = 19\ 353.28,$$

故这批产品的应力方差的置信度为 95% 的置信区间为 $(6\ 096.94, 19\ 353.28)$.

6.3.3 两个正态总体均值差与方差比的区间估计

在实际中常遇到如下问题:已知产品的某一质量指标服从正态分布,但由于原材料,设备条件、操作人员不同,或工艺过程的改变等因素,引起总体均值、方差的改变,我们需要确定这些变化的大小,即需要考虑两个正态总体均值差与方差比的估计问题.

以下假设两个相互独立的总体 $X \sim N(\mu_1, \sigma_1^2)$, $Y \sim N(\mu_2, \sigma_2^2)$. 分别从总体 X, Y 中抽取样本 $(X_1, X_2, \cdots, X_{n_1})$, $(Y_1, Y_2, \cdots, Y_{n_2})$,它们的样本均值与样本方差分别为 $\bar{X}$, S_X^2, $\bar{Y}$, S_Y^2.

(1) σ_1^2, σ_2^2 已知,求 $\mu_1 - \mu_2$ 的置信区间

因为 $\bar{X}$, $\bar{Y}$ 分别为 μ_1, μ_2 的无偏估计. 由 $\bar{X}$, $\bar{Y}$ 的独立性及

$$\bar{X} \sim N\left(\mu_1, \frac{\sigma_1^2}{n_1}\right), \ \bar{Y} \sim N\left(\mu_2, \frac{\sigma_2^2}{n_2}\right),$$

得

$$\bar{X} - \bar{Y} \sim N\left(\mu_1 - \mu_2, \frac{\sigma_1^2}{n_1} + \frac{\sigma_2^2}{n_2}\right).$$

根据点估计法,可用 $\bar{X} - \bar{Y}$ 去估计 $\mu_1 - \mu_2$,由第 5 章 5.3 节的(5.3.4)式,有

$$\frac{(\bar{X} - \bar{Y}) - (\mu_1 - \mu_2)}{\sqrt{\frac{\sigma_1^2}{n_1} + \frac{\sigma_2^2}{n_2}}} \sim N(0, 1),$$

即得 $\mu_1 - \mu_2$ 的一个置信水平为 $1 - \alpha$ 的置信区间

$$\left(\bar{X} - \bar{Y} - z_{\frac{\alpha}{2}}\sqrt{\frac{\sigma_1^2}{n_1} + \frac{\sigma_2^2}{n_2}}, \ \bar{X} - \bar{Y} + z_{\frac{\alpha}{2}}\sqrt{\frac{\sigma_1^2}{n_1} + \frac{\sigma_2^2}{n_2}} \right). \tag{6.3.6}$$

例 6.3.8 设从总体 $X \sim N(\mu_1, \sigma_1^2)$ 和总体 $Y \sim N(\mu_2, \sigma_2^2)$ 中分别抽取容量为 $n_1 = 10$, $n_2 = 15$ 的独立样本,经计算得 $\bar{x} = 82$, $\bar{y} = 76$,若已知 $\sigma_1^2 = 64$, $\sigma_2^2 = 49$,求 $\mu_1 - \mu_2$ 的置信水平为 95% 的置信区间.

解 在 σ_1^2, σ_2^2 已知时,$\mu_1 - \mu_2$ 的置信度为 $1 - \alpha$ 的置信区间为

$$\left(\bar{X} - \bar{Y} - z_{\frac{\alpha}{2}}\sqrt{\frac{\sigma_1^2}{n_1} + \frac{\sigma_2^2}{n_2}}, \ \bar{X} - \bar{Y} + z_{\frac{\alpha}{2}}\sqrt{\frac{\sigma_1^2}{n_1} + \frac{\sigma_2^2}{n_2}} \right).$$

经计算得 $\bar{x} - \bar{y} = 6$，查表得 $z_{\frac{\alpha}{2}} = z_{0.025} = 1.96$，因而 $\mu_1 - \mu_2$ 的置信度为 $1 - \alpha$ 的置信区间为

$$\left(6 - 1.96\sqrt{\frac{64}{10} + \frac{49}{15}},\ 6 + 1.96\sqrt{\frac{64}{10} + \frac{49}{15}} \right) = (-0.0939,\ 12.0939).$$

(2) $\sigma_1^2 = \sigma_2^2 = \sigma^2$，但 σ^2 未知，求 $\mu_1 - \mu_2$ 的置信区间

由第 5 章 5.3 节的 (5.3.5) 式，知

$$\frac{(\bar{X} - \bar{Y}) - (\mu_1 - \mu_2)}{S_\omega\sqrt{\dfrac{1}{n_1} + \dfrac{1}{n_2}}} \sim t(n_1 + n_2 - 2),$$

从而得到 $\mu_1 - \mu_2$ 的一个置信水平为 $1 - \alpha$ 的置信区间

$$\left(\bar{X} - \bar{Y} - t_{\frac{\alpha}{2}}(n_1 + n_2 - 2)S_\omega\sqrt{\frac{1}{n_1} + \frac{1}{n_2}},\ \bar{X} - \bar{Y} + t_{\frac{\alpha}{2}}(n_1 + n_2 - 2)S_\omega\sqrt{\frac{1}{n_1} + \frac{1}{n_2}} \right),$$

其中

$$S_\omega^2 = \frac{(n_1 - 1)S_X^2 + (n_2 - 1)S_Y^2}{n_1 + n_2 - 2}, \quad S_\omega = \sqrt{S_\omega^2}. \tag{6.3.7}$$

例 6.3.9 设 A, B 两个地区种植的同一型号小麦，现抽取了 19 块面积相同的麦田，其中 9 块属于地区 A，另外 10 块属于地区 B，测得它们的小麦产量（以 kg 计）分别如下：

地区 A：　100　105　110　125　110　98　105　116　112；

地区 B：　101　100　105　115　111　107　106　121　102　92.

设地区 A 的小麦产量 $X \sim N(\mu_1, \sigma^2)$，地区 B 的小麦产量 $Y \sim N(\mu_2, \sigma^2)$，$\mu_1, \mu_2, \sigma^2$ 均未知，试求这两个地区小麦的平均产量差 $\mu_1 - \mu_2$ 的一个置信水平为 0.9 的置信区间.

解 由题意 $1 - \alpha = 0.9$，$\frac{\alpha}{2} = 0.05$，$n_1 = 9$，$n_2 = 10$，

查表得 $t_{0.05}(10 + 9 - 2) = t_{0.05}(17) = 1.7396$. 经计算得 $\bar{x} = 109$，$\bar{y} = 106$，$S_1^2 = 55018$，$S_2^2 = 60619$，于是

$$\bar{x} - \bar{y} - t_{\frac{\alpha}{2}}(n_1 + n_2 - 2)S_\omega\sqrt{\frac{1}{n_1} + \frac{1}{n_2}} = -3.59,$$

$$\bar{x} - \bar{y} + t_{\frac{\alpha}{2}}(n_1 + n_2 - 2)S_\omega\sqrt{\frac{1}{n_1} + \frac{1}{n_2}} = 9.59.$$

因此所求 $\mu_1 - \mu_2$ 的一个置信水平为 0.9 的置信区间为 $(-3.59,\ 9.59)$.

两个正态总体均值差的置信区间的意义是：若 $\mu_1 - \mu_2$ 的置信下限大于 0，则可认为 $\mu_1 > \mu_2$；若 $\mu_1 - \mu_2$ 的置信上限小于 0，则可认为 $\mu_1 < \mu_2$；若 $\mu_1 - \mu_2$ 的置信上限与置信下限异号，则可认为 $\mu_1 = \mu_2$，即 μ_1 与 μ_2 没有显著差异.

(3) 求方差比 $\dfrac{\sigma_1^2}{\sigma_2^2}$ 的置信区间

根据点估计法，可用 $\dfrac{S_X^2}{S_Y^2}$ 去估计 $\dfrac{\sigma_1^2}{\sigma_2^2}$，由第 5 章 5.3 节的 (5.3.6) 式，知

$$\frac{\dfrac{S_X^2}{S_Y^2}}{\dfrac{\sigma_1^2}{\sigma_2^2}} \sim F(n_1 - 1, n_2 - 1),$$

并且分布 $F(n_1 - 1, n_2 - 1)$ 不依赖于任何未知参数, 由此得

$$P\left\{F_{1-\frac{\alpha}{2}}(n_1 - 1, n_2 - 1) < \frac{\dfrac{S_X^2}{S_Y^2}}{\dfrac{\sigma_1^2}{\sigma_2^2}} < F_{\frac{\alpha}{2}}(n_1 - 1, n_2 - 1)\right\} = 1 - \alpha,$$

于是得到 $\dfrac{\sigma_1^2}{\sigma_2^2}$ 的一个置信水平为 $1 - \alpha$ 的置信区间

$$\left(\frac{S_X^2}{S_Y^2}\frac{1}{F_{\frac{\alpha}{2}}(n_1 - 1, n_2 - 1)}, \frac{S_X^2}{S_Y^2}\frac{1}{F_{1-\frac{\alpha}{2}}(n_1 - 1, n_2 - 1)}\right). \tag{6.3.8}$$

例 6.3.10 某公司的管理人员为了考察新旧两者工艺生产的电炉, 他们随机抽取了 31 个新工艺生产的电炉以及 25 个旧工艺生产的电炉, 测其温度, 得其样本方差分别为 $S_1^2 = 75$, $S_2^2 = 100$, 设新工艺生产的电炉温度 $X \sim N(\mu_1, \sigma_1^2)$, 旧工艺生产的电炉温度 $Y \sim N(\mu_2, \sigma_2^2)$, 试求 $\dfrac{\sigma_1^2}{\sigma_2^2}$ 的置信水平为 95% 的置信区间.

解 已知 $n_1 = 31$, $n_2 = 25$, $1 - \alpha = 0.95$, $\dfrac{\alpha}{2} = 0.025$, $S_1^2 = 75$, $S_2^2 = 100$, 查表得

$F_{0.025}(30, 24) = 2.21$, $F_{1-0.025}(30, 24) = \dfrac{1}{F_{0.025}(24, 30)} = 0.4673$, 所以 $\dfrac{\sigma_1^2}{\sigma_2^2}$ 的置信水平为 95% 的置信区间, 为

$$\left(\frac{S_X^2}{S_Y^2}\frac{1}{F_{\frac{\alpha}{2}}(n_1 - 1, n_2 - 1)}, \frac{S_X^2}{S_Y^2}\frac{1}{F_{1-\frac{\alpha}{2}}(n_1 - 1, n_2 - 1)}\right) = (0.34, 1.61).$$

两个正态总体方差比的置信区间的意义是: 若 $\dfrac{\sigma_1^2}{\sigma_2^2}$ 的置信下限大于 1, 则可认为 $\sigma_1^2 > \sigma_2^2$; 若 $\dfrac{\sigma_1^2}{\sigma_2^2}$ 的置信上限小于 1, 则可认为 $\sigma_1^2 < \sigma_2^2$; 若 $\dfrac{\sigma_1^2}{\sigma_2^2}$ 的置信区间包含 1, 则可认为 $\sigma_1^2 = \sigma_2^2$, 即 σ_1^2 与 σ_2^2 没有显著差异.

6.3.4 单侧置信区间

前面的置信区间的置信上限和置信下限都是有限的, 这种置信区间称作**双侧置信区间**. 在实际问题中, 有时我们所关心的只是未知参数的"下限"或者"上限". 例如, 对于设备原件的寿命来说, 平均寿命长是我们所希望的, 我们关心的只是平均寿命的"下限"; 与之相反, 在考虑产品的废品率 p 时, 我们常关心参数 p 的"上限", 这就引出了单侧置信区间的概念.

定义 6.3.2　设总体 X 的分布中含有未知参数 θ, X_1, X_2, $\cdots$, X_n 是取自总体 X 的一个样本, 对给定的数 $\alpha(0 < \alpha < 1)$, 若存在统计量 $\underline{\theta} = \underline{\theta}(X_1, X_2, \cdots, X_n)$ 使得

$$P\{\theta > \underline{\theta}\} = 1 - \alpha, \tag{6.3.9}$$

则称随机区间 $(\underline{\theta}, +\infty)$ 是 θ 的置信水平为 $1 - \alpha$ 的**单侧置信区间**, $\underline{\theta}$ 称为 θ 的置信水平为 $1 - \alpha$ 的**单侧置信下限**.

又若存在统计量 $\bar{\theta} = \bar{\theta}(X_1, X_2, \cdots, X_n)$ 使得

$$P\{\theta < \bar{\theta}\} = 1 - \alpha, \tag{6.3.10}$$

则称随机区间 $(-\infty, \bar{\theta})$ 是 θ 的置信水平为 $1 - \alpha$ 的单侧置信区间, $\bar{\theta}$ 称为 θ 的置信水平为 $1 - \alpha$ 的**单侧置信上限**.

例如, 对于单个正态总体 $X \sim N(\mu, \sigma^2)$, 设 σ^2 已知, 求 μ 的单侧置信区间.

若 X_1, X_2, $\cdots$, X_n 是来自总体 X 的一个样本, 由

$$\frac{\bar{X} - \mu}{\frac{\sigma}{\sqrt{n}}} \sim N(0, 1),$$

即标准正态分布的上 α 分位点的定义, (见图 6.3.4)

有

$$P\left\{\frac{\bar{X} - \mu}{\frac{\sigma}{\sqrt{n}}} < z_\alpha\right\} = 1 - \alpha,$$

即

$$P\left\{\mu > \bar{X} - \frac{\sigma}{\sqrt{n}} z_\alpha\right\} = 1 - \alpha.$$

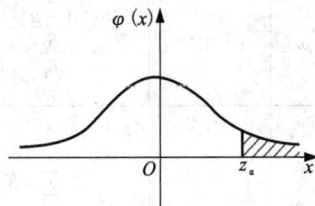

图 6.3.4

于是得到 μ 的一个置信度为 $1 - \alpha$ 的单侧置信区间为

$$\left(\bar{X} - \frac{\sigma}{\sqrt{n}} z_\alpha, +\infty\right). \tag{6.3.11}$$

μ 的置信度为 $1 - \alpha$ 的单侧置信下限为 $\underline{\mu} = \bar{X} - \frac{\sigma}{\sqrt{n}} z_\alpha$; 类似地, 由

$$P\left\{\frac{\bar{X} - \mu}{\frac{\sigma}{\sqrt{n}}} > -z_\alpha\right\} = 1 - \alpha,$$

可得到 μ 的一个置信度为 $1 - \alpha$ 的单侧置信上限为 $\bar{\mu} = \bar{X} + \frac{\sigma}{\sqrt{n}} z_\alpha$.

注意: 在置信区间中的 $\frac{\alpha}{2}$ 都被 α 取代, 这是由于区间估计为双侧时, 其为 α 的概率由两边均分, 各占 $\frac{\alpha}{2}$, 而置信上、下限则是单侧的.

将这个方法用于前面讨论过的参数的区间估计的各种情形, 可以得到相应问题的参数置信上、下限的结果, 见表 6.3.1.

例 6.3.11　从一批灯泡中随机抽取 5 只做寿命试验, 其寿命如下(单位: h):

1 050　　1 100　　1 120　　1 250　　1 280

已知这批灯泡寿命 $X \sim N(\mu, \sigma^2)$，求平均寿命 μ 的置信度为 95% 的单侧置信下限.

解 经计算 $\bar{x} = 1\,160$，$S = 99.57$，$n = 5$，$\alpha = 0.05$，查表得 $t_{0.05}(4) = 2.14$，得 μ 的置信度为 95% 的单侧置信下限为

$$\underline{\mu} = \bar{x} - \frac{S}{\sqrt{n}} t_\alpha(n-1) = 1\,160 - 2.14 \times \frac{99.57}{\sqrt{5}} = 1\,064.56.$$

表 6.3.1　正态总体均值、方差的置信区间与单侧置信限（置信度为 $1 - \alpha$）

	待估参数	其他参数	概率分布	置信区间	单侧置信限
一个正态总体	μ	σ^2 已知	$Z = \dfrac{\bar{X} - \mu}{\frac{\sigma}{\sqrt{n}}} \sim N(0, 1)$	$\left(\bar{X} \pm \dfrac{\sigma}{\sqrt{n}} z_{\frac{\alpha}{2}} \right)$	$\overline{\mu} = \bar{X} + \dfrac{\sigma}{\sqrt{n}} z_\alpha,$ $\underline{\mu} = \bar{X} - \dfrac{\sigma}{\sqrt{n}} z_\alpha$
	μ	σ^2 未知	$T = \dfrac{\bar{X} - \mu}{\frac{S}{\sqrt{n}}} \sim t(n-1)$	$\left(\bar{X} \pm \dfrac{S}{\sqrt{n}} t_{\frac{\alpha}{2}}(n-1) \right)$	$\overline{\mu} = \bar{X} + \dfrac{S}{\sqrt{n}} t_\alpha(n-1),$ $\underline{\mu} = \bar{X} - \dfrac{S}{\sqrt{n}} t_\alpha(n-1)$
	σ^2	μ 已知	$\chi^2 = \dfrac{\sum\limits_{i=1}^{n}(X_i - \mu)^2}{\sigma^2} \sim \chi^2(n)$	$\left(\dfrac{\sum\limits_{i=1}^{n}(X_i - \mu)^2}{\chi^2_{\frac{\alpha}{2}}(n)}, \dfrac{\sum\limits_{i=1}^{n}(X_i - \mu)^2}{\chi^2_{1-\frac{\alpha}{2}}(n)} \right)$	$\overline{\sigma^2} = \dfrac{\sum\limits_{i=1}^{n}(X_i - \mu)^2}{\chi^2_{1-\alpha}(n)},$ $\underline{\sigma^2} = \dfrac{\sum\limits_{i=1}^{n}(X_i - \mu)^2}{\chi^2_\alpha(n)}$
	σ^2	μ 未知	$\chi^2 = \dfrac{(n-1)S^2}{\sigma^2} \sim \chi^2(n-1)$	$\left(\dfrac{(n-1)S^2}{\chi^2_{\frac{\alpha}{2}}(n-1)}, \dfrac{(n-1)S^2}{\chi^2_{1-\frac{\alpha}{2}}(n-1)} \right)$	$\overline{\sigma^2} = \dfrac{(n-1)S^2}{\chi^2_{1-\alpha}(n-1)},$ $\underline{\sigma^2} = \dfrac{(n-1)S^2}{\chi^2_\alpha(n-1)}$
两个正态总体	$\mu_1 - \mu_2$	σ_1^2, σ_2^2 已知	$Z = \dfrac{(\bar{X} - \bar{Y}) - (\mu_1 - \mu_2)}{\sqrt{\frac{\sigma_1^2}{n_1} + \frac{\sigma_2^2}{n_2}}} \sim N(0, 1)$	$\left(\bar{X} - \bar{Y} \pm z_{\frac{\alpha}{2}} \sqrt{\frac{\sigma_1^2}{n_1} + \frac{\sigma_2^2}{n_2}} \right)$	$\overline{\mu_1 - \mu_2} =$ $\bar{X} - \bar{Y} + z_\alpha \sqrt{\frac{\sigma_1^2}{n_1} + \frac{\sigma_2^2}{n_2}},$ $\underline{\mu_1 - \mu_2} =$ $\bar{X} - \bar{Y} - z_\alpha \sqrt{\frac{\sigma_1^2}{n_1} + \frac{\sigma_2^2}{n_2}}$
	$\mu_1 - \mu_2$	$\sigma_1^2 = \sigma_2^2 = \sigma^2$ 未知	$T = \dfrac{(\bar{X} - \bar{Y}) - (\mu_1 - \mu_2)}{S_\omega \sqrt{\frac{1}{n_1} + \frac{1}{n_2}}} \sim t(n_1 + n_2 - 2)$	$\left(\bar{X} - \bar{Y} \pm t_{\frac{\alpha}{2}}(n_1 + n_2 - 2) \cdot S_\omega \sqrt{\frac{1}{n_1} + \frac{1}{n_2}} \right)$	$\overline{\mu_1 - \mu_2} = \bar{X} - \bar{Y} + t_\alpha(n_1 + n_2 - 2)S_\omega \sqrt{\frac{1}{n_1} + \frac{1}{n_2}},$ $\underline{\mu_1 - \mu_2} = \bar{X} - \bar{Y} - t_\alpha(n_1 + n_2 - 2)S_\omega \sqrt{\frac{1}{n_1} + \frac{1}{n_2}}$
	$\dfrac{\sigma_1^2}{\sigma_2^2}$	μ_1, μ_2 未知	$F = \dfrac{\frac{S_X^2}{S_Y^2}}{\frac{\sigma_1^2}{\sigma_2^2}} \sim F(n_1 - 1, n_2 - 1)$	$\left(\dfrac{S_X^2}{S_Y^2} \dfrac{1}{F_{\frac{\alpha}{2}}(n_1 - 1, n_2 - 1)}, \dfrac{S_X^2}{S_Y^2} \dfrac{1}{F_{1-\frac{\alpha}{2}}(n_1 - 1, n_2 - 1)} \right)$	$\overline{\dfrac{\sigma_1^2}{\sigma_2^2}} = \dfrac{S_X^2}{S_Y^2} \dfrac{1}{F_{1-\alpha}(n_1 - 1, n_2 - 1)},$ $\underline{\dfrac{\sigma_1^2}{\sigma_2^2}} = \dfrac{S_X^2}{S_Y^2} \dfrac{1}{F_\alpha(n_1 - 1, n_2 - 1)}$

习题 6.3

习题 6.3 答案

1. 某食品的含锡量(单位:mg/kg)服从标准差为 4 的正态分布,在对产品的质量检验中,为了以 95% 的置信度使得检验的绝对误差不超过 2.5 mg/kg,至少要抽取几个样本?

2. 设某批铝材的比重 X 服从正态分布 $N(\mu, \sigma^2)$,现测量它的比重 16 次,算得样本均值 $\bar{x} = 2.705$,样本标准差 $s = 0.029$,分别求 μ,σ^2 的置信水平为 0.95 的置信区间.

3. 某车间生产滚珠,从长期实践中知道滚珠直径 X 可以认为服从正态分布,且滚珠直径的方差为 0.05.从某天生产的产品中随机抽取 6 个,量得直径如下(单位:mm)

$$14.6, \quad 15.1, \quad 14.9, \quad 14.8, \quad 15.2, \quad 15.1$$

试在 $\alpha = 0.05$ 的情况下,找出滚珠平均直径的区间估计.

4. 从一批零件中抽取 9 个零件测得其直径(mm)如下:

$$19.7, 20.1, 19.8, 19.9, 20.1, 20.0, 19.9, 20.2, 20.3$$

设零件直径 $X \sim N(\mu, \sigma^2)$,

(1) 若 $\sigma = 0.21$(mm),求这批零件直径的均值 μ 的置信度为 0.95 的置信区间.

(2) 若 σ 未知,求这批零件直径的均值 μ 的置信度为 0.95 的置信区间.

5. 设超大牵引纺机所纺的纱的断裂强度 $X \sim N(\mu_1, 2.18^2)$,普通纺机所纺的纱的断裂强度 $Y \sim N(\mu_2, 1.76^2)$.从前者中抽取容量为 200 的样本 $X_1, X_2, \cdots, X_{200}$,得 $\bar{x} = 5.32$ 两;从后者中抽取容量为 100 的样本 $Y_1, Y_2, \cdots, Y_{100}$,得 $\bar{y} = 5.76$ 两,给定 $\alpha = 0.05$,求 $\mu_1 - \mu_2$ 的区间估计.

6. 设两位化验员 A、B 独立地对某种聚合物含氯量用相同的方法各做 10 次测定,其测定值的样本方差依次为 $s_A^2 = 0.5419$,$s_B^2 = 0.6065$,设 σ_A^2,σ_B^2 分别为 A,B 所测定的测定值总体的方差.若测定值总体均为正态分布,且两样本相互独立,求 $\dfrac{\sigma_A^2}{\sigma_B^2}$ 的置信水平为 0.95 的置信区间.

7. 加工厂生产的水果罐头含锡量(单位:mg/kg)服从正态分布,随机抽取了 16 罐,测得平均含锡量为 180 mg/kg,标准差为 10,试求这种罐头平均含锡量的置信水平为 0.9 的单侧置信上限.

6.4　非正态总体参数的区间估计

前面讨论的是在正态总体下有关参数的区间估计问题,对正态总体有 7 个分布已知的统计量,可分别用来构造相应参数的双侧置信区间和单侧置信区间.在实际工作中往往不知道总体的分布,更谈不上是不是正态分布了.总体的分布多种多样,有的是连续型,有的是离散型,很多情形下都不是正态分布,如果我们硬性假定总体服从正态分布也有失研究的科学性.那么当我们不知道总体服从什么分布的时候,如何对总体的均值或均值之差作区间估计?当我们经初步分析得知了总体的分布,但这个分布却不是正态分布,甚至连连续分布都不是,又怎么办?当样本容量 n 很大时,根据中心极限定理可近似地解决这个问题.我们称这一方法为**大样本法**.

大样本法是在样本容量 n 比较大时(一般要求 $n \geqslant 50$),利用中心极限定理,可构造统计量且其分布与任何未知参数无关,再根据其分布的分位点的定义,可以找到总体未知参数的置信区间.

设总体 X 服从某一分布,分布律 $p(x, \theta)$ 或概率密度 $f(x, \theta)$ 中含有未知参数 θ,则总体均值 $E(X) = \mu(\theta)$ 和总体方差 $D(X) = \sigma^2(\theta)$ 显然都依赖于参数 θ,抽取样本 $X_1, X_2, \cdots, X_n$,则有中心极限定理,当 n 充分大时($n \geqslant 50$),

$$\frac{\sum_{i=1}^{n} X_i - n\mu(\theta)}{\sqrt{n}\sigma(\theta)} = \frac{\overline{X} - \mu(\theta)}{\frac{\sigma(\theta)}{\sqrt{n}}},$$

近似服从 $N(0, 1)$. 于是,对于给定的置信水平 $1 - \alpha$,有

$$P\left\{ -z_{\frac{\alpha}{2}} \leqslant \frac{\overline{X} - \mu(\theta)}{\frac{\sigma(\theta)}{\sqrt{n}}} \leqslant z_{\frac{\alpha}{2}} \right\} \approx 1 - \alpha.$$

若能由不等式

$$-z_{\frac{\alpha}{2}} \leqslant \frac{\overline{X} - \mu(\theta)}{\frac{\sigma(\theta)}{\sqrt{n}}} \leqslant z_{\frac{\alpha}{2}}.$$

解出参数 θ 应满足的不等式,即可近似求得参数 θ 的置信区间.

例 6.4.1   设 $X_1, X_2, \cdots, X_n$ 为来自总体 X 的样本,且 $E(X) = \mu$, $D(X) = \sigma^2$ 均存在,求 μ 的置信水平为 $1 - \alpha$ 的置信区间.

解   利用中心极限定理可知,当样本容量 n 充分大时,若 σ^2 已知,则

$$\frac{\overline{X} - \mu}{\frac{\sigma}{\sqrt{n}}} \underset{\text{近似地}}{\sim} N(0, 1);$$

若 σ^2 未知,则

$$\frac{\overline{X} - \mu}{\frac{S}{\sqrt{n}}} \underset{\text{近似地}}{\sim} N(0, 1),$$

从而求得 μ 的置信水平为 $1 - \alpha$ 的置信区间为

$$\left(\overline{X} - \frac{\sigma}{\sqrt{n}} z_{\frac{\alpha}{2}}, \ \overline{X} + \frac{\sigma}{\sqrt{n}} z_{\frac{\alpha}{2}} \right) \text{或} \left(\overline{X} - \frac{S}{\sqrt{n}} z_{\frac{\alpha}{2}}, \ \overline{X} + \frac{S}{\sqrt{n}} z_{\frac{\alpha}{2}} \right). \quad (6.4.1)$$

下面我们讨论服从"$0 - 1$"分布的总体参数 p 的置信区间的求法.

设总体 X 服从 $0 - 1$ 分布, X 的分布律为

$$P(x; p) = p^x (1 - p)^{1-x}, \quad x = 0, 1,$$

其中 p 为未知参数,求 p 的置信水平为 $1 - \alpha$ 的置信区间.

我们有 $E(X) = p$, $D(X) = p(1 - p)$,当样本容量 n 充分大时,由中心极限定理可知

$$\frac{\overline{X} - \mu}{\dfrac{\sigma}{\sqrt{n}}} \overset{\text{近似地}}{\sim} N(0, 1),\ \text{即}$$

$$\frac{\sum_{i=1}^{n} X_i - np}{\sqrt{np(1-p)}} = \frac{n\overline{X} - np}{\sqrt{np(1-p)}} \overset{\text{近似地}}{\sim} N(0, 1),$$

于是有

$$P\left\{ -z_{\frac{\alpha}{2}} < \frac{n\overline{X} - np}{\sqrt{np(1-p)}} < z_{\frac{\alpha}{2}} \right\} \approx 1 - \alpha.$$

而不等式　　　　$-z_{\frac{\alpha}{2}} < \dfrac{n\overline{X} - np}{\sqrt{np(1-p)}} < z_{\frac{\alpha}{2}}$　等价于

$$(n + z_{\frac{\alpha}{2}}^2)p^2 - (2n\overline{X} + z_{\frac{\alpha}{2}}^2)p + n\overline{X}^2 < 0.$$

令 $a = n + z_{\frac{\alpha}{2}}^2 > 0,\ b = -(2n\overline{X} + z_{\frac{\alpha}{2}}^2),\ c = n\overline{X}^2$，则上式可写成

$$ap^2 + bp + c < 0.$$

注意到 $X_i = 0$ 或 $1, i = 1, 2, \cdots, n$，所以 $0 \leqslant \overline{X} \leqslant 1$，于是有

$$b^2 - 4ac = 4n\overline{X}z_{\frac{\alpha}{2}}^2(1 - \overline{X}) + z_{\frac{\alpha}{2}}^4 > 0,$$

由此可知 $ap^2 + bp + c = 0$ 有两个不相等的实根

$$\hat{p}_1 = \frac{1}{2a}(-b - \sqrt{b^2 - 4ac}), \qquad \hat{p}_2 = \frac{1}{2a}(-b + \sqrt{b^2 - 4ac}). \qquad (6.4.2)$$

于是可得 p 的一个近似的置信水平为 $1 - \alpha$ 的置信区间 $(\hat{p}_1, \hat{p}_2)$.

例 6.4.2　在一批货物的容量为 100 的样本中，经检验发现有 16 只次品，试求这批货物次品率的置信水平为 0.95 的置信区间.

解　次品率 p 是 $(0 - 1)$ 分布的参数，已知 $n = 100, \bar{x} = 0.16, 1 - \alpha = 0.95, z_{\frac{\alpha}{2}} = 1.96$，则由 $(0 - 1)$ 分布参数的区间估计公式 $(6.4.2)$，

$$\hat{p}_1 = \frac{1}{2a}(-b - \sqrt{b^2 - 4ac}), \qquad \hat{p}_2 = \frac{1}{2a}(-b + \sqrt{b^2 - 4ac}),$$

先求得

$$a = n + (z_{\frac{\alpha}{2}})^2 = 100 + (1.96)^2 = 103.84,$$

$$b = -[2n\bar{x} + (z_{\frac{\alpha}{2}})^2] = -[2 \times 100 \times 0.16 + (1.96)^2] = -35.8416,$$

$$c = n\bar{x}^2 = 2.56.$$

所以，$\hat{p}_1 = \dfrac{1}{2a}(-b - \sqrt{b^2 - 4ac}) = 0.101,\qquad \hat{p}_2 = \dfrac{1}{2a}(-b + \sqrt{b^2 - 4ac}) = 0.244.$

即所求置信区间为：$(0.101, 0.244)$.

习题 6.4

1. 在一批货物的容量为 100 的样本中，经检验发现有 10 只次品，试求这批货物次品率的

置信水平为 0.95 的置信区间.

2. 某饮料厂的市场调查中, 在 1 000 名被调查者中有 650 人喜欢含有酸味的饮料, 试作出喜欢酸味饮料的人的比率的置信水平为 0.95 的置信区间.

3. 一电视台的节目主持人为了了解观众对其主持节目的收视情况, 随机调查了 500 名电视观众, 结果发现经常收看该节目的电视观众有 225 人, 试求这一节目收视率的置信水平为 0.95 的置信区间.

习题 6.4 答案

习题六

习题六答案

1. 设总体 X 的分布律为

X	0	1	2	3
p_k	θ^2	$2\theta(1-\theta)$	θ^2	$1-2\theta$

其中, θ 是未知参数 $(0 < \theta < 0.5)$, 利用总体的样本值 3, 1, 2, 3, 0, 3, 1, 3, 求:

(1) θ 的矩估计值;

(2) θ 的极大似然估计值.

2. 1 L 自来水中含有大肠杆菌的个数服从参数为 λ 的泊松分布. 为了检验自来水的消毒效果, 从消毒后的水中随机抽取了 50 个水样, 分别化验其中的大肠杆菌的个数, 得到数据如下:

大肠杆菌个数 /(个 /L)	0	1	2	3	4
水样个数	17	20	10	2	1

求平均每个水样中含几个大肠杆菌才能使上述情况出现的概率最大?

3. 考虑一个基因问题, 一个基因有两个不同的染色体, 一个给定的总体中的每一个个体都必须有三种可能基因类型中的一种. 如果从父母那里继承染色体是独立的, 且每队父母将第一染色体传给子女的概率是相同的, 那么三种不同基因类型的概率 p_1, p_2 和 p_3 可以用以下形式表示:

$$p_1 = \theta^2, \ p_2 = 2\theta(1-\theta), \ p_3 = (1-\theta)^2.$$

其中, 参数 $0 < \theta < 1$ 未知, $p_1, p_2, p_3 > 0$ 且 $p_1 + p_2 + p_3 = 1$.

(1) 基于一个随机样本中拥有每种基因个体的观察数值 N_1, N_2, N_3, 求 θ 的极大似然估计;

(2) 当 $N_1 = 10$, $N_2 = 53$, $N_3 = 46$ 时, 求 θ 的极大似然估计值.

4. 设总体 X 服从参数为 N 和 p 的二项分布, $X_1, X_2, \cdots, X_n$ 为取自 X 的样本, 试求参数 N 和 p 的矩估计.

5. 设总体 X 服从几何分布, 分布律为

$$P(X = x) = p(1-p)^{x-1}, \quad x = 1, 2, \cdots,$$

其中 p 为未知参数, 且 $0 \leqslant p \leqslant 1$, 设 $X_1, X_2, \cdots, X_n$ 为 X 的一个样本, 求 p 的矩估计和极大似然估计.

6. 设总体 X 的概率密度为

$$f(x;\theta) = \begin{cases} \theta, & 0 < x < 1, \\ 1 - \theta, & 1 \leqslant x < 2, \\ 0, & \text{其他}, \end{cases}$$

其中, θ 是未知参数 $(0 < \theta < 1)$, $X_1, X_2, \cdots, X_n$ 为来自总体 X 的简单随机样本, 记 N 为样本值 $x_1, x_2, \cdots, x_n$ 中小于 1 的个数, 求 θ 的极大似然估计.

7. 设总体 $X \sim N(1, \sigma^2)$, 其中 σ 未知, 抽取简单随机样本 $X_1, X_2, \cdots, X_n$, 问

$\dfrac{1}{n} \sqrt{\dfrac{\pi}{2}} \sum\limits_{i=1}^{n} |X_i - 1|$ 是否为 σ 的无偏估计.

8. 设总体 X 的数学期望 μ 和方差 σ^2 存在, $X_1, X_2, \cdots, X_n$ 与 $Y_1, Y_2, \cdots, Y_m$ 为分别来自 X 和 Y 的样本, 证明:

$$S^2 = \frac{1}{n+m-2} \Big[\sum_{i=1}^{n} (X_i - \overline{X})^2 + \sum_{i=1}^{m} (Y_i - \overline{Y})^2 \Big]$$

是 σ^2 的无偏估计.

9. 设 $X_1, X_2, \cdots, X_n$ 为来自参数为 λ 的泊松分布的一个样本, 求 λ^2 的无偏估计.

10. 设 $X_1, X_2, \cdots, X_n$ 为总体 X 的一个样本, $E(X) = \mu$, $D(X) = \sigma^2$.

(1) 确定常数 C, 使 $C \sum\limits_{i=1}^{n-1} (X_{i+1} - X_i)^2$ 为 σ^2 的无偏估计.

(2) 确定常数 C, 使 $(\overline{X})^2 - CS^2$ 为 μ 的无偏估计. ($\overline{X}, S^2$ 分别是样本均值和样本方差)

11. 设 $X_1, X_2, \cdots, X_n$ 为来自参数为 λ 的泊松分布的一个样本, 试证对任意的常数 k, 统计量 $k\overline{X} + (1-k)S^2$ 是 λ 的无偏估计量.

12. 设分别自总体 $X \sim N(\mu_1, \sigma^2)$, $Y \sim N(\mu_2, \sigma^2)$ 中抽取容量为 n_1, n_2 的两独立样本, 其样本方差分别为 S_1^2, S_2^2:

$$S_1^2 = \frac{1}{n_1 - 1} \sum_{i=1}^{n_1} (X_i - \overline{X})^2,$$

$$S_2^2 = \frac{1}{n_2 - 1} \sum_{i=1}^{n_2} (Y_i - \overline{Y})^2.$$

试证: 对于任意常数 a, b, 满足 $a + b = 1$, $Z = aS_1^2 + bS_2^2$ 都是 σ^2 的无偏估计, 并确定常数 a, b 使 $D(Z)$ 达到最小.

13. 设总体 $X \sim N(\mu, \sigma^2)$, $X_1, X_2, \cdots, X_m$ 与 $Y_1, Y_2, \cdots, Y_n$ 为来自 X 的两个独立样本, 记

$$T_1 = \sum_{i=1}^{m} (X_i - \overline{X})^2 + \sum_{i=1}^{n} (Y_i - \overline{Y})^2,$$

$$T_2 = \sum_{i=1}^{m} (X_i - \mu)^2 + \sum_{i=1}^{n} (Y_i - \mu)^2.$$

其中 $\quad\quad \overline{X} = \dfrac{1}{m} \sum\limits_{i=1}^{m} X_i, \quad \overline{Y} = \dfrac{1}{n} \sum\limits_{i=1}^{n} Y_i$

(1) 求 $\dfrac{T_i}{\sigma^2}$ 的分布, $i = 1, 2$;

(2) 求常数 C_i, 使 $T_i^* = C_i T_i$ 是 σ^2 的无偏估计, $i = 1, 2$;

(3) 当 μ 已知时, 在 T_1^*, T_2^* 中哪一个估计 σ^2 较优?

14. 设总体 $X \sim N(\mu, \sigma^2)$, $X_1, X_2, \cdots, X_{2n}$ 为来自 X 的样本, 记

$$\overline{X} = \frac{1}{n} \sum_{i=1}^{n} X_i, \quad T = \sum_{i=1}^{n} (X_i - \overline{X})^2 + \sum_{i=n+1}^{2n} (X_i - \mu)^2.$$

(1) 求 $\dfrac{T}{\sigma^2}$ 的分布;

(2) 当 μ 已知时, 基于 T 构造估计 σ^2 的置信水平为 $1 - \alpha$ 的置信区间.

15. 设总体 $X \sim N(\mu, \sigma^2)$, 且 $\sigma = \sigma_0$ 为已知, 要使 μ 的置信水平为 α 的置信区间长度不大于 L, 问应抽取多大容量的样本?

16. 设总体 $X \sim N(\mu, 2^2)$, $x_1, x_2, \cdots, x_{100}$ 是样本观察值, 已知 μ 的置信区间为 $(1.171, 1.829)$, 求置信水平.

17. 假设 $0.50, 1.25, 0.80, 2.00$ 是来自总体 X 的简单随机样本, 已知 $Y = \ln X$ 服从正态分布 $N(\mu, 1)$.

(1) 求 X 的数学期望 $E(X)$;

(2) 求 μ 的置信度为 0.95 的置信区间;

(3) 利用上述结果求 $E(X)$ 的置信度为 0.95 的置信区间.

18. 设总体 $X \sim N(0, \sigma^2)$, $x_1, x_2, \cdots, x_{10}$ 是样本观察值, 样本方差 $S^2 = 2$, 求 $D\left(\dfrac{X^2}{\sigma^3}\right)$ 的置信水平为 0.95 的置信区间.

19. 设 $X \sim N(\mu, 3^2)$, $X_1, X_2, \cdots, X_{100}$ 是样本, $\overline{x} = 4.5065$, 若

$$Y = \begin{cases} X, & X \geqslant \mu, \\ 0, & X < \mu. \end{cases}$$

求 $E(Y)$ 的置信水平为 0.90 的置信区间.

20. 随机从一批钉子中抽取 6 枚, 测得其长度 (单位: cm) 的样本均值为 $\overline{x} = 2.213$, 样本标准差 $s = 0.021$, 设该种钉子的长度 X 服从正态分布 $N(\mu, \sigma^2)$, 求:

(1) μ 的置信水平为 0.90 的置信区间;

(2) σ^2 的置信水平为 0.95 的置信区间.

21. 某旅行社随机访问了 25 名旅游者, 得知平均消费额 $\overline{x} = 800$, 样本标准差 $s = 120$ 元, 已知旅游者消费额度服从正态分布, 求旅游者平均消费额 μ 的 95% 的置信区间.

22. 随机抽查某地 30 名 20 岁男大学生身高, 得数据如下: $\overline{x} = 172.01$ cm, $s = 4.20$ cm, 假设该地 20 岁男大学生身高服从正态分布, 试估计该地 20 岁男大学生身高总体均值的 95% 的置信区间.

23. 从某日生产的一批灯泡中随机抽取 10 只进行寿命测试, 测得数据如下:

　　　$1\,050, 1\,100, 1\,080, 1\,120, 1\,200, 1\,250, 1\,040, 1\,130, 1\,300, 1\,200$

假设灯泡寿命服从正态分布, 试给出该日生产的整批灯泡平均寿命的置信区间. ($\alpha = 0.05$)

24. 从刚生产出的一大堆钢珠中随机抽取 9 个, 测量它们的直径 (单位: mm) 并求得其样本均值 $\overline{x} = 31.06$, 样本方差 $s^2 = 0.25^2$, 假设钢珠的直径 $X \sim N(\mu, \sigma^2)$, 试求 μ 的置信度为 0.95 的置信区间.

25. 某商场为了了解居民对某种商品的需求, 对 100 户居民进行调查, 结果每户每月平均需求量为 10 kg, 方差为 9. 如果这种商品供应 1 万户, 试就居民对这种商品的平均需求量进行

区间估计($\alpha = 0.01$).

26. 某人自测每分钟脉搏次数,得到数据如下:

80,76,70,60,67,60,65,70,72,71,64,66,68,76,74,78.

设每分钟脉搏次数服从正态分布,给定 $\alpha = 0.05$.

(1) 求平均脉搏次数的置信区间;

(2) 求脉搏标准差的置信区间.

27. 研究甲、乙两种固体燃料的燃烧率. 设两者都服从正态分布,且相互独立,并且已知燃烧率的标准差均为 $0.05\ \text{cm/s}$,从两种燃料中各取容量为 20 的样本,得燃烧率的样本均值分别为 $\bar{x} = 18\ \text{cm/s}$,$\bar{y} = 24\ \text{cm/s}$,求甲、乙两种燃料的燃烧率均值差 $\mu_1 - \mu_2$ 的置信水平为 0.99 的置信区间.

28. 已知 X,Y 两种类型材料,现对其强度做对比试验,结果如下(单位:N/cm^2)

X 型:138,　　123,　　134,　　125;

Y 型:134,　　137,　　135,　　140,　　130,　　134.

X 型和 Y 型材料的强度分别服从 $N(\mu_1, \sigma^2)$ 和 $N(\mu_2, \sigma^2)$ 分布,σ 是未知的,求 $\mu_1 - \mu_2$ 的置信水平为 0.95 的置信区间.

29. 随机地从甲批导线中抽取 4 根,又从乙批导线中抽取 5 根,测得电阻(单位:Ω) 为

甲批导线:0.142,　　0.143,　　0.143,　　0.137;

乙批导线:0.142,　　0.140,　　0.136,　　0.138,　　0.140.

设测定数据分别来自 $N(\mu_1, \sigma^2)$ 和 $N(\mu_2, \sigma^2)$,且两样本相互独立,又 μ_1, μ_2, σ^2 均未知,求 $\mu_1 - \mu_2$ 的置信水平为 0.95 的置信区间.

30. 为研究某种汽车轮胎的磨损特性,随机地选择 16 只轮胎,每只轮胎行驶到磨坏为止,记录所行驶的路程(单位:km) 如下:

　　　　38 970　　40 200　　41 250　　40 187　　43 175　　41 010　　39 265　　41 872

　　　　42 654　　41 287　　42 550　　41 095　　40 680　　43 500　　39 775　　40 400

假设这些数据来自正态总体 $N(\mu, \sigma^2)$,其中 μ,σ^2 未知,试求 μ 的置信水平为 0.95 的单侧置信下限.

31. 为了考查某厂生产的水泥构件的抗压强度(单位:kg/cm^2),抽取了 25 件样品进行测试,得到平均抗压强度为 $415\ \text{kg/cm}^2$,根据以往资料,该厂生产的水泥构件的抗压强度 $X \sim N(\mu, 20^2)$,试求 μ 的置信水平为 0.9 的单侧置信上限和单侧置信下限.

32. 设总体 X 服从参数为 λ 的泊松分布,抽取容量为 $n = 100$ 的样本,已知样本均值 $\bar{x} = 4$,求总体均值 λ 的置信水平为 0.98 的置信区间.

课外阅读

参数估计的发展历史

第 7 章　　假设检验

上一章我们介绍了对总体中未知参数的估计方法，本章将继续讨论统计推断的另一重要方面：统计假设检验. 假设检验是统计推断的一个基本问题，在总体的分布函数完全未知或只知形式但不知其参数的情况下，为了推断总体可能具备的某些性质，先对总体的分布类型或总体分布的参数作某种假设，这种假设称为统计假设. 这个假设是否成立，还需要进一步考查，通常是利用样本提供的信息，运用数理统计的分析方法，对假设的正确性作出判断，进而得出"是接受还是拒绝假设"的决策，这一过程就是**假设检验**.

假设检验是在样本的基础上对总体的某种结论做出判断的一种方法，它是统计推断的重要组成部分，假设检验分为两类：一类是总体分布中未知参数的检验，称为**参数假设检验**；另一类是对整个总体分布的假设检验，称为**非参数假设检验**.

假设检验与区间估计的差别主要在于：区间估计是用给定的大概率推断出总体参数的范围，而假设检验是以小概率为标准，对总体的状况所做出的假设进行判断. 假设检验与区间估计结合起来，构成完整的统计推断内容.

本章介绍假设检验的基本概念以及一些常用的参数假设检验和非参数假设检验方法. 7.1 节介绍了假设检验的基本思想和常用的检验方法，7.2 节介绍了单个正态总体均值与方差的假设检验，7.3 节介绍了两个正态总体均值与方差的假设检验，7.4 介绍了总体分布拟合检验.

7.1　假设检验的基本概念

进行假设检验，首先要对总体的分布函数形式或分布的某些参数做出假设，然后再根据样本数据和"小概率原理"，对假设的正确性做出判断. 这种思维方法与数学里的"反证法"很相似，"反证法"先将要证明的结论假设为不正确的，作为进一步推论的条件之一使用，最后推出矛盾的结果，以此否定事先所作的假设. 反证法所认为矛盾的结论，也就是不可能发生的事件，这种事件发生的概率为零，该事件是不能接受的现实.

在日常生活中，不仅不肯接受概率为 0 的事件，而且对小概率事件，也持否定态度. 比如，虽然偶尔也有媒体报导陨石降落的消息，但人们不必担心天空降落的陨石会砸伤自己.

所谓**小概率原理**，即指概率很小的事件在一次试验中实际上不可能出现. 这种事件称为"**实际不可能事件**".

小概率的标准是多大？这并没有绝对的标准，一般我们以一个所谓显著性水平 $\alpha(0 < \alpha < 1)$ 作为小概率的界限，α 的取值与实际问题的性质有关. 所以，统计检验又称**显著性检验**.

现以实例说明假设检验的基本思想和概念.

7.1.1　统计假设和假设检验

为了说明假设检验的思想和基本概念,我们先看几个例子:

例7.1.1　将一枚硬币随机抛掷100次,发现有54次正面朝上,46次反面朝上,问用此硬币打赌是否公平?

分析　在这个问题中,我们所关心的是:随机抛落时,该枚硬币正面朝上的概率与反面朝上的概率是否相等.若设其正面朝上的概率为p,则本题的任务就是根据实验结果来判断"$p = 0.5$"和"$p \neq 0.5$"哪一个成立.这里"$p = 0.5$"和"$p \neq 0.5$"就称为统计假设.对于本问题的解决,我们的思路是:因为在正常情况下,真硬币是均匀的,而我们又不应该轻易怀疑一枚硬币是假币,所以我们首先谨慎地假设"$p = 0.5$",并称其为**原假设**或**零假设**,记为H_0;而"$p \neq 0.5$"是零假设"$p = 0.5$"不成立时必定选择的结论,故称为**备择假设**,记为H_1,之后我们根据样本提供的信息判定零假设"$p = 0.5$"是否成立,这个过程就是所谓的假设检验.

例7.1.2　某青年工人以往的记录是:平均每加工100个零件,有60个一等品.今年考核中,在他加工零件中随机抽取100件,发现有70个一等品,这个成绩是否说明该青年工人的技术水平有了显著性提高(取$\alpha = 0.05$),对此问题,假设检验问题应设为(　　)

A. $H_0: p \geq 0.6, H_1: p < 0.6$　　　　　　B. $H_0: p \leq 0.6, H_1: p > 0.6$

C. $H_0: p = 0.6, H_1: p \neq 0.6$　　　　　　D. $H_0: p \neq 0.6, H_1: p = 0.6$.

一般地,选取问题的对立事件为原假设.在本题中,需考查青年工人青年工人的技术是否有了显著性提高,故选取原假设为$H_0: p \leq 0.6$,相应地,对立假设为$H_1: p > 0.6$,故选B.

例7.1.3　某工厂生产一种电子元件,在正常情况下,电子元件的使用寿命(单位:h)$X \sim N(2\,500, 120^2)$.某日从该工厂生产的一批电子元件中随机抽取16个,测得样本均值为$\bar{x} = 2\,435$ h,假定电子元件寿命的方差不变,能否认为该日生产的这批电子元件寿命均值$\mu = 2\,500$ h?

分析　本例中我们关心的是该日生产的这批电子元件的寿命均值μ是否为2 500 h,我们选$\mu = 2\,500$为零假设,$\mu \neq 2\,500$为备择假设.于是我们的任务就是根据样本提供的信息来检验统计假设.

例7.1.4　繁忙路段上一定时间间隔内通过的车辆通常服从泊松分布,现在某段公路上,观测每15 s内通过的汽车辆数,得到数据如表7.1.1所示,问该公路上每15 s通过的汽车辆数是否服从泊松分布?

表7.1.1

每15 s通过的汽车数 x_i	0	1	2	3	4	5	6	7
频数 n_i	24	67	58	35	10	4	2	0

分析　记该段公路上每15秒通过的汽车辆数为X,则本题的任务就是要根据所得数据检验统计假设:

$$H_0: X \text{ 服从泊松分布}; \quad H_1: X \text{ 不服从泊松分布}.$$

上述4例均为假设检验问题,它们的共同点是:欲解决问题,首先对总体分布提出某种假设,然后由抽样样本中的相关信息,对所作假设的正确性进行推断.在数理统计中,我们把任何一个在总体分布上所作的假设称为统计假设. 其中需要保护, 不能轻易否定的假设称为原假设或零假设, 记为 H_0, 当零假设不成立时必定选择的假设称为备择假设, 记为 H_1.

在例 7.1.1— 例 7.1.3 中, 总体分布的形式是已知的, 统计假设是对总体分布中的未知参数作的, 这种仅涉及到总体分布的未知参数的统计假设称为参数假设, 而在例 7.1.4 中, 总体分布的形式是未知的, 统计假设是关于总体分布形式的, 这种直接对总体分布所作的统计假设称为非参数假设.

7.1.2 假设检验的基本思想与推理方法

下面, 我们通过对上述例 7.1.3 的具体解法来进一步说明假设检验的基本思想与推理方法.

考虑上述例 7.1.3, 已知 $X \sim N(\mu, \sigma^2)$, 且 $\sigma = \sigma_0 = 120$, 要求检验下面假设:

$$H_0: \mu = \mu_0 = 2\,500; \quad H_1: \mu \neq \mu_0.$$

因为 $\overline{X}$ 是 μ 的无偏估计, $\overline{X}$ 的观测值在一定程度上反映了 μ 的大小, 所以如果 H_0 成立, 即 $\mu = \mu_0 = 2\,500$, 则 $\overline{X}$ 有很大的概率在 2 500 附近取值, 即观测值 $\bar{x}$ 与 μ 的偏差 $|\bar{x} - 2500|$ 很小, 若 $|\bar{x} - 2\,500|$ 很大, 就可怀疑 H_0 的正确性而拒绝 H_0. 现在样本均值 $\bar{x} = 2\,435$ 与总体均值 μ_0 的差 $|\bar{x} - \mu_0| = 65$ 算不算大呢? 在零假设成立的条件下, 样本均值 $\overline{X}$ 与总体均值 μ_0 的偏差超过 65 的概率是不是足够小呢?

为了回答这些问题, 我们首先应当确定一个我们认为是足够小的临界概率 α, 称为显著性水平. 那么多大的概率认为是足够小呢? 通常 α 取 0.05 或 0.01, 然后, 在 α 的值确定的条件下, 确定临界值 δ_α, 使原假设 H_0 成立的条件下, 随机事件 $|\bar{x} - \mu_0| > \delta_\alpha$ 的概率等于 α, 即 $P\{|\bar{x} - \mu_0| > \delta_\alpha\} = \alpha$, 最后看现在所得的 $|\bar{x} - \mu_0|$ 的值是否达到或超过上述临界值 δ_α, 如果是, 就拒绝 H_0; 否则就不能拒绝 H_0, 因而可以考虑接受 H_0. 至于临界值 δ_α 的确定, 因为当 H_0 为真时, 统计量 $Z = \dfrac{\overline{X} - \mu_0}{\dfrac{\sigma_0}{\sqrt{n}}} \sim N(0, 1)$, 所以有

$$P\{|Z| \geq z_{\frac{\alpha}{2}}\} = P\left\{ \frac{|\overline{X} - \mu_0|}{\frac{\sigma_0}{\sqrt{n}}} \geq z_{\frac{\alpha}{2}} \right\} = P\left\{ |\overline{X} - \mu_0| \geq \frac{\sigma_0}{\sqrt{n}} z_{\frac{\alpha}{2}} \right\} = \alpha.$$

由此得到临界值 $\delta_\alpha = \dfrac{\sigma_0}{\sqrt{n}} z_{\frac{\alpha}{2}}$. 为方便起见, 不妨就用统计量 Z 的临界值 $z_{\frac{\alpha}{2}}$ 取代上述的临界值 δ_α, 于是当观测值 $\dfrac{|\overline{X} - \mu_0|}{\dfrac{\sigma_0}{\sqrt{n}}} \geq z_{\frac{\alpha}{2}}$ 时, 就拒绝 H_0, 当观测值 $\dfrac{|\overline{X} - \mu_0|}{\dfrac{\sigma_0}{\sqrt{n}}} \leq z_{\frac{\alpha}{2}}$ 时, 就接受 H_0.

例如, 取显著性水平为 $\alpha = 0.05$, 则 $z_{\frac{\alpha}{2}} = z_{0.025} = 1.96$, 从而有

$$P\{|Z| \geq 1.96\} = P\left\{ \frac{|\overline{X} - \mu_0|}{\frac{\sigma_0}{\sqrt{n}}} \geq 1.96 \right\} = 0.05.$$

因为 $\alpha = 0.05$, 所以认为是小概率事件, 根据实际推断原理, 小概率事件在一次抽样中不会发生. 而由现在抽样结果 $\bar{x} = 2\,435$, 于是

$$|Z| = \frac{|2\ 435 - 2500|}{\dfrac{120}{4}} = 2.17 > 1.96,$$

即上述小概率事件竟然发生了，于是认为样本均值 $\overline{X}$ 与总体均值 μ_0 之间有显著性差异. 因此，应当拒绝原假设 H_0，接受备择假设 H_1，即认为该日生产的这批电子元件寿命均值 $\mu \neq 2\ 500$ h.

由上例可知，假设检验中使用的推理方法可以说是一种"反证法". 事实上，为了检验原假设是否成立，我们先假设原假设 H_0 成立，然后构造一个事件，如上例中

$$A = \left\{ \frac{|\overline{X} - \mu_0|}{\dfrac{\sigma_0}{\sqrt{n}}} \geqslant z_{\frac{\alpha}{2}} \right\},$$

它在 H_0 为真时是小概率事件，如 $P(A \mid H_0) = 0.05$，最后视所得样本为一次试验的结果，看看在这一次试验中事件 A 是否发生，事件 A 发生则表明一个小概率事件在一次试验中就发生了，这是"不合理"的现象. 为了消除这种不合理性，我们只能认为事实上事件 A 很可能不是小概率事件，也即认为 H_0 很可能不成立，从而拒绝 H_0；反之，若 A 没在一次试验中就发生，则没有什么"不合理"的现象发生，因而也就没有理由拒绝 H_0，这样就可以考虑接受 H_0.

应当指出，上例中的结论是在显著性水平 $\alpha = 0.05$ 的情况下作出的. 若改显著性水平 $\alpha = 0.01$，则 $z_{\frac{\alpha}{2}} = z_{0.005} = 2.58$，从而有

$$P\{|Z| \geqslant 2.58\} = P\left\{ \frac{|\overline{X} - \mu_0|}{\dfrac{\sigma_0}{\sqrt{n}}} \geqslant 2.58 \right\} = 0.01,$$

根据抽样计算的结果是

$$|Z| = \frac{|2\ 435 - 2\ 500|}{\dfrac{120}{4}} = 2.17 < 2.58,$$

即小概率事件没有发生，所以没有理由拒绝 H_0，认为该日生产的这批电子元件寿命均值 $\mu = 2\ 500$ h.

由此可见，假设检验的结论与选取的显著性水平 α 有密切的关系，因此必须说明假设检验是在怎样的显著性水平 α 下作出的.

7.1.3　双边假设检验与单边假设检验

对于上述例 7.1.3 的假设，我们用样本计算的统计量

$$Z = \frac{\overline{X} - \mu_0}{\dfrac{\sigma_0}{\sqrt{n}}}$$

的值来作检验的，我们称这种统计量为**检验统计量**. 当检验统计量 Z 的观测值的绝对值不小于临界值 $z_{\frac{\alpha}{2}}$，即 Z 的观测值落在区间 $(-\infty, -z_{\frac{\alpha}{2}})$ 或 $(z_{\frac{\alpha}{2}}, +\infty)$ 内时，我们拒绝原假设 H_0，通常称这样的区间**为关于原假设 H_0 的拒绝域**（简称拒绝域），当检验统计量的观测值的绝对值小于临界值 $z_{\frac{\alpha}{2}}$，即 Z 的观测值落在区间 $[-z_{\frac{\alpha}{2}}, z_{\frac{\alpha}{2}}]$ 内时，我们接受原假设 H_0，称这样的区间**为关于原假设 H_0 的接受域**（简称接受域）. 例 7.1.3 的备择假设 H_1 表明 μ 可能大于 μ_0，也可能

小于 μ_0，我们称为**双边备择假设**. 备择假设为双边备择假设的假设检验问题称为双边假设检验问题.

除了双边假设检验外，根据事件问题的特点，有时还需要用到单边假设检验. 以例 7.1.3 来说，实际上我们关心的是电子元件的寿命均值 μ 不应太低，所以把问题改为"是否可以认为该日生产的这批电子元件的寿命均值 μ 不小于 2 500 h"似乎更为合理. 这其实就是要求检验如下假设：

$$H_0: \mu = \mu_0 \text{ 或 } \mu \geqslant \mu_0; \ H_1: \mu < \mu_0.$$

这个假设与 7.1.3 中的假设虽然不同，但检验时选用的统计量及其分布是相同的.

（1）若 $\mu = \mu_0$，则对于给定的显著性水平 α，我们有

$$P\{Z \leqslant -z_\alpha\} = P\left\{ \frac{\overline{X} - \mu_0}{\frac{\sigma_0}{\sqrt{n}}} \leqslant -z_\alpha \right\} = \alpha.$$

（2）若 $\mu > \mu_0$，由于 μ 是总体均值，所以对于给定的显著性水平 α，我们有

$$P\left\{ \frac{\overline{X} - \mu}{\frac{\sigma_0}{\sqrt{n}}} \leqslant -z_\alpha \right\} = \alpha.$$

注意到，当 $\mu > \mu_0$ 时 $\dfrac{\overline{X} - \mu}{\frac{\sigma_0}{\sqrt{n}}} < \dfrac{\overline{X} - \mu_0}{\frac{\sigma_0}{\sqrt{n}}}$，记

$$A = \left\{ \frac{\overline{X} - \mu_0}{\frac{\sigma_0}{\sqrt{n}}} \leqslant -z_\alpha \right\}, \ B = \left\{ \frac{\overline{X} - \mu}{\frac{\sigma_0}{\sqrt{n}}} \leqslant -z_\alpha \right\},$$

则易知 $A \subset B$，由概率的性质知 $P(A) < P(B)$，即

$$P\{Z \leqslant -z_\alpha\} = P\left\{ \frac{\overline{X} - \mu_0}{\frac{\sigma_0}{\sqrt{n}}} \leqslant -z_\alpha \right\} < P\left\{ \frac{\overline{X} - \mu}{\frac{\sigma_0}{\sqrt{n}}} \leqslant -z_\alpha \right\} = \alpha.$$

综上讨论可知：在原假设 $H_0: \mu \geqslant \mu_0 = 2\,500$ 成立的条件下，$P\{Z \leqslant -z_\alpha\} = \alpha$，所以事件 $\{Z \leqslant -z_\alpha\}$ 是小概率事件，从而拒绝 $\{Z \leqslant -z_\alpha\}$. 因为拒绝域位于一边，所以称这类假设检验为**单边假设检验**. 按照拒绝域位于左边或右边，单边假设检验又可以分为**左边假设检验**或**右边假设检验**. 显然上述假设检验是**左边假设检验**，而关于假设

$$H_0: \mu = \mu_0 \text{ 或 } \mu \leqslant \mu_0; \ H_1: \mu > \mu_0.$$

的检验则是**右边假设检验**.

7.1.4 假设检验的一般步骤

根据上述讨论可知，假设检验可以按下述步骤进行：

（1）根据事件问题提出原假设 H_0 与备择假设 H_1，这里要求原假设 H_0 与备择假设 H_1 有且仅有一个为真.

（2）选取适当的检验统计量，并在原假设 H_0 成立的条件下确定该统计量的分布.

（3）按问题的具体要求，选取适当的显著性水平 α，并根据统计量的分布表，查表确定对

应于 α 的临界值, 从而得到对原假设 H_0 的拒绝域.

(4) 根据样本观测值计算统计量的观测值, 并与临界值或拒绝域进行比较, 从而对拒绝或接受原假设 H_0 作出判断.

7.1.5　假设检验可能犯的两类错误

正如前面指出的, 假设检验的依据是小概率事件的实际不可能原理, 即认为小概率事件在一次试验中是不可能发生的, 如果发生了则认为是 "不合理" 的. 然而, 小概率事件 A, 无论其概率多么小, 还是有可能发生的, 所以利用上述方法进行假设检验, 可能作出错误的判断. 另一方面, 作假设检验的现实依据是样本, 因而我们得到的信息是受到限制的, 这也有可能导致我们作出错误的判断. 因此, 无论是接受还是拒绝原假设, 我们的判断都有可能犯错误. 作假设检验可能犯的错误有如下两种情况:

(1) 原假设实际 H_0 是正确的, 但是却被错误地拒绝了, 这时我们就犯了 "**弃真**" 的错误, 通常称为**第一类错误**. 由于仅当小概率事件 A 发生时, 才可能拒绝 H_0, 所以犯第一类错误的概率就是条件概率 $P(A \mid H_0)$. 犯第一类错误的概率即为显著性水平 α, 即

$$P(\text{拒绝 } H_0 \mid H_0 \text{ 为真}) = \alpha.$$

(2) 原假设 H_0 实际是不正确的, 但是却被错误地接受了, 这样就犯了 "**取伪**" 的错误, 通常称为**第二类错误**. 犯第二类错误的概率记为 β, 即

$$P(\text{接受 } H_0 \mid H_0 \text{ 不真}) = \beta.$$

例 7.1.5　某厂生产一种零件, 标准要求长度是 50 mm, 实际生产的产品, 其长度服从 $N(\mu, 4)$. 考查假设检验问题 $H_0: \mu = 50$, $H_1: \mu \neq 50$, 设 $\bar{x}$ 为样本均值, 若按下列方式进行检验: 当 $|\bar{x} - 50| > 1$ 时, 拒绝原假设 H_0, 当 $|\bar{x} - 50| \leq 1$ 时, 接受原假设 H_0.

(1) 当样本容量 $n = 16$ 时, 求犯第一类错误的概率 α.

(2) 当样本容量 $n = 25$ 时, 求犯第一类错误的概率 α.

(3) 当 H_0 不成立时, (设 $\mu = 48$), 又 $n = 25$, 按上述检验法, 求犯第二类错误的概率 β.

解　(1) 当 $n = 16$ 时, $\bar{X} \sim N(\mu, 0.5^2)$,

$$\alpha = P\{|\bar{X} - 50| > 1 \mid H_0\} = P\{\bar{X} < 49 \mid H_0\} + P\{\bar{X} > 51 \mid H_0\}$$

$$= \Phi\left(\frac{49 - 50}{0.5}\right) + 1 - \Phi\left(\frac{51 - 50}{0.5}\right) = \Phi(-2) + 1 - \Phi(2)$$

$$= 2(1 - \Phi(2)) = 2(1 - 0.977\,2) = 0.045\,6.$$

(2) 当 $n = 25$ 时, $\bar{X} \sim N\left(\mu, \frac{4}{25}\right) = N(\mu, 0.4^2)$,

$$\alpha = P\{|\bar{X} - 50| > 1 \mid H_0\} = P\{\bar{X} < 49 \mid H_0\} + P\{\bar{X} > 51 \mid H_0\}$$

$$= \Phi\left(\frac{49 - 50}{0.4}\right) + 1 - \Phi\left(\frac{51 - 50}{0.4}\right) = \Phi(-2.5) + 1 - \Phi(2.5)$$

$$= 2(1 - \Phi(2.5)) = 2(1 - 0.993\,8) = 0.012\,4.$$

(3) 当 $n = 25$, $\mu = 48$ 时, $\bar{X} \sim N\left(\mu, \frac{4}{25}\right) = N(48, 0.4^2)$, 这时犯第二类错误的概率

$$\beta = P\{|\bar{X} - 50| \leq 1 \mid \mu = 48\} = P\{49 \leq \bar{X} \leq 51 \mid \mu = 48\}$$

$$= \varPhi\left(\frac{51 - 48}{0.4}\right) - \varPhi\left(\frac{49 - 48}{0.4}\right)$$

$$= \varPhi(7.5) - \varPhi(2.5) = 1 - 0.9938 = 0.0062.$$

由例7.1.5的计算结果可以看出：当样本容量增大时，可减小犯第一类错误的概率. 我们希望犯两类错误的概率越小越好，但是在样本容量 n 固定时，要使犯两类错误的概率尽可能地同时减小是不可能的，减小其中一个，另外一个往往将会增大. 要使 α 与 β 同时减小，或减小其中一个而不增大另一个，只有增加样本容量. 不过样本容量的无限增大在实际问题中又是不切实际的. 基于这种情况，统计学家奈曼（Neyman）和小皮尔逊（Pearson）提出这样的假设检验的一个原则：即在样本容量 n 固定时，先控制犯第一类错误的概率 α，并设为一事先给定的小正数，然后在这一条件下寻找临界值使犯第二类错误的概率 β 尽可能的小.

为此，通常我们的做法是降低要求，在只限定犯第一类错误的概率即显著性水平 α 的条件下判定零假设 H_0 是否成立，这种统计假设检验称为**显著性检验**.

7.1.6 检验功效

检验效果好与坏，与犯两类错误的概率都有关. 一个有效的检验首先是犯第一类错误的概率 α 不能太大，否则的话，就经常产生弃真现象；另外，β 错误就是取伪的错误，在犯第一类错误概率得到控制的条件下，犯取伪错误的概率也要尽可能地小，或者说，不取伪的概率 $1 - \beta$ 应尽可能增大. $1 - \beta$ 越大，意味着当原假设不真实时，检验判断出原假设不真实的概率越大，检验的判别能力就越好；$1 - \beta$ 越小，意味着当原假设不真实时，检验结论判断出原假设不真实的概率越小，检验的判别能力就越差. 可见 $1 - \beta$ 是反映统计检验判别能力大小的重要标志，我们称为**检验功效**或**检验力**.

例 7.1.6 设总体 $X \sim N(\mu, \sigma^2)$，其中 $\sigma^2 = \sigma_0^2$ 已知，而未知参数 μ 两个可能取值 μ_0 或 μ_1，其中 $\mu_0 < \mu_1$. 抽取容量为 n 的样本，在检验显著水平 α 下，检验假设

$$H_0: \mu = \mu_0, \quad H_1: \mu = \mu_1 > \mu_0$$

（1）求检验结果犯第二类错误的概率 β；

（2）设 $\sigma_0 = 0.8, \mu_0 = 5.0, \mu_1 = 5.5, n = 16$，求检验显著水平分别为 $\alpha = 0.05$ 和 $\alpha = 0.01$，分别计算相应的概率 β；

（3）设 $\sigma_0 = 0.8, \mu_0 = 5.0, \mu_1 = 5.5$，对于显著水平为 $\alpha = 0.05$，为了使 β 不大于 0.05，样本容量至少应取多大？

分析 本题的关键是要量化表示"检验结果犯第二类错误"，从而找出计算 β 的具体表达式. 由抽样分布定理，当 H_0 成立时，统计量

$$Z = \frac{\overline{X} - \mu_0}{\dfrac{\sigma_0}{\sqrt{n}}} \sim N(0, 1).$$

取之为检验统计量，对于显著水平为 $\alpha = 0.05$，由于

$$P\{Z > z_\alpha\} = P\left\{\frac{\overline{X} - \mu_0}{\dfrac{\sigma_0}{\sqrt{n}}} > z_\alpha\right\} = \alpha.$$

又由于 $H_1: \mu = \mu_1 > \mu_0$，则该检验为右侧检验，即 H_0 的拒绝域为

$$Z = \frac{\overline{X} - \mu_0}{\dfrac{\sigma_0}{\sqrt{n}}} > z_\alpha.$$

犯第二类错误，就是在 H_0 不成立时，错误地接受了 H_0，即在 $\mu = \mu_1$ 时，误以为 $\mu = \mu_0$，其原因是 Z 的观测值落入接受域 $Z = \dfrac{\overline{X} - \mu_0}{\dfrac{\sigma_0}{\sqrt{n}}} \leqslant z_\alpha$ 中，即 $\bar{x} \leqslant \mu_0 + z_\alpha \cdot \dfrac{\sigma_0}{\sqrt{n}}$. 因此，犯第二类错误的概率 $\beta = P\left\{\overline{X} \leqslant \mu_0 + z_\alpha \cdot \dfrac{\sigma_0}{\sqrt{n}} \middle| \mu = \mu_1\right\}$，由此，可以解答本题如下.

解　（1）由题设假设可知，当 H_0 不成立时，必有 $\mu = \mu_1$，即总体 $X \sim N(\mu_1, \sigma_0^2)$，则知 $\dfrac{\overline{X} - \mu_1}{\dfrac{\sigma_0}{\sqrt{n}}} \sim N(0, 1)$.

$$\beta = P\{\text{接受 } H_0 \mid H_0 \text{ 不真}\} = P\{\text{接受 } H_0 \mid H_1 \text{ 真}\}$$

$$= P\left\{\overline{X} \leqslant \mu_0 + z_\alpha \cdot \frac{\sigma_0}{\sqrt{n}} \middle| \mu = \mu_1\right\}$$

$$= P\left\{\overline{X} \leqslant \mu_0 + z_\alpha \cdot \frac{\sigma_0}{\sqrt{n}} \middle| \frac{\overline{X} - \mu_1}{\dfrac{\sigma_0}{\sqrt{n}}} \sim N(0, 1)\right\}$$

$$= P\left\{\frac{\overline{X} - \mu_1}{\dfrac{\sigma_0}{\sqrt{n}}} \leqslant \frac{\mu_0 + z_\alpha \cdot \dfrac{\sigma_0}{\sqrt{n}} - \mu_1}{\dfrac{\sigma_0}{\sqrt{n}}}\right\} = \Phi\left(z_\alpha + \frac{\mu_0 - \mu_1}{\dfrac{\sigma_0}{\sqrt{n}}}\right).$$

（2）已知 $\sigma_0 = 0.8$，$\mu_0 = 5.0$，$\mu_1 = 5.5$，$n = 16$，显著性水平 $\alpha = 0.05$ 和 $\alpha = 0.01$，分别对应的分位点为 $z_\alpha = z_{0.05} = 1.645$，$z_\alpha = z_{0.01} = 2.33$，于是，利用（1）的结论，可得犯第二类错误的概率分别为

$$\beta = \Phi\left(1.645 + \frac{5.0 - 5.5}{\dfrac{0.8}{\sqrt{16}}}\right) = \Phi(-0.855) = 1 - \Phi(0.855) = 1 - 0.8037 = 0.1963;$$

$$\beta = \Phi\left(2.33 + \frac{5.0 - 5.5}{\dfrac{0.8}{\sqrt{16}}}\right) = \Phi(-0.17) = 1 - \Phi(0.17) = 1 - 0.5675 = 0.4325$$

由此可见，当样本确定时，若显著水平减少（犯第一类错误的概率减小），则犯第二类错误的概率将变大. 可见，当样本容量固定时，要同时减小 α 和 β 是不可能的.

（3）由第（1）题的分析，可知 $\beta = \Phi\left(z_\alpha + \dfrac{\mu_0 - \mu_1}{\dfrac{\sigma_0}{\sqrt{n}}}\right)$，即

$$\Phi\left(z_\alpha + \frac{\mu_0 - \mu_1}{\dfrac{\sigma_0}{\sqrt{n}}}\right) = P\left\{\frac{\overline{X} - \mu_1}{\dfrac{\sigma_0}{\sqrt{n}}} \leqslant z_\alpha + \frac{\mu_0 - \mu_1}{\dfrac{\sigma_0}{\sqrt{n}}}\right\} = \beta.$$

利用标准正态分布的对称性及分位点的定义，可知 $z_\alpha + \dfrac{\mu_0 - \mu_1}{\dfrac{\sigma_0}{\sqrt{n}}} = -z_\beta$，即有 $z_\alpha + \dfrac{\mu_0 - \mu_1}{\dfrac{\sigma_0}{\sqrt{n}}}$

$= -z_\beta$，可得以下关系式

$$z_\alpha + z_\beta = \frac{\mu_1 - \mu_0}{\dfrac{\sigma_0}{\sqrt{n}}}.$$

已知 $\sigma_0 = 0.8$，$\mu_0 = 5.0$，$\mu_1 = 5.5$，对于显著水平为 $\alpha = 0.05$，$z_\alpha = z_{0.05} = 1.645$，注意到

$$\Phi(-1.645) = 1 - \Phi(1.645) = 1 - 0.95 = 0.05$$

$z_\alpha = z_{0.05} = 1.645$，为了使 β 不大于 0.05，即使 $\beta = \Phi\left(z_\alpha + \dfrac{\mu_0 - \mu_1}{\dfrac{\sigma_0}{\sqrt{n}}}\right) = \Phi(-z_\beta) \leqslant 0.05$，

应有

$$-z_\beta \leqslant -1.645$$

将 $z_\alpha = 1.645$，$z_\beta \geqslant 1.645$ 代入 $z_\alpha + z_\beta = \dfrac{\mu_1 - \mu_0}{\dfrac{\sigma_0}{\sqrt{n}}}$，可得

$\dfrac{\mu_1 - \mu_0}{\dfrac{\sigma_0}{\sqrt{n}}} \geqslant 3.29$，得 $\sqrt{n} \geqslant \dfrac{3.29 \cdot 0.8}{5.5 - 5.0}$，即 $n \geqslant 27.709 \approx 28$.

由关系式

$$z_\alpha + z_\beta = \frac{\mu_1 - \mu_0}{\dfrac{\sigma_0}{\sqrt{n}}}$$

可知，当 α 给定时，为了使 β 减小，需要增大样本容量；也就是说，在犯第一类错误的概率给定时，要减小犯第二类错误的概率，必须增大样本容量；另外，也可以这样说，在犯第二类错误的概率给定时，要减小犯第一类错误的概率，必须增大样本容量.

前面分析说明，第一类错误和第二类错误是一对矛盾体，在其他条件不变时，减小犯第一类错误的可能性，势必增加犯第二类错误的可能性；减小第二类错误的可能性，又能增大犯第一类错误的可能性. 可见 α 的大小，影响到 β 的大小，进而影响到 $1 - \beta$ 的大小. 犯第一类错误的概率或检验的显著性水平 α 是影响检验力的一个重要因素. 在其他条件不变下，显著性水平 α 增大，β 随之减小，检验功效就增强. 可见取 $\alpha = 0.1$ 时比取 $\alpha = 0.01$ 时，检验的功效强，检验力大.

我们在统计检验中，一般都是首先控制犯第一类错误的概率，也就是显著性水平 α 都尽量取较小的值，尽量避免犯弃真的错误，在其他条件不变时，β 就增大，检验的功效就减弱. 该如何来调和这一对相互对抗的矛盾呢？唯一的办法就是增大样本容量，因为增加样本容量能够既保证满足较小的 α 需要，同时又能减小犯第二类错误的概率 β，抵消检验功效的衰减.

可见样本容量大小是影响检验功效大小的一个重要因素, 可通过增大样本容量方法提高检验功效. 然而, 实际上样本容量 n 的增加也是有限制的, 兼顾 α 与 β 很困难, 这时, 鉴于 α 风险一般比 β 风险重要, 首先考虑的还是控制 α 风险.

影响检验功效大小的另一因素是原假设与备择假设间的差异程度. 如果这两个假设间的差异是非常明显的, 这时原假设不真而取伪的可能性就减小, 即 β 就减小, 检验功效就大. 否则的话, 就较难通过检验把原假设与备择假设区分开来, 影响检验功效的提高.

例 7.1.7　设总体 $X \sim N(\mu, 1)$, 样本容量为 9, 检验假设 $H_0: \mu = 1$, $H_1: \mu = 2 > 1$ 的拒绝域为 $\overline{X} \geq 1.5$, 求犯第一类错误的概率 α 和犯第二类错误的概率 β

解　(1) 已知总体 $X \sim N(\mu, 1)$, 利用统计量 $Z = \dfrac{\overline{X} - \mu}{\dfrac{\sigma}{\sqrt{n}}}$ 进行检验.

检验结果犯第一类错误, 是指 H_0 为真, 拒绝 H_0, 即统计量 Z 落入拒绝域内. 而题设已知拒绝域 $\overline{X} \geq 1.5$, 即

$$\alpha = P\{\overline{X} \geq 1.5 \,|\, H_0 \text{ 真}\} = 1 - P\{\overline{X} < 1.5 \,|\, \mu = 1\} = 1 - P\left\{\frac{\overline{X} - 1}{\frac{1}{3}} < \frac{1.5 - 1}{\frac{1}{3}}\right\}$$

$$= 1 - \Phi(1.5) = 0.066\,8.$$

(2) 犯第二类错误, 即 H_0 不真 (H_1 为真), 接受 H_0, 即检验 $H_0: \mu = 1$, $H_1: \mu = 2 > 1$ 时, 统计量 Z 落入接受域中 $\overline{X} < 1.5$, 所以,

$$\beta = P\{\overline{X} < 1.5 \,|\, H_1 \text{ 真}\} = P\{X < 1.5 \,|\, \mu = 2\}$$

$$= P\left\{\overline{X} < 1.5 \,\left|\, \frac{\overline{X} - 2}{\frac{1}{\sqrt{9}}} \sim N(0, 1)\right.\right\}$$

$$= P\left\{\frac{\overline{X} - 2}{\frac{1}{\sqrt{9}}} < \frac{1.5 - 2}{\frac{1}{3}}\right\}$$

$$= \Phi(-1.5) = 0.066\,8.$$

7.2　单个正态总体均值与方差的假设检验

导学 7.1

设总体 $X \sim N(\mu, \sigma^2)$, $X_1, X_2, \cdots, X_n$ 是来自总体 X 的一个样本, 样本均值为 $\overline{X}$, 样本方差为 S^2. 　　　　　　　　　　　　　　　　　　　　　　　　　　(7.2.1)

7.2.1　单个正态总体均值 μ 的假设检验

1. 方差 σ^2 已知时, 关于均值 μ 的假设检验

先考虑双侧假设, 即检验

$$H_0: \mu = \mu_0, \quad H_1: \mu \neq \mu_0.$$

选用统计量

$$Z = \frac{\overline{X} - \mu_0}{\frac{\sigma}{\sqrt{n}}} \sim N(0, 1).$$

对于给定的显著性水平 α, 查标准正态分布表可得 $z_{\frac{\alpha}{2}}$, 使得 $P\left\{\left|\dfrac{\overline{X} - \mu_0}{\frac{\sigma}{\sqrt{n}}}\right| \geq z_{\frac{\alpha}{2}}\right\} = \alpha$, 因此

这一检验的拒绝域为 $\{|Z| \geq z_{\frac{\alpha}{2}}\}$, 简记为 $|Z| \geq z_{\frac{\alpha}{2}}$.

根据一次抽样得到的样本观察值 $x_1, x_2, \cdots, x_n$ 计算出 Z 的观察值 z, 若 $|Z| \geq z_{\frac{\alpha}{2}}$, 则拒绝原假设 H_0, 即认为总体均值与 μ_0 有显著差异; 若 $|Z| < z_{\frac{\alpha}{2}}$, 则接受 H_0, 即认为总体均值与 μ_0 无显著差异.

如果进行右边检验, 即对假设

$$H_0: \mu = \mu_0, \quad H_1: \mu > \mu_0$$

检验时, 选用统计量

$$Z = \frac{\overline{X} - \mu_0}{\frac{\sigma}{\sqrt{n}}} \sim N(0, 1),$$

对于给定的显著性水平 α, 查标准正态分布表可得 z_α, 使得 $P\left\{\dfrac{\overline{X} - \mu_0}{\frac{\sigma}{\sqrt{n}}} \geq z_\alpha\right\} = \alpha$, 因此原

假设 H_0 的拒绝域为 $\{Z \geq z_\alpha\}$.

如果进行右边检验, 即对假设

$$H_0: \mu \leqslant \mu_0, \quad H_1: \mu > \mu_0,$$

检验时, 由于

$$\left\{\frac{\overline{X} - \mu_0}{\frac{\sigma}{\sqrt{n}}} \geq k\right\} \subset \left\{\frac{\overline{X} - \mu}{\frac{\sigma}{\sqrt{n}}} \geq k\right\},$$

注意到 $\dfrac{\overline{X} - \mu}{\frac{\sigma}{\sqrt{n}}} \sim N(0, 1)$, 对于给定的显著性水平 α, 查标准正态分布表可得 $k = z_\alpha$, 使得

$$P\left\{\frac{\overline{X} - \mu_0}{\frac{\sigma}{\sqrt{n}}} \geq z_\alpha\right\} \leqslant P\left\{\frac{\overline{X} - \mu}{\frac{\sigma}{\sqrt{n}}} \geq z_\alpha\right\} = \alpha,$$

此时, H_0 的拒绝域亦为 $Z = \dfrac{\overline{X} - \mu_0}{\frac{\sigma}{\sqrt{n}}} \geq z_\alpha$.

比较两种右边检验假设, 尽管两者原假设形式不同, 事件意义也不尽相同, 但对于相同的显著性水平, 它们的拒绝域相同. 因此, 遇到这两类问题时可归结为一类问题来讨论. 对于后面将要讨论的有关正态总体的参数假设检验问题也有类似的结果.

类似地, 如果进行左边假设检验, 即对假设

$$H_0 : \mu = \mu_0 (\mu \geqslant \mu_0), \quad H_1 : \mu < \mu_0,$$

检验时, 对于给定的显著性水平 α, 查标准正态分布表可得 z_α, 使得 $P\left\{\dfrac{\overline{X} - \mu_0}{\dfrac{\sigma}{\sqrt{n}}} \leqslant -z_\alpha\right\} =$

α, 因此原假设 H_0 的拒绝域为 $\{Z \leqslant -z_\alpha\}$.

上述检验所用统计量 $Z = \dfrac{\overline{X} - \mu_0}{\dfrac{\sigma}{\sqrt{n}}}$ 服从标准正态分布, 我们称这类检验为 Z 检验法.

2. 方差 σ^2 未知时, 关于均值 μ 的假设检验

在方差 σ^2 未知条件下, 检验假设

$$H_0 : \mu = \mu_0, \quad H_1 : \mu \neq \mu_0.$$

此时不能选用 $Z = \dfrac{\overline{X} - \mu_0}{\dfrac{\sigma}{\sqrt{n}}}$ 作为检验统计量了. 注意到 S^2 是 σ^2 的无偏估计, 我们用 S 代替

σ, 选用统计量

$$T = \frac{\overline{X} - \mu_0}{\dfrac{S}{\sqrt{n}}} \sim t(n-1).$$

对于给定的显著性水平 α, 查 t 分布表可得 $t_{\frac{\alpha}{2}}(n-1)$, 使得 $P\left\{\left|\dfrac{\overline{X} - \mu_0}{\dfrac{s}{\sqrt{n}}}\right| \geqslant t_{\frac{\alpha}{2}}(n-1)\right\} =$

α, 因此原假设 H_0 的拒绝域为 $\{|T| \geqslant t_{\frac{\alpha}{2}}(n-1)\}$.

类似于 σ^2 已知情形的讨论, 可得右边检验

$$H_0 : \mu = \mu_0 (\mu \leqslant \mu_0), \quad H_1 : \mu > \mu_0$$

的拒绝域为 $\{T \geqslant t_\alpha(n-1)\}$.

左边检验

$$H_0 : \mu = \mu_0 (\mu \geqslant \mu_0), \quad H_1 : \mu < \mu_0$$

的拒绝域为 $\{T \leqslant -t_\alpha(n-1)\}$.

上述检验所用的统计量 $T = \dfrac{\overline{X} - \mu_0}{\dfrac{S}{\sqrt{n}}}$ 服从 t 分布, 我们称这类检验为 **t 检验法**.

例 7.2.1　某切割机切割下的某种金属棒的长度 X 服从正态分布, 平均长度为 $10.5\ \mathrm{cm}$, 标准差是 $0.15\ \mathrm{cm}$. 今从一批产品中随机地抽取 15 段进行测量, 其结果如下(单位: cm):

10.4	10.6	10.1	10.4	10.5	10.8	10.5	10.7
10.3	10.3	10.2	10.9	10.6	10.7	10.2	

试问该切割工作是否正常? ($\alpha = 0.05$)

解 按题意，需检验 $H_0: \mu = 10.5$， $H_1: \mu \neq 10.5$.

选用 Z 检验法，选用统计量 $Z = \dfrac{\overline{X} - \mu_0}{\dfrac{\sigma_0}{\sqrt{n}}} \sim N(0, 1)$，

由题意 $n = 15$，$\alpha = 0.05$，查表得 $Z_{\frac{0.05}{2}} = 1.96$，

拒绝域为 $|Z| \geqslant 1.96$，即 $|Z| = \left| \dfrac{\bar{x} - \mu_0}{\dfrac{\sigma}{\sqrt{n}}} \right| = \left| \dfrac{10.413 - 10.5}{\dfrac{0.15}{\sqrt{15}}} \right| = 2.246 \geqslant 1.96$，

落入了拒绝域，故拒绝 H_0，即可以认为切割机工作不正常.

例7.2.2 按规定，100 g 罐头番茄汁中的平均维生素 C 含量不得少于 21 mg/100 g，现从生产的产品中随机抽取了 17 个罐头，其中 100 g 番茄汁中，测得维生素含量（mg/100 g）的记录如下：

16，25，21，20，23，21，19，15，13，23，17，20，29，18，22，16，22

设维生素含量服从正态分布 $N(\mu, \sigma^2)$，参数 μ, σ^2 均未知，问这批罐头是否符合要求（$\alpha = 0.05$）？

解 本题需检验 $H_0: \mu \geqslant 21$， $H_1: \mu < 21$.

由于方差 σ^2 未知，选用 t 检验法，选用统计量

$$T = \frac{\overline{X} - \mu_0}{\dfrac{S}{\sqrt{n}}} \sim t(n-1),$$

由题意 $n = 17$，$\alpha = 0.05$，查表得 $t_\alpha(n-1) = t_{0.05}(16) = 1.745\,9$，拒绝域为

$$T \leqslant -t_\alpha(n-1) = -1.745\,9,$$

经计算算得 $\bar{x} = 20$，$S = 3.984$，$t = \dfrac{\bar{x} - \mu_0}{\dfrac{S}{\sqrt{n}}} = \dfrac{20 - 21}{\dfrac{3.984}{\sqrt{17}}} = -1.035 > -1.745\,9$，

未落入拒绝域，故接受 H_0，认为这批罐头是符合要求的.

7.2.2 单个正态总体方差 σ^2 的假设检验

1. 总体均值 μ 已知时，关于方差 σ^2 的假设检验

在 μ 已知的条件下，考虑假设检验：

$$H_0: \sigma^2 = \sigma_0^2, \qquad H_1: \sigma^2 \neq \sigma_0^2,$$

其中 σ_0 为已知常数.

由于 $\chi^2 = \dfrac{1}{\sigma_0^2} \sum_{i=1}^{n} (X_i - \mu)^2 \sim \chi^2(n)$，

导学 7.2
(7.2.1 7.2.2)

对于给定的显著性水平 α, 查 χ^2 分布表可得 $\chi^2_{1-\frac{\alpha}{2}}(n)$ 与 $\chi^2_{\frac{\alpha}{2}}(n)$, 使得

$$P\left\{\chi^2_{1-\frac{\alpha}{2}}(n) \leqslant \frac{1}{\sigma_0^2}\sum_{i=1}^{n}(X_i-\mu)^2 \leqslant \chi^2_{\frac{\alpha}{2}}(n)\right\} = 1-\alpha,$$

即

$$P\left\{\frac{1}{\sigma_0^2}\sum_{i=1}^{n}(X_i-\mu)^2 \leqslant \chi^2_{1-\frac{\alpha}{2}}(n) \cup \frac{1}{\sigma_0^2}\sum_{i=1}^{n}(X_i-\mu)^2 \geqslant \chi^2_{\frac{\alpha}{2}}(n)\right\} = \alpha,$$

从而得 H_0 的拒绝域为 $\{\chi^2 \leqslant \chi^2_{1-\frac{\alpha}{2}}(n)\}$ 或 $\{\chi^2 \geqslant \chi^2_{\frac{\alpha}{2}}(n)\}$.

2. 总体均值 μ 未知时, 关于方差 σ^2 的假设检验

在 μ 未知的条件下, 考虑假设检验:

$$H_0: \sigma^2 = \sigma_0^2, \quad H_1: \sigma^2 \neq \sigma_0^2,$$

其中 σ_0 为已知常数.

由于 S^2 是 σ^2 的无偏估计, 当 H_0 成立时, 观察值 s^2 与 σ_0^2 的比值 $\frac{s^2}{\sigma_0^2}$ 应在 1 的附近摆动, 不应该出现过分大于 1 或小于 1. 选用检验统计量

$$\chi^2 = \frac{(n-1)S^2}{\sigma_0^2} \sim \chi^2(n-1),$$

对于给定的显著性水平 α, 查 χ^2 分布表可得 $\chi^2_{1-\frac{\alpha}{2}}(n-1)$ 与 $\chi^2_{\frac{\alpha}{2}}(n-1)$, 使得

$$P\{\chi^2_{1-\frac{\alpha}{2}}(n-1) \leqslant \chi^2 \leqslant \chi^2_{\frac{\alpha}{2}}(n-1)\} = 1-\alpha,$$

从而得 H_0 的拒绝域为 $\left\{\chi^2 \leqslant \chi^2_{1-\frac{\alpha}{2}}(n-1)\right\}$ 或 $\left\{\chi^2 \geqslant \chi^2_{\frac{\alpha}{2}}(n-1)\right\}$.

上述检验所用的统计量服从 χ^2 分布, 这种检验法称为 χ^2 检验法.

类似地, 可以讨论关于 σ^2 的单边检验, 其检验假设及相应的拒绝域见表 7.2.1

表 7.2.1

	原假设 H_0	备择假设 H_1	检验统计量	拒绝域
μ 已知	$\sigma^2 \leqslant \sigma_0^2$	$\sigma^2 > \sigma_0^2$	$\chi^2 = \frac{1}{\sigma_0^2}\sum_{i=1}^{n}(X_i-\mu)^2 \sim$ $\chi^2(n)$	$\chi^2 \geqslant \chi^2_{\alpha}(n)$
	$\sigma^2 \geqslant \sigma_0^2$	$\sigma^2 < \sigma_0^2$		$\chi^2 \leqslant \chi^2_{1-\alpha}(n)$
	$\sigma^2 = \sigma_0^2$	$\sigma^2 \neq \sigma_0^2$		$\chi^2 \leqslant \chi^2_{1-\frac{\alpha}{2}}(n)$ 或 $\chi^2 \geqslant \chi^2_{\frac{\alpha}{2}}(n)$
μ 未知	$\sigma^2 \leqslant \sigma_0^2$	$\sigma^2 > \sigma_0^2$	$\chi^2 = \frac{(n-1)S^2}{\sigma_0^2} \sim$ $\chi^2(n-1)$	$\chi^2 \geqslant \chi^2_{\alpha}(n-1)$
	$\sigma^2 \geqslant \sigma_0^2$	$\sigma^2 < \sigma_0^2$		$\chi^2 \leqslant \chi^2_{1-\alpha}(n-1)$
	$\sigma^2 = \sigma_0^2$	$\sigma^2 \neq \sigma_0^2$		$\chi^2 \leqslant \chi^2_{1-\frac{\alpha}{2}}(n-1)$ 或 $\chi^2 \geqslant \chi^2_{\frac{\alpha}{2}}(n-1)$

例 7.2.3 某种导线, 要求其电阻的标准差不得超过 $0.005\ \Omega$. 今在生产的一批导线中取样品 15 根, 测得 $s = 0.007\ \Omega$. 设总体为正态分布, 问在水平 $\alpha = 0.01$ 下, 能否认为这批导线的标准差显著地偏大?

解 按题意, 需检验

$$H_0: \sigma^2 = \sigma_0^2 \leqslant 0.005^2, \quad H_1: \sigma^2 > 0.005^2.$$

由于总体均值未知,故选取统计量

$$\chi^2 = \frac{(n-1)S^2}{\sigma_0^2} \sim \chi^2(n-1).$$

当 $\alpha = 0.01, n = 15$,查 χ^2 分布表可得 $\chi_\alpha^2(n-1) = \chi_{0.01}^2(14) = 29.141$,由题设 $s = 0.007$,计算得

$$\chi^2 = \frac{(n-1)S^2}{\sigma_0^2} = \frac{14 \times 0.007^2}{0.005^2} = 27.44 < \chi_{0.01}^2(14) = 29.141,$$

未落入拒绝域,故接受 H_0,认为在 $\alpha = 0.01$ 下,这批导线的标准差未显著偏大.

例 7.2.4 机器自动包装食盐,设每袋盐的净重服从正态分布,规定每袋盐的标准质量为 500 g,标准差不超过 10 g. 某天开工后,为了检验机器工作是否正常,从已包装好的食盐中随机抽取 9 袋,测得其质量(g) 为

$$497, \quad 507, \quad 510, \quad 475, \quad 484, \quad 488, \quad 524, \quad 491, \quad 515.$$

问在显著性水平 $\alpha = 0.01$ 下,这天自动包装机工作是否正常?

解 设 X 表示每袋食盐的净重,$X \sim N(\mu, \sigma^2)$. 由题意,需要检验两个假设问题,分别是:

$$H_{01}: \mu = 500, H_{11}: \mu \neq 500 \text{ 及 } H_{02}: \sigma^2 \leqslant 100, H_{12}: \sigma^2 > 100.$$

我们先检验假设 $H_{01}: \mu = 500, H_{11}: \mu \neq 500$,由于方差 σ^2 未知,故选用统计量

$$T = \frac{\overline{X} - \mu_0}{\dfrac{S}{\sqrt{n}}} \sim t(n-1),$$

已知 $n = 9, \alpha = 0.01$,查 t 分布表得 $t_{\frac{\alpha}{2}}(n-1) = t_{0.005}(8) = 3.3554$.

在显著性水平 $\alpha = 0.01$ 下,拒绝域为

$$|T| \geqslant t_{\frac{\alpha}{2}}(n-1) = t_{0.005}(8) = 3.3554.$$

经计算 $\overline{x} = 499, s = 16.03, |t| = \left| \dfrac{\overline{x} - \mu_0}{\dfrac{s}{\sqrt{n}}} \right| = 0.187 < t_{0.005}(8) = 3.3554,$

未落入拒绝域,故接受 H_{01},认为在 $\alpha = 0.01$ 下,自动包装机包装的食盐的均值为 500 g,没有产生系统误差.

再检验假设 $H_{02}: \sigma^2 \leqslant 100, H_{12}: \sigma^2 > 100$.

选用统计量

$$\chi^2 = \frac{(n-1)S^2}{\sigma_0^2} \sim \chi^2(n-1).$$

当 $\alpha = 0.01, n = 9$,查 χ^2 分布表可得 $\chi_\alpha^2(n-1) = \chi_{0.01}^2(8) = 20.090$,计算得

$$\chi^2 = \frac{(n-1)S^2}{\sigma_0^2} = 20.56 > \chi_{0.01}^2(8) = 20.09,$$

落入拒绝域,拒绝 H_{02},认为在 $\alpha = 0.01$ 下,标准差超过了 10 g.

由上可知,这天机器自动包装食盐,虽没有产生系统误差,但生产不够稳定(方差偏大),从而认为这天自动包装机工作不正常.

习题 7.2 答案

习题 7.2

1. 已知某炼铁厂铁水的含碳量 X 在正常情况下服从正态分布 $N(4.55, 0.108^2)$,某日抽查 5 炉铁水测得含碳量如下:

$$4.30, \quad 4.28, \quad 4.40, \quad 4.42, \quad 4.40.$$

问:该日铁水含碳量有无显著性变化($\alpha = 0.05$)?

2. 用新仪器测量温度 5 次,得测量值(单位:℃)为

$$1\,245, \quad 1\,250, \quad 1\,260, \quad 1\,265, \quad 1\,275.$$

而另一精密仪器测得温度为 1 277℃(可作为温度真实值),若新仪器每次测量温度值服从正态分布,问新仪器测量的温度值是否有明显偏差($\alpha = 0.05$)?

3. 某厂生产的一种电池,其寿命 $X \sim N(\mu, \sigma_0^2)$,其中,$\sigma_0^2 = 5000$,今有一批电池,从生产过程来看,生产条件的波动较大,因此怀疑这批电池的使用寿命的波动性会受到影响,为此,从中抽取了 37 只进行测试,得到 $S^2 = 7\,200$,问根据这些数据能否判断这批电池寿命的波动性有显著变化($\alpha = 0.05$)?

4. 某厂计划投资十万元的广告费以提高某种食品的销售量,一位商店经理认为,此项计划可使平均每周销售量达到 215 kg. 实行此计划一个月后,调查了 16 家商店,计算得平均每周的销售量为 200 kg,标准差为 28 kg,问在 0.05 水平下,可否认为此项计划达到了该商店经理的预期效果?

5. 某厂平时生产的细纱支数服从标准差为 1.2 的正态分布,某日在产品中随机抽取容量 $n = 16$ 的样本作试验,求得样本标准差为 2.1,问该日纱产品质量是否变劣($\alpha = 0.05$)?

7.3　两个正态总体均值与方差的假设检验

导学 7.3 (7.3　7.4)

在实际问题中,人们常常需要对两个总体的某些参数进行比较. 例如,为了决定在甲、乙两个企业购买一批电子产品,我们需要比较这两个企业生产的电子产品的寿命均值和方差,通常会选择寿命均值大而方差小的电子产品;在考虑两种不同的投资方式时,需要比较两种方式的资金平均利润,而选择具有平均利润高,风险小的投资方式等. 本节讨论用以比较两个正态总体的均值和方差的假设检验.

设总体 $X \sim N(\mu_1, \sigma_1^2)$,总体 $Y \sim N(\mu_2, \sigma_2^2)$,$(X_1, X_2, \cdots, X_m)$ 和 $(Y_1, Y_2, \cdots, Y_n)$ 是从这两个正态总体中独立抽取的两个样本,$\overline{X}, S_1^2, \overline{Y}, S_2^2$ 分别为这两个样本的样本均值与样本方差.

7.3.1 两个正态总体均值差 $\mu_1 - \mu_2$ 的假设检验

1. 在总体方差 σ_1^2, σ_2^2 已知时, 关于均值 $\mu_1 = \mu_2$ 的假设检验

给定的显著性水平 α, 检验

$$H_0 : \mu_1 = \mu_2, \quad H_1 : \mu_1 \neq \mu_2.$$

在 H_0 成立的条件下, 选用检验统计量

$$Z = \frac{\overline{X} - \overline{Y}}{\sqrt{\dfrac{\sigma_1^2}{m} + \dfrac{\sigma_2^2}{n}}} \sim N(0, 1).$$

查标准正态分布表可得 $z_{\frac{\alpha}{2}}$, 使得 $P\{|Z| \geqslant z_{\frac{\alpha}{2}}\} = \alpha$, 从而得 H_0 的拒绝域为 $\{|Z| \geqslant z_{\frac{\alpha}{2}}\}$.

2. 在总体方差 σ_1^2, σ_2^2 未知但相等时 $\sigma_1^2 = \sigma_2^2 = \sigma^2$, 关于均值 $\mu_1 = \mu_2$ 的假设检验

检验假设

$$H_0 : \mu = \mu_0, \quad H_1 : \mu \neq \mu_0.$$

在 H_0 成立的条件下, 选用检验统计量

$$\frac{\overline{X} - \overline{Y}}{S_\omega \sqrt{\dfrac{1}{m} + \dfrac{1}{n}}} \sim t(m + n - 2),$$

其中 $S_\omega^2 = \dfrac{(m-1)S_1^2 + (n-1)S_2^2}{m + n - 2}$, $S_\omega = \sqrt{S_\omega^2}$.

对于给定的显著性水平 α, 查 t 分布表可得 $t_{\frac{\alpha}{2}}(m + n - 2)$, 使得 $P\{|T| \geqslant t_{\frac{\alpha}{2}}(m + n - 2)\} = \alpha$, 从而得 H_0 的拒绝域为 $\{|T| \geqslant t_{\frac{\alpha}{2}}(m + n - 2)\}$.

关于上述两个问题的单边检验的拒绝域见表 7.3.1

表 7.3.1

	原假设 H_0	备择假设 H_1	检验统计量	拒绝域
1	$\mu_1 \leqslant \mu_2$	$\mu_1 > \mu_2$	$Z = \dfrac{\overline{X} - \overline{Y}}{\sqrt{\dfrac{\sigma_1^2}{m} + \dfrac{\sigma_2^2}{n}}} \sim N(0, 1)$	$Z \geqslant z_\alpha$
	$\mu_1 \geqslant \mu_2$	$\mu_1 < \mu_2$		$Z \leqslant -z_\alpha$
	$\mu_1 = \mu_2$ (σ_1^2, σ_2^2 已知)	$\mu_1 \neq \mu_2$		$|Z| \geqslant z_{\frac{\alpha}{2}}$
2	$\mu_1 \leqslant \mu_2$	$\mu_1 > \mu_2$	$\dfrac{\overline{X} - \overline{Y}}{S_\omega \sqrt{\dfrac{1}{m} + \dfrac{1}{n}}} \sim t(m + n - 2)$,	$T \geqslant t_\alpha(m + n - 2)$
	$\mu_1 \geqslant \mu_2$	$\mu_1 < \mu_2$		$T \leqslant -t_\alpha(m + n - 2)$
	$\mu_1 = \mu_2$ ($\sigma_1^2 = \sigma_2^2 = \sigma^2$ 未知)	$\mu_1 \neq \mu_2$	其中, $S_\omega^2 = \dfrac{(m-1)S_1^2 + (n-1)S_2^2}{m + n - 2}$	$|T| \geqslant t_{\frac{\alpha}{2}}(m + n - 2)$

例 7.3.1 甲、乙两苗圃培育同一树苗，甲苗圃所育树苗高 $X \sim N(\mu_1, 0.21^2)$，乙苗圃所育树苗高 $Y \sim N(\mu_2, 0.25^2)$，现从甲、乙两苗圃各取 9 株，测得苗高如下：

甲：0.20, 0.30, 0.40, 0.50, 0.60, 0.70, 0.80, 0.90, 1.00;

乙：0.10, 0.21, 0.52, 0.32, 0.78, 0.59, 0.68, 0.77, 0.87.

问甲、乙两苗圃所育该树的平均苗高有无显著差异？（$\alpha = 0.05$）

解 按题意，提出假设 $H_0: \mu_1 = \mu_2$, $H_1: \mu_1 \neq \mu_2$.

选用 Z 检验法，选用统计量 $Z = \dfrac{\overline{X} - \overline{Y}}{\sqrt{\dfrac{\sigma_1^2}{m} + \dfrac{\sigma_2^2}{n}}} \sim N(0, 1)$,

由题意 $m = n = 9$，$\alpha = 0.05$，查表得 $Z_{\frac{0.05}{2}} = 1.96$，拒绝域为 $|Z| \geq 1.96$，经计算 $\overline{x} = 0.6$，$\overline{y} = 0.54$，于是

$$Z = \frac{|\overline{X} - \overline{Y}|}{\sqrt{\dfrac{\sigma_1^2}{m} + \dfrac{\sigma_2^2}{n}}} = \frac{|0.60 - 0.54|}{\sqrt{\dfrac{0.21^2}{9} + \dfrac{0.25^2}{9}}} = 0.5577 < 1.96,$$

未落入拒绝域，接受 H_0，认为 $\mu_1 = \mu_2$，即在显著性水平 $\alpha = 0.05$ 下认为甲、乙两苗圃所育该树的平均苗高无显著差异.

例 7.3.2 某地某年高考后随机抽得 15 名男生，12 名女生的物理成绩分别如下：

男生：49, 48, 47, 53, 51, 43, 39, 57, 56, 46, 42, 44, 55, 44, 40;

女生：46, 40, 47, 51, 43, 38, 48, 54, 48, 34, 36, 43.

假设男女生的物理成绩服从正态分布且方差不变，试在 $\alpha = 0.05$ 下推断男女生的物理成绩有无显著性差异？

解 提出假设 $H_0: \mu_1 = \mu_2$, $H_1: \mu_1 \neq \mu_2$.

由于方差 $\sigma_1^2 = \sigma_2^2 = \sigma^2$ 未知，选用 T 检验法，选用统计量

$$\frac{\overline{X} - \overline{Y}}{S_\omega \sqrt{\dfrac{1}{m} + \dfrac{1}{n}}} \sim t(m + n - 2),$$

由题意 $m = 15$，$n = 12$，$\alpha = 0.05$，查表得 $t_{\frac{\alpha}{2}}(m + n - 2) = t_{0.025}(25) = 2.0595$，拒绝域为

$$|T| \geq t_{\frac{\alpha}{2}}(m + n - 2) = 2.0595,$$

经计算得 $\overline{x} = 47.6$，$\overline{y} = 44$，$S_\omega = 5.9383$，于是

$$|T| = \frac{|47.6 - 44|}{5.99 \sqrt{\dfrac{1}{15} + \dfrac{1}{12}}} = 1.566 < 2.0595,$$

未落入拒绝域，故接受 H_0，即认为这一地区的男女生的物理成绩无显著性差异.

7.3.2   两个正态总体方差比 $\dfrac{\sigma_1^2}{\sigma_2^2}$ 的假设检验

1. 总体均值 μ_1, μ_2 已知时, 关于方差比 $\dfrac{\sigma_1^2}{\sigma_2^2}$ 的假设检验.

提出假设:

$$H_0: \sigma_1^2 = \sigma_2^2, \qquad H_1: \sigma_1^2 \neq \sigma_2^2,$$

在 H_0 成立的条件下, 检验统计量

$$F = \frac{n\sum_{i=1}^{m}(X_i - \mu_1)^2}{m\sum_{i=1}^{n}(Y_i - \mu_2)^2} \sim F(m, n),$$

对于给定的显著性水平 α, 查 F 分布表可得 $F_{1-\frac{\alpha}{2}}(m, n)$ 与 $F_{\frac{\alpha}{2}}(m, n)$, 使得

$$P\{F_{1-\frac{\alpha}{2}}(m, n) \leqslant F \leqslant F_{\frac{\alpha}{2}}(m, n)\} = 1 - \alpha,$$

即 $P\{F \leqslant F_{1-\frac{\alpha}{2}}(m, n) \cup F \geqslant F_{\frac{\alpha}{2}}(m, n)\} = \alpha$, 从而得 H_0 的拒绝域为

$$\{F \leqslant F_{1-\frac{\alpha}{2}}(m, n)\} \text{或} \{F \geqslant F_{\frac{\alpha}{2}}(m, n)\}.$$

2. 总体均值 μ_1, μ_2 未知时, 关于方差比 $\dfrac{\sigma_1^2}{\sigma_2^2}$ 的假设检验.

提出假设:

$$H_0: \sigma_1^2 = \sigma_2^2, \qquad H_1: \sigma_1^2 \neq \sigma_2^2,$$

由于 μ_1 与 μ_2 未知, 考虑到 S_1^2 与 S_2^2 是 σ_1^2 与 σ_2^2 的无偏估计, 当 H_0 成立时, 即 $\dfrac{\sigma_1^2}{\sigma_2^2} = 1$ 那么 $\dfrac{S_1^2}{S_2^2}$ 接近于 1. 如果 $\dfrac{S_1^2}{S_2^2}$ 偏离 1 较大, 我们不能认为 $\sigma_1^2 = \sigma_2^2$.

选用统计量

$$F = \frac{\dfrac{S_1^2}{\sigma_1^2}}{\dfrac{S_2^2}{\sigma_2^2}} \sim F(m-1, n-1),$$

在 H_0 成立的条件下, 检验统计量

$$F = \frac{S_1^2}{S_2^2} \sim F(m-1, n-1).$$

对于给定的显著性水平 α, 查 F 分布表可得 $F_{1-\frac{\alpha}{2}}(m-1, n-1)$ 与 $F_{\frac{\alpha}{2}}(m-1, n-1)$, 使得

$$P\{F \leqslant F_{1-\frac{\alpha}{2}}(m-1, n-1) \cup F \geqslant F_{\frac{\alpha}{2}}(m-1, n-1)\} = \alpha,$$

从而得 H_0 的拒绝域为 $\{F \leqslant F_{1-\frac{\alpha}{2}}(m-1, n-1)\}$ 或 $\{F \geqslant F_{\frac{\alpha}{2}}(m-1, n-1)\}$.

上述检验所用的统计量服从 F 分布, 这种检验法称为 **F 检验法**.

类似地, 可以讨论关于方差比 $\dfrac{\sigma_1^2}{\sigma_2^2}$ 的单边检验, 其相应的拒绝域见表 7.3.2

表 7.3.2

	原假设 H_0	备择假设 H_1	检验统计量	拒绝域
1	$\sigma^2 \leqslant \sigma_0^2$	$\sigma^2 > \sigma_0^2$	$F = \dfrac{n\sum\limits_{i=1}^{m}(X_i-\mu_1)^2}{m\sum\limits_{i=1}^{n}(Y_i-\mu_2)^2}$ $\sim F(m,n)$	$F \geqslant F_\alpha(m,n)$
	$\sigma^2 \geqslant \sigma_0^2$	$\sigma^2 < \sigma_0^2$		$F \leqslant F_{1-\alpha}(m,n)$
	$\sigma^2 = \sigma_0^2$ (μ_1,μ_2 已知)	$\sigma^2 \neq \sigma_0^2$		$F \geqslant F_{\frac{\alpha}{2}}(m,n)$ 或 $F \leqslant F_{1-\frac{\alpha}{2}}(m,n)$
2	$\sigma^2 \leqslant \sigma_0^2$	$\sigma^2 > \sigma_0^2$	$F = \dfrac{S_1^2}{S_2^2}$ $\sim F(m-1,n-1)$	$F \geqslant F_\alpha(m-1,n-1)$
	$\sigma^2 \geqslant \sigma_0^2$	$\sigma^2 < \sigma_0^2$		$F \leqslant F_{1-\alpha}(m-1,n-1)$
	$\sigma^2 = \sigma_0^2$ (μ_1,μ_2 未知)	$\sigma^2 \neq \sigma_0^2$		$F \geqslant F_{\frac{\alpha}{2}}(m-1,n-1)$ 或 $F \leqslant F_{1-\frac{\alpha}{2}}(m-1,n-1)$

例 7.3.3　有两台车床生产同一种型号的滚珠,据经验可以认为这两台车床生产的滚珠的直径 X, Y 均服从正态分布,现从这两台车床生产的产品中分别抽出 8 个和 9 个滚珠,测得滚珠直径的样本方差分别为 $S_1^2 = 0.095$ 与 $S_2^2 = 0.016$,问:

(1)两台车床产品直径的方差是否有显著性差异?

(2)若有显著性差异,乙车床产品直径的方差是否比甲车床的小?(取 $\alpha = 0.05$)

解　(1)按题意,提出假设
$$H_0: \sigma_1^2 = \sigma_2^2, \quad H_1: \sigma_1^2 \neq \sigma_2^2.$$
选用 F 检验,当 $\alpha = 0.05$, $m = 8$, $n = 9$,查 F 分布表可得
$$F_{\frac{\alpha}{2}}(m-1,n-1) = F_{0.025}(7,8) = 4.53,$$
$$F_{1-\frac{\alpha}{2}}(m-1,n-1) = F_{0.975}(7,8) = \frac{1}{F_{0.025}(8,7)} = \frac{1}{4.9} = 0.2041.$$
则拒绝域为 $F \leqslant 0.2041$ 或 $F \geqslant 4.53$.

经计算得
$$F = \frac{S_1^2}{S_2^2} = \frac{0.095}{0.016} = 5.9375 > 4.53,$$
落入了拒绝域,故拒绝 H_0,认为在 $\alpha = 0.05$ 下,两台车床产品直径的方差有显著性差异.

(2)提出假设
$$H_0: \sigma_1^2 \leqslant \sigma_2^2, \quad H_1: \sigma_1^2 > \sigma_2^2.$$
选用 F 检验,当 $\alpha = 0.05$, $m = 8$, $n = 9$,查 F 分布表可得
$$F_\alpha(m-1,n-1) = F_{0.05}(7,8) = 3.5,$$
则拒绝域为 $F \geqslant F_\alpha(m-1,n-1) = 3.5$.

经计算得
$$F = \frac{S_1^2}{S_2^2} = 5.9375 > 3.5,$$
落入了拒绝域,故拒绝 H_0,认为在 $\alpha = 0.05$ 下,乙车床产品直径的方差比甲车床的小.

7.3.3 假设检验中的大样本法

前面所介绍的都是正态总体,而实际中有许多问题并不属于这种情况. 如对一批产品中次品率的假设检验,它的总体可以看做(0-1)分布,次品率正好是(0-1)分布的数学期望,因此,需要对非正态总体的数学期望作假设检验. 由于对假设检验问题已经积累了一定的经验,知道对任一检验问题,关键是构造出一个合适的统计量,且在零假设 H_0 成立的条件下该统计量的分布是已知的,于是对给定的显著性水平 α 就能够确定检验 H_0 的拒绝域,从而检验问题就能迎刃而解了.

作为示范,我们仅用下例来归纳大样本方法的程序.

例7.3.4 某工厂有批产品 10 000 件,按规定的标准,出厂时次品率不得超过 3%. 质量检验员从这批产品中任意抽取 100 件,发现其中有 5 件次品,问这批产品能否出厂?(取 $\alpha = 0.05$)

解 (1)提出假设 $H_0: p = p_0 = 0.03,\quad H_1: p > p_0 = 0.03$.

(2)选用统计量

$$Z = \frac{\mu_0 - np_0}{\sqrt{np_0(1 - p_0)}},$$

利用中心极限定理,在 H_0 成立的条件下,Z 渐近于标准正态分布 $N(0, 1)$.

(3)对于显著性水平 $\alpha = 0.05$,查表得 $Z_{0.05} = 1.645$,

从而得到此时检验的拒绝域为 $Z \geqslant 1.645$.

(4)计算统计量 Z 的观测值 $z = \dfrac{5 - 100 \times 0.03}{\sqrt{100 \times 0.03 \times 0.97}} = 1.172$.

(5)做出判断:由于 $z = 1.172 < 1.645$,因此接受 H_0,即认为该批产品符合规定的标准,可以出厂.

习题 7.3

习题 7.3 答案

1. 某卷烟厂向化验室送去 A, B 两种烟草,化验尼古丁的含量是否相同,从 A, B 中各随机抽取质量相同的 5 例进行化验,测得尼古丁的含量(单位:mg)为

$$A: 24,\quad 27,\quad 26,\quad 21,\quad 24;$$
$$B: 27,\quad 28,\quad 23,\quad 31,\quad 26.$$

据经验知,尼古丁含量服从正态分布,且 A 种烟草的方差为 4,B 种烟草的方差为 6,取 $\alpha = 0.05$,问两种烟草的尼古丁含量是否有差异?

2. 对 A, B 两批同类无线电元件的电阻进行测试. 从 A 批元件中抽取 6 件,从 B 批元件中抽取 5 件,测得它们的电阻值(单位:Ω)分别如下

$$A: 0.140,\quad 0.138,\quad 0.143,\quad 0.141,\quad 0.144,\quad 0.137;$$
$$B: 0.135,\quad 0.140,\quad 0.142,\quad 0.136,\quad 0.139.$$

根据经验,元件电阻服从正态分布,且已知这两个总体的方差相等. 试问这两批元件的电阻

有无显著差异($\alpha = 0.01$)?

3. 为比较不同季节出生的女婴体重的方差,从某年12月和6月出生的女婴中分别抽取6名和10名,测其体重如下:(单位:g)

12 月:3 220,　2 960,　3 120,　2 960,　3 260,　3 060

6 月:3 220,　3 220,　3 760,　3 000,　2 420,　3 740,　3 060,　3 080,　2 940,　3 060

假定新生女婴体重服从正态分布,问新生女婴体重的方差是否冬季的比夏季的小($\alpha = 0.05$)?

4. 某中物品在处理前与处理后的含脂率样本值如下:

处理前:0.19,　0.18,　0.21,　0.30,　0.41,　0.12,　0.27;

处理后:0.15,　0.13,　0.07,　0.24,　0.19,　0.06,　0.08.

假定处理前后的含脂率都服从正态分布,问:

(1) 处理前后含脂率的总体方差是否有显著差异?

(2) 若处理前后含脂率的总体方差无变化,其总体均值有无显著性变化?($\alpha = 0.05$)

5. 有两台机器生产金属部件,分别在两台机器生产的部件中各取一容量 $n_1 = 60$, $n_2 = 40$ 的样本,测得部件质量(单位:kg)的样本方差分别为 $S_1^2 = 15.46$, $S_2^2 = 9.66$,设两样本相互独立,两总体分别服从 $N(\mu_1, \sigma_1^2)$, $N(\mu_2, \sigma_2^2)$ 分布,μ_i, $\sigma_i^2 (i = 1, 2)$ 均未知,试在水平 $\alpha = 0.05$ 下检验假设:

$$H_0: \sigma_1^2 \leqslant \sigma_2^2, \quad H_1: \sigma_1^2 > \sigma_2^2.$$

7.4　总体分布拟合检验

前面讨论了关于总体分布中未知参数的假设检验,在这些检验中总体分布的类型是已知的. 然而在许多场合,并不知道总体分布的类型,此时需要根据样本提供的信息,对总体分布形式的假设进行检验,常用的 χ^2 拟合优度检验就是其中的一种方法,它是由英国著名统计学家皮尔逊(Pearson)于1900年提出的.

7.4.1　χ^2 拟合检验法的基本思想

χ^2 拟合检验法是在总体的分布未知时,根据来自总体的样本,检验关于总体分布的假设的一种检验方法,使用 χ^2 拟合检验法对总体分布具体进行检验时,先提出原假设:

$$H_0: 总体 X 的分布函数为 F(x).$$

然后根据样本的经验分布函数和所假设的理论分布之间的吻合程度来决定是否接受原假设 H_0,这种检验通常称为拟合优度检验,它是一种非参数检验. 一般地,我们总是根据样本观测值用直方图和经验分布函数,推断出总体可能服从的分布,然后作检验. 若在用 χ^2 拟合检验法检验假设时,分布类型已知,但其参数未知,这时需要先用极大似然估计估计参数,然后作检验.

7.4.2　χ^2 检验法的基本原理和步骤

χ^2 检验法的步骤如下:

（1）提出原假设：

$$H_0: 总体 X 服从某一具体的分布函数为 F(x).$$

如果总体分布为离散型，则假设具体为：

$$H_0: 总体 X 的分布律为 P\{X = x_i\} = p_i, \ i = 1, 2, \cdots$$

如果总体分布为连续型，则假设具体为：

$$H_0: 总体 X 服从某一具体的概率密度函数为 f(x).$$

（2）将实轴分为 k 组

$$-\infty < a_1 < a_2 < \cdots < a_{k-1} < +\infty.$$

在 H_0 成立的条件下，计算总体的值落入 $(a_{i-1}, a_i]$ $(i = 1, 2, \cdots, k-1)$ 和 $(a_{k-1}, +\infty)$ 的概率

$$p_i = F(a_i) - F(a_{i-1}),$$

其中 $i = 1, 2, \cdots, k$, $a_0 = -\infty$, $a_k = +\infty$, 称 $np_i (i = 1, 2, \cdots, k)$ 为第 i 个区间上的理论频数，p_i 为理论频率.

（3）抽取大样本，统计落在各个区间上的个体个数 $n_i (i = 1, 2, \cdots, k)$, 称 n_i 为第 i 个区间上的实际频数.

（4）当 H_0 为真时，n 次试验中样本值落入第 i 个小区间的频率 $\dfrac{n_i}{n}$ 与概率 p_i 应很接近，当 H_0 不真时，则 $\dfrac{n_i}{n}$ 与 p_i 相差较大. 基于这种思想，Pearson 引进如下检验统计量：

$$\chi^2 = \sum_{i=1}^{n} \frac{(n_i - np_i)^2}{np_i}.$$

统计量 χ^2 度量实际频数与理论频数 np_i 的偏离程度. χ^2 越大，偏离程度越大，并证明了下列结论：

定理 7.4.1 当 n 充分大 $(n \geq 50)$ 时，统计量

$$\chi^2 = \sum_{i=1}^{n} \frac{(n_i - np_i)^2}{np_i}$$

近似服从 $\chi^2(k-1)$ 分布，其中 k 是所分区间的个数.

（5）根据该定理，对给定的显著性水平 α, 确定 C 值，使 $P\{\chi^2 \geq C\} = \alpha$, 拒绝域形式为 $\{\chi^2 \geq C\}$, 查 χ^2 分布表得拒绝域为 $W = \{\chi^2 \geq \chi_\alpha^2(k-1)\}$. 若由所给的样本值 $x_1, x_2, \cdots,$ x_n 计算统计量的观测值落入拒绝域，则拒绝原假设 H_0, 否则就认为差异不显著而接受原假设 H_0.

注意在使用皮尔逊 χ^2 检验法时，要求样本容量 $n \geq 50$, 以及每个理论频数 $np_i \geq 5$ $(i = 1, 2, \cdots, k)$, 否则应适当地合并相邻的小区间，使 np_i 满足要求.

例 7.4.1 为检验一颗骰子的 6 个面是否均匀，掷骰子 120 次，得到结果如下：

点数 i	1	2	3	4	5	6
出现次数	23	26	21	20	15	16

试在 $\alpha = 0.05$ 的水平下对它做出检验.

解　一颗骰子的 6 个面是否均匀就是检验每个面出现的概率是否都是 $\frac{1}{6}$，即可作假设

$$H_0: P\{X = k\} = \frac{1}{6} \quad k = 1, 2, \cdots, 6.$$

分 6 个组并计算各组的理论频数均为 $np_i = 120 \times \frac{1}{6} = 20$，从而得到统计量 χ^2 的值

$$\chi^2 = \frac{(23 - 20)^2}{20} + \frac{(26 - 20)^2}{20} + \cdots + \frac{(16 - 20)^2}{20} = 4.8.$$

对于 $\alpha = 0.05$，查 χ^2 分布表得 $\chi^2_\alpha(k - 1) = \chi^2_{0.05}(5) = 11.071$，拒绝域为 $\chi^2 \geq 11.071$，现 χ^2 的值未落入拒绝域，故接受 H_0，可以认为这颗骰子是均匀的.

7.4.3　总体含未知参数的情形

在对总体分布的假设检验中，有时只知道总体 X 的分布函数的形式，但其中还含有未知参数，即分布函数为 $F(x; \theta_1, \theta_2, \cdots, \theta_r)$，其中 $\theta_1, \theta_2, \cdots, \theta_r$ 为未知参数，设 $X_1, X_2, \cdots, X_n$ 是取自总体 X 的样本，现要用此样本来检验假设

H_0：总体 X 的分布函数为 $F(x; \theta_1, \theta_2, \cdots, \theta_r)$.

此类情况可按如下步骤进行检验：

(1) 利用样本 $X_1, X_2, \cdots, X_n$，求出 $\theta_1, \theta_2, \cdots, \theta_r$ 的极大似然估计 $\hat{\theta}_1, \hat{\theta}_2, \cdots, \hat{\theta}_r$.

(2) 在 $F(x; \theta_1, \theta_2, \cdots, \theta_r)$ 中用 $\hat{\theta}_i$ 代替 θ_i，则 $F(x; \theta_1, \theta_2, \cdots, \theta_r)$ 就是完全已知的分布函数 $F(x; \hat{\theta}_1, \hat{\theta}_2, \cdots, \hat{\theta}_r)$.

(3) 计算 p_i 时，利用 $F(x; \hat{\theta}_1, \hat{\theta}_2, \cdots, \hat{\theta}_r)$ 计算 p_i 的估计值 $\hat{p}_i (i = 1, 2, \cdots k)$.

(4) 计算要检验的统计量

$$\chi^2 = \sum_{i=1}^n \frac{(n_i - n\hat{p}_i)^2}{n\hat{p}_i}.$$

当 n 充分大时，统计量 χ^2 近似服从分布 $\chi^2(k - r - 1)$.

> **定理 7.4.2**　当 n 充分大 $(n \geq 50)$ 时，统计量
> $$\chi^2 = \sum_{i=1}^n \frac{(n_i - n\hat{p}_i)^2}{n\hat{p}_i}.$$
> 近似服从 $\chi^2(k - r - 1)$ 分布. 其中 k 是所分区间的个数，r 是理论分布中需要用观测值估计的未知参数的个数.

(5) 对于给定的显著性水平 α，得拒绝域

$$\left\{ \chi^2 = \sum_{i=1}^n \frac{(n_i - n\hat{p}_i)^2}{n\hat{p}_i} \geq \chi^2(k - r - 1) \right\}.$$

例 7.4.2　某城市 2014 年每天报火警的次数记录结果如下：

一天报火警的次数 X	0	1	2	3	4
天数 n_i	120	150	70	25	0

检验假设 H_0：一天报火警的次数 X 服从泊松分布.（取 $\alpha = 0.05$）

解 检验假设 $H_0: X \sim \pi(\lambda)$，即检验假设 $H_0: \hat{p}_i = \dfrac{\lambda^i e^{-\lambda}}{i!}\ (i = 0, 1, \cdots)$.

λ 的极大似然估计为

$$\hat{\lambda} = \bar{x} = \frac{1}{n}\sum_{i=1}^{k} n_i x_i = \frac{0 \times 120 + 1 \times 150 + 2 \times 70 + 3 \times 25 + 0 \times 5}{365} = 1,$$

总体 X 的取值 $S = \{0, 1, 2, \cdots\}$.

记 $A_1 = \{X = 0\}, A_2 = \{X = 1\}, A_3 = \{X = 2\}, A_4 = \{X = 3\}$.

$$\hat{p}_i = P\{X = i\} = \frac{\lambda^i e^{-\lambda}}{i!} = \frac{e^{-1}}{i!}, \quad i = 0, 1, 2, \cdots$$

于是 $\hat{p}_1 = P(A_1) = \dfrac{e^{-1}}{0!} = 0.3676$, $\quad \hat{p}_2 = P(A_2) = \dfrac{e^{-1}}{1!} = 0.3676$,

$\hat{p}_3 = P(A_3) = \dfrac{e^{-1}}{2!} = 0.1838$, $\quad \hat{p}_4 = 1 - \hat{p}_1 - \hat{p}_2 - \hat{p}_3 = 0.0810$.

由题意并查表得 $k = 4, r = 1, \alpha = 0.05, \chi_{0.05}^2(k - r - 1) = \chi_{0.05}^2(2) = 5.991$.
拒绝域

$$\left\{\chi^2 = \sum_{i=1}^{4} \frac{(n_i - n\hat{p}_i)^2}{n\hat{p}_i} \geq 5.991\right\}.$$

观测值

$$\chi^2 = \sum_{i=1}^{n} \frac{(n_i - n\hat{p}_i)^2}{n\hat{p}_i} = \frac{(120 - 134.17)^2}{134.17} + \frac{(150 - 134.17)^2}{134.17} + \frac{(70 - 134.17)^2}{134.17} +$$

$\dfrac{(25 - 134.17)^2}{134.17} = 1.4965 + 1.8677 + 0.1271 + 0.7034 = 4.1947$,

由于观测值 $\chi^2 = 4.1947 < 5.991$，未落入拒绝域，接受 H_0.

习题 7.4

习题 7.4 答案

1. 将一颗骰子掷 60 次，所得数据如下：

点数 i	1	2	3	4	5	6
出现次数 n_i	8	8	12	11	9	12

问：这颗骰子是否均匀、对称（$\alpha = 0.05$）？

2. 检查了一本书的 100 页，记录各页中印刷错误的个数，其结果如下：

错误个数 n_i	0	1	2	3	4	5	6	$n \geq 7$
含 n_i 各错误的页数	36	40	19	2	0	2	1	0

问能否认为一页的错误个数服从泊松分布($\alpha = 0.05$)?

习题七

习题七答案

1. 某工厂研制一种柴油发动机,每升柴油的运转时间服从正态分布. 现测试 6 台柴油机,每升柴油的运转时间(单位: min)分别为 28, 27, 31, 29, 30, 29, 按设计要求,每升柴油的平均运转时间应在 30 min 以上,问在显著水平 $\alpha = 0.05$ 下,是否有理由认为这种柴油机符合设计要求?

2. 某运动员在一次意外事故中受伤,经治疗基本痊愈. 为了检查身体恢复情况,随机抽取了 15 份近期每天同一时间的脉搏测量数据(单位: 次/min): 71, 72, 68, 64, 79, 61, 66, 60, 72, 73, 82, 70, 66, 71, 64. 已知他正常时脉搏次数 $X \sim N(66, 5^2)$, 根据所得数据是否可以断定这名运动员的身体已恢复到受伤前状态($\alpha = 0.05$)?

3. 现随机地从一批服从正态分布 $N(\mu, 0.03^2)$ 的零件中抽取 16 个,分别测得其长度(单位: cm)如下:

$$2.15, \quad 2.13, \quad 2.10, \quad 2.15, \quad 2.13, \quad 2.12, \quad 2.13, \quad 2.10,$$
$$2.14, \quad 2.12, \quad 2.14, \quad 2.10, \quad 2.13, \quad 2.11, \quad 2.14, \quad 2.11.$$

(1) 试估计这批零件的平均长度 μ, 并求 μ 的双侧置信区间($\alpha = 0.05$);

(2) 试问: 这批零件的平均长度与 $\mu_0 = 2.15$ 有无差异($\alpha = 0.05$)?

4. 根据以往的资料得知,我国健康成年男子的每分钟脉搏次数服从正态分布 $N(72, 6.2^2)$. 现从某休院男生中随机抽出 25 人,测得平均脉搏为 67.6 次/min. 假设标准差不变,取 $\alpha = 0.05$.

(1) 求该体院男生脉搏的单侧上限置信区间;

(2) 是否可以认为该体院男生的脉搏明显低于一般健康成年男子的脉搏?

5. 由累计资料可知,甲、乙两煤矿的含灰率分别服从正态分布 $N(\mu_1, 7.5)$ 及 $(\mu_2, 2.6)$, 现分别从这两煤矿各抽几个样品,分析其含灰率(%)如下:

甲: 24.3, 20.8, 23.7, 21.3, 17.4;

乙: 18.2, 16.9, 20.2, 16.7.

问: 甲、乙两煤矿所采煤的含灰率的平均值有无显著差异($\alpha = 0.01$)?

6. 某苗圃采用甲、乙两种育苗方案作杨树的育苗试验. 在两组育苗试验中,已知两组苗高均服从正态分布,且方差相等. 现各抽取 30 株苗作为样本,求得甲、乙两种育苗试验中苗高的样本均值与样本标准差分别为 $\overline{X} = 59.34, S_1 = 20; \overline{Y} = 47.16, S_2 = 18$(单位: cm),试问: 甲种试验方案的平均苗高是否明显高于乙种试验方案的平均苗高($\alpha = 0.05$)?

7. 设从甲、乙相邻两地段各取了 50 块和 52 块岩心进行磁化率测定,算出样本方差分别为 $S_1^2 = 0.014, S_2^2 = 0.005$, 假设两地段岩心的磁化率均服从正态分布,甲、乙两地段岩心的磁化率的方差是否有显著差异($\alpha = 0.05$)?

8 设 X_1, X_2, X_3, X_4 是来自总体 $N(\mu, 4^2)$ 的样本,对假设检验问题

$$H_0: \mu = 5, \quad H_1: \mu \neq 5.$$

(1) 求拒绝域($\alpha = 0.05$);

(2) 若 $\mu = 6$, 求上述检验所犯的第二类错误的概率 β.

9. 设 X_1, X_2, $\cdots$, X_n 是来自总体 $N(\mu, \sigma^2)$ 的样本, σ^2 已知, 对假设检验问题 $H_0: \mu = \mu_0$, $H_1: \mu \neq \mu_0$ 的 Z 检验方法, 试求当 $\mu = \mu_1 < \mu_0$ 时所犯的第二类错误的概率 β.

10. 某元件的寿命 $X \sim N(\mu, 2.5^2)$, 要求 $\mu \geqslant 20$ 时犯第一类错误的概率 $\alpha \leqslant 0.025$, 且当 $\mu \leqslant 18$ 时, 犯第二类错误的概率不超过 0.025, 试确定样本的容量.

11. 设总体 $X \sim N(\mu, 1)$, 样本容量为 9, 假设 $H_0: \mu = 1$, $H_1: \mu = 2$ 的拒绝域为 $\bar{X} > 1$, 求犯第一类错误的概率 α 和犯第二类错误的概率 β.

12. 在一批灯泡中抽取 300 只作寿命试验, 其结果如下:

寿命(t)/h	$0 \leqslant t \leqslant 100$	$100 < t \leqslant 200$	$200 < t \leqslant 300$	$t > 300$
灯泡数	121	78	43	58

取 $\alpha = 0.05$, 试检验假设 H_0: 灯泡寿命服从指数分布:

$$f(t) = \begin{cases} 0.005\mathrm{e}^{-0.005t}, & t \geqslant 0, \\ 0, & t < 0. \end{cases}$$

13. 袋中装有 8 只球, 其中红球数未知, 从中任取 3 只, 记录红球的只数 X, 然后放回, 再任取 3 只, 记录红球的只数, 然后放回. 如此重复进行了 112 次, 其结果如下:

X	0	1	2	3
次数	1	31	55	25

取 $\alpha = 0.05$, 试检验假设 H_0: X 服从超几何分布:

$$P\{X = k\} = \frac{C_5^k C_3^{3-k}}{C_8^3}, \quad k = 0, 1, 2, 3.$$

即检验假设 H_0: 红球只数为 5.

第 8 章　　回归分析及方差分析

在统计学中, **回归分析**指的是确定两种或两种以上变量间相互依赖的定量关系的一种统计分析方法. 回归分析按照涉及的变量的多少, 分为**一元回归**和**多元回归分析**; 按照因变量的多少, 可分为**简单回归分析**和**多重回归分析**; 按照自变量和因变量之间的关系类型, 可分为**线性回归分析**和**非线性回归分析**. 在大数据分析中, 回归分析是一种预测性的建模技术, 它研究的是因变量(目标) 和自变量(预测器) 之间的关系. 这种技术通常用于预测分析, 时间序列模型以及发现变量之间的因果关系. 例如, 司机的鲁莽驾驶与道路交通事故数量之间的关系, 最好的研究方法就是回归.

方差分析, 又称"变异数分析", 是 R. A. Fisher 发明的, 用于两个及两个以上样本均数差别的显著性检验. 由于各种因素的影响, 研究所得的数据呈现波动状. 造成波动的原因可分成两类, 一是不可控的随机因素, 另一是研究中施加的对结果形成影响的可控因素.

方差分析的基本思想是: 通过分析研究不同来源的变异对总变异的贡献大小, 从而确定可控因素对研究结果影响力的大小. 它是从观测变量的方差入手, 研究诸多控制变量中哪些变量是对观测变量有显著影响的变量. 方差分析主要用途: ① 均数差别的显著性检验, ② 分离各有关因素并估计其对总变异的作用, ③ 分析因素间的交互作用, ④ 方差齐性检验.

在科学实验中常常要探讨不同实验条件或处理方法对实验结果的影响. 通常是比较不同实验条件下样本均值间的差异. 例如医学界研究几种药物对某种疾病的疗效; 农业研究土壤、肥料、日照时间等因素对某种农作物产量的影响; 不同化学药剂对作物害虫的杀虫效果等, 都可以使用方差分析方法去解决.

限于篇幅, 本章仅介绍它们的一些基本内容.

本章8.1节介绍了一元线性回归模型, 8.2节介绍了可线性化的一元非线性回归模型, 8.3节介绍了单因素试验方差分析, 8.4节介绍了双因素试验方差分析.

8.1　一元线性回归模型

8.1.1　一元回归分析的概念

变量之间的关系是现实世界中普遍存在的. 变量之间的关系一般来说可以分为两类, 一类是**确定性关系**, 另一类是**非确定性关系**.

若有变量 x 和 y, 当变量 x 的值确定之后, 变量 y 的值也随之确定, 这种变量之间的关系就是**确定性关系**. 变量之间的确定性关系就是高等数学中所研究的函数关系.

那么变量之间的非确定性关系是什么样的关系呢? 先来看一个例子. 大家知道, 孩子的身高(记为 Y) 与父母的身高(记为 x) 是有关的. 一般来说, 父母的身高越高, 孩子的身高也倾向于高. 但是即使是同父同母(x 相同) 的孩子的身高 Y 也不完全相同. 又比如人的血压(记为

Y) 与年龄(记为 x) 是有关的. 一般来说, 随着人的年龄的增加, 血压要增高. 但是同龄人(x相同) 的血压 Y 又不尽相同. 这两个例子的特点是, 变量 x 和 Y 是有联系的, 但是当 x 的值确定时 Y 的值却是不确定的. 这种变量间的关系就是非确定性的关系, 也称为**相关关系**.

这种具有非确定性关系的例子还可以列出不少. 例如, 人的身高 x 大时一般其体重也倾向于大. 但身高相同(x相同) 的人其体重 Y 却不完全相同. 又如, 某种塑料产品其硬度 Y 与生产时最后一道工序的温度 x 相关. 温度不同, 产品的硬度也不同. 但是即使温度 x 相同, 各个塑料产品的硬度也不完全相同. 这两个例子中变量 x 和 Y 的关系也属相关关系. 研究变量之间相关关系的统计分析方法称为**回归分析**.

以上几个相关关系的例子中, x 通常称为**自变量**, Y 通常称为**因变量或响应变量**. 当自变量 x 的值确定之后, 因变量 Y 的值还不能完全确定, 我们把它看作随机变量. 当 x 的值确定之后, 与 x 相对应的随机变量 Y 的值虽然不能完全确定, 但 Y 的数学期望应随之确定. 这个数学期望应是 x 的函数, 记作 $\boldsymbol{\mu(x)}$, 称为 **Y 关于 x 的回归函数**. 于是自变量 x 与因变量 Y 之间的关系可以用如下的模型来描述:

$$Y = \mu(x) + \varepsilon. \qquad\qquad (8.1.1)$$

式中 ε 是**随机误差**, 它满足 $E(\varepsilon) = 0$. 模型(8.1.1)中只有一个自变量, 基于这个模型的统计分析称为**一元回归分析**. 如果 $\mu(x)$ 是 x 的线性函数, 即 $\mu(x) = a + bx$, 模型(8.1.1) 可化为

$$Y = a + bx + \varepsilon, \qquad\qquad (8.1.2)$$

式中, a 是**常数项**, b 称为**回归系数**, ε 是**随机误差**, 假定 $E(\varepsilon) = 0$, $D(\varepsilon) = \sigma^2$, σ^2 称为**误差方差**. 模型(8.1.2) 称为**一元线性回归模型**, 基于(8.1.2) 的统计分析称为**一元线性回归分析**.

在一元线性回归分析中主要要解决以下三个问题:

(1) 对未知参数 a, b 和 σ^2 作点估计, 并由此估计 $\mu(x)$;

(2) 对回归系数 b 作假设检验;

(3) 对于自变量 x 的给定值 x_0, 对与之对应的因变量 Y_0 作预测.

为了估计 $\mu(x)$, 首先要确定它的形式, 然后用关于 x 和 Y 的观察值去估计 $\mu(x)$ 表示式中若干未知参数, 从而获得 $\mu(x)$ 的估计, 为了确定 $\mu(x)$ 的形式可根据专业知识或经验, 也可通过画散点图获得帮助.

取定自变量 x 的 n 个值 x_1, x_2, $\cdots$, x_n 之后, 分别对因变量 Y 进行观察, 其观察值为 y_1, y_2, $\cdots$, y_n. 于是得到 n 对观察值 (x_1, y_1), (x_2, y_2), $\cdots$, (x_n, y_n). 将每对观察值 (x_i, y_i) $(i = 1, 2\cdots, n)$ 所对应的点在直角坐标系中描出, 这时就得到一个**散点图**. 由于 y_i 中包含了随机误差, 因此 y_i 应在 $\mu(x_i)$ 周围波动. 点 (x_1, y_1), (x_2, y_2), $\cdots$, (x_n, y_n) 分散在曲线 $Y = \mu(x)$ 附近. 如果散点图如图 8.1.1 所示, 则可将 $\mu(x)$ 取为 x 的线性函数; 如果散点图如图 8. 1.2 所示, 那么将 $\mu(x)$ 取为 x 的线性函数显然是不妥当的. 对于后一种情况该怎么处理, 将在后面详细介绍.

因为客观世界中许多变量之间确实具有线性关系, 即使不具有线性关系也有近似的线性关系, 至少在一定范围内有近似线性关系; 另外, 还有许多变量之间的关系虽然确实是非线性的, 但是可以通过适当的变换化为线性的; 又因为线性关系在数学上比较容易处理, 所以线性回归分析在理论上发展得很完备, 在实际中应用相当广泛.

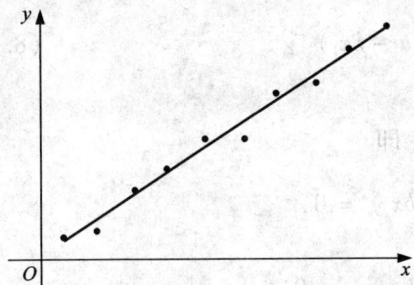

图 8.1.1

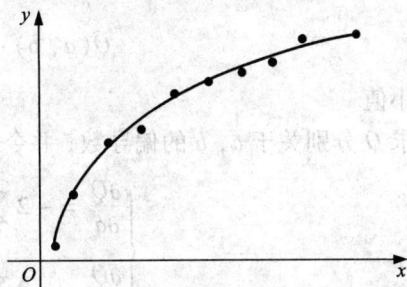

图 8.1.2

8.1.2   一元回归模型中的参数估计

考虑一元线性回归模型

$$\begin{cases} Y = a + bx + \varepsilon, \\ E(\varepsilon) = 0, \ D(\varepsilon) = \sigma^2. \end{cases} \tag{8.1.3}$$

式中，b 是回归系数，ε 是随机误差，a 和 b 都是未知参数，a 和 b 分别是 $\mu(x) = a + bx$ 的截距和斜率，σ^2 称为误差方差，它也是未知参数. 对于一元线性回归，估计 $\mu(x)$ 的问题就转化为求 a 和 b 的估计问题. 用适当的统计方法获得 a 和 b 的估计值 $\hat{a}$ 和 $\hat{b}$ 之后，对于给定的 x 我们就用 $\hat{a} + \hat{b}x$ 作为 $\mu(x) = a + bx$ 的估计. 称 $\hat{\mu}(x) = \hat{a} + \hat{b}x$ 为 Y 关于 x 的经验回归函数.

方程

$$\hat{Y} = \hat{a} + \hat{b}x \tag{8.1.4}$$

称为 **Y 关于 x 的经验线性回归方程**，或**经验回归方程**. 其相应的图形称为**经验回归直线**. 有时也把"经验"两字略掉.

(1) 若 $\varepsilon \sim N(0, \sigma^2)$，则采用极大似然估计求 a, b 的估计量

取 x 的 n 个不全相同的值 $x_1, x_2, \cdots, x_n$ 作独立试验，得到 Y 的相应观测值，即样本观测值 $(x_1, Y_1), (x_2, Y_2), \cdots, (x_n, Y_n)$，由 (8.1.3)，有

$$\begin{cases} Y_i = a + bx_i + \varepsilon_i, \\ \varepsilon_i \sim N(0, \sigma^2), \end{cases} \quad i = 1, 2, \cdots, n, \tag{8.1.5}$$

各 ε_i 相互独立，于是 $Y_i \sim N(a + bx_i, \sigma^2)$，其密度函数为

$$f(y_i, a, b, \sigma^2) = \frac{1}{\sigma\sqrt{2\pi}} exp\left[-\frac{1}{2\sigma^2}(y_i - a - bx_i)^2 \right],$$

似然函数为

$$\begin{aligned} L &= \prod_{i=1}^{n} f(y_i, a, b, \sigma^2) \\ &= \prod_{i=1}^{n} \frac{1}{\sigma\sqrt{2\pi}} exp\left[-\frac{1}{2\sigma^2}(y_i - a - bx_i)^2 \right] \\ &= \left(\frac{1}{\sigma\sqrt{2\pi}} \right)^n exp\left[-\frac{1}{2\sigma^2}\sum_{i=1}^{n}(y_i - a - bx_i)^2 \right]. \end{aligned} \tag{8.1.6}$$

显然,要 L 取最大值,只要式(8.1.6)右端括号中的平方和部分为最小,即只要函数

$$Q(a, b) = \sum_{i=1}^{n} (y_i - a - bx_i)^2 \tag{8.1.7}$$

取最小值.

求 Q 分别关于 a, b 的偏导数,并令它们等于零,即

$$\begin{cases} \dfrac{\partial Q}{\partial a} = -2 \sum\limits_{i=1}^{n} (y_i - a - bx_i) = 0, \\[3mm] \dfrac{\partial Q}{\partial b} = -2 \sum\limits_{i=1}^{n} (y_i - a - bx_i) x_i = 0. \end{cases}$$

得驻点方程组

$$\begin{cases} na + \left(\sum\limits_{i=1}^{n} x_i \right) b = \sum\limits_{i=1}^{n} y_i, \\[3mm] \left(\sum\limits_{i=1}^{n} x_i \right) a + \left(\sum\limits_{i=1}^{n} x_i^2 \right) b = \sum\limits_{i=1}^{n} x_i y_i, \end{cases}$$

即

$$\begin{cases} na + n\bar{x}b = n\bar{y}, \\[3mm] n\bar{x}a + \left(\sum\limits_{i=1}^{n} x_i^2 \right) b = \sum\limits_{i=1}^{n} x_i y_i, \end{cases} \tag{8.1.8}$$

其中,$\bar{x} = \dfrac{1}{n} \sum\limits_{i=1}^{n} x_i, \ \bar{y} = \dfrac{1}{n} \sum\limits_{i=1}^{n} y_i.$

由于 x_i 不全相同,方程组(8.1.8)的系数行列式

$$\begin{vmatrix} n & n\bar{x} \\ n\bar{x} & \sum\limits_{i=1}^{n} x_i^2 \end{vmatrix} = n \sum\limits_{i=1}^{n} x_i^2 - (n\bar{x})^2 = n \sum\limits_{i=1}^{n} (x_i - \bar{x})^2 \neq 0,$$

故方程组(8.1.8)有唯一解

$$\begin{cases} \hat{b} = \dfrac{\sum\limits_{i=1}^{n} x_i y_i - n\bar{x}\bar{y}}{\sum\limits_{i=1}^{n} x_i^2 - n\bar{x}^2} = \dfrac{\sum\limits_{i=1}^{n} (x_i - \bar{x})(y_i - \bar{y})}{\sum\limits_{i=1}^{n} (x_i - \bar{x})^2}, \\[6mm] \hat{a} = \bar{y} - \hat{b}\bar{x} \end{cases}$$

为 b, a 的极大似然估计值.

若记

$$L_{xx} = \sum_{i=1}^{n} (x_i - \bar{x})^2 = \sum_{i=1}^{n} x_i^2 - \frac{1}{n} \left(\sum_{i=1}^{n} x_i \right)^2 = \sum_{i=1}^{n} x_i^2 - n\bar{x}^2,$$

$$L_{xy} = \sum_{i=1}^{n} (x_i - \bar{x})(y_i - \bar{y}) = \sum_{i=1}^{n} x_i y_i - \frac{1}{n} \left(\sum_{i=1}^{n} x_i \right) \left(\sum_{i=1}^{n} y_i \right) = \sum_{i=1}^{n} x_i y_i - n\bar{x}\bar{y},$$

$$L_{yy} = \sum_{i=1}^{n} (y_i - \bar{y})^2 = \sum_{i=1}^{n} y_i^2 - \frac{1}{n} \left(\sum_{i=1}^{n} y_i \right)^2 = \sum_{i=1}^{n} y_i^2 - n\bar{y}^2,$$

则 a, b 的估计值可以写成

$$\begin{cases} \hat{b} = \dfrac{L_{xy}}{L_{xx}}, \\ \hat{a} = \overline{y} - \hat{b}\overline{x}. \end{cases} \tag{8.1.9}$$

将式 (8.1.9) 中 y_i 换成随机变量 Y, $\overline{y}$ 换成 $\overline{Y}$, 就得到 a, b 的估计量, 仍记为 $\hat{a}$, $\hat{b}$, 这时 $Q(\hat{a}, \hat{b})$ 达到最小.

(2) 若 ε 不服从正态分布, 则采用最小二乘法求 a, b 的估计量

假设 a 和 b 的估计 $\hat{a}$, $\hat{b}$ 已经求出, 这时回归函数 $a + bx$ 在点 x_i 的值的估计也可获得: $\hat{Y}_i = \hat{a} + \hat{b}x_i(i = 1, 2, \cdots, n)$. 另一方面, 与 x_i 对应的观察值 Y_i 也已获得. 我们当然希望它们之间的偏差 $e_i = |y_i - \hat{y}_i|\ (i = 1, 2, \cdots, n)$ 越小越好, a 和 b 的合理估计 $\hat{a}$, $\hat{b}$ 应使 $\displaystyle\sum_{i=1}^{n}(y_i - \hat{y}_i)^2$ 达到最小. 记

$$Q(a, b) = \sum_{i=1}^{n}(y_i - a - bx_i)^2, \tag{8.1.10}$$

使得

$$\min_{a, b} Q(a, b) = Q(\hat{a}, \hat{b}) \tag{8.1.11}$$

成立的 $\hat{a}$ 和 $\hat{b}$ 称为 a 和 b 的最小二乘估计. 获得最小二乘估计的方法称为**最小二乘法**.

同情形(1)类似可推导出 a 和 b 的最小二乘估计

$$\hat{b} = \frac{L_{xy}}{L_{xx}}, \qquad \hat{a} = \overline{y} - \hat{b}\overline{x}.$$

(3) σ^2 的估计.

σ^2 是一个很重要的参数, 它反映了模型误差以及观察误差的大小.

对 σ^2 采取矩法估计. 由式(8.1.3),

$$E([Y - (a + bx)]^2) = E(\varepsilon^2) = D(\varepsilon) + [E(\varepsilon)]^2 = \sigma^2.$$

这表示 σ^2 越小, 以回归函数 $\mu(x) = a + bx$ 作为 Y 的近似导致的均方误差就越小. 这样, 利用回归函数 $\mu(x) = a + bx$ 去研究随机变量 Y 与 x 的关系就越有效. 由于 $\sigma^2 = E(\varepsilon^2)$ 为 ε 的二阶原点矩, 按矩法, 可用

$$\frac{1}{n}\sum_{i=1}^{n}\varepsilon_i^2 = \frac{1}{n}\sum_{i=1}^{n}(Y_i - a - bx_i)^2$$

作为 σ^2 的估计量, 然而 a, b 是未知的, 可用 $\hat{a}$, $\hat{b}$ 来代替, 从而得到 σ^2 的估计量

$$\begin{aligned} \hat{\sigma}^2 &= \frac{1}{n}\sum_{i=1}^{n}(Y_i - \hat{a} - \hat{b}x_i)^2 \\ &= \frac{1}{n}\sum_{i=1}^{n}[Y_i - \overline{y} - \hat{b}(x_i - \overline{x})]^2 \\ &= \frac{1}{n}\sum_{i=1}^{n}(Y_i - \overline{y})^2 - \frac{2\hat{b}}{n}\sum_{i=1}^{n}(x_i - \overline{x})(y_i - \overline{y}) + \frac{\hat{b}^2}{n}\sum_{i=1}^{n}(x_i - \overline{x})^2 \\ &= \frac{1}{n}(L_{yy} - 2\hat{b}L_{xy} + \hat{b}^2 L_{xx}) \\ &= \frac{1}{n}(L_{yy} - \hat{b}L_{xy}). \end{aligned}$$

可以证明 $\hat{a}$, $\hat{b}$ 是 a, b 的无偏估计, $\hat{\sigma}^2$ 是 σ^2 的有偏估计, 而 $\dfrac{n}{n-2}\hat{\sigma}^2$ 是 σ^2 的无偏估计, 记为

$$\hat{\sigma}^{*2} = \frac{n}{n-2}\hat{\sigma}^2 = \frac{1}{n-2}(L_{yy} - \hat{b}L_{xy}). \tag{8.1.12}$$

例 8.1.1   设某化学过程的得率(Y) 与该过程的温度(x) 有关, 现作了 10 次测量, 其数据如下表所示:

$x/℃$	38	43	49	54	60	66	71	77	82	88
$Y/\%$	20.4	20.9	22.5	23.0	24.2	24.3	26.2	26.6	28.0	28.9

求得率 Y 关于温度 x 的回归方程, 并求 σ^2 的无偏估计.

解   画出这些数据 $(x_i, y_i)(i = 1, 2, \cdots, n)$ 的散点图, 图 8.1.3. 从这个图可以看出这些点都在一条直线附近, 用模型(8.1.3) 来描述温度 x 和得率 Y 之间的关系比较合适.

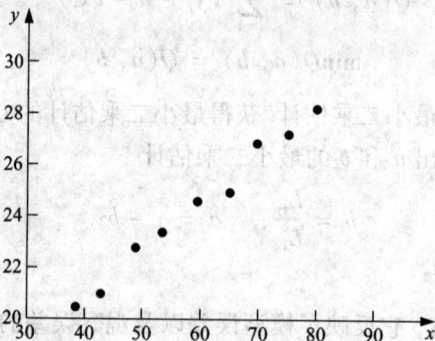

图 8.1.3   得率与温度的散点图

经计算

$$\sum_{i=1}^{10} x_i = 628, \quad \bar{x} = 62.8, \quad \sum_{i=1}^{10} x_i^2 = 42\,004,$$

$$L_{xx} = \sum_{i=1}^{n} x_i^2 - n\bar{x}^2 = 42\,004 - 10 \times 62.8^2 = 2\,565.6.$$

$$\sum_{i=1}^{10} y_i = 245, \quad \bar{y} = 24.5, \quad \sum_{i=1}^{10} y_i^2 = 6\,077.56,$$

$$L_{yy} = \sum_{i=1}^{n} y_i^2 - n\bar{y}^2 = 6\,077.56 - 10 \times 24.5^2 = 75.06.$$

$$\sum_{i=1}^{10} x_i y_i = 15\,821.8,$$

$$L_{xy} = \sum_{i=1}^{n} x_i y_i - n\bar{x}\bar{y} = 15\,821.8 - 10 \times 62.8 \times 24.5 = 435.8.$$

所以

$$\hat{b} = \frac{L_{xy}}{L_{xx}} = \frac{435.8}{2\,565.6} = 0.169\,9, \quad \hat{a} = \bar{y} - \hat{b}\bar{x} = 24.5 - 0.169\,9 \times 62.8 = 13.932\,6,$$

于是得线性回归方程　　$\hat{Y} = 13.8626 + 0.1699x$.

$$\hat{\sigma}^{*2} = \frac{n}{n-2}\hat{\sigma}^2 = \frac{1}{n-2}(L_{yy} - \hat{b}L_{xy})$$

$$= \frac{1}{8}(75.06 - 0.1699 \times 435.8)$$

$$= 0.1272$$

为 σ^2 的无偏估计值.

例 8.1.2　已经知道营业税税收总额 y 与社会商品零售总额 x 有关, 为能从社会商品零售总额去预测税收总额, 需要了解两者的关系. 现收集了如下数据:

社会商品零售总额 x	142.08	177.30	204.68	242.88	316.24	341.99	332.69	389.29	453.40
营业税税收总额 y	3.93	5.96	7.85	9.82	12.50	15.55	15.79	16.39	18.45

求出营业税税收总额 y 与社会商品零售总额 x 的回归方程, 并求 σ^2 的无偏估计.

解　经计算, 得

$$\sum_{i=1}^{9} x_i = 2600.55, \quad \bar{x} = 288.95, \quad \sum_{i=1}^{9} x_i^2 = 837272.4111,$$

$$L_{xx} = \sum_{i=1}^{n} x_i^2 - n\bar{x}^2 = 837272.4111 - 9 \times 288.95^2 = 4178.6667.$$

$$\sum_{i=1}^{9} y_i = 106.24, \quad \bar{y} = 11.8044, \quad \sum_{i=1}^{9} y_i^2 = 1465.4326,$$

$$L_{yy} = \sum_{i=1}^{n} y_i^2 - n\bar{y}^2 = 1465.4326 - 9 \times 11.8044^2 = 211.3284.$$

$$\sum_{i=1}^{9} x_i y_i = 34876.7147,$$

$$L_{xy} = \sum_{i=1}^{n} x_i y_i - n\bar{x}\bar{y} = 34876.7147 - 9 \times 288.95 \times 11.8044 = 4178.6667.$$

所以

$$\hat{b} = \frac{L_{xy}}{L_{xx}} = 0.0487, \quad \hat{a} = \bar{y} - \hat{b}\bar{x} = -2.2675,$$

于是得线性回归方程　　$\hat{Y} = -2.2675 + 0.0487x$.

$$\hat{\sigma}^{*2} = \frac{n}{n-2}\hat{\sigma}^2 = \frac{1}{n-2}(L_{yy} - \hat{b}L_{xy})$$

$$= \frac{1}{7}(211.3284 - 0.0487 \times 4178.6667)$$

$$= 1.1182$$

为 σ^2 的无偏估计值.

8.1.3　回归方程的显著性检验

本节前面的结果都是基于模型(8.1.3)获得的,也就是在"Y 关于 x 的回归是 x 的线性函数 $\mu(x) = a + bx$"这个假定之下获得的. 在处理实际问题时,这个模型是否与实际相符? 当然可以根据有关的专业知识和经验做出判断. 作为数理统计这门学科,则可以根据所获得的数据资料用假设检验的方法来做出判断.

判断模型(8.1.3)是否与实际相符需要检验的假设是 $H_0: b = 0, \quad H_1: b \neq 0$.

若假设 $H_0: b = 0$ 被拒绝,就说明"Y 关于 x 的回归是 x 的线性函数"这个假定与实际相符,认为线性回归效果是显著的;反之,若 H_0 被接受,则认为线性回归效果不显著. 引起线性回归效果不显著通常有如下一些原因:

(1) 影响因变量 Y 的变量除了 x 之外还有其他不可忽略的变量;

(2) Y 与 x 的关系不是线性的,而是非线性的;

(3) Y 与 x 没有关系.

根据前面的讨论,$\hat{b} = \dfrac{L_{xy}}{L_{xx}}$ 为 b 的无偏估计,可以用 $\hat{b}$ 的大小来检验 H_0 是否成立,这就需要知道 $\hat{b}$ 的分布,为了建立适当的统计量,不加证明地给出下面结论:

定理 8.1.1　若 $\varepsilon \sim N(0, \sigma^2)$,则

(1) $\hat{a} \sim N(a, \sigma_1^2)$,$\hat{b} \sim N(b, \sigma_2^2)$,其中,

$$\sigma_1^2 = \frac{\sigma^2}{n}\left(1 + \frac{n\bar{x}^2}{L_{xx}}\right), \quad \sigma_2^2 = \frac{1}{L_{xx}}\sigma^2.$$

(2) $\hat{\sigma}^{*2}$ 分别与 $\hat{a}$,$\hat{b}$ 相互独立,且

$$\frac{(n-2)\hat{\sigma}^{*2}}{\sigma^2} = \frac{n\hat{\sigma}^2}{\sigma^2} \sim \chi^2(n-2).$$

(3) $\hat{\mu}(x) = \hat{a} + \hat{b}x \sim N(a + bx, \sigma_3^2)$,其中,

$$\sigma_3^2 = \left[1 + \frac{1}{n} + \frac{(x - \bar{x})^2}{L_{xx}}\right]\sigma^2.$$

(4) $t = \dfrac{\hat{b} - b}{\hat{\sigma}^*}\sqrt{L_{xx}} \sim t(n-2)$.

下面介绍 2 种检验方法,使用时可选择其中之一.

1. F 检验法

考虑引起 Y_i 波动大小的原因:一是 $E(Y)$ 确实是随 x 线性变化的,这时 x 的取值不同造成 Y 的取值波动;二是其他众多微小随机因素的影响. 显然,如果前一方面的影响是主要的,那么 $b \neq 0$,方程是有意义的,否则 $b = 0$. 因此考虑 Y_i 的总波动

$$L_{yy} = \sum_{i=1}^{n} (Y_i - \bar{Y})^2.$$

称其为**总离差平方和**. 通过计算可以得到

$$L_{yy} = \sum_{i=1}^{n} (Y_i - \overline{Y})^2$$

$$= \sum_{i=1}^{n} (Y_i - \hat{\mu}(x_i))^2 + \sum_{i=1}^{n} (\hat{\mu}(x_i) - \overline{Y})^2$$

$$= Q + u, \tag{8.1.13}$$

其中,

$$Q = \sum_{i=1}^{n} (Y_i - \hat{\mu}(x_i))^2 = L_{yy} - \hat{b}^2 L_{xx} = (n-2)\hat{\sigma}^{*2},$$

$$u = \sum_{i=1}^{n} (\hat{\mu}(x_i) - \overline{Y})^2 = \sum_{i=1}^{n} \hat{b}^2 (x_i - \overline{x})^2 = \hat{b}^2 L_{xx}.$$

称 u 为**回归平方和**,反映了 x 的变化引起 Y 的波动大小;称 Q 为**剩余平方和**,反映了观测值与回归直线间的偏离,它是由其他一切因素引起的. 称 (8.1.13) 式为**平方和分解式**.

显然,若 Y 与 x 确实存在线性相关关系,那么 u 尽可能大,Q 尽可能小,即 $\dfrac{u}{Q}$ 应尽可能大,那么大到什么程度才能认为 Y 与 x 存在线性相关关系呢?

由定理 8.1.1 可以证明,当 $H_0: b = 0$ 为真时,

$$F = \frac{u}{\dfrac{Q}{n-2}} = \frac{\hat{b}^2 L_{xx}}{\hat{\sigma}^{*2}} \sim F(1, n-2),$$

从而对给定的显著性水平 α 得到拒绝域为

$$F \geq F_\alpha(1, n-2). \tag{8.1.14}$$

2. t 检验法

由定理 8.1.1 知,当 $H_0: b = 0$ 为真时,

$$T = \frac{\hat{b} - b}{\hat{\sigma}^*} \sqrt{L_{xx}} \sim t(n-2),$$

且 $E(\hat{b}) = b = 0$,从而对给定的显著性水平 α 得到拒绝域为

$$|T| = \frac{|\hat{b}|}{\hat{\sigma}^*} \sqrt{L_{xx}} \geq t_{\frac{\alpha}{2}}(n-2). \tag{8.1.15}$$

例 8.1.3 试说明例 8.1.1 中的线性回归效果是否显著,用两种不同的方法作出检验($\alpha = 0.01$).

解 要在显著性水平 $\alpha = 0.01$ 下检验如下假设:

$$H_0: b = 0, \qquad H_1: b \neq 0$$

在例 8.1.1 中已分别算出

$$n = 10, \quad L_{xx} = 2565.6, \quad L_{xy} = 435.8, \quad L_{yy} = 70.56, \quad \hat{b} = 0.1699, \quad \hat{\sigma}^{*2} = 0.1272.$$

(1) 用 F 检验法:

建立统计量 $F = \dfrac{u}{\dfrac{Q}{n-2}} = \dfrac{\hat{b}^2 L_{xx}}{\hat{\sigma}^{*2}} \sim F(1, 8),$

对于 $\alpha = 0.01$，查 F 分布表，得 $F_{0.01}(1, 8) = 11.26$，

计算 F 的值，得 $F = \dfrac{(0.169\,9)^2 \times 2\,565.6}{0.127\,2} = 4\,009.07 > 11.26$.

故拒绝 H_0，即 Y 与 x 之间显著地存在线性关系.

（2）用 t 检验法

建立统计量 $T = \dfrac{\hat{b} - b}{\hat{\sigma}^*} \sqrt{L_{xx}} \sim t(8)$，

对于 $\alpha = 0.01$，查 t 分布表，得 $t_{0.005}(8) = 3.355\,4$，

计算 T 的值，得 $|T| = \dfrac{0.169\,9 \times \sqrt{2\,565.6}}{\sqrt{0.127\,2}} = 24.126\,0 > 3.355\,4$.

故拒绝 H_0.

8.1.4　预测与控制

当 Y 与 x 之间显著地存在线性关系，则 $\mu(x) = \hat{a} + \hat{b}x$ 有效，就可以用它来作预测和控制.

1. 预测

对于自变量 x 的给定值 x_0，与之对应的因变量 Y_0 有时因种种原因不便观察. 所谓预测就是以一定的置信水平预测与 x_0 对应的 Y_0 的取值范围，即对 Y_0 作点估计与区间估计. 由于

$$\begin{cases} Y_0 = a + bx_0 + \varepsilon_0, \\ E(\varepsilon_0) = 0, \quad D(\varepsilon_0) = \sigma^2, \end{cases}$$

所以，可以用 $\hat{a} + \hat{b}x_0$ 作为 Y_0 的预测值（也称点预测），也就是用回归函数 $\hat{Y}$ 在 x_0 的函数值 $\hat{Y}_0$ 作为 $\mu(x) = a + bx_0$ 的点估计. 即

$$\hat{Y}_0 = \hat{\mu}(x) = \hat{a} + \hat{b}x_0.$$

与参数的点估计一样，预测值只能对 Y_0 作一个非常粗糙的描述，对预测的误差大小不能做出很好的判断. 预测区间比较好地解决了这一问题.

假设 $\varepsilon \sim N(0, \sigma^2)$，$Y_0$ 与 $Y_1, Y_2, \cdots, Y_n$ 独立，由定理 8.1.1，容易得到

$$T = \dfrac{Y_0 - \hat{Y}_0}{\hat{\sigma}^* \sqrt{1 + \dfrac{1}{n} + \dfrac{(x_0 - \bar{x})^2}{L_{xx}}}} \sim t(n - 2),$$

对给定的置信度 $1 - \alpha (0 < \alpha < 1)$，使

$$P\{|T| < t_{\frac{\alpha}{2}}(n - 2)\} = 1 - \alpha.$$

从而得到 Y_0 的预测区间

$$\hat{Y}_0 - \delta(x_0) < Y_0 < \hat{Y}_0 + \delta(x_0), \tag{8.1.16}$$

其中，$\delta(x_0) = t_{\frac{\alpha}{2}}(n - 2) \cdot \hat{\sigma}^* \sqrt{1 + \dfrac{1}{n} + \dfrac{(x_0 - \bar{x})^2}{L_{xx}}}$.

若将 x_0 换成 x, 则预测区间的上下限为两条曲线
$$\begin{cases} y_1(x) = \hat{a} + \hat{b}x - \delta(x), \\ y_2(x) = \hat{a} + \hat{b}x + \delta(x), \end{cases}$$
它们形成一个带形区域, 把回归直线夹在中间, 形状
呈喇叭形, 在 $x = \bar{x}$ 处预测区间的宽度最窄, 预测精
度越高; 离 $\bar{x}$ 越远, 预测区间越宽, 预测精度越差, 见
图 8.1.4.

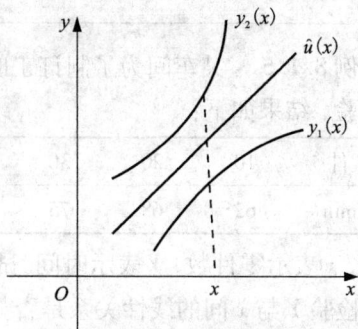

图 8.1.4

例 8.1.4 在例 8.1.1 中取 $x_0 = 58℃$, 求 Y_0 的点预测与置信水平为 95% 的预测区间.

解 由 $\hat{Y}_0 = \hat{a} + \hat{b}x_0$ 即可算出 $x_0 = 58℃$ 时 Y_0 的点预测
$$\hat{Y}_0 = 13.8326 + 0.1699 \times 58 = 23.6868,$$

又 $$\hat{Y}_0 \pm t_{\frac{\alpha}{2}}(n-2) \cdot \hat{\sigma}^* \sqrt{1 + \frac{1}{n} + \frac{(x_0 - \bar{x})^2}{L_{xx}}}$$
$$= 23.6868 \pm t_{0.025}(8) \cdot 0.3567 \cdot \sqrt{1 + \frac{1}{10} + \frac{(58 - 62.8)^2}{2565.6}}$$
$$= 23.6868 \pm 2.3060 \times 0.3567 \times 1.0531$$
$$= 23.6868 \pm 0.8662,$$
所以, Y_0 的置信水平为 95% 的预测区间为 $(22.8206, 24.5530)$.

2. 控制

控制是预测的逆问题. 即欲将 Y 控制在区间 (y_1, y_2) 中, 估计 x 取值的相应范围 (x_1, x_2).
一般地, 当 n 尽可能大时, 利用近似的预测区间得方程组
$$\begin{cases} y_1 = \hat{a} + \hat{b}x_1 - \hat{\sigma}^* z_{\frac{\alpha}{2}}, \\ y_2 = \hat{a} + \hat{b}x_2 + \hat{\sigma}^* z_{\frac{\alpha}{2}}, \end{cases} \tag{8.1.17}$$
求出 x_1, x_2 作为控制区间的两端点 (图 8.1.5).

预测区间上下所夹的带形区域宽度近似为 $2\hat{\sigma}^* \cdot z_{\frac{\alpha}{2}}$.

当 n 不大时, 建立方程组
$$\begin{cases} y_1 = \hat{a} + \hat{b}x_1 - \delta(x_1), \\ y_2 = \hat{a} + \hat{b}x_2 + \delta(x_2), \end{cases} \tag{8.1.18}$$
这样的方程组由于不是线性的, 求解过程会较复杂, 可
以用近似值计算求近似解.

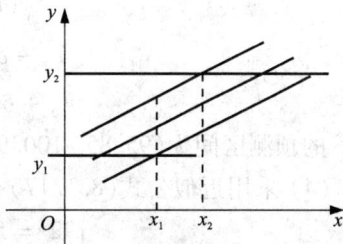

图 8.1.5

例 8.1.5 某车间为了制订工时定额,需要确定加工零件所消耗的时间,为此进行了 10 次试验,结果如下:

x/件	10	20	30	40	50	60	70	80	90	100
Y/min	62	68	75	81	89	95	102	108	115	122

其中,x 表示零件数,Y 表示时间. 试求:(1)Y 对 x 的回归直线方程,并求 σ^2 的无偏估计 $\hat{\sigma}^{*2}$;(2) 检验 Y 与 x 间的线性关系是否显著($\alpha = 0.01$);(3) 若 $x_0 = 65$,求 Y_0 的 99% 的预测区间;(4) 若要使 Y 在区间 $(92, 98)$ 内取值时,在置信度 99% 之下,x 应控制在什么范围?

解 (1)$n = 10$,$\bar{x} = 55$,$\bar{y} = 91.7$,$L_{xx} = 8\,250$,$L_{xy} = 3\,688.1$,故

$$\hat{b} = \frac{L_{xy}}{L_{xx}} = 0.668, \quad \hat{a} = \bar{y} - \hat{b}\bar{x} = 54.96,$$

所求回归直线方程为

$$\hat{Y} = 54.96 + 0.668x.$$

σ^2 的无偏估计值为 $\hat{\sigma}^{*2} = \dfrac{n}{n-2}\hat{\sigma}^2 = \dfrac{1}{n-2}(L_{yy} - \hat{b}L_{xy}) = 0.51.$

(2) 采用 F 检验法:

假设 $H_0: b = 0, \quad H_1: b \neq 0.$

建立统计量 $F = \dfrac{\hat{b}^2 L_{xx}}{\hat{\sigma}^{*2}} \sim F(1, 8).$

对于 $\alpha = 0.01$,查 F 分布表,得 $F_{0.01}(1, 8) = 11.26$,

计算 F 的值,得 $F = \dfrac{(0.668)^2 \times 8\,250}{0.51} = 7\,218.3294 > 11.26.$

故拒绝 H_0,即 Y 与 x 之间显著地存在线性关系.

(3) $\bar{x} = 55$,$\hat{\sigma}^* = \sqrt{0.51} = 0.714$,$1 - \alpha = 0.99$,当 $x_0 = 65$ 时,

$$\hat{\mu}(x_0) = \hat{a} + \hat{b}x_0 = 54.96 + 0.668 \times 65 = 98.38,$$

$$\delta(x_0) = \sqrt{1 + \frac{1}{10} + \frac{100}{8\,250}} \times 0.714 = 2.53,$$

$$t_{\frac{\alpha}{2}}(n-2) = t_{0.005}(8) = 3.355\,4,$$

$$\hat{Y}_0 - \delta(x_0) = 98.38 - 2.53 = 95.85,$$

$$\hat{Y}_0 + \delta(x_0) = 98.38 + 2.53 = 100.91.$$

故 Y 的预测区间为 $(95.85, 100.91)$.

(4) 采用近似公式(8.1.17)得

$$\begin{cases} 92 = 54.96 + 0.668x_1 - 0.714 \times 2.575, \\ 98 = 54.96 + 0.668x_2 + 0.714 \times 2.575, \end{cases}$$

其中,$z_{\frac{\alpha}{2}} = z_{0.005} = 2.575$,解得 $x_1 \approx 58$,$x_2 \approx 62$,即 x 应控制在区间 $(58, 62)$ 内.

这是一个很粗糙的结果,因为 $n = 10$ 不是足够大.

习题 8.1

1. 下表数据是退火温度 x 对黄铜延性 Y 效应的试验结果，Y 是以延长度计算的:

习题 8.1 答案

$x/℃$	300	400	500	600	700	800
$y/℃$	40	50	55	60	67	70

画出散点图，并求 Y 对 x 的线性回归方程.

2. 合金的比热与它所含的镍有关. 对某种合金的比热 (Y) 与含镍量 (x) 作了 10 次测量，其数据如下表;

$x/\%$	0	0.2	0.4	0.6	0.8	0.9	1.0	1.1	1.2
$y/(J \cdot kg^{-1} \cdot K^{-1})$	0.15	0.30	0.52	0.60	0.61	0.83	1.00	1.02	1.25

画出散点图，并求 Y 对 x 的线性回归方程.

3. 钢材的磨耗损失与其 Rockwell 硬度有关，对某种钢材的磨耗损失 (Y) 与 Rockwel(x) 作了 8 次测量，其数据如下表;

Rockwell 硬度	60	62	63	67	70	74	79	81
磨耗损失	251	245	246	233	221	202	188	170

由经验知道，Y_i 与 x_i 之间有下述关系:
$$Y_i = a + bx_i + \varepsilon_i, \quad i = 1, 2, \cdots, 8.$$
其中，$E(\varepsilon_i) = 0$，$Var(\varepsilon_i) = \sigma^2$，且各 ε_i 互不相关.

(1) 求 a 和 b 的最小二乘估计和线性回归方程;

(2) 求 σ^2 的无偏估计 $\hat{\sigma}^2$.

4. 除第 3 题的已知条件外，还假定 $\varepsilon_i \sim N(0, \sigma^2)(i = 1, 2, \cdots, 8)$.

(1) 试检验线性回归效果是否显著 $(\alpha = 0.01)$;

(2) 若回归效果显著，求 b 的置信水平为 0.95 的置信区间;

(3) 求 $x_0 = 75$ 处 Y_0 的置信水平为 0.95 的预测区间.

5. 在钢线碳含量对于电阻的效应的研究中，得到以下数据:

碳含量 $x/℃$	0.10	0.30	0.40	0.55	0.70	0.80	0.95
电阻 $y/(20℃$ 时，退火率)	15	18	19	21	22.6	23.8	26

(1) 求回归方程 $\hat{y} = \hat{a} + \hat{b}x$;

(2) 求 ε 的方差 σ^2 的无偏估计;

(3) 检验假设 $H_0: b = 0$，$H_1: b \neq 0$;

(4) 求 $x = 0.50$ 处观察值 Y 的置信水平为 0.95 的预测区间.

8.2   可线性化的一元非线性回归模型

在实际问题中, 自变量 x 与因变量 Y 之间的关系不一定是线性相关关系. 若是用线性回归的方法求出线性回归方程, 用它来代表原来的非线性相关关系, 其效果不好. 这里采取的方法是通过适当的变换把原来的非线性相关关系转化为新变量之间的线性相关关系, 然后用一元线性回归的方法求出新变量的回归方程, 最后代入原变量获得关于原变量的回归方程, 这种方法通常称为**非线性回归线性化方法**.

常用于解决可线性化的一元非线性回归问题的 6 种曲线类型及线性化方法见表 8.2.1.

表 8.2.1   部分常见的曲线函数

序号	曲线	变换	变换后的线性式
(1)	双曲函数 $y = \dfrac{x}{ax + b}$	$u = \dfrac{1}{y}, v = \dfrac{1}{x}$	$u = a + bv$
(2)	幂函数 $y = ax^b$	$u = \ln y, v = \ln x$	$u = \ln a + bv$
(3)	指数函数 $y = ae^{bx}$	$u = \ln y$	$u = \ln a + bx$
(4)	对数函数 $y = a + b\ln x$	$v = \ln x$	$y = a + bv$
(5)	倒指数函数 $y = ae^{\frac{b}{x}}$	$u = \ln y, v = \dfrac{1}{x}$	$u = \ln a + bv$
(6)	S 型曲线 $y = \dfrac{1}{a + be^{-x}}$	$u = \dfrac{1}{y}, v = e^{-x}$	$u = a + bv$

(1) 双曲函数 $y = \dfrac{x}{ax + b}$.

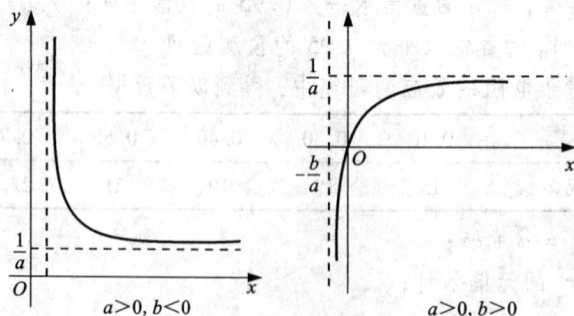

图 8.2.1   双曲线的图形

(2) 幂函数曲线 $y = ax^b (x > 0)$.

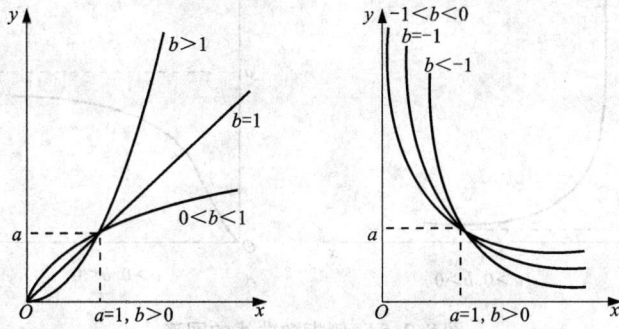

图 8.2.2　幂函数曲线的图形

（3）指数函数曲线 $y = a\mathrm{e}^{bx}$.

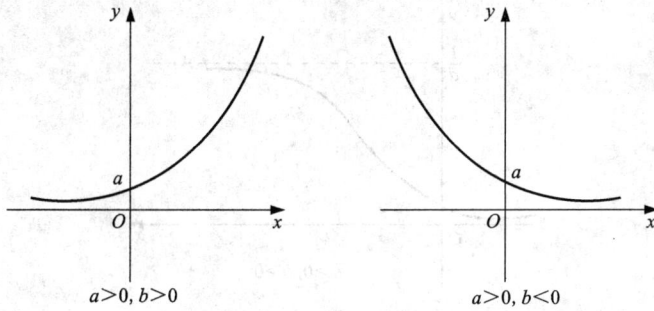

图 8.2.3　指数函数的图形

（4）对数函数曲线 $y = a + b\ln x\ (x > 0)$.

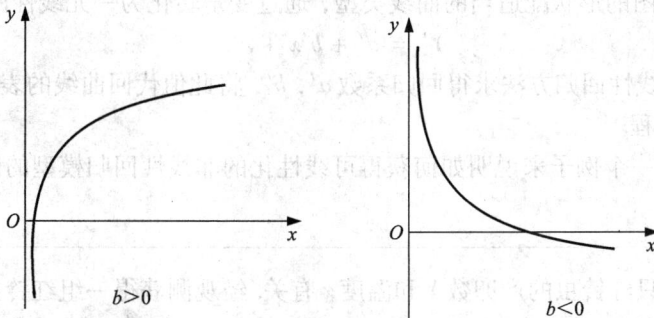

图 8.2.4　对数曲线的图形

（5）倒指数函数曲线 $y = a\mathrm{e}^{\frac{b}{x}}(x > 0)$.

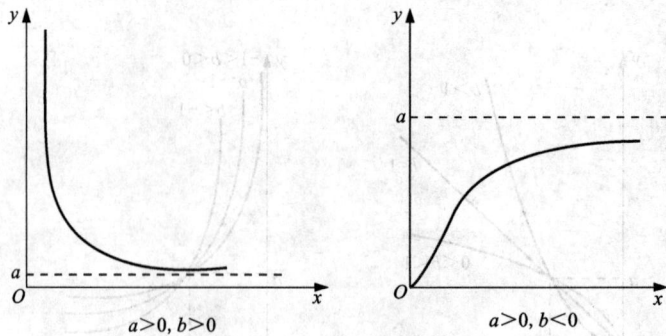

图 8.2.5 倒指数曲线的图形

(6) S 形曲线 $y = \dfrac{1}{a + be^{-x}}$.

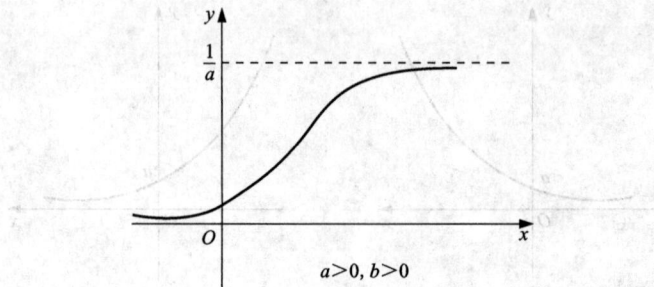

图 8.2.6 S 型曲线的图形

一般可按如下步骤进行:

(1) 对变量 Y 与 x 做 n 次试验,取得观测值 (x_i, y_i),$i = 1, 2, \cdots, n$,并做散点图.

(2) 根据散点图的形状配适当的曲线类型,通过变量转化为一元线性回归模型

$$Y' = a' + b'x + \varepsilon'.$$

(3) 利用一元线性回归方法求得回归系数 a',b',将此值代回曲线的表达式中,就可以得到 Y 对 x 的回归方程.

下面我们通过一个例子来说明如何获得可线性化的非线性回归模型的回归方程.

例 8.2.1 一只红铃虫的产卵数 Y 和温度 x 有关. 经观测获得一组红铃虫产卵数与温度的数据如表 8.2.2 所示. 试求 Y 关于 x 的回归方程.

表 8.2.2 红铃虫产卵数 Y 和温度 x 的数据

编号	1	2	3	4	5	6	7
温度 $x/℃$	21	23	25	27	29	32	35
产卵数 Y	7	11	21	24	66	115	325

解　在平面上画出 (x_i, y_i)，$i = 1, 2, \cdots, 7$ 的散点图，这些点分布在曲线附近，见图 8.2.7.

对照图 8.2.1 ~ 图 8.2.6 知道，可用指数函数 $y = a\mathrm{e}^{bx}$ 来描述红铃虫产卵数 Y 与温度 x 之间的关系. 两边取对数，得 $\ln y = \ln a + bx$，令 $y' = \ln y$，$a' = \ln a$ 得如下模型：

$$y' = a' + bx + \varepsilon, \ \varepsilon \sim N(0, \sigma^2).$$

从而转化为线性回归问题. 将表 8.2.2 的数据变换为表 8.2.3 的数据.

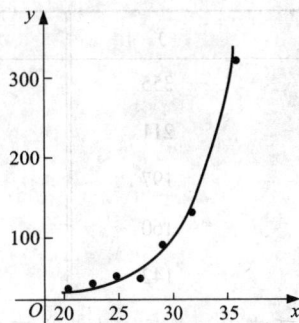

图 8.2.7

表 8.2.3　$y' = \ln y$ 和温 x 的数据

编号	1	2	3	4	5	6	7
温度 $x/℃$	21	23	25	27	29	32	35
$y' = \ln y$	1.945 9	2.397 9	3.044 5	3.178 1	4.189 7	4.744 9	5.783 8

根据这些数据可算得 a' 与 b 的最小二乘估计. 经计算，有

$$\sum_{i=1}^{7} x_i = 192, \quad \bar{x} = 27.4286, \quad \sum_{i=1}^{7} x_i^2 = 5414, \quad L_{xx} = 147.7143,$$

$$\sum_{i=1}^{7} y_i' = 25.284\,8, \quad \overline{y'} = 3.6121, \quad \sum_{i=1}^{7} x_i y_i' = 733.707\,9, \quad L_{xy'} = 40.182\,0,$$

$$\hat{b} = \frac{L_{xy'}}{L_{xx}} = \frac{40.182\,0}{147.714\,3} = 0.272\,0.$$

$$\hat{a}' = \overline{y'} - \hat{b}\bar{x} = 3.612\,1 - 0.272\,0 \times 27.428\,6 = -3.848\,5.$$

于是得 Y' 关于 x 的回归方程 $\hat{Y}' = -3.848\,5 + 0.272\,0x$，化为 Y 关于 x 的回归方程为

$$\hat{Y} = \exp\{-3.848\,5 + 0.272\,0x\} = 0.021\,3\mathrm{e}^{0.272x}.$$

习题 8.2

习题 8.2 答案

1. 在彩色显像中，由以往的经验知道，形成染料光学密度 Y 与析出银的光学密度 x 之间有以下类型的关系式：$Y = a\mathrm{e}^{-b/x}$，$b > 0$. 现对 Y 及 x 作 11 次观察，获得以下数据：

x	0.05	0.06	0.07	0.10	0.14	0.20	0.25	0.3 · 1	0.38	0.43	0.47
Y	0.10	0.14	0.23	0.37	0.59	0.79	1.00	1.12	1.19	1.25	1.29

求：Y 关于 x 的曲线回归方程.

2. 为了检验 X 射线的杀菌作用，用 200 kV 的 X 射线来照射细菌，每次照射 6 min，照射次数为 t，共照射 15 次，各次照射后所剩细菌 y 如下表：

t_i	y_i	t_i	y_i	t_i	y_i
1	355	6	106	11	36
2	211	7	104	12	32
3	197	8	60	13	21
4	160	9	56	14	19
5	142	10	38	15	15

根据经验可建立 y 关于 t 的曲线回归方程 $\hat{y} = ae^{bt}$. 试用适当的变换把上述曲线化为一元线性回归模型，并求出该回归方程.

3. 设回归函数形为 $y = \dfrac{x}{a + bx}$，试找出一个变换使其化为一元线性回归模型.

8.3   单因素试验方差分析

方差分析是对试验结果做数据分析的重要工具. 一般地，影响试验结果的因素有很多，如某种产品的质量，会受到如反应温度、压力、催化剂等可控因素的影响，此外还会受到一些随机因素的影响. 这些因素中，哪些因素的影响比较显著，哪些不太显著，这是我们所关心的. 方差分析就是对试验结果进行数据分析，推断各因素对试验结果影响是否显著的一种有效的方法.

试验中要观察的数据称为**指标**，如元件的使用寿命、电路的响应时间等. 影响试验指标的条件称为**因素**，用 A，B，C 等表示. 因素在试验中所处的不同状态称为**水平**，因素 A 的 r 个不同水平分别用 A_1，A_2，$\cdots$，A_r 表示. 若试验中只有一个因素在改变，称这种试验为**单因素试验**，若多于一个因素在改变，则称这种试验为**多因素试验**.

8.3.1   基本思想和数学模型

例 8.3.1   某厂用四种不同配料方案制成灯丝，生产了四批灯泡. 在每批灯泡中随机地抽取若干灯泡，测得其使用寿命(单位：h) 如表 8.3.1 所示. 问这批灯泡的使用寿命有无显著差异.

表 8.3.1   灯泡的寿命数据

灯泡种类＼抽取灯泡号（使用寿命）	1	2	3	4	5	6	7	8
A_1	1 600	1 610	1 650	1 680	1 700	1 720	1 800	
A_2	1 580	1 640	1 640	1 700	1 750			
A_3	1 460	1 550	1 600	1 620	1 640	1 660	1 740	1 820
A_4	1 510	1 520	1 530	1 570	1 600	1 680		

　　此例中, 试验的指标是灯泡的使用寿命, 因素 A 是配料方案, $A_i(i = 1, 2, 3, 4)$ 是 A 的 4 个水平, 指 4 种不同的配料方案.

　　从表中数据可以看出, 即使在同一配料方案下, 灯泡的使用寿命也不尽相同. 这种差异是由于试验受到随机性因素影响引起的, 在因素 A 的某个水平 $A_i(i = 1, 2, 3, 4)$ 下进行试验, 所得灯泡的使用寿命是一个随机变量, 记为 X_i, 它与数学期望 $E(X_i)$ 的偏差为随机误差, 一般认为这类随机误差 $X_i - E(X_i)$ 服从数学期望为 0 的正态分布.

　　把每一种配料方案下灯泡的使用寿命 X_i 看做一个总体, $i = 1, 2, 3, 4$. 由于试验的其他条件不变, 因此可认为这 4 个总体的方差是相同的. 设

$$X_i \sim N(\mu_i, \sigma^2), \quad i = 1, 2, 3, 4.$$

从 4 个总体中分别抽取容量为 n_i 的样本:

$$X_{i1}, X_{i2}, \cdots, X_{in_i} \quad i = 1, 2, 3, 4.$$

试验的目的就是检验假设:

$$H_0: \mu_1 = \mu_2 = \mu_3 = \mu_4$$

是否成立.

　　直观的想法是, 若因素在不同水平下的数据间的偏差与随机误差相差不大, 则认为 4 个总体的数学期望无显著差异; 反之则认为四个总体的数学期望有显著差异.

　　一般地, 考查如下数学模型:

　　设因素 A 有 r 个不同水平 $A_1, A_2, \cdots, A_r$, 在水平下的总体记为 X_i, 设

$$X_i \sim N(\mu_i, \sigma^2), \quad i = 1, 2, \cdots, r$$

且 4 个总体相互独立.

　　在水平 A_i 下进行 n_i 次独立试验, 获得样本 $X_{i1}, X_{i2}, \cdots, X_{in_i}$, 其中

$$X_{ij} \sim N(\mu_i, \sigma^2), \quad j = 1, 2, \cdots, n_i, \quad i = 1, 2, \cdots, r,$$

且所有的 X_{ij} 相互独立. 试验结果如表 8.3.2 所示.

表 8.3.2　单因素方差分析的数据表

水平 ＼ 指标 ＼ 序号	1	2	$\cdots$	j	$\cdots$	n_i
A_1	x_{11}	x_{12}	$\cdots$	x_{1j}	$\cdots$	x_{1n_1}
A_2	x_{21}	x_{22}	$\cdots$	x_{2j}	$\cdots$	x_{2n_2}
$\vdots$	$\vdots$	$\vdots$		$\vdots$		$\vdots$
A_i	x_{i1}	x_{i2}	$\cdots$	x_{ij}	$\cdots$	x_{in_i}
$\vdots$	$\vdots$	$\vdots$		$\vdots$		$\vdots$
A_r	x_{r1}	x_{r2}	$\cdots$	x_{rj}	$\cdots$	x_{rn_r}

　　令 $\varepsilon_{ij} = X_{ij} - \mu_i(j = 1, 2, \cdots, n_i, \quad i = 1, 2, \cdots, r)$, 则 ε_{ij} 为水平 A_i 下第 j 次试验的误差, $\varepsilon_{ij} \sim N(0, \sigma^2)$, 于是单因素试验方差分析的模型为

$$\begin{cases} X_{ij} = \mu_i + \varepsilon_{ij}, \\ \varepsilon_{ij} \sim N(0, \sigma^2), \end{cases} \quad j = 1, 2, \cdots, n_i, \quad i = 1, 2, \cdots, r, \quad (8.3.1)$$

其中 ε_{ij} 相互独立.

以上数学模型含有 3 个基本假定：正态性、方差齐性与独立性，即

（1）总体 $X_i(i = 1, 2, \cdots, r)$ 均服从正态分布；

（2）各总体方差相等；

（3）X_{ij} 间相互独立.

在应用时要注意. 试验为随机试验，则可使（3）成立.

记 $\mu = \dfrac{1}{n}\sum_{i=1}^{r} n_i\mu_i \left(n = \sum_{i=1}^{r} n_i\right)$，称 μ 为**总平均值**，又记 $\delta_i = \mu_i - \mu$，称 δ_i 为因素 A 的第 i 个水平 A_i 对指标的**效应**. 这样 μ_i 之间的差异等价于 δ_i 之间的差异，且 X_{ij} 可分解为

$$X_{ij} = \mu + \delta_i + \varepsilon_{ij}, \quad (8.3.2)$$

称式（8.3.2）为指标 X_{ij} 的**效应分解式**. 易证 $\sum_{i=1}^{r} n_i\delta_i = 0$. 于是上述数学模型（8.3.1）可等价地表示为如下形式：

$$\begin{cases} X_{ij} = \mu_i + \varepsilon_{ij}, \\ \sum_{i=1}^{r} n_i\delta_i = 0, \quad j = 1, 2, \cdots, n_i, \quad i = 1, 2, \cdots, r, \\ \varepsilon_{ij} \sim N(0, \sigma^2), \end{cases} \quad (8.3.3)$$

其中 ε_{ij} 相互独立.

单因素试验方差分析的主要任务是对模型（8.3.3）检验假设：

$$H_0: \mu_1 = \mu_2 = \cdots = \mu_r, \quad H_1: \mu_1, \mu_2, \cdots, \mu_r \text{ 不全相等},$$

或等价地对模型（8.3.3）检验假设：

$$H_0: \delta_1 = \delta_2 = \cdots = \delta_r = 0, \quad H_1: \delta_1, \delta_2, \cdots, \delta_r \text{ 不全为零}. \quad (8.3.4)$$

8.3.2 检验方法

为了导出检验假设（8.3.4）的检验统计量，我们引入**总离差平方和**

$$S_T = \sum_{i=1}^{r} \sum_{j=1}^{n_i} (X_{ij} - \overline{X})^2,$$

其中 $\overline{X} = \dfrac{1}{n}\sum_{i=1}^{r}\sum_{j=1}^{n_i} X_{ij}$，$n = n_1 + n_2 + \cdots + n_r$ 为所有指标的总平均. 对 S_T 作如下分解：

$$S_T = \sum_{i=1}^{r} \sum_{j=1}^{n_i} (X_{ij} - \overline{X})^2 = \sum_{i=1}^{r} \sum_{j=1}^{n_i} [(X_{ij} - \overline{X_i}) + (\overline{X_i} - \overline{X})]^2$$

$$= \sum_{i=1}^{r} \sum_{j=1}^{n_i} (X_{ij} - \overline{X_i})^2 + 2\sum_{i=1}^{r} \sum_{j=1}^{n_i} (X_{ij} - \overline{X_i})(\overline{X_i} - \overline{X}) + \sum_{i=1}^{r} \sum_{j=1}^{n_i} (\overline{X_i} - \overline{X})^2, \quad (8.3.5)$$

其中 $\overline{X_i} = \dfrac{1}{n_i}\sum_{j=1}^{n_i} X_{ij}$ 是来自总体 X_i 的样本 $X_{i1}, X_{i2}, \cdots, X_{in_i}$ 的均值. 式（8.3.5）中的交叉项

$$2\sum_{i=1}^{r} \sum_{j=1}^{n_i} (X_{ij} - \overline{X_i})(\overline{X_i} - \overline{X}) = 2\sum_{i=1}^{r} \left[(\overline{X_i} - \overline{X})\sum_{j=1}^{n_i} (X_{ij} - \overline{X_i})\right],$$

其中 $\sum\limits_{j=1}^{n_i} (X_{ij} - \overline{X_i}) = \sum\limits_{j=1}^{n_i} X_{ij} - n_i \overline{X_i} = 0$，所以这一项等于 0，由此知式(8.3.5) 可化简为

$$S_T = \sum_{i=1}^{r} \sum_{j=1}^{n_i} (X_{ij} - \overline{X_i})^2 + \sum_{i=1}^{r} \sum_{j=1}^{n_i} (\overline{X_i} - \overline{X})^2,$$

记

$$S_e = \sum_{i=1}^{r} \sum_{j=1}^{n_i} (X_{ij} - \overline{X_i})^2, \quad S_A = \sum_{i=1}^{r} \sum_{j=1}^{n_i} (\overline{X_i} - \overline{X})^2,$$

则有分解式
$$S_T = S_e + S_A. \tag{8.3.6}$$

第一项 $S_e = \sum\limits_{i=1}^{r} \sum\limits_{j=1}^{n_i} (X_{ij} - \overline{X_i})^2 = \sum\limits_{i=1}^{r} (n_i - 1) S_i^2$，其中 $S_i^2 = \dfrac{1}{n_i - 1} \sum\limits_{j=1}^{n_i} (X_{ij} - \overline{X_i})^2$ 为第 i 组样本的样本方差，反映了在同一水平 A_i 下的组内数据间的差异，这些差异是由随机性因素引起的，为试验误差. 所以 S_e 是各个水平下的总体试验误差的总和，称 S_e 为**误差平方和**，或**组内离差平方和**.

第二项 $S_A = \sum\limits_{i=1}^{r} \sum\limits_{j=1}^{n_i} (\overline{X_i} - \overline{X})^2 = \sum\limits_{i=1}^{r} n_i (\overline{X_i} - \overline{X})^2$ 反映了各个水平下的样本均值 $\overline{X_i}$ 与总平均 $\overline{X}$ 的差异，这个差异主要由 A 的不同水平引起的，称 S_A 为**效应平方和**，或**组间离差平方和**.

分解式(8.3.6) 将总离差平方和 S_T 分解为反映试验误差影响的误差平方和 S_e 与反映因素 A 影响的效应平方和 S_A 两部分.

当 H_0 成立时，$\mu_1 = \mu_2 = \cdots = \mu_r = \mu$，$X_{ij} \sim N(\mu, \sigma^2)$，由正态分布的线性不变性，$X_{ij}$，$\overline{X}$ 仍服从正态分布，所以 $S_T = \sum\limits_{i=1}^{r} \sum\limits_{j=1}^{n_i} (X_{ij} - \overline{X})^2$ 是 n 个正态变量的平方和，这 n 个正态变量有一个线性关系 $\sum\limits_{j=1}^{n_i} (X_{ij} - \overline{X_i}) = 0$，可以证明：$\dfrac{S_T}{\sigma^2} \sim \chi^2(n-1)$.

进一步可以证明当 H_0 成立时

$$\frac{S_e}{\sigma^2} \sim \chi^2(n-r),$$

$$\frac{S_A}{\sigma^2} \sim \chi^2(r-1),$$

且 S_e 与 S_A 相互独立，从而

$$F = \frac{\dfrac{S_A}{(r-1)}}{\dfrac{S_e}{(n-r)}} \sim F(r-1, n-r). \tag{8.3.7}$$

若 H_0 不成立，$\mu_1, \mu_2, \cdots, \mu_r$ 不全相等，$\sum\limits_{j=1}^{n_i} X_{ij}$，$i = 1, 2, \cdots, r$ 的波动会较大，此时 S_A 也较大，而 $S_e = \sum\limits_{i=1}^{r} \sum\limits_{j=1}^{n_i} (X_{ij} - \overline{X_i})^2$ 变化不大，随机变量 F 的值有增大的趋势，当 H_0 成立时 F 的值不会很大，故检验问题(8.3.4) 的拒绝域具有形式 $F > F_\alpha(r-1, n-r)$，即当 $F > F_\alpha(r-$

1, $n-r$)时拒绝 H_0, 认为因素 A 对试验指标有显著影响. 当 $F \leq F_\alpha(r-1, n-r)$ 时接受 H_0, 认为因素 A 的各水平之间无显著差异.

8.3.3　单因素方差分析的检验步骤

（1）提出假设 $H_0: \mu_1 = \mu_2 = \cdots = \mu_r$.

（2）建立统计量 $F = \dfrac{\dfrac{S_A}{(r-1)}}{\dfrac{S_e}{(n-r)}} \sim F(r-1, n-r)$.

（3）对给定的检验水平 α, 查表确定临界值 $F_\alpha(r-1, n-r)$, 使

$$P\{F > F_\alpha\} = \alpha.$$

（4）对给定的试验结果计算 F 的值, 判定

若 $F > F_\alpha$, 则拒绝 H_0;

若 $F \leq F_\alpha$, 则接受 H_0.

进行方差分析时, 常常需要进行大量计算, 为简化计算和减小误差, 常将观测值 X_{ij} 加上或减去一个常数, 有时乘以一个常数, 原则上不影响方差分析的结果.

记 $n = \sum\limits_{i=1}^{r} n_i$, $T_i = \sum\limits_{j=1}^{n_i} X_{ij}$, $T = \sum\limits_{i=1}^{r} T_i$, 则在具体计算 S_e, S_A 时, 还可用如下的简易算法

$$S_A = \sum_{i=1}^{r} \frac{T_i^2}{n_i} - \frac{T^2}{n},$$

$$S_e = \sum_{i=1}^{r} \sum_{j=1}^{n_i} X_{ij}^2 - \sum_{i=1}^{r} \frac{T_i^2}{n_i}.$$

将以上结果列成方差分析表, 如表 8.3.3 所示.

表 8.3.3　单因素试验方差分析表

方差来源	平方和	自由度	均方和	F
因素 A	S_A	$r-1$	$\dfrac{S_A}{(r-1)}$	$\dfrac{\dfrac{S_A}{(r-1)}}{\dfrac{S_e}{(n-r)}}$
误差 ε	S_e	$n-r$	$\dfrac{S_e}{(n-r)}$	
总和	S_T	$n-1$		

例 8.3.2　在显著性水平 $\alpha = 0.05$ 下检验例 8.3.1 中不同配料方案制成的灯丝对灯泡的使用寿命有无显著性差异.

解　（1）提出假设 $H_0: \mu_1 = \mu_2 = \mu_3 = \mu_4$.

(2) 建立统计量 $F = \dfrac{\dfrac{S_A}{(4-1)}}{\dfrac{S_e}{(26-4)}} \sim F(3, 22)$.

(3) 对给定的检验水平 $\alpha = 0.05$, 查表确定临界值 $F_{0.05}(3, 22) = 3.05$,

(4) 计算 F 的值.

列出方差计算, 将表 8.3.1 中的每个数减 1 640, 再除以 10, 得表 8.3.4.

表 8.3.4

X_{ij}	1	2	3	4	5	6	7	8	T_i	$\dfrac{T_i^2}{n_i}$	
A_1	-4	-3	1	4	6	8	16		28	112	$n_1 = 7$
A_2	-6	00	6	11					11	24.2	$n_2 = 5$
A_3	-18	-9	-4	-2	0	2	10	18	-3	1.125	$n_3 = 8$
A_4	-13	-12	-11	-7	-4				-43	308.167	$n_4 = 6$

$$S_A = \sum_{i=1}^{4} \frac{T_i^2}{n_i} - \frac{T^2}{n} = 444.92 - 1.885 = 443.607,$$

$$S_e = \sum_{i=1}^{4} \sum_{j=1}^{n_i} X_{ij}^2 - \sum_{i=1}^{4} \frac{T_i^2}{n_i} = 1\,513.508,$$

$$F = \frac{\dfrac{S_A}{3}}{\dfrac{S_e}{22}} = 2.15 < 3.05.$$

所以接受 H_0, 即认为灯泡的使用寿命不会因灯丝材料不同而有显著差异.

例 8.3.3　某化工厂在合成反应后, 需了解催化剂的用量是否影响合成物的产出量, 今以催化剂用量为 2、4、6 单位, 三个水平各自重复作若干试验, 结果见表 8.3.5.

表 8.3.5

水平 ＼ 序号（产出量）	1	2	3	4	5	T_i	
A_1（2 单位）	74	69	73	67		283	$n_1 = 4$
A_2（4 单位）	79	81	75			235	$n_2 = 3$
A_3（6 单位）	82	85	80	79	81	407	$n_3 = 5$

问在显著水平 $\alpha = 0.05$，催化剂用量对合成物的产出量有无显著性影响？

解 提出假设 $H_0: \mu_1 = \mu_2 = \mu_3$，

建立统计量 $F = \dfrac{\dfrac{S_A}{(3-1)}}{\dfrac{S_e}{(12-3)}} \sim F(2, 9)$.

对给定的检验水平 $\alpha = 0.05$，查表确定临界值 $F_{0.05}(2, 9) = 4.26$，
对给出的 X_{ij}，经计算得

$$S_A = \sum_{i=1}^{3} \frac{T_i^2}{n_i} - \frac{T^2}{n} = 71\,560.4 - \frac{925^2}{12} = 258.3,$$

$$S_e = \sum_{i=1}^{3} \sum_{j=1}^{n_i} X_{ij}^2 - \sum_{i=1}^{3} \frac{T_i^2}{n_i} = 71\,633 - 71\,560.4 = 72.6,$$

$$F = \frac{\dfrac{S_A}{2}}{\dfrac{S_e}{9}} = 16.01 > 4.26.$$

故拒绝 H_0，即可认为催化剂用量对合成物的产出量有显著影响.

习题 8.3

习题 8.3 答案

1. 粮食加工厂用 4 种不同方法储藏粮食，储藏一段时间后，分别测得粮食的含水率(单位：%) 如下：

储藏方法	含水率				
A_1	7.3	8.3	7.6	8.4	8.3
A_2	5.8	7.4	7.1		
A_3	8.1	6.4	7.0		
A_4	7.9	9.0			

问：在不同的储藏方法下，粮食的含水率是否有显著的差异($\alpha = 0.05$)？

2. 三台机器制造同一种产品，记录 5 天的产量如下表：

机器	日产量／件				
I	138	144	135	149	143
II	163	148	152	146	157
III	155	144	159	147	153

问：这三台机器的日产量是否有显著的差异($\alpha = 0.05$)？

3. 为了调查 1.5V3 号电池的寿命是否由于生产工厂的不同而有差别，将每个厂的产品各取 5 个，测定其寿命(单位：h)，结果如下表：

生产工厂	干电池寿命/h				
A_1	24.7	24.3	21.6	19.3	20.3
A_2	30.8	19.0	18.8	29.7	25.1
A_3	17.9	30.4	34.9	34.1	15.9
A_4	23.1	33.0	23.0	25.4	18.1
A_5	25.2	37.5	31.6	26.8	27.5

问：不同工厂生产的干电池寿命是否有显著的差异 $(\alpha = 0.1)$？

8.4　双因素方差分析

在例 8.3.3 中不同的催化剂用量会影响合成物的产出量，如果试验是在不同的化学合成中进行，不同的催化剂用量是否也会影响这种合成物的产出量？这便是**双因素方差分析**.

8.4.1　数学模型

设在试验中有两个因素在变化. 因素 A 有 r 个水平，A_1，A_2，$\cdots$，A_r，因素 B 有 s 个水平，B_1，B_2，$\cdots$，B_s，在水平组合 (A_i, B_j) 下试验结果为 X_{ij}，设 $X_{ij} \sim N(\mu_{ij}, \sigma^2)$，且相互独立，$i = 1, 2, \cdots, r$；$j = 1, 2, \cdots, s$. 令

$$\mu = \frac{1}{rs} \sum_{i=1}^{r} \sum_{j=1}^{s} \mu_{ij}, \quad \bar{\mu}_{i\cdot} = \frac{1}{s} \sum_{j=1}^{s} \mu_{ij}, \quad \bar{\mu}_{\cdot j} = \frac{1}{r} \sum_{i=1}^{r} \mu_{ij}, \quad \alpha_i = \bar{\mu}_{i\cdot} - \mu, \quad \beta_j = \bar{\mu}_{\cdot j} - \mu,$$

称 μ 为数学期望的总平均，α_i 为因素 A 第 i 水平的效应，β_j 为因素 B 第 j 水平的效应，显然有 $\sum_{i=1}^{r} \alpha_i = 0$，$\sum_{j=1}^{s} \beta_j = 0$，$\mu_{ij}$ 与效应 α_i，β_j 之间的关系有两种情形：

(1) $\mu_{ij} = \mu + \alpha_i + \beta_j$，

(2) $\mu_{ij} \neq \mu + \alpha_i + \beta_j$.

此时令 $r_{ij} = \mu_{ij} - \mu - \alpha_i - \beta_j$，称 r_{ij} 为因素 A 的第 i 水平与因素 B 的第 j 水平的**交互效应**. 下面举例说明什么是交互效应.

例 8.4.1　某农民在 4 块土质相同的土地上种植大豆，第一块地不施磷肥也不施氮肥，亩产 400 斤，第二块地施加 6 斤氮肥亩产 430 斤，第三块地施 4 斤磷肥亩产 450 斤，第四块地施加 6 斤氮肥和 4 斤磷肥亩产 560 斤.

由题意可知只加氮肥可增产 30 斤，只施磷肥可增产 50 斤，既施氮肥又施磷肥可增产 160 斤，即多增加 80 斤，这 80 斤就是交互效应.

本节我们只讨论情形 (1)，即 $\mu_{ij} = \mu + \alpha_i + \beta_j$，设

$$X_{ij} - \mu_{ij} = \varepsilon_{ij}, \quad \varepsilon_{ij} \sim N(0, \sigma^2),$$

则

$$\begin{cases} X_{ij} = \mu + \alpha_i + \beta_j + \varepsilon_{ij}, \\ \sum_{i=1}^{r} \alpha_i = 0, \ \sum_{j=1}^{s} \beta_j = 0, \ \varepsilon_{ij} \sim N(0, \sigma^2), \text{且相互独立}, \end{cases} \quad i = 1, 2, \cdots, r, \quad j = 1, 2, \cdots, s.$$

$$(8.4.1)$$

所要检验的假设有两个

$$H_{01}: \alpha_1 = \alpha_2 = \cdots = \alpha_r = 0,$$

$$H_{02}: \beta_1 = \beta_2 = \cdots = \beta_s = 0.$$

若检验结果拒绝 $H_{01}(H_{02})$，则认为因素 A(或 B) 的不同水平对试验结果有显著影响；若二者均不拒绝，那就说明因素 A 与 B 的不同水平对试验结果无显著影响.

8.4.2 假设检验

令

$$\overline{X}_{i\cdot} = \frac{1}{s}\sum_{j=1}^{s} X_{ij}, \quad \overline{X}_{\cdot j} = \frac{1}{r}\sum_{i=1}^{r} X_{ij}, \quad \overline{X} = \frac{1}{rs}\sum_{i=1}^{r}\sum_{j=1}^{s} X_{ij},$$

总的偏差平方和

$$\begin{aligned}
S_T &= \sum_{i=1}^{r}\sum_{j=1}^{s} (X_{ij} - \overline{X})^2 \\
&= \sum_{i=1}^{r}\sum_{j=1}^{s} [(X_{ij} - \overline{X}_{i\cdot} - \overline{X}_{\cdot j} + \overline{X}) + (\overline{X}_{i\cdot} - \overline{X}) + (\overline{X}_{\cdot j} - \overline{X})]^2 \\
&= \sum_{i=1}^{r}\sum_{j=1}^{s} [(X_{ij} - \overline{X}_{i\cdot} - \overline{X}_{\cdot j} + \overline{X})^2 + \sum_{i=1}^{r}\sum_{j=1}^{s} (\overline{X}_{i\cdot} - \overline{X})^2 + \sum_{i=1}^{r}\sum_{j=1}^{s} (\overline{X}_{\cdot j} - \overline{X})^2 \\
&= S_e + S_A + S_B,
\end{aligned}$$

可以证明上式中三个交叉乘积项的和均为零，所以

$$S_T = S_e + S_A + S_B,$$

$$S_e = \sum_{i=1}^{r}\sum_{j=1}^{s} (X_{ij} - \overline{X}_{i\cdot} - \overline{X}_{\cdot j} + \overline{X})^2,$$

$$S_A = \sum_{i=1}^{r}\sum_{j=1}^{s} (\overline{X}_{i\cdot} - \overline{X})^2 = s\sum_{i=1}^{r} (\overline{X}_{i\cdot} - \overline{X})^2,$$

$$S_B = r\sum_{j=1}^{s} (\overline{X}_{\cdot j} - \overline{X})^2.$$

将 $X_{ij} = \mu + \alpha_i + \beta_j + \varepsilon_{ij}$ 代入 S_e, S_A, S_B 后得

$$S_e = \sum_{i=1}^{r}\sum_{j=1}^{s} (\varepsilon_{ij} - \overline{\varepsilon}_{i\cdot} - \overline{\varepsilon}_{\cdot j} + \overline{\varepsilon})^2,$$

$$S_A = s\sum_{i=1}^{r} (\alpha_i - \overline{\varepsilon}_{i\cdot} - \overline{\varepsilon})^2,$$

$$S_B = r\sum_{j=1}^{s} (\beta_j - \overline{\varepsilon}_{\cdot j} - \overline{\varepsilon})^2.$$

故 S_e 反映了试验误差, S_A 主要反映了因素 A 的影响, S_B 主要反映了因素 B 的影响.

因 $\varepsilon_{ij} \sim N(0, \sigma^2)$, 可证 $\dfrac{S_e}{\sigma^2} \sim \chi^2((r-1)(S-1))$, 当 H_{01} 成立时, $\dfrac{S_A}{\sigma^2} \sim \chi^2(r-1)$, 且 S_e, S_A 独立, 从而

$$F_A = \frac{\dfrac{S_A}{(r-1)}}{\dfrac{S_e}{(r-1)(s-1)}} = \frac{(s-1)S_A}{S_e} \sim F((r-1),(r-1)(s-1)),$$

同样当 H_{02} 成立时, $\dfrac{S_B}{\sigma^2} \sim \chi^2(s-1)$, 且 S_e, S_B 独立, 从而

$$F_B = \frac{\dfrac{S_B}{(s-1)}}{\dfrac{S_e}{(r-1)(s-1)}} = \frac{(r-1)S_B}{S_e} \sim F((s-1),(r-1)(s-1)),$$

对给定的 α, 若 $F_A > F_{A_\alpha}((r-1),(r-1)(s-1))$, 则拒绝 H_{01};

若 $F_B > F_{B_\alpha}((s-1),(r-1)(s-1))$, 则拒绝 H_{02}, 具体计算时也可将上述过程列成方差分析表(表8.4.1)

表 8.4.1　双因素方差分析表

方差来源	平方和	自由度	均方和	F
因素 A	$S_A = \dfrac{1}{s}\sum\limits_{i=1}^{r} x_{i\cdot}^2 - n\bar{x}^2$	$r-1$	$\dfrac{S_A}{(r-1)}$	$F_A = \dfrac{(s-1)S_A}{S_e}$
因素 B	$S_B = \dfrac{1}{r}\sum\limits_{j=1}^{s} x_{\cdot j}^2 - n\bar{x}^2$	$s-1$	$\dfrac{S_B}{(s-1)}$	$F_B = \dfrac{(r-1)S_B}{S_e}$
误差 e	$S_e = S_T - S_A - S_B$	$(r-1)(s-1)$	$\dfrac{S_e}{(r-1)(s-1)}$	
总和	$S_T = \sum\limits_{i=1}^{r}\sum\limits_{j=1}^{s} x_{ij}^2 - n\bar{x}^2$	$rs-1$		

例 8.4.2　为了了解 3 种不同配比的饲料对仔猪生长影响的差异, 对 3 种不同品种的猪各送 3 头进行试验, 分别测得 3 个月间体重增加量. 假设其体重增长量服从正态分布, 且各种配比的方差相等, 试分析不同饲料与不同品种对猪生长有无显著影响(如表 8.4.2 所示, $\alpha = 0.05$).

表 8.4.2

因素 B (品种) ＼ 体重增长量 ＼ 因素 A(饲料)	B_1	B_2	B_3
A_1	51	56	45
A_2	53	57	49
A_3	52	58	47

解　假设 $H_{01}: \alpha_1 = \alpha_2 = \alpha_3 = 0$, $H_{02}: \beta_1 = \beta_2 = \beta_3 = 0$.

建立统计量 $F_A = \dfrac{(3-1)S_A}{S_e} = \dfrac{2S_A}{S_e} \sim F(2,4)$, $F_B = \dfrac{2S_B}{S_e} \sim F(2,4)$.

对于 $\alpha = 0.05$，查表得 $F_{A_{0.05}}(2,4) = F_{B_{0.05}}(2,4) = 6.94$，

由表 8.4.2 计算 F_A 和 F_B 的值：

表 8.4.3

	B_1	B_2	B_3	$x_{\cdot j}$	$\bar{x}_{\cdot j}$
A_1	51	56	45	152	50.67
A_2	53	57	49	159	53
A_3	52	58	47	157	52.33
$x_{i\cdot}$	156	171	141	$\sum_{i=1}^{3}\sum_{j=1}^{3} x_{ij} = 468$	
$\bar{x}_{i\cdot}$	52	57	47	$\bar{x} = 52$	

$$S_T = \sum_{i=1}^{3}\sum_{j=1}^{3} x_{ij}^2 - n\bar{x}^2 = 24\,298 - 24\,336 = 162,$$

$$n\bar{x}^2 = 24\,336,$$

$$S_A = \frac{1}{3}(152^2 + 159^2 + 157^2) - n\bar{x}^2 = 24\,344.67 - 24\,336 = 8.67,$$

$$S_B = \frac{1}{3}(156^2 + 171^2 + 141^2) - n\bar{x}^2 = 24\,486 - 24\,336 = 150,$$

$$S_e = S_T - S_A - S_B = 3.33,$$

所以

$$F_A = \frac{2S_A}{S_e} = 5.2 < 6.94,$$

$$F_B = \frac{2S_B}{S_e} = 90 > 6.94,$$

接受 H_{01}，拒绝 H_{02}，即认为：不同的饲料对猪体重的增长无显著影响，而品种的差异对猪体重的增长影响特别显著.

习题8.4

习题8.4 答案

1. 一火箭使用了 3 种推进器、4 种燃料做射程试验,测得射程数据如下表:

推进器　　　　燃料	B_1	B_2	B_3	B_4
A_1	58.2	49.1	60.1	75.8
A_2	56.2	54.1	70.9	58.2
A_3	65.3	51.6	39.2	48.7

试在 $\alpha = 0.05$ 下检验推进器之间、燃料之间分别有无显著差异?

2. 三个水稻品种在 5 个地区试种得亩产量(kg) 如下表所示:

种植地区　　　　品种	B_1	B_2	B_3
A_1	500	470	504
A_2	492	484	540
A_3	480	460	516
A_4	524	480	476
A_5	444	516	464

问品种与种植地区对水稻的亩产量是否有显著影响($\alpha = 0.05$)?

3. 为了考查某个合金中碳的含量(因素 A) 与锑铅含量(因素 B) 对合金强度的影响,对因素 A 取 3 个水平,因素 B 取 4 个水平;做一次试验,得数据如下表所示:

锑铅含量 B/%　　　　碳的含量 A/%	3.3	3.4	3.5	3.6
0.03	63.1	63.9	65.6	66.8
0.04	65.1	66.4	67.8	69.0
0.05	67.2	71.0	71.9	73.5

问碳的含量与锑铅含量对合金强度的影响是否显著($\alpha = 0.05$)?

习题八

习题八答案

1. 下表列出了 6 个工业发达国家在 1979 年的失业率 y 与国民经济增长率 x 的数据：

国家	国民经济增长率 x/%	失业率 y/%
美国	3.2	5.8
日本	5.6	2.1
法国	3.5	6.1
联邦德国	4.5	3.0
意大利	4.9	3.9
英国	1.4	5.7

（1）研究 y 与 x 之间的关系；

（2）建立 y 关于 x 的一元线性回归方程；

（3）对所求的回归方程作显著性检验（$\alpha = 0.05$）；

（4）若一个工业发达国家的国民经济增长率 $x = 3\%$，试求其失业率的预测值.

2. 在腐蚀刻线试验中，已知腐蚀深度 y 与腐蚀时间 x 有关，现收集到如下数据：

x/s	5	10	15	20	30	40	50	60	70	90	120
Y/μm	6	1010	13	16	17	19	23	25	29	46	

（1）作散点图，能否认为 y 与 x 之间有线性相关关系？

（2）建立 y 关于 x 的一元线性回归方程；

（3）用 F 统计量对所求的回归方程作显著性检验（$\alpha = 0.05$）；

（4）当腐蚀时间为 25 s 时，求腐蚀深度的概率为 0.95 的预测区间.

3. 混泥土的抗压强度 x 较易测定，其抗剪强度 y 不易测定. 工程中希望能由 x 计算 y，以便应用. 现测得一批对应数据如下表：

x/(kg/cm²)	141	152	168	182	195	204	223	254	277
y/(kg/cm²)	23.1	24.2	27.2	27.8	28.7	31.4	32.5	34.8	36.2

设 y 与 x 之间由如下关系：$y = a + b\ln x$，求线性回归方程.

4. 某农技员为检验不同的施肥方案对水稻产量有无显著影响，他用了 4 种施肥方案，每种方案在 3 块田上试验，得到 100 蔸禾的产量（单位：斤）如下表所示：

方案＼田块	1	2	3
A_1	5.5	6.5	6.0
A_2	5.5	5.0	4.5
A_3	7.5	5.5	6.0
A_4	7.0	8.0	6.0

假设这些田块土质相同,问不同的施肥方案对水稻产量有无显著影响($\alpha = 0.01$)?

5. 下表给出了小白鼠在接种不同菌型伤寒杆菌后的存活时间(单位: d),试问接种三种菌型后平均存活时间有无显著差异($\alpha = 0.05$)?

菌型	存活时间/d								
I	2	4	3	2	4	77	2	5	4
II	5	6	8	5	10	7	12	66	
III	7	11	66	7	9	5	10	6	3	10

6. 在某化工生产中为了提高收率,需要考虑浓度、温度两种因素的影响,为此选了3种不同浓度、4种不同温度进行交叉试验.已知温度与浓度的交互作用影响甚微,所以在浓度与温度的每种组合下各做一次试验,其收率数据如下表所示:

温度A＼收率＼温度B	B_1	B_2	B_3	B_4
A_1	99	86	88	85
A_2	84	85	82	81
A_3	80	88	87	89

问检验浓度、温度对收率有无显著影响($\alpha = 0.05$)?

附表 1 几种常用的概率分布

分布名称	参数	分布律或概率密度	数学期望	方差
0 - 1 分布	$0 < p < 1$	$P(X = k) = p^k(1 - p)^{1-k}$ $k = 0, 1$	p	$p(1 - p)$
二项分布	$n \geq 1$ $0 < p < 1$	$P(X = k) = C_n^k p^k (1 - p)^{n-k}$ $k = 0, 1, \cdots, n$	np	$np(1 - p)$
负二项分布	$r \geq 1$ $0 < p < 1$	$P(X = k) = C_{k-1}^{r-1} p^r (1 - p)^{k-r}$ $k = r, r + 1, \cdots$	$\dfrac{r}{p}$	$\dfrac{r(1 - p)}{p^2}$
几何分布	$0 < p < 1$	$P(X = k) = (1 - p)^{k-1}$ $k = 1, 2, \cdots$	$\dfrac{1}{p}$	$\dfrac{1 - p}{p^2}$
超几何分布	N, M, n $(n \leq M)$	$P(X = k) = \dfrac{C_M^k C_{N-M}^{n-k}}{C_N^n}$ $k = 0, 1, \cdots, n$	$\dfrac{nM}{N}$	$\dfrac{nM}{N}\left(1 - \dfrac{M}{N}\right)\left(\dfrac{N - n}{N - 1}\right)$
泊松分布	$\lambda > 0$	$P(X = k) = \dfrac{\lambda^k}{k!} e^{-\lambda}$ $k = 0, 1, \cdots$	λ	λ
均匀分布	$a < b$	$f(x) = \begin{cases} \dfrac{1}{b - a}, & a < x < b, \\ 0, & \text{其他.} \end{cases}$	$\dfrac{a + b}{2}$	$\dfrac{(b - a)^2}{12}$
正态分布	μ $\sigma > 0$	$f(x) = \dfrac{1}{\sqrt{2\pi}\sigma} e^{-\frac{(x-\mu)^2}{2\sigma^2}}$	μ	σ^2
Γ 分布	$\alpha > 0$ $\beta > 0$	$f(x) = \begin{cases} \dfrac{1}{\beta^\alpha \Gamma(\alpha)} x^{\alpha-1} e^{-\frac{x}{\beta}}, & x > 0, \\ 0, & \text{其他} \end{cases}$	$\alpha\beta$	$\alpha\beta^2$
指数分布	$\theta > 0$	$f(x) = \begin{cases} \dfrac{1}{\theta} e^{-\frac{x}{\theta}}, & x > 0, \\ 0, & \text{其他} \end{cases}$	θ	θ^2
χ^2 分布	$n \geq 1$	$f(x) = \begin{cases} \dfrac{1}{2^{\frac{n}{2}} \Gamma(n/2)} x^{\frac{n}{2}-1} e^{-\frac{x}{2}}, & x > 0, \\ 0, & \text{其他} \end{cases}$	n	$2n$
威布尔分布	$\eta > 0$ $\beta > 0$	$f(x) = \begin{cases} \dfrac{\beta}{\eta}\left(\dfrac{x}{\eta}\right)^{\beta-1} e^{-\left(\frac{x}{\eta}\right)^\beta}, & x > 0, \\ 0, & \text{其他} \end{cases}$	$\eta\Gamma\left(\dfrac{1}{\beta} + 1\right)$	$\eta^2\left\{\Gamma\left(\dfrac{2}{\beta} + 1\right) - \left[\Gamma\left(\dfrac{1}{\beta} + 1\right)\right]^2\right\}$
瑞利分布	$\sigma > 0$	$f(x) = \begin{cases} \dfrac{x}{\sigma^2} e^{x^2/(2\sigma^2)}, & x > 0, \\ 0, & \text{其他} \end{cases}$	$\sqrt{\dfrac{\pi}{2}}\sigma$	$\dfrac{4 - \pi}{2}\sigma^2$

续表

分布名称	参数	分布律或概率密度	数学期望	方差
β 分布	$\alpha > 0$ $\beta > 0$	$f(x) = \begin{cases} \dfrac{\Gamma(\alpha+\beta)}{\Gamma(\alpha)\Gamma(\beta)} x^{\alpha-1}(1-x)^{\beta-1}, & 0 < x < 1, \\ 0, & \text{其他} \end{cases}$	$\dfrac{\alpha}{\alpha+\beta}$	$\dfrac{\alpha\beta}{(\alpha+\beta)^2(\alpha+\beta+1)}$
对数正态分布	μ $\sigma > 0$	$f(x) = \begin{cases} \dfrac{1}{\sqrt{2\pi}\sigma x} e^{-\frac{(\ln\alpha-n)^2}{2\sigma^2}}, & x > 0, \\ 0, & \text{其他} \end{cases}$	$e^{\mu+\frac{\sigma^2}{2}}$	$e^{2\mu+\sigma^2}(e^{\sigma^2}-1)$
柯西分布	α $\lambda > 0$	$f(x) = \dfrac{1}{\pi}\dfrac{1}{\lambda^2+(x-a)^2}$	不存在	不存在
t 分布	$n \geq 1$	$f(x) = \dfrac{\Gamma(\frac{n+1}{2})}{\sqrt{n\pi}\,\Gamma(\frac{n}{2})}\left(1+\dfrac{x^2}{n}\right)^{-\frac{n+1}{2}}$	0	$\dfrac{n}{n-2},\ (n>2)$
F 分布	n_1, n_2	$f(x) = \begin{cases} \dfrac{\Gamma((n_1+n_2)/2)}{\Gamma(n_1/2)\Gamma(n_2/2)}\left(\dfrac{n_1}{n_2}\right)\left(\dfrac{n_1}{n_2}x\right)^{(n_1+n_2)/2} \\ \quad \cdot \left(1+\dfrac{n_1}{n_2}x\right)^{-(n_1+n_2)/2}, & x > 0, \\ 0, & \text{其他} \end{cases}$	$\dfrac{n_2}{n_2-2},$ $n_2 > 2$	$\dfrac{2n_2^2(n_1+n_2-2)}{n_1(n_2-2)^2(n_2-4)},$ $n_2 > 0$

附表2 泊松分布表

泊松分布表1，表中列出了 $P(X = k) = \dfrac{\lambda^k}{k!}e^{-\lambda}$ 的值.

k \ λ	0.1	0.2	0.3	0.4	0.5	0.6	0.7	0.8
0	0.904 837	0.818 731	0.740 818	0.670 320	0.606 531	0.548 812	0.496 585	0.449 329
1	0.090 484	0.163 746	0.222 245	0.268 128	0.303 265	0.329 287	0.347 610	0.359 463
2	0.004 524	0.016 375	0.033 337	0.053 626	0.075 816	0.098 786	0.121 663	0.143 785
3	0.000 151	0.001 092	0.003 334	0.007 150	0.012 636	0.019 757	0.028 388	0.038 343
4	0.000 004	0.000 055	0.000 250	0.000 715	0.001 580	0.002 964	0.004 968	0.007 669
5		0.000 002	0.000 015	0.000 057	0.000 158	0.000 356	0.000 696	0.001 227
6			0.000 001	0.000 004	0.000 013	0.000 036	0.000 081	0.000 164
7					0.000 001	0.000 003	0.000 008	0.000 019
8							0.000 001	0.000 002
9								

k \ λ	0.9	1.0	1.5	2.0	2.5	3.0	3.5	4.0
0	0.406 570	0.367 879	0.223 130	0.135 335	0.082 085	0.049 787	0.030 197	0.018 316
1	0.365 913	0.367 879	0.334 695	0.270 671	0.205 212	0.149 361	0.105 691	0.073 263
2	0.164 661	0.183 940	0.251 021	0.270 671	0.256 516	0.224 042	0.184 959	0.146 525
3	0.049 398	0.061 313	0.125 511	0.180 447	0.213 763	0.224 042	0.215 785	0.195 367
4	0.011 115	0.015 328	0.047 067	0.090 224	0.133 602	0.168 031	0.188 812	0.195 367
5	0.002 001	0.003 066	0.014 120	0.036 089	0.066 801	0.100 819	0.132 169	0.156 293
6	0.000 300	0.000 511	0.003 530	0.012 030	0.027 834	0.050 409	0.077 098	0.104 196
7	0.000 039	0.000 073	0.000 756	0.003 437	0.009 941	0.021 604	0.038 549	0.059 540
8	0.000 004	0.000 009	0.000 142	0.000 859	0.003 106	0.008 102	0.016 865	0.029 770
9		0.000 001	0.000 024	0.000 191	0.000 863	0.002 701	0.006 559	0.013 231
10			0.000 004	0.000 038	0.000 216	0.000 810	0.002 296	0.005 292
11				0.000 007	0.000 049	0.000 221	0.000 730	0.001 925
12				0.000 001	0.000 010	0.000 055	0.000 213	0.000 642
13					0.000 002	0.000 013	0.000 057	0.000 197
14						0.000 003	0.000 014	0.000 056
15						0.000 001	0.000 003	0.000 015
16							0.000 001	0.000 004
17								0.000 001

k \ λ	4.5	5.0	5.5	6.0	6.5	7.0	7.5	8.0
0	0.011 109	0.006 738	0.004 087	0.002 479	0.001 503	0.000 912	0.000 553	0.000 335
1	0.049 990	0.033 690	0.022 477	0.014 873	0.009 772	0.006 383	0.004 148	0.002 684
2	0.112 479	0.084 224	0.061 812	0.044 618	0.031 760	0.022 341	0.015 555	0.010 735
3	0.168 718	0.140 374	0.113 323	0.089 235	0.068 814	0.052 129	0.038 889	0.028 626
4	0.189 808	0.175 467	0.155 819	0.133 853	0.111 822	0.091 226	0.072 916	0.057 252
5	0.170 827	0.175 467	0.171 401	0.160 623	0.145 369	0.127 717	0.109 375	0.091 604
6	0.128 120	0.146 223	0.157 117	0.160 623	0.157 483	0.149 003	0.136 718	0.122 138
7	0.082 363	0.104 445	0.123 449	0.137 677	0.146 234	0.149 003	0.146 484	0.139 587
8	0.046 329	0.065 278	0.084 871	0.103 258	0.118 815	0.130 377	0.137 329	0.139 587
9	0.023 165	0.036 266	0.051 866	0.068 838	0.085 811	0.101 405	0.114 440	0.124 077
10	0.010 424	0.018 133	0.028 526	0.041 303	0.055 777	0.070 983	0.085 830	0.099 262
11	0.004 264	0.008 242	0.014 263	0.022 529	0.032 959	0.045 171	0.058 521	0.072 190
12	0.001 599	0.003 434	0.006 537	0.011 264	0.017 853	0.026 350	0.036 575	0.048 127

k \ λ	4.5	5.0	5.5	6.0	6.5	7.0	7.5	8.0
13	0.000 554	0.001 321	0.002 766	0.005 199	0.008 926	0.014 188	0.021 101	0.029 616
14	0.000 178	0.000 472	0.001 087	0.002 228	0.004 144	0.007 094	0.011 304	0.016 924
15	0.000 053	0.000 157	0.000 398	0.000 891	0.001 796	0.003 311	0.005 652	0.009 026
16	0.000 015	0.000 049	0.000 137	0.000 334	0.000 730	0.001 448	0.002 649	0.004 513
17	0.000 004	0.000 014	0.000 044	0.000 118	0.000 279	0.000 596	0.001 169	0.002 124
18	0.000 001	0.000 004	0.000 014	0.000 039	0.000 101	0.000 232	0.000 487	0.000 944
19		0.000 001	0.000 004	0.000 012	0.000 034	0.000 085	0.000 192	0.000 397
20			0.000 001	0.000 004	0.000 011	0.000 030	0.000 072	0.000 159
21				0.000 001	0.000 003	0.000 010	0.000 026	0.000 061
22					0.000 001	0.000 003	0.000 009	0.000 022
23						0.000 001	0.000 003	0.000 008
24							0.000 001	0.000 003
25								0.000 001

k \ λ	8.5	9.0	9.5	10	12	15	18	20
0	0.000 203	0.000 123	0.000 075	0.000 045	0.000 006	0.000 000	0.000 000	0.000 000
1	0.001 729	0.001 111	0.000 711	0.000 454	0.000 074	0.000 005	0.000 000	0.000 000
2	0.007 350	0.004 998	0.003 378	0.002 270	0.000 442	0.000 034	0.000 002	0.000 000
3	0.020 826	0.014 994	0.010 696	0.007 567	0.001 770	0.000 172	0.000 015	0.000 003
4	0.044 255	0.033 737	0.025 403	0.018 917	0.005 309	0.000 645	0.000 067	0.000 014
5	0.075 233	0.060 727	0.048 266	0.037 833	0.012 741	0.001 936	0.000 240	0.000 055
6	0.106 581	0.091 090	0.076 421	0.063 055	0.025 481	0.004 839	0.000 719	0.000 183
7	0.129 419	0.117 116	0.103 714	0.090 079	0.043 682	0.010 370	0.001 850	0.000 523
8	0.137 508	0.131 756	0.123 160	0.112 599	0.065 523	0.019 444	0.004 163	0.001 309
9	0.129 869	0.131 756	0.130 003	0.125 110	0.087 364	0.032 407	0.008 325	0.002 908
10	0.110 388	0.118 580	0.123 502	0.125 110	0.104 837	0.048 611	0.014 985	0.005 816
11	0.085 300	0.097 020	0.106 661	0.113 736	0.114 368	0.066 287	0.024 521	0.010 575
12	0.060 421	0.072 765	0.084 440	0.094 780	0.114 368	0.082 859	0.036 782	0.017 625
13	0.039 506	0.050 376	0.061 706	0.072 908	0.105 570	0.095 607	0.050 929	0.027 116
14	0.023 986	0.032 384	0.041 872	0.052 077	0.090 489	0.102 436	0.065 480	0.038 737
15	0.013 592	0.019 431	0.026 519	0.034 718	0.072 391	0.102 436	0.078 576	0.051 649
16	0.007 221	0.010 930	0.015 746	0.021 699	0.054 293	0.096 034	0.088 397	0.064 561
17	0.003 610	0.005 786	0.008 799	0.012 764	0.038 325	0.084 736	0.093 597	0.075 954
18	0.001 705	0.002 893	0.004 644	0.007 091	0.025 550	0.070 613	0.093 597	0.084 394
19	0.000 763	0.001 370	0.002 322	0.003 732	0.016 137	0.055 747	0.088 671	0.088 835

k \ λ	8.5	9.0	9.5	10	12	15	18	20
20	0.000 324	0.000 617	0.001 103	0.001 866	0.009 682	0.041 810	0.079 804	0.088 835
21	0.000 131	0.000 264	0.000 499	0.000 889	0.005 533	0.029 865	0.068 403	0.084 605
22	0.000 051	0.000 108	0.000 215	0.000 404	0.003 018	0.020 362	0.055 966	0.076 914
23	0.000 019	0.000 042	0.000 089	0.000 176	0.001 574	0.013 280	0.043 800	0.066 881
24	0.000 007	0.000 016	0.000 035	0.000 073	0.000 787	0.008 300	0.032 850	0.055 735
25	0.000 002	0.000 006	0.000 013	0.000 029	0.000 378	0.004 980	0.023 652	0.044 588
26	0.000 001	0.000 002	0.000 005	0.000 011	0.000 174	0.002 873	0.016 374	0.034 298
27		0.000 001	0.000 002	0.000 004	0.000 078	0.001 596	0.010 916	0.025 406
28			0.000 001	0.000 001	0.000 033	0.000 855	0.007 018	0.018 147
29				0.000 001	0.000 014	0.000 442	0.004 356	0.012 515
30					0.000 005	0.000 221	0.002 613	0.008 344
31					0.000 002	0.000 107	0.001 517	0.005 383
32					0.000 001	0.000 050	0.000 854	0.003 364
33						0.000 023	0.000 466	0.002 039
34						0.000 010	0.000 246	0.001 199
35						0.000 004	0.000 127	0.000 685
36						0.000 002	0.000 063	0.000 381
37						0.000 001	0.000 031	0.000 206
38							0.000 015	0.000 108
39							0.000 007	0.000 056

泊松分布表 2，表中列出了 $P(X = x) = \sum_{k=0}^{x} \frac{\lambda^k}{k!} e^{-\lambda}$ 的值.

λ \ x	0	1	2	3	4	5	6	7	8	9
0.02	0.980	1.000								
0.04	0.961	0.999	1.000							
0.06	0.942	0.998	1.000							
0.08	0.923	0.997	1.000							
0.10	0.905	0.995	1.000							
0.15	0.861	0.990	0.999	1.000						
0.20	0.819	0.982	0.999	1.000						
0.25	0.779	0.974	0.998	1.000						
0.30	0.741	0.963	0.996	1.000						
0.35	0.705	0.951	0.994	1.000						
0.40	0.670	0.938	0.992	0.999	1.000					
0.45	0.638	0.925	0.989	0.999	1.000					
0.50	0.607	0.910	0.986	0.998	1.000					
0.55	0.577	0.894	0.982	0.998	1.000					
0.60	0.549	0.878	0.977	0.997	1.000					
0.65	0.522	0.861	0.972	0.996	0.999	1.000				
0.70	0.497	0.844	0.966	0.994	0.999	1.000				
0.75	0.472	0.827	0.959	0.993	0.999	1.000				
0.80	0.449	0.809	0.953	0.991	0.999	1.000				
0.85	0.427	0.791	0.945	0.989	0.989	1.000				
0.90	0.407	0.772	0.937	0.987	0.998	1.000				
0.95	0.387	0.754	0.929	0.984	0.997	1.000				
1.00	0.368	0.736	0.920	0.981	0.996	0.999	1.000			
1.10	0.333	0.699	0.900	0.974	0.995	0.999	1.000			
1.20	0.301	0.663	0.879	0.966	0.992	0.998	1.000			
1.30	0.273	0.627	0.857	0.957	0.989	0.998	1.000			
1.40	0.247	0.592	0.833	0.946	0.986	0.997	0.999	1.000		
1.50	0.223	0.558	0.809	0.934	0.981	0.996	0.999	1.000		
1.60	0.202	0.525	0.783	0.921	0.976	0.994	0.999	1.000		
1.70	0.183	0.493	0.757	0.907	0.970	0.992	0.998	1.000		
1.80	0.165	0.463	0.731	0.891	0.964	0.990	0.997	0.999	1.000	
1.90	0.150	0.434	0.704	0.875	0.956	0.987	0.997	0.999	1.000	
2.00	0.135	0.406	0.677	0.857	0.947	0.983	0.995	0.999	1.000	
2.20	0.111	0.355	0.623	0.819	0.928	0.975	0.993	0.998	1.000	
2.40	0.091	0.308	0.570	0.779	0.904	0.964	0.989	0.997	0.999	1.000
2.60	0.074	0.267	0.518	0.736	0.877	0.951	0.983	0.995	0.999	1.000
2.80	0.061	0.231	0.469	0.692	0.848	0.935	0.976	0.992	0.998	0.999
3.00	0.050	0.199	0.423	0.647	0.815	0.916	0.966	0.988	0.996	0.999
3.20	0.041	0.171	0.380	0.603	0.781	0.895	0.955	0.983	0.994	0.998
3.40	0.033	0.147	0.340	0.558	0.744	0.871	0.942	0.977	0.992	0.997
3.60	0.027	0.126	0.303	0.515	0.706	0.844	0.927	0.969	0.988	0.996
3.80	0.022	0.107	0.269	0.473	0.668	0.816	0.909	0.960	0.984	0.994
4.00	0.018	0.092	0.238	0.433	0.629	0.785	0.889	0.949	0.979	0.992
4.20	0.015	0.078	0.210	0.395	0.590	0.753	0.867	0.936	0.972	0.989
4.40	0.012	0.066	0.185	0.359	0.551	0.720	0.844	0.921	0.964	0.985
4.60	0.010	0.056	0.163	0.326	0.513	0.686	0.818	0.905	0.955	0.980
4.80	0.008	0.048	0.143	0.294	0.476	0.651	0.791	0.887	0.944	0.975
5.00	0.007	0.040	0.125	0.265	0.440	0.616	0.762	0.867	0.932	0.968

续表

λ \ x	0	1	2	3	4	5	6	7	8	9
5.20	0.006	0.034	0.109	0.238	0.406	0.581	0.732	0.845	0.918	
5.40	0.005	0.029	0.095	0.213	0.373	0.546	0.702	0.822	0.903	
5.60	0.004	0.024	0.082	0.191	0.342	0.512	0.670	0.797	0.886	
5.80	0.003	0.021	0.072	0.170	0.313	0.478	0.638	0.771	0.867	
6.00	0.002	0.017	0.062	0.151	0.285	0.446	0.606	0.744	0.847	

λ \ x	10	11	12	13	14	15	16
2.80	1.000						
3.00	1.000						
3.20	1.000						
3.40	0.999	1.000					
3.60	0.999	1.000					
3.80	0.998	0.999	1.000				
4.00	0.997	0.999	1.000				
4.20	0.996	0.999	1.000				
4.40	0.994	0.998	0.999	1.000			
4.60	0.992	0.997	0.999	1.000			
4.80	0.990	0.996	0.999	1.000			
5.00	0.986	0.995	0.998	0.999	1.000		
5.20	0.982	0.993	0.997	0.999	1.000		
5.40	0.977	0.990	0.996	0.999	1.000		
5.60	0.972	0.988	0.995	0.998	0.999	1.000	
5.80	0.965	0.984	0.993	0.997	0.999	1.000	
6.00	0.957	0.980	0.991	0.996	0.999	0.999	1.000

λ \ x	0	1	2	3	4	5	6	7	8	9
6.20	0.002	0.015	0.054	0.134	0.259	0.414	0.574	0.716	0.826	0.902
6.40	0.002	0.012	0.046	0.119	0.235	0.384	0.542	0.687	0.803	0.886
6.60	0.001	0.010	0.040	0.105	0.213	0.355	0.511	0.758	0.780	0.869
6.80	0.001	0.009	0.034	0.093	0.192	0.327	0.480	0.628	0.755	0.850
7.00	0.001	0.007	0.030	0.082	0.173	0.301	0.450	0.599	0.729	0.830
7.20	0.001	0.006	0.025	0.072	0.156	0.276	0.420	0.569	0.703	0.810
7.40	0.001	0.005	0.022	0.063	0.140	0.253	0.392	0.539	0.676	0.788
7.60	0.001	0.004	0.019	0.055	0.125	0.231	0.365	0.510	0.648	0.765
7.80	0.000	0.004	0.016	0.048	0.112	0.210	0.338	0.481	0.620	0.741
8.00	0.000	0.003	0.014	0.042	0.100	0.191	0.313	0.453	0.593	0.717
8.50	0.000	0.002	0.009	0.030	0.074	0.150	0.256	0.386	0.523	0.653
9.00	0.000	0.001	0.006	0.021	0.055	0.116	0.207	0.324	0.456	0.587
9.50	0.000	0.001	0.004	0.015	0.040	0.089	0.165	0.269	0.392	0.522
10.00	0.000	0.000	0.003	0.010	0.029	0.067	0.130	0.220	0.333	0.458

λ \ x	10	11	12	13	14	15	16	17	18	19
6.20	0.949	0.975	0.989	0.995	0.998	0.999	1.000			
6.40	0.939	0.969	0.986	0.994	0.997	0.999	1.000			
6.60	0.927	0.963	0.982	0.992	0.997	0.999	0.999	1.000		
6.80	0.915	0.955	0.978	0.990	0.996	0.998	0.999	1.000		
7.00	0.901	0.947	0.973	0.987	0.994	0.998	0.999	1.000		
7.20	0.887	0.937	0.967	0.984	0.993	0.997	0.999	0.999	1.000	
7.40	0.871	0.926	0.961	0.980	0.991	0.996	0.998	0.999	1.000	

续表

λ \ x	10	11	12	13	14	15	16	17	18	19
7.60	0.854	0.915	0.954	0.976	0.989	0.995	0.998	0.999	1.000	
7.80	0.835	0.902	0.945	0.971	0.986	0.993	0.997	0.999	1.000	
8.00	0.816	0.888	0.936	0.966	0.983	0.992	0.996	0.998	0.999	1.000
8.50	0.763	0.849	0.909	0.949	0.973	0.986	0.993	0.997	0.999	0.999
9.00	0.706	0.803	0.876	0.926	0.959	0.978	0.989	0.995	0.998	0.999
9.50	0.645	0.752	0.836	0.898	0.940	0.967	0.982	0.991	0.996	0.998
10.00	0.583	0.697	0.792	0.864	0.917	0.951	0.973	0.986	0.993	0.997

λ \ x	20	21	22
8.50	1.000		
9.00	1.000		
9.50	0.999	1.000	
10.00	0.998	0.999	1.000

λ \ x	0	1	2	3	4	5	6	7	8	9
10.50	0.000	0.000	0.002	0.007	0.021	0.050	0.102	0.179	0.279	0.397
11.00	0.000	0.000	0.001	0.005	0.015	0.038	0.079	0.143	0.232	0.341
11.50	0.000	0.000	0.001	0.003	0.011	0.028	0.060	0.114	0.191	0.289
12.00	0.000	0.000	0.001	0.002	0.008	0.020	0.046	0.090	0.155	0.242
12.50	0.000	0.000	0.000	0.002	0.005	0.015	0.035	0.070	0.125	0.201
13.00	0.000	0.000	0.000	0.001	0.004	0.011	0.026	0.054	0.100	0.166
13.50	0.000	0.000	0.000	0.001	0.003	0.008	0.019	0.041	0.079	0.135
14.00	0.000	0.000	0.000	0.000	0.002	0.006	0.014	0.032	0.062	0.109
14.50	0.000	0.000	0.000	0.000	0.001	0.004	0.010	0.024	0.048	0.088
15.00	0.000	0.000	0.000	0.000	0.001	0.003	0.008	0.018	0.037	0.070

λ \ x	10	11	12	13	14	15	16	17	18	19
10.50	0.521	0.639	0.742	0.825	0.888	0.932	0.960	0.978	0.988	0.994
11.00	0.460	0.579	0.689	0.781	0.854	0.907	0.944	0.968	0.982	0.991
11.50	0.402	0.520	0.633	0.733	0.815	0.878	0.924	0.954	0.974	0.986
12.00	0.347	0.462	0.576	0.682	0.772	0.844	0.899	0.937	0.963	0.979
12.50	0.297	0.406	0.519	0.628	0.725	0.806	0.869	0.916	0.948	0.969
13.00	0.252	0.353	0.463	0.573	0.675	0.764	0.835	0.890	0.930	0.957
13.50	0.211	0.304	0.409	0.518	0.623	0.718	0.798	0.861	0.908	0.942
14.00	0.176	0.260	0.358	0.464	0.570	0.669	0.756	0.827	0.883	0.923
14.50	0.145	0.220	0.311	0.413	0.518	0.619	0.711	0.790	0.853	0.901
15.00	0.118	0.185	0.268	0.363	0.466	0.568	0.664	0.749	0.819	0.875

λ \ x	20	21	22	23	24	25	26	27	28	29
10.50	0.997	0.999	0.999	1.000						
11.00	0.995	0.998	0.999	1.000						
11.50	0.992	0.996	0.998	0.999	1.000					
12.00	0.988	0.994	0.997	0.999	0.999	1.000				
12.50	0.983	0.991	0.995	0.998	0.999	0.999	1.000			
13.00	0.975	0.986	0.992	0.996	0.998	0.999	1.000			
13.50	0.965	0.980	0.989	0.994	0.997	0.998	0.999	1.000		
14.00	0.952	0.971	0.983	0.991	0.995	0.997	0.999	0.999	1.000	
14.50	0.936	0.960	0.976	0.986	0.992	0.996	0.998	0.999	0.999	1.000
15.00	0.917	0.947	0.967	0.981	0.989	0.994	0.997	0.998	0.999	1.000

续表

λ\x	0	1	2	3	4	5	6	7	8	9
16.00	0.000	0.001	0.004	0.010	0.022	0.043	0.077	0.127	0.193	0.275
17.00	0.000	0.001	0.002	0.005	0.013	0.026	0.049	0.085	0.135	0.201
18.00	0.000	0.000	0.001	0.003	0.007	0.015	0.030	0.055	0.092	0.143
19.00	0.000	0.000	0.001	0.002	0.004	0.009	0.018	0.035	0.061	0.098
20.00	0.000	0.000	0.000	0.001	0.002	0.005	0.011	0.021	0.039	0.066
21.00	0.000	0.000	0.000	0.000	0.001	0.003	0.006	0.013	0.025	0.043
22.00	0.000	0.000	0.000	0.000	0.001	0.002	0.004	0.008	0.015	0.028
23.00	0.000	0.000	0.000	0.000	0.000	0.001	0.002	0.004	0.009	0.017
24.00	0.000	0.000	0.000	0.000	0.000	0.000	0.001	0.003	0.005	0.011
25.00	0.000	0.000	0.000	0.000	0.000	0.000	0.001	0.001	0.003	0.006

λ\x	14	15	16	17	18	19	20	21	22	23
16.00	0.368	0.467	0.566	0.659	0.742	0.812	0.868	0.911	0.942	0.963
17.00	0.281	0.371	0.468	0.564	0.655	0.736	0.805	0.861	0.905	0.937
18.00	0.208	0.287	0.375	0.496	0.562	0.651	0.731	0.799	0.855	0.899
19.00	0.150	0.215	0.292	0.378	0.469	0.561	0.647	0.725	0.793	0.849
20.00	0.105	0.157	0.221	0.297	0.381	0.470	0.559	0.644	0.721	0.787
21.00	0.072	0.111	0.163	0.227	0.302	0.384	0.471	0.558	0.640	0.716
22.00	0.048	0.077	0.117	0.169	0.232	0.306	0.387	0.472	0.556	0.637
23.00	0.031	0.052	0.082	0.123	0.175	0.238	0.310	0.389	0.472	0.555
24.00	0.020	0.034	0.056	0.087	0.128	0.180	0.243	0.314	0.392	0.473
25.00	0.012	0.022	0.038	0.060	0.092	0.134	0.185	0.247	0.318	0.394

λ\x	24	25	26	27	28	29	30	31	32	33
16.00	0.987	0.987	0.993	0.996	0.998	0.999	0.999	1.000		
17.00	0.959	0.975	0.985	0.991	0.995	0.997	0.999	0.999	1.000	
18.00	0.932	0.955	0.972	0.983	0.990	0.994	0.997	0.998	0.999	1.000
19.00	0.893	0.927	0.951	0.969	0.980	0.988	0.993	0.996	0.998	0.999
20.00	0.843	0.888	0.922	0.948	0.966	0.978	0.987	0.992	0.995	0.997
21.00	0.782	0.838	0.883	0.917	0.944	0.963	0.976	0.985	0.991	0.994
22.00	0.712	0.777	0.832	0.877	0.913	0.940	0.959	0.973	0.983	0.989
23.00	0.635	0.708	0.772	0.827	0.873	0.908	0.936	0.956	0.971	0.981
24.00	0.554	0.632	0.704	0.768	0.823	0.868	0.904	0.932	0.953	0.969
25.00	0.473	0.553	0.629	0.700	0.763	0.818	0.863	0.900	0.929	0.950

λ\x	34	35	36	37	38	39	40	41	42	43
19.00	0.999	1.000								
20.00	0.999	0.999	1.000							
21.00	0.997	0.998	0.999	0.999	1.000					
22.00	0.994	0.996	0.998	0.999	0.999	1.000				
23.00	0.989	0.993	0.996	0.997	0.999	0.999	1.000			
24.00	0.979	0.987	0.992	0.995	0.997	0.998	0.999	0.999	1.000	
25.00	0.966	0.978	0.985	0.991	0.994	0.997	0.998	0.999	1.000	

附表3 标准正态分布表

$$\Phi(z) = \int_{-\infty}^{z} \frac{1}{\sqrt{2\pi}} e^{-\frac{u^2}{2}} du = P(Z \leqslant z)$$

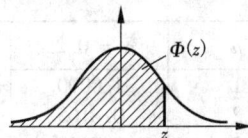

z	0	1	2	3	4	5	6	7	8	9
0.0	0.5000	0.5040	0.5080	0.5120	0.5160	0.5199	0.5239	0.5279	0.5319	0.5359
0.1	0.5398	0.5438	0.5478	0.5517	0.5557	0.5596	0.5636	0.5675	0.5714	0.5753
0.2	0.5793	0.5832	0.5871	0.5910	0.5948	0.5987	0.6026	0.6064	0.6103	0.6141
0.3	0.6179	0.6217	0.6255	0.6293	0.6331	0.6368	0.6406	0.6443	0.6480	0.6517
0.4	0.6554	0.6591	0.6628	0.6664	0.6700	0.6736	0.6772	0.6808	0.6844	0.6879
0.5	0.6915	0.6950	0.6985	0.7019	0.7054	0.7088	0.7123	0.7157	0.7190	0.7224
0.6	0.7257	0.7291	0.7324	0.7357	0.7389	0.7422	0.7454	0.7486	0.7517	0.7549
0.7	0.7580	0.7611	0.7642	0.7673	0.7703	0.7734	0.7764	0.7794	0.7823	0.7352
0.8	0.7881	0.7910	0.7939	0.7967	0.7995	0.8023	0.8051	0.8078	0.8106	0.8133
0.9	0.8159	0.8186	0.8212	0.8238	0.8264	0.8289	0.8315	0.8340	0.8365	0.8389
1.0	0.8413	0.8438	0.8461	0.8485	0.8508	0.8531	0.8554	0.8577	0.8599	0.8601
1.1	0.8643	0.8665	0.8686	0.8708	0.8729	0.8749	0.8770	0.8790	0.8810	0.8830
1.2	0.8849	0.8869	0.8888	0.8907	0.8925	0.8944	0.8962	0.8980	0.8997	0.9015
1.3	0.9032	0.9049	0.9066	0.9082	0.9099	0.9115	0.9131	0.9147	0.9162	0.9177
1.4	0.9192	0.9207	0.9222	0.9236	0.9251	0.9265	0.9278	0.9292	0.9306	0.9319
1.5	0.9332	0.9345	0.9357	0.9370	0.9382	0.9394	0.9406	0.9418	0.9430	0.9441
1.6	0.9452	0.9463	0.9474	0.9484	0.9495	0.9505	0.9515	0.9525	0.9535	0.9545
1.7	0.9554	0.9564	0.9573	0.9582	0.9591	0.9599	0.9608	0.9616	0.9625	0.9633
1.8	0.9641	0.9648	0.9656	0.9664	0.9671	0.9673	0.9686	0.9693	0.9700	0.9706
1.9	0.9713	0.9719	0.9726	0.9732	0.9738	0.9744	0.9750	0.9756	0.9762	0.9767
2.0	0.9772	0.9778	0.9783	0.9788	0.9793	0.9798	0.9803	0.9808	0.9812	0.9817
2.1	0.9821	0.9826	0.9830	0.9834	0.9838	0.9842	0.9846	0.9850	0.9854	0.9857
2.2	0.9861	0.9864	0.9868	0.9871	0.9874	0.9878	0.9881	0.9884	0.9887	0.9890
2.3	0.9893	0.9896	0.9898	0.9901	0.9904	0.9906	0.9909	0.9911	0.9913	0.9916
2.4	0.9918	0.9920	0.9922	0.9925	0.9927	0.9929	0.9931	0.9932	0.9934	0.9936
2.5	0.9938	0.9940	0.9941	0.9943	0.9945	0.9946	0.9948	0.9949	0.9951	0.9952
2.6	0.9953	0.9955	0.9956	0.9957	0.9953	0.9960	0.9961	0.9962	0.9963	0.9964
2.7	0.9965	0.9966	0.9967	0.9968	0.9969	0.9970	0.9971	0.9972	0.9973	0.9974
2.8	0.9974	0.9975	0.9976	0.9977	0.9977	0.9978	0.9979	0.9979	0.9980	0.9981
2.9	0.9981	0.9982	0.9982	0.9983	0.9984	0.9984	0.9985	0.9985	0.9986	0.9986
3.0	0.9987	0.9990	0.9993	0.9995	0.9997	0.9698	0.9999	0.9999	0.9999	1.0000

注:表中末行系函数值 $\Phi(3.0), \Phi(3.1), \cdots, \Phi(3.9)$

附表 4　t 分布表

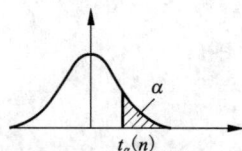

$$P\{t(n) > t_\alpha(n)\} = \alpha$$

n	$\alpha = 0.25$	0.10	0.05	0.025	0.01	0.005
1	1.0000	3.0777	6.3138	12.7062	31.8207	63.6574
2	0.8165	1.8856	2.9200	4.3027	6.9646	9.9248
3	0.7649	1.6377	2.3534	3.1824	4.5407	5.8409
4	0.7407	1.5332	2.1318	2.7764	3.7469	4.6041
5	0.7267	1.4759	2.0150	2.5706	3.3649	4.0322
6	0.7176	1.4398	1.9432	2.4469	3.1427	3.7074
7	0.7111	1.4149	1.8946	2.3646	2.9980	3.4995
8	0.7064	1.3968	1.8595	2.3060	2.8965	3.3554
9	0.7027	1.3830	1.8331	2.2622	2.8214	3.2498
10	0.6998	1.3722	1.8125	2.2281	2.7638	3.1693
11	0.6974	1.3634	1.7959	2.2010	2.7181	3.1058
12	0.6955	1.3562	1.7823	2.1788	2.6810	3.0545
13	0.6938	1.3502	1.7709	2.1604	2.6503	3.0123
14	0.6924	1.3450	1.7613	2.1448	2.6245	2.9763
15	0.6912	1.3406	1.7531	2.1315	2.6025	2.9467
16	0.6901	1.3368	1.7459	2.1199	2.5835	2.9208
17	0.6892	1.3334	1.7396	2.1098	2.5669	2.8982
18	0.6884	1.3304	1.7341	2.1009	2.5524	2.8784
19	0.6876	1.3277	1.7291	2.0930	2.5395	2.8609
20	0.6870	1.3253	1.7247	2.0860	2.5280	2.8453
21	0.6864	1.3232	1.7207	2.0796	2.5177	2.8314
22	0.6858	1.3212	1.7171	2.0739	2.5083	2.8188
23	0.6853	1.3195	1.7139	2.0687	2.4999	2.8073
24	0.6848	1.3178	1.7109	2.0639	2.4992	2.7969
25	0.6844	1.3163	1.7081	2.0595	2.4851	2.7874
26	0.6840	1.3150	1.7056	2.0555	2.4786	2.7787
27	0.6837	1.3137	1.7033	2.0518	2.4727	2.7707
28	0.6834	1.3125	1.7011	2.0484	2.4671	2.7633
29	0.6830	1.3114	1.6991	2.0452	2.4620	2.7564
30	0.6828	1.3104	1.6973	2.0423	2.4573	2.7500
31	0.6825	1.3095	1.6955	2.0395	2.4528	2.7440
32	0.6822	1.3086	1.6939	2.0369	2.4487	2.7385
33	0.6820	1.3077	1.6924	2.0345	2.4448	2.7333
34	0.6818	1.3070	1.6909	2.0322	2.4411	2.7284
35	0.6816	1.3062	1.6896	2.0301	2.4377	2.7238
36	0.6814	1.3055	1.6883	2.0281	2.4345	2.7195
37	0.6812	1.3049	1.6871	2.0262	2.4314	2.7154
38	0.6810	1.3042	1.6860	2.0244	2.4286	2.7116
39	0.6808	1.3036	1.6849	2.0227	2.4258	2.7079
40	0.6807	1.3031	1.6839	2.0211	2.4233	2.7045
41	0.6805	1.3025	1.6829	2.0195	2.4208	2.7012
42	0.6804	1.3020	1.6820	2.0181	2.4185	2.6981
43	0.6802	1.3016	1.6811	2.0167	2.4163	2.6951
44	0.6801	1.3011	1.6802	2.0154	2.4141	2.6923
45	0.6800	1.3006	1.6794	2.0141	2.4121	2.6896

附表5 χ^2 分布表

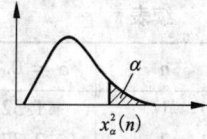

$P\{\chi^2(n) > \chi^2_\alpha(n)\} = \alpha$

n	$\alpha = 0.995$	0.990	0.975	0.950	0.900	0.750
1	—	—	0.001	0.004	0.016	0.102
2	0.010	0.020	0.051	0.103	0.211	0.575
3	0.010	0.115	0.216	0.352	0.584	1.213
4	0.072	0.297	0.484	0.711	1.064	1.923
5	0.412	0.554	0.831	1.145	1.610	2.675
6	0.676	0.872	1.237	1.635	2.200	3.455
7	0.989	1.239	1.690	2.167	2.833	4.255
8	1.344	1.646	2.180	2.733	3.490	5.071
9	1.735	2.088	2.700	3.325	4.168	5.899
10	2.156	2.558	3.247	3.940	4.865	6.737
11	2.603	3.053	3.816	4.575	5.578	7.584
12	3.074	3.571	4.404	5.226	6.304	8.438
13	3.565	4.107	5.009	5.892	7.042	9.299
14	4.075	4.660	5.629	6.571	7.790	10.165
15	4.601	5.229	6.262	7.261	8.547	11.037
16	5.142	5.812	6.908	7.962	9.312	11.912
17	5.697	6.408	7.564	8.672	10.085	12.792
18	6.265	7.015	8.231	9.390	10.865	13.675
19	6.844	7.633	8.907	10.117	11.651	14.562
20	7.434	8.260	9.591	10.851	12.443	15.452
21	8.034	8.897	10.283	11.591	13.240	16.344
22	8.643	9.542	10.982	12.338	14.042	17.240
23	9.260	10.196	11.689	13.091	14.848	18.137
24	9.886	10.856	12.401	13.848	15.659	19.037
25	10.520	11.524	13.120	14.611	16.473	19.939
26	11.160	12.198	13.844	15.379	17.292	20.843
27	11.808	12.879	14.573	16.151	18.114	21.749
28	12.461	13.565	15.308	16.928	18.939	22.657
29	13.121	14.257	16.047	17.708	19.768	23.567
30	13.787	14.954	16.791	18.493	20.599	24.478
31	14.458	15.655	17.539	19.281	21.431	25.390
32	15.134	16.362	18.291	20.072	22.271	26.304
33	15.815	17.074	19.047	20.867	23.110	27.219
34	16.501	17.789	19.806	21.664	23.952	28.054
35	17.192	18.509	20.569	22.465	24.797	29.054
36	17.887	19.233	21.336	23.269	25.643	29.973
37	18.586	19.960	22.106	24.075	26.492	30.893
38	19.289	20.691	22.878	24.884	27.343	31.815
39	19.996	21.426	23.654	25.695	28.196	32.737
40	20.707	22.164	24.33	26.519	29.051	33.660
41	21.421	22.906	25.215	27.326	29.907	34.585
42	22.138	23.650	25.999	28.144	30.765	35.510
43	22.859	24.398	26.785	28.965	31.625	36.436
44	23.584	25.148	27.575	29.787	32.487	37.363
45	24.311	25.901	28.366	30.612	33.350	38.291

续表

n	$\alpha = 0.250$	0.100	0.050	0.025	0.010	0.005
1	1.323	2.706	3.841	5.024	6.635	7.879
2	2.773	4.605	5.991	7.378	9.210	10.597
3	4.108	6.251	7.815	9.348	11.345	12.838
4	5.385	7.779	9.488	11.143	13.277	14.860
5	6.626	9.236	11.071	12.833	15.086	16.750
6	7.841	10.645	12.592	14.449	16.812	18.548
7	9.037	12.017	14.067	16.013	18.475	20.278
8	10.219	13.362	15.507	17.535	20.090	21.955
9	11.389	14.684	16.919	19.023	21.666	23.589
10	12.549	15.987	18.307	20.483	23.209	25.188
11	13.701	17.275	19.675	21.920	24.725	26.757
12	14.845	18.549	21.026	23.337	26.217	28.299
13	15.984	19.812	22.362	24.736	27.688	29.819
14	17.117	21.064	23.685	26.119	29.141	31.319
15	18.245	22.307	24.996	27.488	30.578	32.801
16	19.369	23.542	26.296	28.845	32.000	34.267
17	20.489	24.769	27.587	30.191	33.409	35.718
18	21.605	25.989	28.869	31.526	34.805	37.156
19	22.718	27.204	30.144	32.852	36.161	38.582
20	23.828	28.412	31.410	34.170	37.566	39.997
21	24.935	29.615	32.671	35.479	38.932	41.401
22	26.039	30.813	33.924	36.781	40.289	42.796
23	27.141	32.007	35.172	38.076	41.638	44.181
24	28.241	33.196	36.415	39.364	42.980	45.559
25	29.339	34.382	37.652	40.646	44.314	46.928
26	30.435	35.563	38.885	41.923	45.642	48.290
27	31.528	36.741	40.113	43.194	46.963	49.645
28	32.620	37.916	41.337	44.461	48.278	50.993
29	33.711	39.087	42.557	45.722	49.588	52.336
30	34.800	40.256	43.773	46.979	50.892	53.672
31	35.887	41.422	44.985	48.232	52.191	55.003
32	36.973	42.585	46.194	49.480	53.486	56.328
33	38.058	43.745	47.400	50.725	54.776	57.648
34	39.141	44.903	48.602	51.966	56.061	58.964
35	40.223	46.059	49.802	53.203	57.342	60.275
36	41.304	47.212	50.998	54.437	58.619	61.581
37	42.383	48.363	52.192	55.668	59.892	62.883
38	43.462	49.513	53.384	56.896	61.162	64.181
39	44.539	50.660	54.572	58.120	62.428	65.476
40	45.616	51.805	55.758	59.342	63.691	66.766
41	46.692	52.949	56.942	60.561	64.950	68.053
42	47.766	54.090	58.124	61.777	66.206	69.336
43	48.840	55.230	59.304	62.206	67.459	70.616
44	49.913	56.369	60.481	64.201	68.710	71.893
45	50.985	57.505	61.656	65.410	69.957	73.166

附表6 *F* 分布表

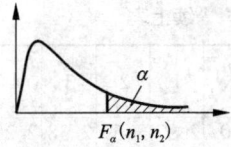

$$P\{F(n_1,n_2) > F_\alpha(n_1,n_2)\} = \alpha,$$

$$\alpha = 0.10$$

n_2 \ n_1	1	2	3	4	5	6	7	8	9	10
1	39.86	49.50	53.59	55.83	57.24	58.20	58.91	59.44	59.86	60.19
2	8.53	9.00	9.16	9.21	9.29	9.33	9.35	9.37	9.38	9.39
3	5.54	5.46	5.39	5.34	5.31	5.28	5.27	5.25	5.24	3.23
4	4.54	4.32	4.19	4.11	4.05	4.01	3.98	3.95	3.94	3.92
5	4.06	3.78	3.62	3.52	3.45	3.40	3.37	3.34	3.32	2.30
6	3.78	3.46	3.29	3.18	3.11	3.05	3.01	2.98	2.96	2.94
7	3.59	3.26	3.07	2.96	2.88	2.83	2.78	2.75	2.72	2.70
8	3.56	3.11	2.92	2.81	2.73	2.67	2.62	2.59	2.56	2.54
9	3.36	3.01	2.81	2.69	2.61	2.55	2.51	2.47	2.44	2.42
10	3.29	2.92	2.73	2.61	2.52	2.46	2.41	2.38	2.35	2.32
11	3.23	2.86	2.66	2.54	2.45	2.39	2.34	2.30	2.27	2.25
12	3.18	2.81	2.61	2.48	2.39	2.33	2.28	2.24	2.21	2.19
13	3.14	2.76	2.56	2.43	2.35	2.28	2.23	2.20	2.16	2.14
14	3.10	2.73	2.52	2.39	2.31	2.24	2.19	2.15	2.12	2.10
15	3.07	2.70	2.49	2.36	2.27	2.21	2.16	2.12	2.09	2.06
16	3.05	2.67	2.46	2.33	2.24	2.18	2.13	2.09	2.06	2.03
17	3.03	2.64	2.44	2.31	2.22	2.15	2.10	2.06	2.03	2.00
18	3.01	2.62	2.42	2.29	2.20	2.13	2.08	2.04	2.00	1.98
19	2.99	2.61	2.40	2.27	2.18	2.11	2.06	2.02	1.98	1.96

n_2 \ n_1	12	15	20	24	30	40	60	120	∞
1	60.71	61.22	61.74	62.00	62.26	62.53	62.79	63.06	93.33
2	9.41	9.42	9.44	9.45	9.46	9.47	9.47	9.48	9.49
3	5.22	5.20	5.18	5.18	5.17	5.16	5.15	5.14	5.13
4	3.90	3.87	3.84	3.83	3.82	3.80	3.79	3.78	3.76
5	3.27	3.24	3.21	3.19	3.17	3.16	3.14	3.12	3.10
6	2.90	2.87	2.84	2.82	2.80	2.78	2.76	2.74	2.72
7	2.67	2.63	2.59	2.58	2.56	2.54	2.51	2.49	2.47
8	2.50	2.46	2.42	2.40	2.38	2.36	2.34	2.32	2.29
9	2.38	2.34	2.30	2.28	2.25	2.23	2.21	2.18	2.16
10	2.28	2.24	2.20	2.18	2.16	2.13	2.11	2.08	2.06
11	2.21	2.17	2.12	2.10	2.08	2.05	2.03	2.00	1.97
12	2.15	2.10	2.06	2.04	2.01	1.99	1.96	1.93	1.90
13	2.10	2.05	2.01	1.98	1.96	1.93	1.90	1.88	1.85
14	2.05	2.01	1.96	1.94	1.91	1.89	1.86	1.83	1.80
15	2.02	1.97	1.92	1.90	1.87	1.85	1.82	1.79	1.76
16	1.99	1.94	1.89	1.87	1.84	1.81	1.78	1.75	1.72
17	1.96	1.91	1.86	1.84	1.81	1.78	1.75	1.72	1.69
18	1.93	1.89	1.84	1.81	1.78	1.75	1.72	1.69	1.66
19	1.91	1.86	1.81	1.79	1.76	1.73	1.70	1.67	1.63

续上表　　　　　　　　α = 0.10

n_1 $\backslash$ n_2	1	2	3	4	5	6	7	8	9	10	12	15	20	24	30	40	60	120	∞
20	2.97	2.59	2.38	2.25	2.16	2.09	2.02	2.00	1.96	1.94	1.89	1.84	1.79	1.77	1.74	1.71	1.68	1.64	1.61
21	2.96	2.57	2.36	2.23	2.14	2.08	2.04	1.98	1.95	1.92	1.87	1.83	1.78	1.75	1.72	1.69	1.66	1.62	1.59
22	2.95	2.56	2.35	2.22	2.13	2.06	2.01	1.97	1.93	1.90	1.86	1.81	1.76	1.73	1.70	1.67	1.64	1.60	1.57
23	2.94	2.55	2.34	2.21	2.11	2.05	1.99	1.95	1.92	1.89	1.84	1.80	1.74	1.72	1.69	1.66	1.62	1.59	1.55
24	2.93	2.54	2.33	2.19	2.10	2.04	1.98	1.94	1.91	1.88	1.83	1.78	1.73	1.70	1.67	1.64	1.61	1.57	1.53
25	2.92	2.53	2.32	2.18	2.09	2.02	1.97	1.93	1.89	1.87	1.82	1.77	1.72	1.69	1.66	1.63	1.59	1.56	1.52
26	2.91	2.52	2.31	2.17	2.08	2.01	1.96	1.92	1.88	1.86	1.81	1.76	1.71	1.68	1.65	1.61	1.58	1.54	1.50
27	2.90	2.51	2.30	2.17	2.07	2.00	1.95	1.91	1.87	1.85	1.80	1.75	1.70	1.67	1.64	1.60	1.57	1.53	1.49
28	2.89	2.50	2.29	2.16	2.06	2.00	1.94	1.90	1.87	1.84	1.79	1.74	1.69	1.66	1.63	1.59	1.56	1.52	1.48
29	2.89	2.50	2.28	2.15	2.06	1.99	1.93	1.89	1.86	1.83	1.78	1.73	1.68	1.65	1.62	1.58	1.55	1.51	1.47
30	2.88	2.49	2.28	2.14	2.05	1.98	1.93	1.88	1.85	1.82	1.77	1.72	1.67	1.64	1.61	1.57	1.54	1.50	1.46
40	2.84	2.44	2.25	2.09	2.00	1.93	1.87	1.83	1.79	1.76	1.71	1.66	1.61	1.57	1.54	1.51	1.47	1.42	1.38
60	2.79	2.39	2.18	2.04	1.95	1.87	1.82	1.77	1.74	1.71	1.66	1.60	1.54	1.51	1.48	1.44	1.40	1.35	1.29
120	2.75	2.35	2.13	1.99	1.90	1.82	1.77	1.72	1.68	1.65	1.60	1.55	1.48	1.45	1.41	1.37	1.32	1.26	1.19
∞	2.71	2.30	2.08	1.94	1.85	1.77	1.72	1.67	1.63	1.60	1.55	1.49	1.42	1.38	1.34	1.30	1.24	1.17	1.00

续上表　　　　　　　　α = 0.05

n_1 $\backslash$ n_2	1	2	3	4	5	6	7	8	9	10
1	161.40	199.50	215.70	224.60	230.20	234.00	236.80	238.90	240.50	241.90
2	18.51	19.00	19.16	19.25	19.30	19.33	19.35	19.37	19.38	19.40
3	10.13	9.55	9.28	9.12	9.01	8.94	8.89	8.85	8.81	8.79
4	7.71	6.94	6.59	6.39	6.26	6.16	6.09	6.04	6.00	5.96
5	6.61	5.79	5.41	5.19	5.05	4.95	4.88	4.82	4.77	4.74
6	5.99	5.14	4.76	4.53	4.39	4.28	4.20	4.15	4.10	4.06
7	5.59	4.74	4.35	4.12	3.97	3.87	3.79	3.73	3.68	3.64
8	5.32	4.46	4.07	3.84	3.69	3.58	3.50	3.44	3.39	3.35
9	5.12	4.26	3.86	3.63	3.48	3.37	3.29	3.23	3.18	3.14
10	4.96	4.10	3.71	3.48	3.33	3.22	3.14	3.07	3.02	2.98
11	4.84	3.98	3.59	3.36	3.20	3.09	3.01	2.95	2.90	2.85
12	4.75	3.89	3.49	3.26	3.11	3.00	2.91	2.85	2.80	2.75
13	4.67	3.81	3.41	3.18	3.03	2.92	2.83	2.77	2.71	2.67
14	4.60	3.74	3.34	3.11	2.96	2.85	2.76	2.70	2.65	2.60

续上表　　　　　　　　α = 0.05

n_1 $\backslash$ n_2	12	15	20	24	30	40	60	120	∞
1	243.90	245.90	248.00	249.10	250.10	251.10	252.20	253.30	254.30
2	19.41	19.43	19.45	19.45	19.46	19.47	19.48	19.49	19.50
3	8.74	8.70	8.66	8.64	8.62	8.59	8.57	8.55	8.53
4	5.91	5.86	5.80	5.77	5.75	5.72	5.69	5.66	5.63
5	4.68	4.62	4.56	4.53	4.50	4.46	4.43	4.40	4.36
6	4.00	3.94	3.87	3.84	3.81	3.77	3.74	3.70	3.67
7	3.57	3.51	3.44	3.41	3.38	3.34	3.30	3.27	3.23
8	3.28	3.22	3.15	3.12	3.08	3.04	3.01	2.97	2.93
9	3.07	3.01	2.94	2.90	3.86	2.83	2.79	2.75	2.71
10	2.91	2.85	2.77	2.74	2.70	2.66	2.62	2.58	2.54
11	2.79	2.72	2.65	2.61	2.57	2.53	2.49	2.45	2.40
12	2.69	2.62	2.54	2.51	2.47	2.43	2.38	2.34	2.30
13	2.60	2.53	2.46	2.42	2.38	2.34	2.30	2.25	2.21
14	2.53	2.46	2.39	2.35	2.31	2.27	2.22	2.18	2.13

续上表　　　　　　　　　　　　$\alpha = 0.05$

n_2 \ n_1	1	2	3	4	5	6	7	8	9	10	12	15	20	24	30	40	60	120	∞
15	4.54	3.68	3.29	3.06	2.90	2.79	2.71	2.64	2.59	2.54	2.48	2.40	2.33	2.29	2.25	2.20	2.16	2.11	2.07
16	4.49	3.63	3.24	3.01	2.85	2.74	2.66	2.59	2.54	2.49	2.42	2.35	2.28	2.24	2.19	2.15	2.11	2.06	2.01
17	4.45	3.59	3.20	2.96	2.81	2.70	2.61	2.55	2.49	2.45	2.38	2.31	2.23	2.19	2.15	2.10	2.06	2.01	1.96
18	4.41	3.55	3.16	2.93	2.77	2.66	2.58	2.51	2.46	2.41	2.34	2.27	2.19	2.15	2.11	2.06	2.02	1.97	1.92
19	4.38	3.52	3.13	2.90	2.74	2.63	2.54	2.48	2.42	2.38	2.31	2.23	2.16	2.11	2.07	2.03	1.98	1.93	1.88
20	4.35	3.49	3.10	2.87	2.71	2.60	2.51	2.45	2.39	2.35	2.28	2.20	2.12	2.08	2.04	1.99	1.95	1.90	1.84
21	4.32	3.47	3.07	2.84	2.68	2.57	2.49	2.42	2.37	2.32	2.25	2.18	2.10	2.05	2.01	1.96	1.92	1.87	1.81
22	4.30	3.44	3.05	2.82	2.66	2.55	2.46	2.40	2.34	2.30	2.23	2.15	2.07	2.03	1.98	1.94	1.89	1.84	1.78
23	4.28	3.42	3.03	2.80	2.64	2.53	2.44	2.37	2.32	2.27	2.20	2.13	2.05	2.01	1.96	1.91	1.86	1.81	1.76
24	4.26	3.40	3.01	2.78	2.62	2.51	2.42	2.36	2.30	2.25	2.18	2.11	2.03	1.98	1.94	1.89	1.84	1.79	1.73
25	4.24	3.39	2.99	2.76	2.60	2.49	2.40	2.34	2.28	2.24	2.16	2.09	2.01	1.96	1.92	1.87	1.82	1.77	1.71
26	4.23	3.37	2.98	2.74	2.59	2.47	2.39	2.32	2.27	2.22	2.15	2.07	1.99	1.95	1.90	1.85	1.80	1.75	1.69
27	4.21	3.35	2.96	2.73	2.57	2.46	2.37	2.31	2.25	2.20	2.13	2.06	1.97	1.93	1.88	1.84	1.79	1.73	1.67
28	4.20	3.34	2.95	2.71	2.56	2.45	2.36	2.29	2.24	2.19	2.12	2.04	1.96	1.91	1.87	1.82	1.77	1.71	1.65
29	4.18	3.33	2.93	2.70	2.55	2.43	2.35	2.28	2.22	2.18	2.10	2.03	1.94	1.90	1.85	1.81	1.75	1.70	1.64
30	4.17	3.32	2.92	2.69	2.53	2.42	2.33	2.27	2.21	2.16	2.09	2.01	1.93	1.89	1.84	1.79	1.74	1.68	1.62
40	4.08	3.23	2.84	2.61	2.45	2.34	2.25	2.18	2.12	2.08	2.00	1.92	1.84	1.79	1.74	1.69	1.64	1.58	1.51
60	4.00	3.15	2.76	2.53	2.37	2.25	2.17	2.10	2.04	1.99	1.92	1.84	1.75	1.70	1.65	1.59	1.53	1.47	1.39
120	3.92	3.07	2.68	2.45	2.29	2.17	2.09	2.02	1.96	1.91	1.83	1.75	1.66	1.61	1.55	1.50	1.43	1.35	1.25
∞	3.84	3.00	2.60	2.37	2.21	2.10	2.01	1.94	1.88	1.83	1.75	1.67	1.57	1.52	1.46	1.39	1.32	1.22	1.00

续上表　　　　　　　　　　　　$\alpha = 0.025$

n_2 \ n_1	1	2	3	4	5	6	7	8	9	10
1	647.80	799.50	864.20	899.60	921.80	937.10	948.20	956.70	933.60	968.60
2	38.51	39.00	39.17	39.25	39.30	39.33	39.36	39.33	39.39	39.40
3	17.44	16.04	15.44	15.10	14.88	14.73	14.62	14.54	14.47	14.42
4	12.22	10.65	9.98	9.60	9.36	9.20	9.07	8.98	8.90	8.84
5	10.01	8.43	7.76	7.39	7.15	6.98	6.85	6.76	6.68	6.62
6	8.81	7.26	6.60	6.23	5.99	5.82	5.70	5.60	5.52	5.46
7	8.07	6.54	5.89	5.52	5.29	5.12	4.99	4.90	4.82	4.76
8	7.57	6.06	5.42	5.05	4.82	4.65	4.53	4.48	4.36	4.30
9	7.21	5.71	5.08	4.72	4.48	4.32	4.20	4.10	4.03	3.96
10	6.94	5.46	4.83	4.47	4.24	4.07	3.95	3.85	3.78	3.72
11	6.72	5.26	4.63	4.28	4.04	3.88	3.76	3.66	3.59	3.53
12	6.55	5.10	4.47	4.12	3.89	3.73	3.61	3.51	3.44	3.37
13	6.41	4.97	4.35	4.00	3.77	3.60	3.48	3.39	3.31	3.25
14	6.30	4.86	4.24	3.89	3.66	3.50	3.38	3.29	3.21	3.15
15	6.20	4.77	4.15	3.80	3.58	3.41	3.29	3.20	3.12	3.06

续上表 $\alpha = 0.025$

n_2 \ n_1	12	15	20	24	30	40	60	120	∞
1	976.70	984.90	993.10	997.20	1 001.00	1 006.00	1 010.00	1 014.00	1 018.00
2	39.41	39.43	39.45	39.46	39.46	39.47	39.48	39.49	39.50
3	14.34	14.25	14.17	14.12	14.08	14.04	13.99	13.95	13.90
4	8.75	8.66	8.56	8.51	8.46	8.41	8.36	8.31	8.26
5	6.52	6.43	6.33	6.28	6.23	6.18	6.12	6.07	6.02
6	5.37	5.27	5.17	5.12	5.07	5.01	4.96	4.90	4.85
7	4.67	4.57	4.47	4.42	4.36	4.31	4.25	4.20	4.14
8	4.20	4.10	4.00	3.95	3.89	3.84	3.78	3.73	3.67
9	3.87	3.77	3.67	3.61	3.56	3.51	3.45	3.39	3.33
10	3.62	3.52	3.42	3.37	3.31	3.26	3.20	3.14	3.08
11	3.43	3.33	3.23	3.17	3.12	3.06	3.00	2.94	2.88
12	3.28	3.18	3.07	3.02	2.95	2.91	2.85	2.79	2.72
13	3.15	3.05	2.95	2.89	2.84	2.78	2.72	2.66	2.60
14	3.05	2.95	2.84	2.79	2.73	2.67	2.61	2.55	2.49
15	2.96	2.86	2.76	2.70	2.64	2.59	2.52	2.46	2.40

续上表 $\alpha = 0.025$

n_2 \ n_1	1	2	3	4	5	6	7	8	9	10	12	15	20	24	30	40	60	120	∞
16	6.12	4.69	4.08	3.73	3.50	3.34	3.22	3.12	3.05	2.99	2.89	2.79	2.68	2.63	2.57	2.51	2.45	2.38	2.32
17	6.04	4.62	4.01	3.66	3.44	3.28	3.16	3.06	2.98	2.92	2.82	2.72	2.62	2.56	2.50	2.44	2.38	2.32	2.25
18	5.98	4.56	3.95	3.61	3.38	3.22	3.10	3.01	2.93	2.87	2.77	2.67	2.56	2.50	2.44	2.38	2.32	2.26	2.19
19	5.92	4.51	3.90	3.56	3.33	3.17	3.05	2.96	2.88	2.82	2.72	2.62	2.51	2.45	2.39	2.33	2.27	2.20	2.13
20	5.87	4.46	3.86	3.51	3.29	3.13	3.01	2.91	2.84	2.77	2.68	2.57	2.46	2.41	2.35	2.29	2.22	2.16	2.09
21	5.83	4.42	3.82	3.48	3.25	3.09	2.97	2.87	2.80	2.73	2.64	2.53	2.42	2.37	2.31	2.25	2.18	2.11	2.04
22	5.79	4.38	3.78	3.44	3.22	3.05	2.93	2.84	2.76	2.70	2.60	2.50	2.39	2.33	2.27	2.21	2.14	2.08	2.00
23	5.75	4.35	3.75	3.41	3.18	3.02	2.90	2.81	2.73	2.67	2.57	2.47	2.36	2.30	2.24	2.18	2.11	2.04	1.97
24	5.72	4.32	3.72	3.38	3.15	2.99	2.87	2.78	2.70	2.64	2.54	2.44	2.33	2.27	2.21	2.15	2.08	2.01	1.94
25	5.69	4.29	3.69	3.35	3.13	2.97	2.85	2.75	2.68	2.61	2.51	2.41	2.30	2.24	2.18	2.12	2.05	1.98	1.91
26	5.66	4.27	3.67	3.33	3.10	2.94	2.82	2.73	2.65	2.59	2.49	2.39	2.28	2.22	2.16	2.09	2.03	1.95	1.88
27	5.63	4.24	3.65	3.31	3.08	2.92	2.80	2.71	2.63	2.57	2.47	2.36	2.25	2.19	2.13	2.07	2.00	1.93	1.85
28	5.61	4.22	3.63	3.29	3.06	2.90	2.78	2.69	2.61	2.55	2.45	2.34	2.23	2.17	2.11	2.05	1.98	1.91	1.83
29	5.59	4.20	3.61	3.27	3.04	2.88	2.76	2.67	2.59	2.53	2.43	2.32	2.21	2.15	2.09	2.03	1.96	1.89	1.81
30	5.57	4.18	3.59	3.25	3.03	2.87	2.75	2.65	2.57	2.51	2.41	2.31	2.20	2.14	2.07	2.01	1.94	1.87	1.79
40	5.42	4.05	3.46	3.13	2.90	2.74	2.62	2.53	2.45	2.39	2.29	2.18	2.07	2.01	1.94	1.88	1.80	1.72	1.64
60	5.29	3.93	3.34	3.01	2.79	2.63	2.51	2.41	2.33	2.27	2.17	2.06	1.94	1.88	1.82	1.74	1.67	1.58	1.48
120	5.15	3.80	3.23	2.89	2.67	2.52	2.39	2.30	2.22	2.16	2.05	1.94	1.82	1.76	1.69	1.61	1.53	1.43	1.31
∞	5.02	3.69	3.12	2.79	2.57	2.41	2.29	2.19	2.11	2.05	1.94	1.83	1.71	1.64	1.57	1.48	1.39	1.27	1.00

续上表　　　　　　　　$\alpha = 0.01$

n_2＼n_1	1	2	3	4	5	6	7	8	9	10	12	15
1	4 052.00	4 999.50	5 403.00	5 625.00	5 764.00	5 859.00	5 928.00	5 982.00	6 022.00	6 056.00	6 106.00	6 157.00
2	98.50	99.00	99.17	99.25	99.30	99.33	99.36	99.37	99.39	99.40	99.42	99.43
3	34.12	30.82	29.46	28.71	28.24	27.91	27.67	27.49	27.35	27.23	27.05	26.87
4	21.20	18.00	16.69	15.98	15.52	15.21	14.98	14.80	14.66	14.55	14.37	14.20
5	16.26	13.27	12.06	11.39	10.97	10.67	10.46	10.29	10.16	10.05	9.89	9.72
6	13.75	10.92	9.78	9.15	8.75	8.47	8.26	8.10	7.98	7.87	7.72	7.56
7	12.25	9.55	8.45	7.85	7.46	7.19	6.99	6.84	6.72	6.62	6.47	6.31
8	11.26	8.65	7.59	7.01	6.63	6.37	6.18	6.03	5.91	5.81	5.67	5.52
9	10.56	8.02	6.99	6.42	6.06	5.80	5.61	5.47	5.35	5.26	5.11	4.96
10	10.04	7.56	6.55	5.99	5.64	5.39	5.20	5.06	4.94	4.85	4.71	4.56
11	9.65	7.21	6.22	5.67	5.32	5.09	4.89	4.74	4.63	4.54	4.40	4.25
12	9.33	6.93	5.95	5.41	5.06	4.82	4.64	4.50	4.39	4.30	4.16	4.01
13	9.07	6.70	5.74	5.21	4.86	4.62	4.44	4.30	4.19	4.10	3.96	3.82
14	8.86	6.51	5.56	5.04	4.69	4.46	4.28	4.14	4.03	3.94	3.80	3.66
15	8.68	6.36	5.42	4.89	4.56	4.32	4.14	4.00	3.89	3.80	3.67	3.52

n_2＼n_1	20	24	30	40	60	120	∞
1	6 209.00	6 235.00	6 261.00	6 287.00	6 313.00	6 339.00	6 366.00
2	99.45	99.46	99.47	99.47	99.48	99.49	99.50
3	26.69	26.60	26.50	26.41	26.32	26.22	26.13
4	14.02	13.93	13.84	13.75	13.65	13.56	13.46
5	9.55	9.47	9.38	9.29	9.20	9.11	9.02
6	7.40	7.31	7.23	7.14	7.06	6.97	6.88
7	6.16	6.07	5.99	5.91	5.82	5.74	5.65
8	5.36	5.28	5.20	5.12	5.03	4.95	4.86
9	4.81	4.73	4.65	4.57	4.48	4.40	4.31
10	4.41	4.33	4.25	4.17	4.08	4.00	3.91
11	4.10	4.02	3.94	3.86	3.78	3.69	3.60
12	3.86	3.78	3.70	3.62	3.54	3.45	3.36
13	3.66	3.59	3.51	3.43	3.34	3.25	3.17
14	3.51	3.43	3.35	3.27	3.18	3.09	3.00
15	3.37	3.29	3.21	3.13	3.05	2.96	2.87

续上表　　　　　　　$\alpha = 0.01$

n_2 \ n_1	1	2	3	4	5	6	7	8	9	10	12	15	20	24	30	40	60	120	∞
16	8.53	6.23	5.29	4.77	4.44	4.20	4.03	3.89	3.78	3.69	3.55	3.41	3.26	3.18	3.10	3.02	2.93	2.84	2.75
17	8.40	6.11	5.18	4.67	4.34	4.10	3.93	3.79	3.68	3.59	3.46	3.31	3.16	3.08	3.00	2.92	2.83	2.75	2.65
18	8.29	6.01	5.09	4.58	4.25	4.01	3.84	3.71	3.60	3.51	3.37	3.23	3.08	3.00	2.92	2.84	2.75	2.66	2.57
19	8.18	5.93	5.01	4.50	4.17	3.94	3.77	3.63	3.52	3.43	3.30	3.15	3.00	2.92	2.84	2.76	2.67	2.58	2.49
20	8.10	5.85	4.94	4.43	4.10	3.87	3.70	3.56	3.46	3.37	3.23	3.09	2.94	2.86	2.78	2.69	2.61	2.52	2.42
21	8.02	5.78	4.87	4.37	4.04	3.81	3.64	3.51	3.40	3.31	3.17	3.03	2.88	2.80	2.72	2.64	2.55	2.46	2.36
22	7.95	5.72	4.82	4.31	3.99	3.76	3.59	3.45	3.35	3.26	3.12	2.98	2.83	2.75	2.67	2.58	2.50	2.40	2.31
23	7.88	5.66	4.76	4.26	3.94	3.71	3.54	3.41	3.30	3.21	3.07	2.93	2.78	2.70	2.62	2.54	2.45	2.35	2.26
24	7.82	5.61	4.72	4.22	3.90	3.67	3.50	3.36	3.26	3.17	3.03	2.89	2.74	2.66	2.58	2.49	2.40	2.31	2.21
25	7.77	5.57	4.68	4.18	3.85	3.63	3.46	3.32	3.22	3.13	2.99	2.85	2.70	2.62	2.54	2.45	2.36	2.27	2.17
26	7.72	5.53	4.64	4.14	3.82	3.59	3.42	3.29	3.18	3.09	2.96	2.81	2.66	2.58	2.50	2.42	2.33	2.23	2.13
27	7.68	5.49	4.60	4.11	3.78	3.56	3.39	3.26	3.15	3.06	2.93	2.78	2.63	2.55	2.47	2.38	2.29	2.20	2.10
28	7.64	5.45	4.57	4.07	3.75	3.53	3.36	3.23	3.12	3.03	2.90	2.75	2.60	2.52	2.44	2.35	2.26	2.17	2.06
29	7.60	5.42	4.54	4.04	3.73	3.50	3.33	3.20	3.09	3.00	2.87	2.73	2.57	2.49	2.41	2.33	2.23	2.14	2.03
30	7.56	5.39	4.51	4.02	3.70	3.47	3.30	3.17	3.07	2.98	2.84	2.70	2.55	2.47	2.39	2.30	2.21	2.11	2.01
40	7.31	5.18	4.31	3.83	3.51	3.29	3.12	2.99	2.89	2.80	2.66	2.52	2.37	2.29	2.20	2.11	2.02	1.92	1.80
60	7.08	4.98	4.13	3.65	3.34	3.12	2.95	2.82	2.72	2.63	2.50	2.35	2.20	2.12	2.03	1.94	1.84	1.73	1.60
120	6.85	4.79	3.95	3.48	3.17	2.96	2.79	2.66	2.56	2.47	2.34	2.19	2.03	1.95	1.86	1.76	1.66	1.53	1.38
∞	6.63	4.61	3.78	3.32	3.02	2.80	2.64	2.51	2.41	2.32	2.18	2.04	1.88	1.79	1.70	1.59	1.47	1.32	1.00

续上表　　　　　　　$\alpha = 0.005$

n_2 \ n_1	1	2	3	4	5	6	7	8	9	10
1	16 211.00	20 000.00	21 615.00	22 500.00	23 056.00	23 437.00	23 715.00	23 925.00	24 091.00	24 224.00
2	198.50	199.00	199.20	199.20	199.30	199.30	199.40	199.40	199.40	199.40
3	55.55	49.80	47.47	46.19	45.39	44.84	44.43	44.13	43.88	43.69
4	31.33	26.28	24.26	23.15	22.46	21.97	21.62	21.35	21.14	20.97
5	22.78	18.31	16.53	15.66	14.94	14.51	14.20	13.96	13.77	13.62
6	18.63	14.54	12.92	12.03	11.46	11.07	10.79	10.57	10.39	10.25
7	16.24	12.40	10.88	10.05	9.52	9.16	8.89	8.68	8.51	8.38
8	14.69	11.04	9.60	8.81	8.30	7.95	7.69	7.50	7.34	7.21
9	13.61	10.11	8.72	7.96	7.47	7.13	6.88	6.69	6.54	6.42
10	12.83	9.43	8.08	7.34	6.87	6.54	6.30	6.12	5.97	5.85
11	12.23	8.91	7.60	6.88	6.42	6.10	5.86	5.68	5.54	5.42
12	11.75	8.51	7.23	6.52	6.07	5.76	5.52	5.35	5.20	5.09
13	11.37	8.19	6.93	6.23	5.79	5.48	5.25	5.08	4.94	4.82
14	11.06	7.92	6.68	6.00	5.56	5.26	5.03	4.86	4.72	4.60
15	10.80	7.70	6.48	5.80	5.37	5.07	4.85	4.67	4.54	4.42
16	10.58	7.51	6.30	5.64	5.21	4.91	4.69	4.52	4.38	4.27
17	10.38	7.35	6.16	5.50	5.07	4.78	4.56	4.39	4.25	4.14
18	10.22	7.21	6.03	5.37	4.96	4.66	4.44	4.28	4.14	4.03
19	10.07	7.09	5.92	5.27	4.85	4.56	4.34	4.18	4.04	3.93

续上表 $\alpha = 0.05$

n_2 \ n_1	12	15	20	24	30	40	60	120	∞
1	24 426.00	24 630.00	24 836.00	24 940.00	25 044.00	25 148.00	25 253.00	25 359.00	25 465.00
2	199.40	199.40	199.40	199.50	199.50	199.50	199.50	199.50	199.50
3	43.39	43.08	42.78	42.62	42.47	42.31	42.15	41.99	41.83
4	20.70	20.44	20.17	20.03	19.89	19.75	19.61	19.47	19.32
5	13.38	13.15	12.90	12.78	12.66	12.53	12.40	12.27	12.14
6	10.03	9.81	9.59	9.47	9.36	9.24	9.12	9.00	8.88
7	8.18	7.97	7.75	7.65	7.53	7.42	7.31	7.19	7.08
8	7.01	6.81	6.61	6.50	6.40	6.29	6.18	6.06	5.95
9	6.23	6.03	5.83	5.73	5.62	5.52	5.41	5.30	5.19
10	5.66	5.47	5.27	5.17	5.07	4.97	4.86	4.75	4.64
11	5.24	5.05	4.86	4.76	4.65	4.55	4.44	4.34	4.23
12	4.91	4.72	4.53	4.43	4.33	4.23	4.12	4.01	3.90
13	4.64	4.46	4.27	4.17	4.07	3.97	3.87	3.76	3.65
14	4.43	4.25	4.06	3.96	3.86	3.76	3.66	3.55	3.44
15	4.25	4.07	3.88	3.79	3.69	3.58	3.48	3.37	3.26
16	4.10	3.92	3.73	3.64	3.54	3.44	3.33	3.22	3.11
17	3.97	3.79	3.61	3.51	3.41	3.31	3.21	3.10	2.98
18	3.86	3.68	3.50	3.40	3.30	3.20	3.10	2.99	2.87
19	3.76	3.59	3.40	3.31	3.21	3.11	3.00	2.89	2.78

续上表 $\alpha = 0.005$

n_2 \ n_1	1	2	3	4	5	6	7	8	9	10	12	15	20	24	30	40	60	120	∞
20	9.94	6.99	5.82	5.17	4.76	4.47	4.26	4.09	3.96	3.85	3.68	3.50	3.32	3.22	3.12	3.02	2.92	2.81	2.69
21	9.83	6.89	5.73	5.09	4.68	4.39	4.18	4.01	3.88	3.77	3.60	3.43	3.24	3.15	3.05	2.95	2.84	2.73	2.61
22	9.73	6.81	5.65	5.02	4.61	4.32	4.11	3.94	3.81	3.70	3.54	3.36	3.18	3.08	2.98	2.88	2.77	2.66	2.55
23	9.63	6.73	5.58	4.95	4.54	4.26	4.05	3.88	3.75	3.64	3.47	3.30	3.12	3.02	2.92	2.82	2.71	2.60	2.48
24	9.55	6.66	5.52	4.89	4.49	4.20	3.99	3.83	3.69	3.59	3.42	3.25	3.06	2.97	2.87	2.82	2.66	2.55	2.43
25	9.48	6.60	5.46	4.84	4.43	4.15	3.94	3.78	3.64	3.54	3.37	3.20	3.01	2.92	2.82	2.77	2.61	2.50	2.38
26	9.41	6.54	5.41	4.79	4.38	4.10	3.89	3.73	3.60	3.49	3.33	3.15	2.97	2.87	2.77	2.72	2.56	2.45	2.33
27	9.34	6.49	5.36	4.74	4.34	4.06	3.85	3.69	3.56	3.45	3.23	3.11	2.93	2.83	2.73	2.67	2.52	2.41	2.29
28	9.28	6.44	5.32	4.70	4.30	4.02	3.81	3.65	3.52	3.41	3.25	3.07	2.89	2.79	2.69	2.59	2.48	2.37	2.25
29	9.23	6.40	5.28	4.66	4.26	3.98	3.77	3.61	3.48	3.38	3.21	3.04	2.86	2.76	2.66	2.56	2.45	2.33	2.21
30	9.18	6.35	5.24	4.62	4.23	3.95	3.74	3.58	3.45	3.34	3.18	3.01	2.82	2.73	2.63	2.52	2.42	2.30	2.18
40	8.83	6.07	4.98	4.37	3.99	3.71	3.51	3.35	3.22	3.12	2.95	2.78	2.60	2.50	2.40	2.30	2.18	2.06	1.93
60	8.49	5.79	4.73	4.14	3.76	3.49	3.29	3.13	3.01	2.90	2.74	2.57	2.39	2.29	2.19	2.08	1.96	1.83	1.69
120	8.18	5.54	4.50	3.92	3.55	3.28	3.09	2.93	2.81	2.71	2.54	2.37	2.19	2.09	1.98	1.87	1.75	1.61	1.43
∞	7.88	5.30	4.28	3.72	3.35	3.09	2.90	2.74	2.62	2.52	2.36	2.19	2.00	1.90	1.79	1.67	1.53	1.36	1.00

续上表 $\alpha = 0.001$

n_1 / n_2	1	2	3	4	5	6	7	8	9	10
1	4053 +	5000 +	5404 +	5625 +	5764 +	5859 +	5929 +	5981 +	6023 +	6056 +
2	998.5	999.0	999.2	999.2	999.3	999.3	999.4	999.4	999.4	999.4
3	167.0	148.5	141.1	137.1	134.6	132.8	131.6	130.6	129.9	129.2
4	74.14	61.25	56.18	53.44	51.71	50.53	49.66	49.00	48.47	48.05
5	47.18	37.12	33.20	31.09	29.75	28.84	28.16	27.64	27.24	26.92
6	35.51	27.00	23.76	21.92	20.81	20.03	19.46	19.03	18.69	18.41
7	29.25	21.69	18.77	17.19	16.21	15.52	15.02	14.63	14.33	14.08
8	25.42	18.49	15.83	14.39	13.49	12.86	12.40	12.04	11.77	11.54
9	22.86	16.39	13.90	12.56	11.71	11.13	10.70	10.37	10.11	9.89
10	21.04	14.91	12.55	11.28	10.48	9.92	9.52	9.20	8.96	8.75
11	19.69	13.81	11.56	10.35	9.58	9.05	8.66	8.35	8.12	7.92
12	18.64	12.97	10.80	9.63	8.89	8.38	8.00	7.71	7.48	7.29
13	17.81	12.31	10.21	9.07	8.35	7.86	7.49	7.21	6.98	6.80
14	17.14	11.78	9.73	8.62	7.92	7.43	7.08	6.80	6.58	6.40
15	16.59	11.34	9.34	8.25	7.57	7.09	6.74	6.47	6.26	6.08
16	16.12	10.97	9.00	7.94	7.27	6.81	6.46	6.19	5.98	5.81
17	15.72	10.66	8.73	7.68	7.02	7.56	6.22	5.96	5.75	5.58
18	15.38	10.39	8.49	7.46	6.81	6.35	6.02	5.76	5.56	5.39
19	15.08	10.16	8.28	7.26	6.62	6.18	5.75	5.59	5.39	5.22

+: 表示要将所列数乘以 100

续上表 $\alpha = 0.001$

n_1 / n_2	12	15	20	24	30	40	60	120	∞
1	6107 +	6158 +	6209 +	6235 +	6261 +	6287 +	6313 +	6340 +	6366 +
2	999.4	999.4	999.4	999.5	999.5	999.5	999.5	999.5	999.5
3	128.3	127.4	126.4	125.9	125.4	125.0	124.5	124.0	123.5
4	47.41	46.76	46.10	45.77	45.43	45.09	44.75	44.40	44.05
5	26.42	25.91	25.39	25.14	24.87	24.60	24.33	24.06	23.79
6	17.99	17.56	17.12	16.89	16.67	16.44	16.21	15.99	15.75
7	13.71	13.32	12.93	12.73	12.53	12.33	12.12	11.91	11.70
8	11.19	10.84	10.48	10.30	10.11	9.92	9.73	9.53	9.33
9	9.57	9.24	8.90	8.72	8.55	8.37	8.19	8.00	7.81
10	8.45	8.13	7.80	7.64	7.47	7.30	7.12	6.94	6.76
11	7.63	7.32	7.01	6.85	6.68	6.52	6.35	6.10	6.00
12	7.00	6.71	6.40	6.25	6.09	5.93	5.76	5.59	5.42
13	6.52	6.23	5.93	5.78	5.63	5.47	5.30	5.14	4.97
14	6.13	5.85	5.56	5.41	5.25	5.10	4.94	4.77	4.60
15	5.81	5.54	5.25	5.10	4.95	4.80	4.64	4.47	4.31
16	5.55	5.27	4.99	4.85	4.70	4.54	4.39	4.23	4.06
17	5.32	5.05	4.78	4.63	4.48	4.33	4.18	4.02	3.85
18	5.13	4.87	4.59	4.45	4.30	4.15	4.00	3.84	3.67
19	4.97	4.70	4.43	4.29	4.14	3.99	3.84	3.68	3.51

+: 表示要将所列数乘以 100

续上表　　　　　　　　$\alpha = 0.001$

n_1 n_2	1	2	3	4	5	6	7	8	9	10	12	15	20	24	30	40	60	120	∞
20	14.82	9.95	8.10	7.10	6.46	6.02	5.69	5.44	5.24	5.08	4.82	4.56	4.29	4.15	4.00	3.86	3.70	3.54	3.38
21	14.59	9.77	7.94	6.95	6.32	5.88	5.56	5.31	5.11	4.95	4.70	4.44	4.17	4.03	3.88	3.74	3.58	3.42	3.26
22	14.38	9.61	7.80	6.81	6.19	5.76	5.44	5.19	4.99	4.83	4.58	4.33	4.06	3.92	3.78	3.63	3.48	3.32	3.15
23	14.19	9.47	7.67	6.69	6.08	5.65	5.33	5.09	4.89	4.73	4.48	4.23	3.96	3.82	3.68	3.53	3.38	3.22	3.05
24	14.03	9.34	7.55	6.59	5.98	5.55	5.23	4.99	4.80	4.64	4.39	4.14	3.87	3.74	3.59	3.45	3.29	3.14	2.97
25	13.88	9.22	7.45	6.48	5.88	5.46	5.15	4.91	4.71	4.56	4.31	4.06	3.79	3.66	3.52	3.37	3.22	3.06	2.89
26	13.74	9.12	7.35	6.41	5.80	5.38	5.07	4.83	4.64	4.48	4.24	3.99	3.72	3.59	3.44	3.30	3.15	2.99	2.82
27	13.61	9.02	7.30	6.33	5.73	5.31	5.00	4.76	4.57	4.41	4.17	3.92	3.66	3.52	3.38	3.23	3.08	2.92	2.75
28	13.50	8.93	7.19	6.25	5.66	5.24	4.93	4.69	4.50	4.35	4.11	3.86	3.60	3.46	3.32	3.18	3.02	2.86	2.69
29	13.39	8.85	7.12	6.19	5.59	5.18	4.87	4.64	4.45	4.29	4.05	3.80	3.54	3.41	3.27	3.12	2.97	2.81	2.64
30	13.29	8.77	7.05	6.12	5.53	5.12	4.82	4.58	4.39	4.24	4.00	3.75	3.49	3.36	3.22	3.07	2.92	2.76	2.59
40	12.61	8.25	6.60	5.70	5.13	4.73	4.44	4.21	4.02	3.87	3.64	3.40	3.15	3.01	2.87	2.73	2.57	2.41	2.23
60	11.97	7.76	6.17	5.31	4.76	4.37	4.09	3.87	3.69	3.54	3.31	3.08	2.83	2.69	2.55	2.41	2.25	2.08	1.89
120	11.38	7.32	5.79	4.95	4.42	4.04	3.77	3.55	3.38	3.24	3.02	2.78	2.53	2.40	2.26	2.11	1.95	1.76	1.54
∞	10.83	6.91	5.42	4.62	4.10	3.74	3.47	3.27	3.10	2.96	2.74	2.51	2.27	2.13	1.99	1.84	1.66	1.45	1.00

附表7 检验相关系数的临界值表

$$P\,|\,R\,| > r_\alpha = \alpha$$

n \ α	0.10	0.05	0.02	0.01	0.001
1	0.987 69	0.996 92	0.999 507	0.999 877	0.999 9988
2	0.900 00	0.953 00	0.980 00	0.990 00	0.999 00
3	0.805 4	0.878 3	0.934 33	0.958 73	0.991 16
4	0.729 3	0.811 4	0.882 2	0.917 20	0.974 06
5	0.669 4	0.754 5	0.832 9	0.874 5	0.950 74
6	0.621 5	0.706 7	0.788 7	0.834 3	0.924 93
7	0.582 2	0.666 4	0.749 8	0.797 7	0.898 2
8	0.549 4	0.631 9	0.715 5	0.764 6	0.872 1
9	0.521 4	0.602 1	0.685 1	0.734 8	0.847 1
10	0.497 3	0.576 0	0.658 1	0.707 9	0.823 3
11	0.476 2	0.552 9	0.633 9	0.683 5	0.801 0
12	0.457 5	0.532 4	0.612 0	0.661 4	0.780 0
13	0.440 9	0.513 9	0.592 3	0.641 1	0.760 3
14	0.425 9	0.497 3	0.574 2	0.622 6	0.742 0
15	0.412 4	0.482 1	0.557 7	0.605 5	0.724 6
16	0.400 0	0.468 3	0.542 5	0.589 7	0.708 4
17	0.388 7	0.455 5	0.528 5	0.575 1	0.693 2
18	0.378 2	0.443 8	0.515 5	0.561 4	0.678 7
19	0.368 7	0.432 9	0.5034	0.548 7	0.665 2
20	0.359 8	0.422 7	0.492 1	0.536 8	0.652 4
25	0.323 3	0.380 9	0.445 1	0.486 9	0.597 4
30	0.296 0	0.349 4	0.409 3	0.448 7	0.554 1
35	0.274 6	0.324 6	0.381 0	0.418 2	0.518 9
40	0.257 3	0.304 4	0.357 8	0.393 2	0.489 6
45	0.242 8	0.297 5	0.338 4	0.372 1	0.464 8
50	0.230 6	0.273 2	0.321 8	0.354 1	0.443 3
60	0.210 8	0.250 0	0.204 8	0.324 8	0.407 8
70	0.195 4	0.231 9	0.273 7	0.301 7	0.379 9
80	0.182 9	0.217 2	0.256 5	0.283 0	0.356 8
90	0.172 6	0.205 0	0.242 2	0.267 3	0.337 5
100	0.163 8	0.194 6	0.230 1	0.254 0	0.321 1

附表8　常用的正交表

(1) $L_4(2^3)$

试验号 \ 列号	1	2	3
1	1	1	1
2	1	2	2
3	2	1	2
4	2	2	1

(2) $L_8(2^7)$

试验号 \ 列号	1	2	3	4	5	6	7
1	1	1	1	1	1	1	1
2	1	1	1	2	2	2	2
3	1	2	2	1	1	2	2
4	1	2	2	2	2	1	1
5	2	1	2	1	2	1	2
6	2	1	2	2	1	2	1
7	2	2	1	1	2	2	1
8	2	2	1	2	1	1	2

(3) $L_{12}(2^{11})$

试验号 \ 列号	1	2	3	4	5	6	7	8	9	10	11
1	1	1	1	1	1	1	1	1	1	1	1
2	1	1	1	1	1	2	2	2	2	2	2
3	1	1	2	2	2	1	1	1	2	2	2
4	1	2	1	2	2	1	2	2	1	1	2
5	1	2	2	1	2	2	1	2	1	2	1
6	1	2	2	2	1	2	2	1	2	1	1
7	2	1	2	2	1	1	2	2	1	2	1
8	2	1	2	1	2	2	2	1	1	1	2
9	2	1	1	2	2	2	1	2	2	1	1
10	2	2	2	1	1	1	1	2	2	1	2
11	2	2	1	2	1	2	1	1	1	2	2
12	2	2	1	1	2	1	2	1	2	2	1

（4）$L_9(3^4)$

试验号 ＼ 列号	1	2	3	4
1	1	1	1	1
2	1	2	2	2
3	1	3	3	3
4	2	1	2	3
5	2	2	3	1
6	2	3	1	2
7	3	1	3	2
8	3	2	1	3
9	3	3	2	1

（5）$L_{16}(4^5)$

试验号 ＼ 列号	1	2	3	4	5
1	1	1	1	1	1
2	1	2	2	2	2
3	1	3	3	3	3
4	1	4	4	4	4
5	2	1	2	3	4
6	2	2	1	4	3
7	2	3	4	1	2
8	2	4	3	2	1
9	3	1	3	4	2
10	3	2	4	3	1
11	3	3	1	2	4
12	3	4	2	1	3
13	4	1	4	2	3
14	4	2	3	1	4
15	4	3	2	4	1
16	4	4	1	3	2

$(6) L_{25}(5^6)$

列号 试验号	1	2	3	4	5	6
1	1	1	1	1	1	1
2	1	2	2	2	2	2
3	1	3	3	3	3	3
4	1	4	4	4	4	4
5	1	5	5	5	5	5
6	2	1	2	3	4	5
7	2	2	3	4	5	1
8	2	3	4	5	1	2
9	2	4	5	1	2	3
10	2	5	1	2	3	4
11	3	1	3	5	2	4
12	3	2	4	1	3	5
13	3	3	5	2	4	1
14	3	4	1	3	5	2
15	3	5	2	4	1	3
16	4	1	4	2	5	3
17	4	2	5	3	1	4
18	4	3	1	4	2	5
19	4	4	2	5	3	1
20	4	5	3	1	4	2
21	5	1	5	4	3	2
22	5	2	1	5	4	3
23	5	3	2	1	5	4
24	5	4	3	2	1	5
25	5	5	4	3	2	1

（7）$L_8(4 \times 2^4)$

列号 试验号	1	2	3	4	5
1	1	1	1	1	1
2	1	2	2	2	2
3	2	1	1	2	2
4	2	2	2	1	1
5	3	1	2	1	2
6	3	2	1	2	1
7	4	1	2	2	1
8	4	2	1	1	2

（8）$L_{12}(3 \times 2^4)$

列号 试验号	1	2	3	4	5
1	1	1	1	1	1
2	1	1	1	2	2
3	1	2	2	1	2
4	1	2	2	2	1
5	2	1	2	1	1
6	2	1	2	2	2
7	2	2	1	2	2
8	2	2	1	2	2
9	3	1	2	1	2
10	3	1	1	2	1
11	3	2	1	1	2
12	3	2	2	2	1

（9）$L_{16}(4^4 \times 2^3)$

列号 试验号	1	2	3	4	5	6	7
1	1	1	1	1	1	1	1
2	1	2	2	2	1	2	2
3	1	3	3	3	2	1	2
4	1	4	4	4	2	2	1
5	2	1	2	3	2	2	1
6	2	2	1	4	2	1	2
7	2	3	4	1	1	2	2
8	2	4	3	2	1	1	1
9	3	1	3	4	1	2	2
10	3	2	4	3	1	1	1
11	3	3	1	2	2	2	1
12	3	4	2	1	2	1	2
13	4	1	4	2	2	1	2
14	4	2	3	1	2	2	1
15	4	3	2	4	1	1	1
16	4	4	1	3	1	2	2

参考文献

［1］贺勇，明杰秀. 概率论和数理统计［M］. 武汉：武汉大学出版社，2012.

［2］裴亚峥，任叶庆，刘诚. 概率论与数理统计，第4版［M］. 北京：科学出版社，2015.

［3］盛骤，谢式千，潘承毅. 概率论与数理统计(第四版)［M］. 北京：高等教育出版社，2008.

［4］魏立力，马江洪，颜荣芳. 概率统计引论［M］. 北京：科学出版社，2012.

［5］宋占杰，胡飞，孙晓晨，等. 应用概率统计(第三版)［M］. 北京：科学出版社，2017.

［6］夏宁茂，秦衍，倪中新. 新编概率论与数理统计. 上海：华东理工大学出版社，2015.

［7］茆诗松，周纪芗. 概率论与数理统计，第3版［M］. 北京：中国统计出版社，2007.

［8］张继昌. 概率论与数理统计教程(第二版)［M］. 杭州：浙江大学出版社，2006.